学ぶ人は、
変えて
ゆく人だ。

挑み続けるために、人は学ぶ。

「学び」で、

少しずつ世界は変えてゆける。

いつでも、どこでも、誰でも、

学ぶことができる世の中へ。

旺文社

大学受験 DO Series

五訂版

漆原の物理 物理基礎・物理 明快解法講座

漆原 晃 著

旺文社

はじめに

「物理の点を伸ばすにはどうすればいいですか？」……よく生徒から相談を受けます。そんなときは「物理を得意にする３つのポイント」を教えています。

ポイント１　言　葉

問題に「加速度を求めよ」と出てきたときに，「加速度」という言葉がよくわかっていなければ答えようがありませんよね。物理には日常生活であまり使われない用語があります。それらを，教科書どおりのガチガチした表現ではなく，自分の言葉で説明できるようにしましょう。本書ではカギとなる用語について，できるだけかみくだいて，本質を押さえたシンプルな説明をしています。

ポイント２　イメージ

例えば「運動方程式って何？」と私が質問し，生徒が「あ，$ma=F$ のことですね」と答えたとします。さらに，「じゃあ $ma=F$ って何？」とつっこむと，たいてい「$ma=F$ は $ma=F$ ですよ」という答えが返ってきます。大切なのは式ではなくて，その意味するイメージなのです。

$ma=F$ という式は「重いものほど動かしにくく，力を加えるほどよく動く」というイメージを式に表したものなのです。このように，式を式のまま覚えるのではなく，そのイメージを実感し納得してゆくことが，“公式暗記の物理”から“理解する物理”へ進化するためには欠かせないのです。

ポイント３　解法／手順

小学生の頃よくプラモデルを作っていました。今から思えばよくあんな複雑なものを組み立てられたなあと思いますが，実は説明書の手順どおりに作業していただけなんですね。物理の問題でもイキナリ答えを出さずに，手順どおりに解いた方が確実で圧倒的に楽なのです。本書では各分野について，一般にこの方法でどのような問題も同じように解けるという解法/手順を満載しています。問題の解説もできるだけこの手順に忠実にしたがって解くようにしてあります。

＊　＊　＊

以上の３ポイントを押さえれば入試物理は楽にマスターできるのです。

おかげさまで出版以来，多くの受験生に支持されて版を重ねてきた本書ですが，この度，説明法や解法を最新のものへ，アップデートし，より学習効果が向上するよう改訂しました。１人でも多くの人が物理を得意になってくれることが私の願いです。

漆原晃

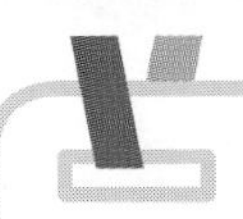

本書の特長と使い方

本書は公式を１つ１つまとめる従来の教科書的な方法ではなく，とにかく

試験で即役立つ実戦的な解法を効率よく身につける方法

を満載した「とってもウレシイ参考書」です。ムダは一切省き，かつ全体がスムーズにつながってゆくシステマチックな方式を取り入れています。本番の入試では，教科書に出てくる100以上もの公式を覚えてあてはめるやり方では合格できないのです。そんなやり方では時間の無駄ですし，面白くもなんともないですよね。そこで本書では，

その分野のどのような問題でも，
これだけで同じように解けてしまう「一般的解法」

を誰もがマスターできるように，順序立てて知識を組み立てていきます。さらに例題を実際に解くときも，「具体的にその解法はこう使っていくんですよ。手順はまず…」というようにその解法でどんな問題でも同じように解けることを実演して見せます。こうした，わかりやすく丁寧な解説を通して，自然と「一般的解法」を身につけてゆくことができるようになっています。また，本書では

その分野では，全部でこれだけの頻出出題パターンしかない

ということをはっきり示しました。これによって，さらに効率的に学習が進むようになっています。

頻出出題パターン　各STAGEごとに狙われるテーマをピックアップしました。

問題に入る前に　重要事項をていねいに解説。必要な知識はすべてここにあります。

漆原の解法　問題解法の切り札。どんな問題でも同じように解ける「一般的解法」です。本文中で活用される解法を３つの絵（例）のように示しました。

出題パターン　入試の核心部分を抽出した超頻出重要問題です。

＼解答のポイント／　問題解法のエッセンスを示しました。

解　法　わかりやすい語り口調で解説してあるので，最前列で授業を受けているような臨場感を味わいながら学習できます。

漆原の解法 索引　“漆原の解法”が本文に戻らなくても索引で確認できます。

目　次

STAGE 01 力学

等加速度運動

(物理基礎) (物理)

等加速度運動の解法は「3点セット」が基本

頻出出題パターン

1 v-t グラフ (物理基礎)

2 直線上の等加速度運動 (物理基礎)

3 放物運動 (物理基礎) (物理)

4 モンキーハンティング (物理基礎) (物理)

ここを押さえよ！

速度・加速度を「1秒あたりの位置・速度の変化」としてとらえ，グラフとともにイメージしよう。**等加速度運動の公式**が初期位置，初速度，加速度の**3点セット**のみで書けることがわかれば簡単。放物運動でも，x，y 方向に完全に分ければ，どんな問題も**放物運動の解法3ステップ**で同じように解けてしまう。また，ここでは**ベクトルの成分表示のルール**を押さえることによって，速度，加速度の符号の正・負のミスをなくそう。

問題に入る前に

❶ 物理のミスの8割はこれで防げる!! (物理基礎)

「あっ，プラスとマイナス間違えた！」

物理のテストでこんな経験をした人は多いことでしょう。この悔しいミスのほとんどは，次のルールを守るだけで解消できるのだ。

漆原の解法 1 ベクトルの成分表示のルール

① まず，座標軸を立てる。

② 軸と 同じ向き のベクトルには **正の符号** をつける。

③ 軸と 逆向き のベクトルには **負の符号** をつける。

たとえば，速度が -3 というのは，いま考えている軸とは逆向きに，大きさ（速さ）3で走っていることを意味する。もし，軸が右向きなら物体は左向きに速さ3で，また，軸が左向きなら右向きに速さ3で走っていることを意味する。

また，図1-1のような平面上のベクトルの場合は，x，y 軸を立て，ベクトルを分解すれば成分表示できる。

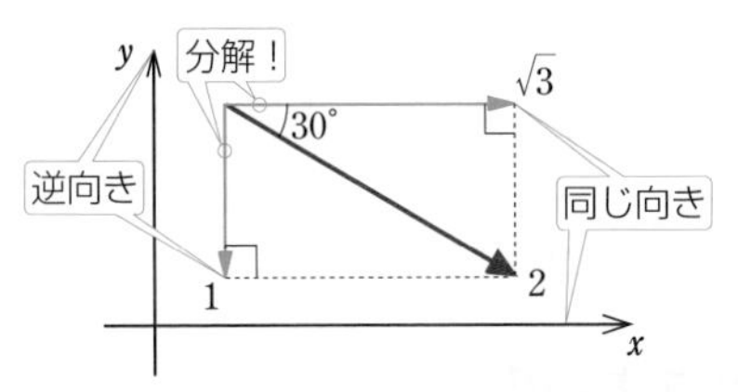

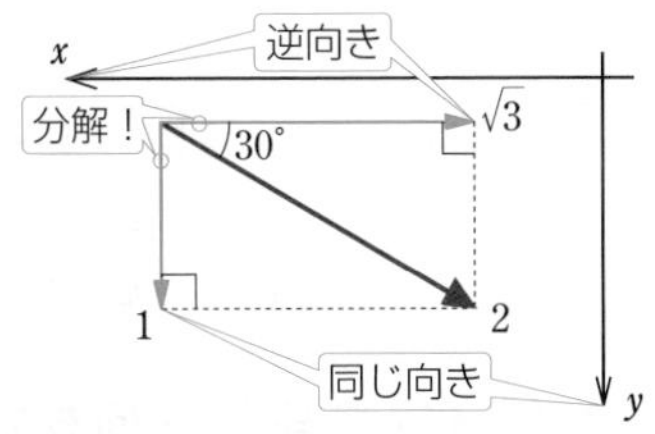

図1-1　ベクトルの分解

ここで，図1-1の分解したベクトルを成分表示で表すと，

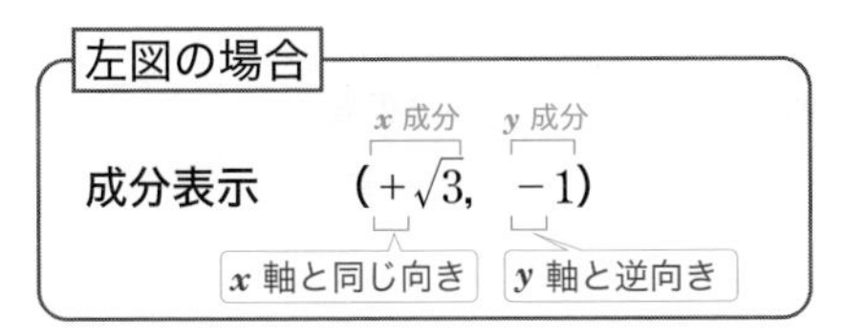

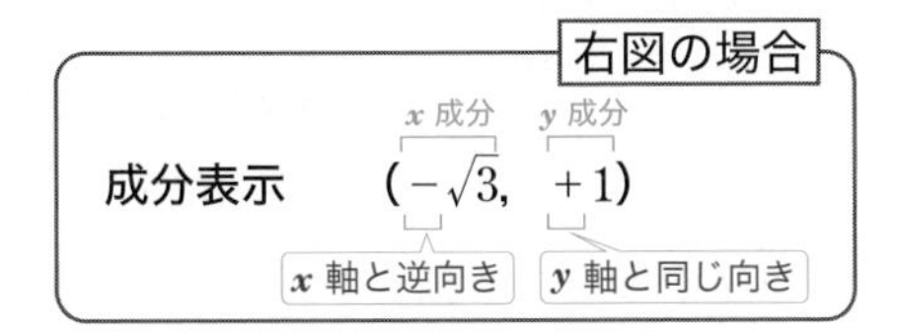

このように，同じベクトルでも軸のとり方で全く違う表し方になる。したがって，

ベクトル量（向きと大きさを持つ量）
（例）速度，加速度，力など　が出たら，必ず　**座標軸の正の向きを確認する**

という習慣をつけることが大切。とてもシンプルだが，符号の正・負のミスはグッと減ってゆくはずだ。

❷ 速度・加速度はシンプルに考えよう （物理基礎）

速度・加速度とは，シンプルにいえば次のこと。ここでは，「1秒あたりの」と「変化量」がポイント。

速　度 v〔m/s〕	1秒あたりの位置座標 x〔m〕の変化量
加速度 a〔m/s²〕	1秒あたりの速度 v〔m/s〕の変化量

物理では，次ページの図1-2のように具体的な例を自分でつくってイメージすることが大切。

加速度 $a=2$ の運動　速度 v は1秒あたりに2ずつ増えていく。

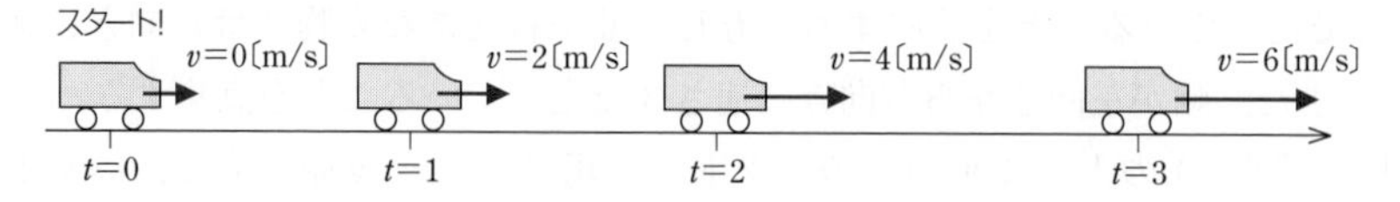

加速度 $a=-3$ の運動　速度 v は1秒あたりに3ずつ減っていく。

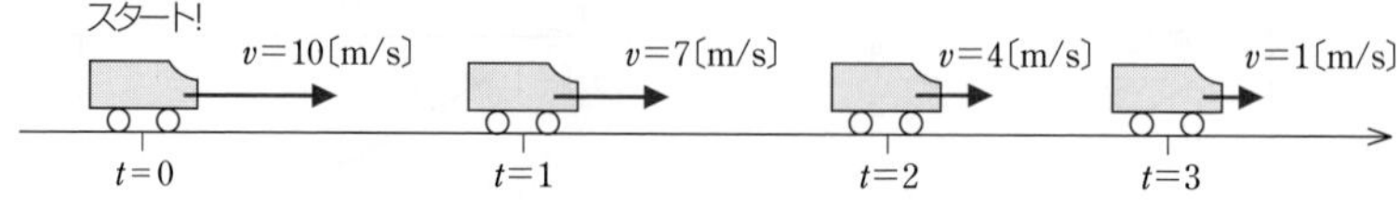

図 1-2　加速度とは1秒あたりの速度の変化

❸ v-t グラフを見たら何をすればよいのか (物理基礎)

速度が時間とともに変化していくようすを表す，速度 v-時間 t グラフの読み方は次の2通りしかない。

①	**v-t グラフと t 軸とで囲まれる面積**	**移動距離**
②	**v-t グラフの傾き**	**加速度**

① v-t グラフと t 軸とで囲まれる面積

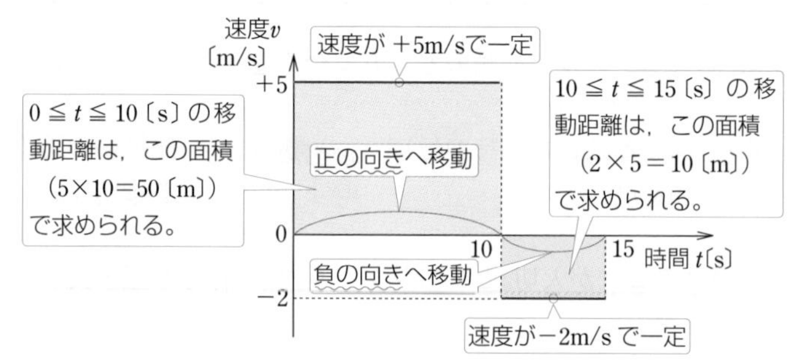

図 1-3　v-t グラフの読み方(移動距離)

② v-t グラフの傾き

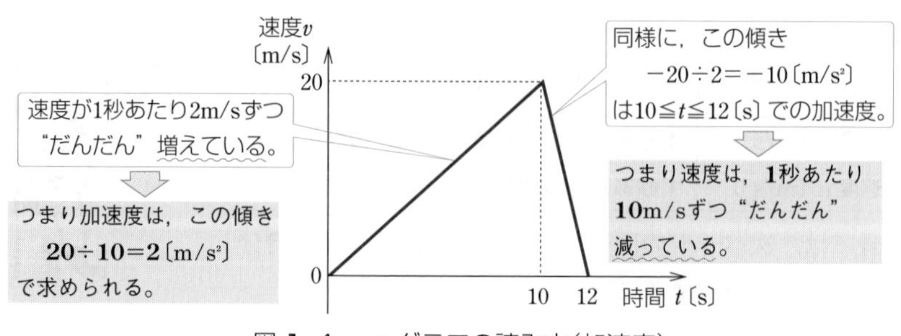

図 1-4　v-t グラフの読み方(加速度)

❹ v-t グラフから実際の動きに“ホンヤク”してみよう （物理基礎）

例えば，図 1-3 のグラフから物体は，実際，図 1-5 のように動いていることがわかる。ここで押さえておきたいのは，$t=10$〔s〕で，物体は**折り返す**こと。つまり逆向きに運動することである。v-t グラフにおいては，**速度の符号**が正から負，または負から正へと変わるときに物体が**折り返す**ことがポイント。ちなみに図 1-4 では $10 \leqq t \leqq 12$ で加速度がマイナスで**速度が“だんだん”遅くなっている**だけで，$t=10$〔s〕で折り返して逆向きに運動しているのではないことに注意！

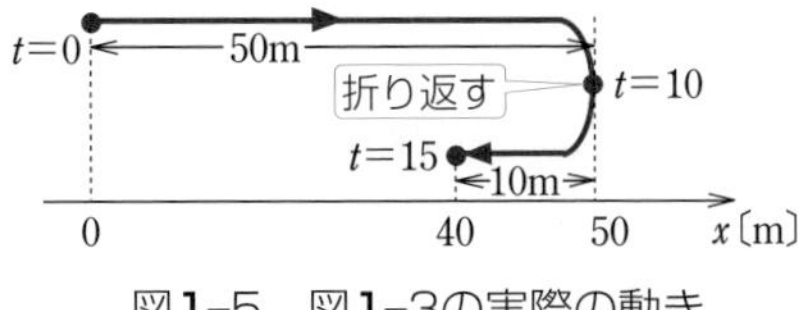

図1–5　図1–3の実際の動き

❺ 等加速度運動は「3 点セット」を求めれば予言できる （物理基礎）

等加速度運動の t 秒後の速度 v や位置 x は，次のたった 3 つのもの（**3 点セット**）によって決まってしまう。

漆原の解法 2　3 点セット

① **初期（はじめの）位置 x_0**

② **初速度 v_0**

③ **加速度 a**

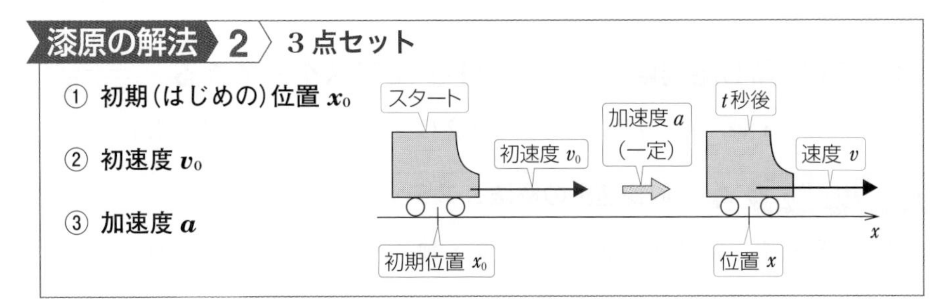

この等加速度運動の，**3 点セット**さえ求まれば次の公式が使える。

漆原の解法 3　等加速度運動の公式

公式❶　$v=v_0+at$ ……………………………… t 秒後の速度 v

公式❷　$x=x_0+v_0t+\frac{1}{2}at^2$ …………………… t 秒後の位置 x

公式❸　$v^2-v_0^2=2a(x-x_0)$ …………………（速度）^{2} の変化と変位の式

（$v^2-v_0^2$：（速度）^{2} の変化，$x-x_0$：変位）

まずは，公式❶，公式❷ を次ページの図 1-6 の v-t グラフを用いて証明してみよう。

図 1-6 の直線の式は,

$$v = \underset{\text{切片}}{\underline{v_0}} + \underset{\text{傾き}}{\underline{a}}t$$

であり，この式が 公式❶ そのものである。

また，青色の部分の面積は,

$$\underset{S_1\text{の面積}}{S_1} + S_2 = \underset{S_1\text{の面積}}{v_0 t} + \underset{S_2\text{の面積}}{\frac{1}{2}at^2} = \underset{\text{移動距離}}{x - x_0}$$

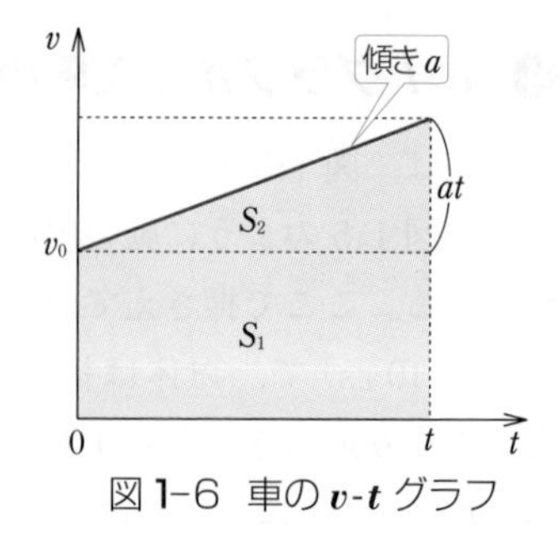

図 1-6　車の v-t グラフ

であり，この式より 公式❷ が出てくる。これで 公式❶，公式❷ が証明できた。

次に，公式❶，公式❷ から t を消去して整理すると,

$$x - x_0 = v_0\left(\frac{v - v_0}{a}\right) + \frac{1}{2}a\left(\frac{v - v_0}{a}\right)^2 = \frac{v^2 - v_0^2}{2a}$$

$$v^2 - v_0^2 = 2a(x - x_0)$$

これで 公式❸ が証明できた。

以上の証明さえ自力でできるようにしておけば，公式を忘れても怖くはない。

❻ 放物運動も結局は「3点セット」でマスターできる

物理基礎　物　理

放物運動も x 軸，y 軸方向に分けてしまえば，等加速度運動にすぎないのだ。

漆原の解法 4 〉放物運動の解法 3 ステップ

STEP 1　発射点を原点にとって x 軸，y 軸を立てる。初速度を x，y 方向に分解する。

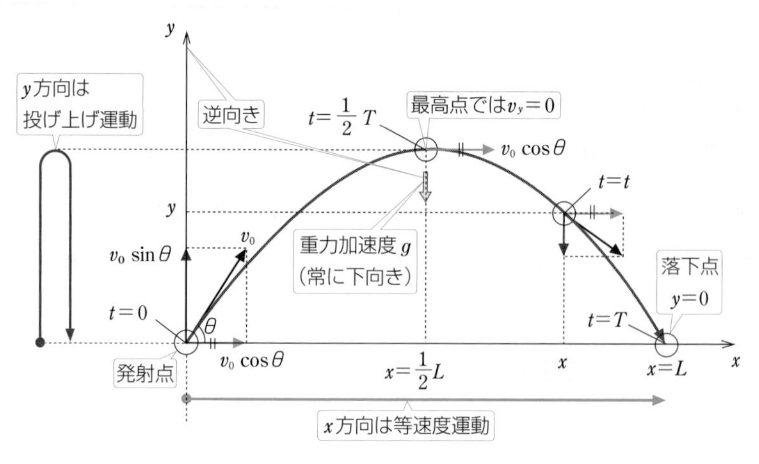

STEP 2　**x 軸，y 軸方向にそれぞれ完全に分けて3点セットを求める。**

《注》 初速度 v_0，加速度 a の符号は，座標軸と同じ向きなら正，逆向きなら負の符号をつける。

3点セットを表にすると，

3点セット	x 成分	y 成分
初期位置	0	0
初速度	$+v_0\cos\theta$	$+v_0\sin\theta$
加速度	0	$-g$

g は y 軸と逆向き

STEP 3　x 軸，y 軸方向に完全に分けて，等加速度運動の公式によって t 秒後の速度や位置を求める。

等加速度運動の公式 公式❶，公式❷ より，

t 秒後の速度と位置は，

$$\text{速度}\begin{cases} v_x = v_0\cos\theta + 0\cdot t \\ v_y = v_0\sin\theta + (-g)t \end{cases}$$

$$\text{位置}\begin{cases} x = 0 + v_0\cos\theta\cdot t + \dfrac{1}{2}\cdot 0\cdot t^2 \\ y = 0 + v_0\sin\theta\cdot t + \dfrac{1}{2}(-g)t^2 \end{cases}$$

何度もくり返すが，完全に x 軸方向，y 軸方向に分けることが放物運動の命である。

出題パターン

1 v-t グラフ

時刻 $t=0$〔s〕に x 軸の原点を出発した物体の速度 v〔m/s〕の時間変化をグラフに示す。

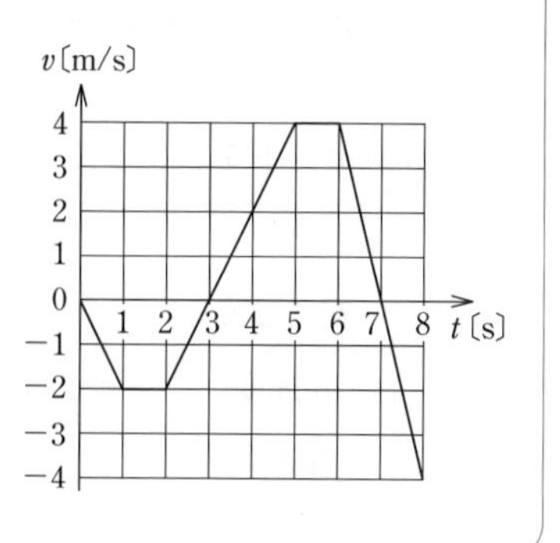

(1) $t=3$〔s〕と $t=7$〔s〕における加速度 a〔m/s^2〕を求めよ。

(2) $t=0$〔s〕から $t=8$〔s〕の間で，この物体が原点から最も離れる時刻，およびそのときの原点からの距離を求めよ。

解答のポイント

v-t グラフの

- 傾き ➡ **加速度**
- t（時間）軸より上の面積 ➡ **x 軸の正の向きへの移動距離**
- t 軸より下の面積 ➡ **負の向きへの移動距離**

を表す。

解　法

(1) $t=3$〔s〕での**グラフの傾き**より $a=2$〔m/s^2〕答，同じく $t=7$〔s〕でのグラフの傾きより $a=-4$〔m/s^2〕答となる。

(2) v-t グラフを，x 軸上での物体の動きにホンヤクすることが大切。

まず，図1-7で $0 \leqq t < 3$ では**グラフは t 軸より下**であるので，物体は x 軸の負の向きへ距離 $S_1=4$〔m〕（台形 S_1 の面積！）動く。そして $t=3$ でいったん停止して折り返す。

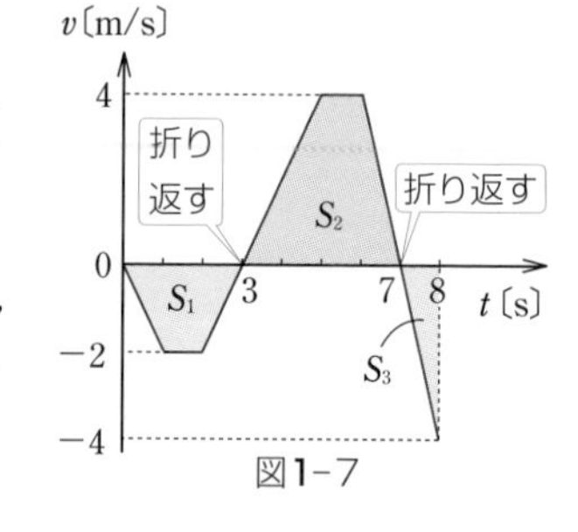

図1-7

$3 \leqq t < 7$ では**グラフは t 軸より上**であるので，物体は x 軸の正の向きへ距離 $S_2=10$〔m〕（台形 S_2 の面積！）動く。そして $t=7$ でいったん停止して折り返す。

$7 \leqq t \leqq 8$ では再び負の向きへ距離 $S_3=2$〔m〕（三角形 S_3 の面積！）動く。

よって，これらをまとめ，図1-8のように実際の動きにホンヤクすると，物体が原点から最も離れるのは，$t=7$〔s〕で，その距離は6〔m〕答である。

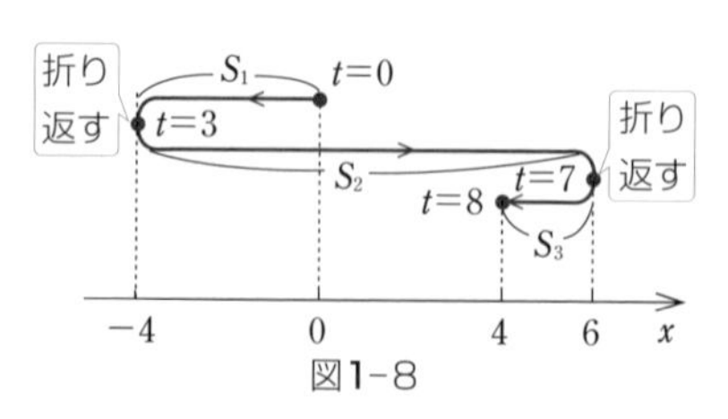

図1-8

出題パターン

2 直線上の等加速度運動

x 軸上を等加速度運動する物体があり，時刻 **$t=0$〔s〕**に **$x=0$〔m〕**を正の向きに速さ **9.0〔m/s〕**で通過し，**$t=2.0$〔s〕**には **$x=x_1$〔m〕**の **P** 点を正の向きに速さ **5.0〔m/s〕**で通過した。

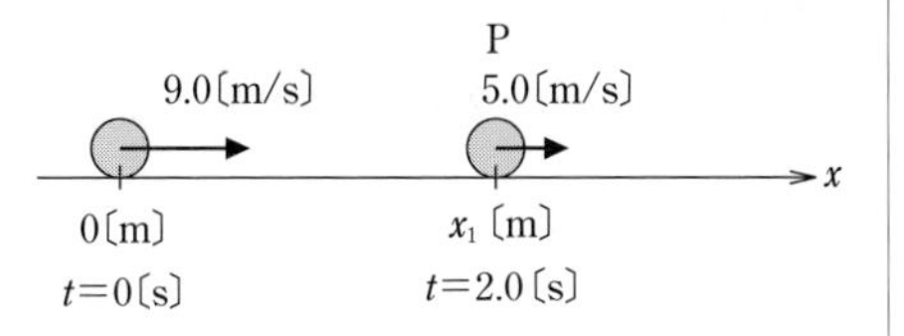

次を求めよ。

(1) 加速度の大きさ **$|a|$〔m/s²〕**

(2) **P** 点の **x** 座標 **x_1〔m〕**

(3) 物体のとりうる最大の座標 **x_{max}〔m〕**

(4) 物体が **2** 回目に **P** 点を通過する時刻 **t_1〔s〕**

(5) 物体が **$t=0$〔s〕**から **$t=10$〔s〕**までに移動する全移動距離 **S〔m〕**

解答のポイント

軸を立て，**初期位置**，**初速度**，**加速度**の**3点セット**を求めたら，何と何の関係を求めるかによって，次の3つの**等加速度運動の公式**を使い分けよう。

時刻 t と速度 v の関係➡公式❶ $v=v_0+at$

時刻 t と位置 x の関係➡公式❷ $x=x_0+v_0t+\frac{1}{2}at^2$

速度 v と位置 x の関係➡公式❸ $v^2-v_0{}^2=2a(x-x_0)$

解　法

(1) **3点セット**を表にすると，

初期位置	$x_0=0$
初速度	$v_0=+9.0$
加速度	a と仮定

ここで，わかっていることは，$t=2.0$〔s〕での速度が $v=5.0$〔m/s〕であること。これは，t と v の関係であるから，

公式❶より，

$5.0=9.0+a\times2.0$

$\therefore\ a=-2.0$〔m/s²〕

よって大きさは，$|a|=2.0$〔m/s²〕 …答

⑵　$t=2.0$〔s〕での x 座標 x_1 を求める。これは，t と x の関係を求めるので，
公式❷より，

$$x_1 = 0 + 9.0 \times 2.0 + \frac{1}{2}(-2.0) \times 2.0^2$$

$$= 14 \text{〔m〕} \quad \cdots \text{答}$$

⑶　図1-9のように，物体はだんだん速度が遅くなっていき，とうとう，$x=x_{max}$ でその速度が $v=0$〔m/s〕となり，折り返す。

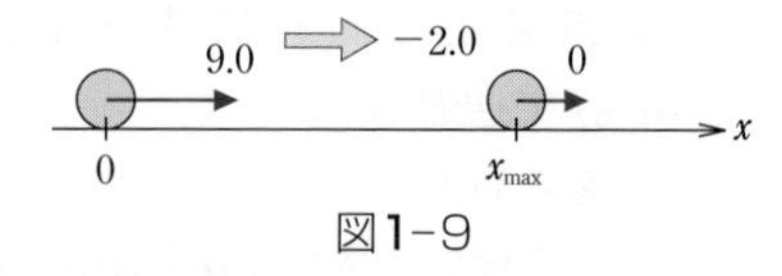

図1-9

これは x と v の関係であるから，
公式❸より，

$$0^2 - (9.0)^2 = 2(-2.0)(x_{max} - 0)$$

$$\therefore \quad x_{max} = 20.25 \text{〔m〕} \quad \cdots \text{答}$$

⑷　折り返した物体が再び $x=14$〔m〕のP点を通過する時刻 $t=t_1$ は，
公式❷より，

$$14 = 0 + 9.0 \times t_1 + \frac{1}{2}(-2.0) \times t_1^2$$

$$\therefore \quad (t_1 - 2)(t_1 - 7) = 0$$

$$\therefore \quad t_1 = 2,\ 7$$

ここで，$t_1 > 2$ より，$t_1 = 7.0$〔s〕 … 答

⑸　図1-10のように，$t=10$〔s〕での x 座標 $x=x_2$ は，
公式❷より，

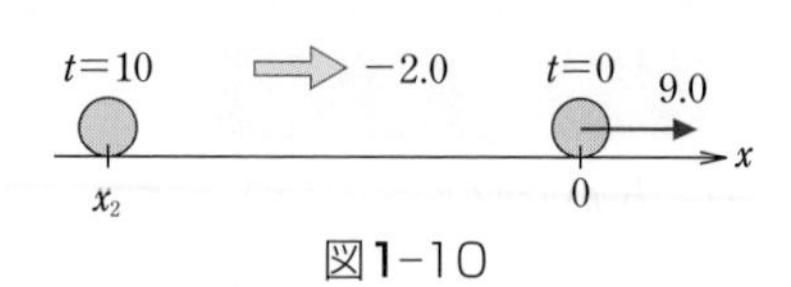

図1-10

$$x_2 = 0 + 9.0 \times 10 + \frac{1}{2} \times (-2.0) \times 10^2$$

$$= -10 \text{〔m〕}$$

よって，全移動距離 S は，図1-11より，

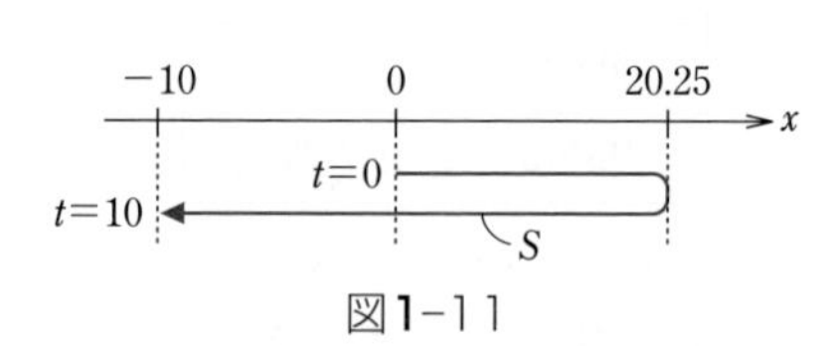

図1-11

$$S = 20.25 \times 2 + 10$$

$$= 50.5 \text{〔m〕} \quad \cdots \text{答}$$

出題パターン　3 放物運動

水平に対する傾角 **30°** の斜面上の **A** 点から，物体を初速 $\boldsymbol{v_0}$ で水平に投げたら，物体は斜面上の **B** 点に落下した。重力加速度の大きさを $\boldsymbol{g}$ とする。

(1)　**A → B** の飛行時間はいくらか。

(2)　**A** 点と **B** 点の高度差 $\boldsymbol{h}$ はいくらか。

(3)　**B** 点に落下したときの物体の速度の大きさ(速さ) $\boldsymbol{v}$ と，速度が水平に対してなす角 $\boldsymbol{\theta}$ の $\mathbf{tan}\,\boldsymbol{\theta}$ を求めよ。

次に，物体を斜面に垂直な方向に初速 $\boldsymbol{v_0}$ で投げたら，斜面上の **C** 点に落下した。

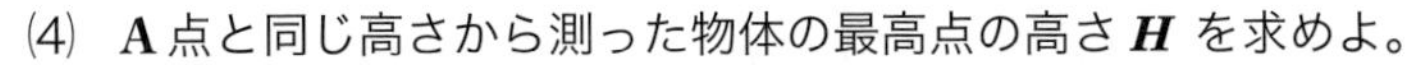

(4)　**A** 点と同じ高さから測った物体の最高点の高さ $\boldsymbol{H}$ を求めよ。

(5)　**A → C** の飛行時間はいくらか。

解答のポイント

放物運動の解法３ステップを忠実に行うだけで OK！

解　法

(1)　**放物運動の解法３ステップ**で解く。

STEP 1　A点を原点にした図1-12のような x，y 軸をとる。

STEP 2　**3点セット**を表にすると，

3点セット	x 成分	y 成分
初期位置	0	0
初速度	$+v_0$	0
加速度	0	$+g$

g は y 軸と同じ向き

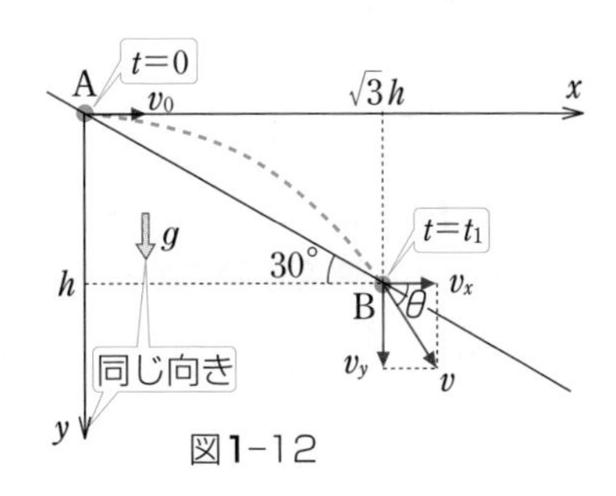

図1-12

STEP 3　A→B の高度差を h とすると，図1-12のように **B点の座標は** $(\sqrt{3}\boldsymbol{h},\ \boldsymbol{h})$ とおける。A → B の飛行時間を t_1 とすると，**等加速度運動の公式 公式❷** より，

$$\sqrt{3}h = 0 + v_0 t_1 + \frac{1}{2}\cdot 0\cdot t_1^2 \quad \cdots ① \qquad h = 0 + 0\cdot t_1 + \frac{1}{2}\cdot g\cdot t_1^2 \quad \cdots ②$$

②÷①より，

$$\frac{1}{\sqrt{3}}=\frac{gt_1}{2v_0} \qquad \therefore \quad t_1=\frac{2v_0}{\sqrt{3}\,g}=\frac{2\sqrt{3}\,v_0}{3g} \quad \cdots 答$$

(2) t_1 を②に代入して，

$$h=\frac{1}{2}g\left(\frac{2\sqrt{3}\,v_0}{3g}\right)^2=\frac{2v_0^{\,2}}{3g} \quad \cdots 答$$

(3) B 点(時刻 t_1)での物体の速度 v の x，y 成分を v_x，v_y とする(図 1-12)。**等加速度運動の公式** 公式❶ より，

$$v_x=v_0+0\cdot t_1, \qquad v_y=0+gt_1 \qquad \therefore \quad v=\sqrt{v_x^{\,2}+v_y^{\,2}}=\frac{\sqrt{21}}{3}v_0 \quad \cdots 答$$

図 1-12 より，

$$\tan\theta=\frac{v_y}{v_x}=\frac{gt_1}{v_0}=\frac{g}{v_0}\cdot\frac{2\sqrt{3}\,v_0}{3g}=\frac{2\sqrt{3}}{3} \quad \cdots 答$$

(4) もう 1 回 **放物運動の解法 3 ステップ** に入る。

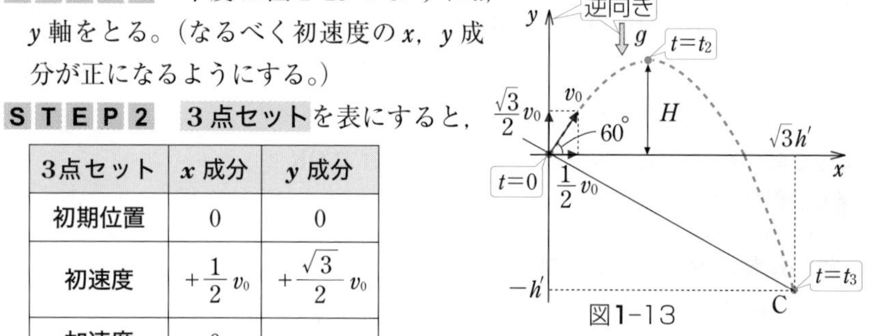

図1-13

STEP 1 今度は図 1-13 のように x，y 軸をとる。(なるべく初速度の x，y 成分が正になるようにする。)

STEP 2 **3 点セット**を表にすると，

3点セット	x 成分	y 成分
初期位置	0	0
初速度	$+\frac{1}{2}v_0$	$+\frac{\sqrt{3}}{2}v_0$
加速度	0	$-g$

g は y 軸と逆向き

STEP 3 最高点(**y 軸方向の速度 0**，y 座標 H)に達する時刻を t_2 とすると，**等加速度運動の公式** 公式❶，公式❷ より，

$$0=\frac{\sqrt{3}}{2}v_0+(-g)t_2 \qquad \therefore \quad t_2=\frac{\sqrt{3}\,v_0}{2g}$$

$$H=0+\frac{\sqrt{3}}{2}v_0t_2+\frac{1}{2}(-g)t_2^{\,2}=\frac{3v_0^{\,2}}{4g}-\frac{3v_0^{\,2}}{8g}=\frac{3v_0^{\,2}}{8g} \quad \cdots 答$$

(5) **C 点の座標を($\sqrt{3}\,h'$，$-h'$)**，A→C の飛行時間を t_3 とすると，**等加速度運動の公式** 公式❷ より，

注意！

$$\sqrt{3}\,h'=0+\frac{1}{2}v_0t_3+\frac{1}{2}\cdot 0\cdot t_3^{\,2} \quad \cdots ③ \qquad -h'=0+\frac{\sqrt{3}}{2}v_0t_3+\frac{1}{2}(-g)t_3^{\,2} \quad \cdots ④$$

④÷③より，$-\frac{1}{\sqrt{3}}=\sqrt{3}-\frac{g}{v_0}t_3$

$$\therefore \quad t_3=\left(\sqrt{3}+\frac{1}{\sqrt{3}}\right)\frac{v_0}{g}=\frac{4\sqrt{3}\,v_0}{3g} \quad \cdots 答$$

出題パターン

4 モンキーハンティング

時刻 $t=0$ で P から質点が自由落下すると同時に，O から弾丸を図のように発射して，質点に命中させることができた。

このとき，初速度 v_0 と地面のなす角を θ として，$\tan\theta$ の大きさはいくらか。重力加速度の大きさを g とする。

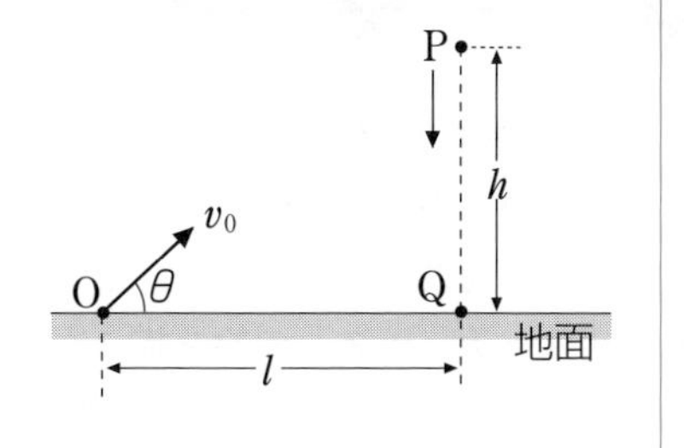

解答のポイント

命中するということは，「**同時刻に，同座標にある**」ということである。

解　法

放物運動の解法3ステップで解く。

STEP 1　図1-14のように x，y 軸をとる。

STEP 2　弾丸と質点の**3点セット**をそれぞれ求める。

3点セット	弾丸		質点	
	x 成分	y 成分	x	y
初期位置	0	0	l	h
初速度	$+v_0\cos\theta$	$+v_0\sin\theta$	0	0
加速度	0	$-g$	0	$-g$

g は y 軸と逆向き　㊟

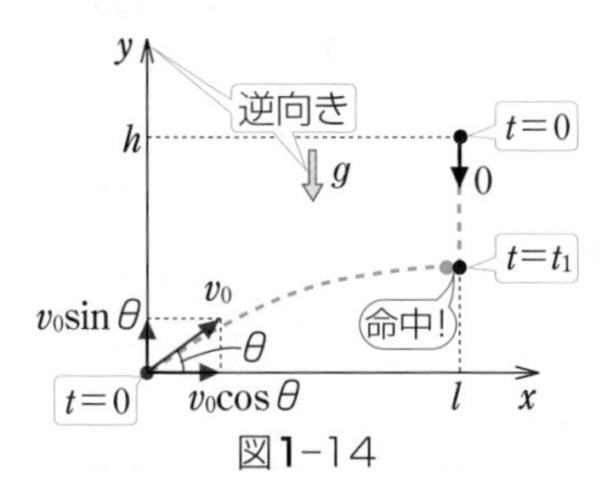

図1-14

㊟ $\vec{g}$ は y 軸と逆向きなので負。イメージは，1秒あたり g ずつ y 軸の負の向きに速度が増すという自由落下。

STEP 3　$t=t_1$ で命中(座標一致)したとすると，**等加速度運動の公式** 公式❷ より，

x **座標が一致**：$0+v_0\cos\theta\cdot t_1+\frac{1}{2}\cdot 0\cdot t_1^2=l+0\cdot t_1+\frac{1}{2}\cdot 0\cdot t_1^2$　… ①

y **座標が一致**：$0+v_0\sin\theta\cdot t_1+\frac{1}{2}(-g)t_1^2=h+0\cdot t_1+\frac{1}{2}(-g)t_1^2$　… ②

②÷①より　$\frac{\sin\theta}{\cos\theta}=\tan\theta=\frac{h}{l}$　… 答

となる。放物運動の問題は，x，y **軸方向に完全に分けて3点セット**で**等加速度運動の公式**に持ちこむだけで解けてしまうのである。

相対速度はこれだけで OK!!（物理基礎）

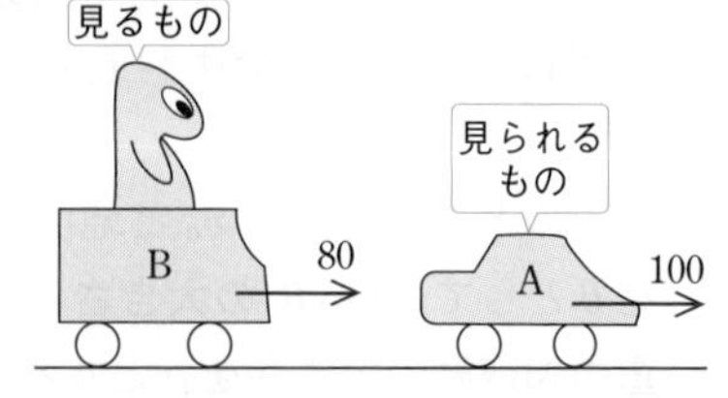

「相対速度」ときたらこの絵を描こう

「相対速度はイヤ！」という人が多いが，次の単純なやり方を覚えるだけで得意にできる。相対速度が出てきたら，とりあえず右図の「カーチェイス」の絵を描こう。

すると，「BからみたAの(相対)速度」または「Bに対するAの(相対)速度」は，

$$100 - 80 = 20$$

（100：Aの速度（見られるもの），80：Bの速度（見るもの），20：Bから見たAの相対速度）

となっていることがわかる。要するに相対速度は引き算の順だけが大切で，

(見るものの速度)を後ろから引けばよい

のである。この結果はいつでも上図の絵を描いて思い出すことができるぞ。

このルールを使って，次の問題を解いてみよう。

問題 x 軸上を正の向きにAの物体が，y 軸上を負の向きにBの物体が，いずれも10m/sの速さで進んでいる。Bに対するAの相対速度の向きと大きさを求めよ。

解答 右図で，Bから見たAの相対速度は，

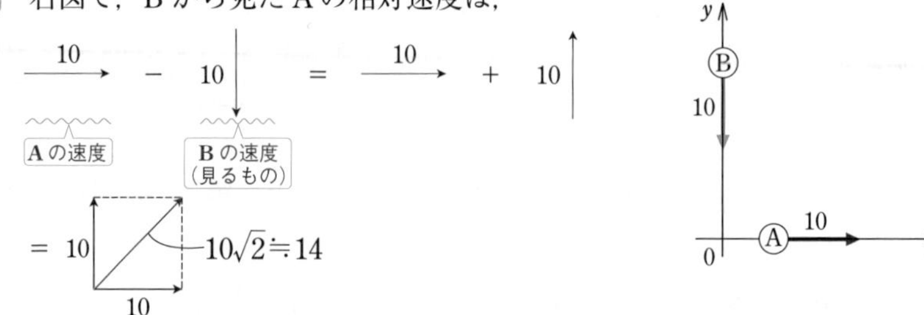

つまり x 軸から反時計まわりに45° 回転した向きに大きさ14m/sの速度。

別解 成分の表示で考えると，

$$(10,\ 0) - (0,\ -10) = (10,\ 10) = 10\sqrt{2} \fallingdotseq 14$$

（(10, 0)：Aの速度，(0, −10)：Bの速度）

以上2通りの「(見るものの速度)を後ろから引く」という方法をマスターしよう。

STAGE

02 力学

力のつりあい・モーメント

(物理基礎) (物 理)

正確に力を書き込むと，あとは簡単

頻出出題パターン

5	摩擦力を含む力のつりあい	物理基礎
6	ばねの弾性力を含む力のつりあい	物理基礎
7	水圧と浮力	物理基礎
8	力のモーメント（すべる条件）	物 理
9	力のモーメント（水平な棒）	物 理
10	力のモーメント（倒れる条件）	物 理

ここを押さえよ！

力を書き込む正しい手順を忠実に行い，“もれなく”，“正確に” 力を書けるようにしよう。その上で特に注意したい2つの力「摩擦力」「ばねの弾性力」を正しく扱えるようにする。力のモーメントでは支点を決め，「うで」をつくるという作図も大切。

問題に入る前に

❶ 力の書き込み方とは (物理基礎)

例えば，君がイスに座って，消しゴムを持ち上げて落とすとする。このとき，君のおしりは，イスとの接触点から力を受けて支えられているのを感じるね。一方，消しゴムは地球に接触しているわけではないのに，空中で地球から下向きに引力（重力）を受けて落下していく。このように物体が受ける力は，接触点から受ける力（接触力）と空間そのものから受ける力（場の力）に分類できる。

物体が受ける力

- **接触力** … 外部と接触する点から受ける力
  - 次の5つだけ押さえておけばよい。
    - ㋐なめらかな面 ⟶ 垂直抗力 N
    - ㋑糸 ⟶ 張力 T
    - ㋒ばね ⟶ 弾性力 kx
    - ㋓あらい面 ⟶ 垂直抗力 Nと摩擦力 f
    - ㋔液体 ⟶ 圧力 P（浮力 F）
- **場の力** …（例）重力（質量 m × 重力加速度 g）

これらをはっきり区別し，次の手順を1つ1つやってみよう。

漆原の解法 5　力の書き込み3ステップ

STEP 1　着目物体を決める。

STEP 2　着目物体の周囲を指でナデまわしたとき，指が外部とコツンと接触する点から受ける「接触力」を書き込む。

《例》では，

㋐なめらかな面 → 垂直抗力 N

㋑糸 ⟶ 張力 T

STEP 3　「場の力」である「重（ジュー）力」を書き込む。

《例》

m

着目！

N　T　㋑　㋐

ナデ回す

コツンと接触！

N　T

mg（ジュー）

以上の方法を，**ナデ・コツ・ジュー** と覚えよう！

　ところで，**STEP 2** で注意したいのは，物体が「**受ける**」力を書くこと。つまり，物体が「押す」「引く」「こする」力ではなく，「押される」「引かれる」「こすられる」力を書くことである。

▶特にモーメントの問題を解くときは，重力の始点を重心に書くことが大切である。

❷ 力のモーメントは難しくない （物 理）

ドアを押して開けるとき，なるべくドアの付け根から遠い位置を押すと楽に開けられる。このように，物体を回転させる能力には力のみでなく，力を加える位置も大切である。この能力のことを**力のモーメント**という。また，その大きさは，図2-1のような作図で求められる。

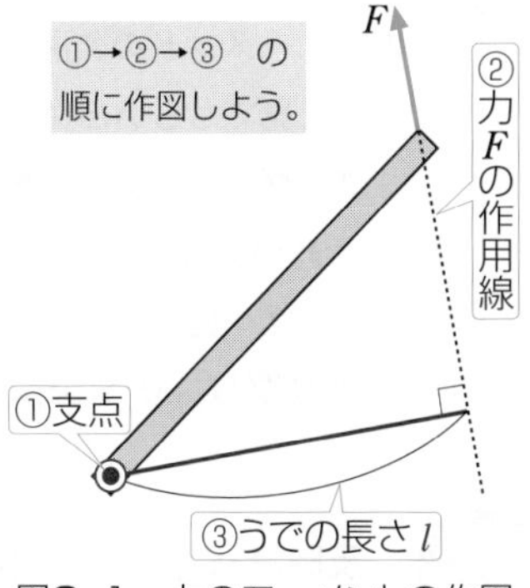

図2-1　力のモーメントの作図

力のモーメント N

＝力 F× 支点から力 F の作用線までの距離 l

うでの長さ

❸ 力のモーメントのつりあいの式を立ててみる （物 理）

物体が回転せずに止まっているときは，次の3ステップで力のモーメントのつりあいの式を立てる。

漆原の解法 6　力のモーメントのつりあいの式の立て方3ステップ

STEP 1　支点◉を1つ決める。

支点◉はどこでもよいが，**未知の力が多く集まっている所**にとると，それらの力のモーメントを考えなくてすむので楽。

→点Bより点Aのほうを選ぶとよい。

STEP 2　支点から，各力の作用線に垂線を下ろし「**うで l**」をつくる。

STEP 3　力のモーメントのつりあいの式を立てる。

《例》

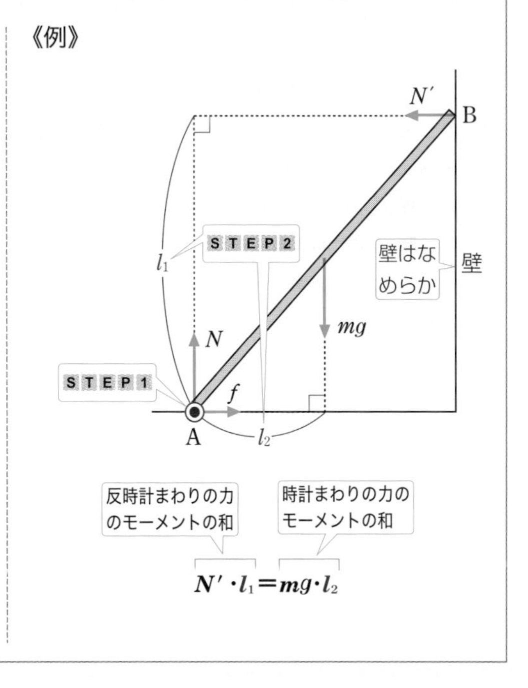

$$N'\cdot l_1 = mg\cdot l_2$$

力のモーメントの作図のコツ

力のモーメントの作図は次の3拍子でリズミカルに覚えよう。もう一度p.21の図2-1を見てもらいたい。

① **グリグリ**！と支点に◉をつける。

② 力Fの矢印を**テンテン**テン！と延長して作用線 ……………… を引く。

③ ①→②へ**ピューンポコン**！と垂線 ――――― を落として，うでをつくる。

以上の**グリグリ・テンテン・ピューンポコン**を唱えながら作図しよう。

反時計・時計まわり判定法

反時計・時計まわりで悩んでいるときは，次のようにするとすぐわかる。

力のモーメントのつりあいの式の立て方3ステップの図において，力のモーメントのつりあいの式に用いる力と「うで」だけを図2-2のように書き出す。

その次に必ずやるべき事は，力N'と力mgをそれぞれのうでの位置にまでずらしてくることだ。

ここで，図のN'の方向に力を加えると，N'のうでは支点中心に反時計まわりにまわり出す。

➡ N'は反時計まわり

同様に，mgの方向に力を加えると，mgのうでは時計まわりにまわり出す。

➡ mgは時計まわり

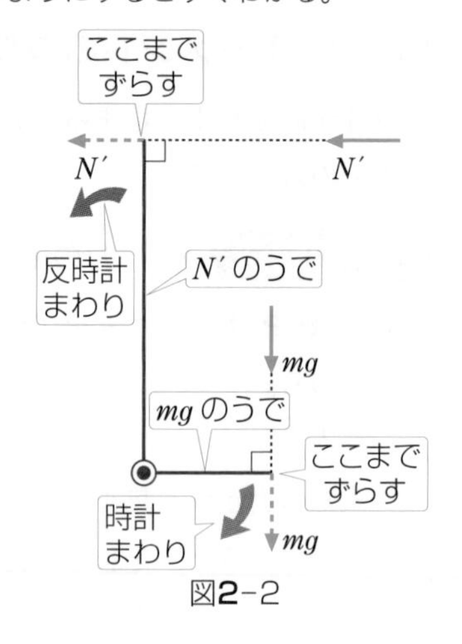

図2-2

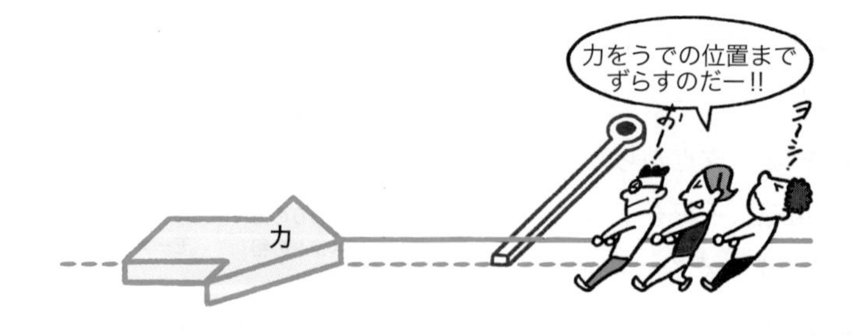

出題パターン　5 摩擦力を含む力のつりあい

水平に対する傾角が θ のあらい斜面上に，質量 m の物体が静止している。物体と斜面との間の静止摩擦係数を μ，重力加速度の大きさを g とする。

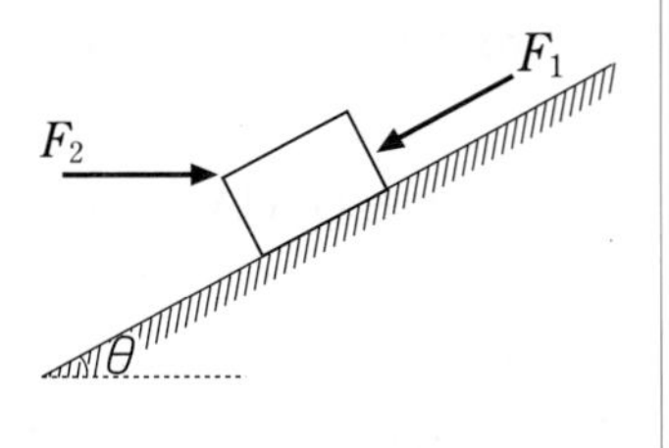

(1)　物体に働く静止摩擦力の大きさを求めよ。

(2)　この物体に，斜面に沿って下向きに大きさ F_1 の力を加えて物体をすべり下ろさせるための F_1 の最小値を求めよ。

(3)　この物体に，水平方向に大きさ F_2 の力を加えて物体をすべり上がらせるための F_2 の最小値を求めよ。

解答のポイント

摩擦力は「セリフ」によって，次の3タイプのうちのどれかを見分ける。

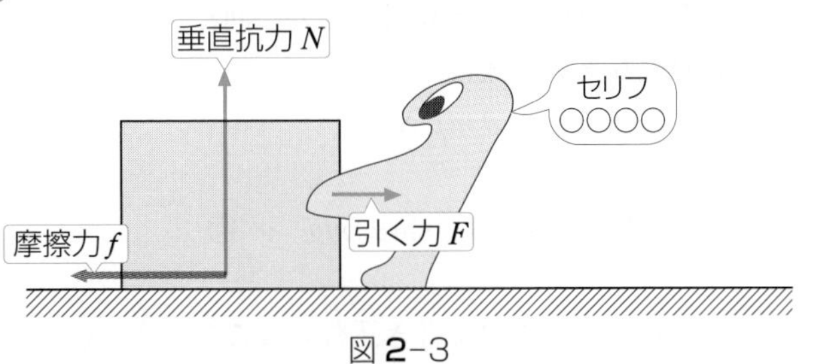

図 2-3

セリフ ⟷	摩擦力
びくともしない ➡	静止摩擦力 $f=F$ （引く力 F に応じて変化するため，力のつりあいの式を立てて求める）
すべる直前 ➡	最大静止摩擦力 $f=\mu N$ （μ と N のみで決まった大きさ）
もうすべっている ➡	動摩擦力 $f=\mu' N$ （速さによらず μ' と N のみで決まった大きさ）

※この本では「最大摩擦力」を，「最大静止摩擦力」と呼ぶ。

- 静止摩擦係数 μ
- 動摩擦係数　μ'

｝面のあらさを表す定数

《注》摩擦力というとすぐ μN と書いてしまう人が多いが，μN はすべる直前のぎりぎりの状態でしか使えない。

解　法

⑴　**力の書き込み３ステップ**によって図2-4のように力を書き込む。ここで物体は「**びくともしない**」ので摩擦力は静止摩擦力で未知数fとしておく（まだ「すべる直前」の状態ではないので，μNとしてはいけない)。斜面と平行方向の力のつりあいの式より，

$$f = mg\sin\theta \quad \cdots \text{答}$$

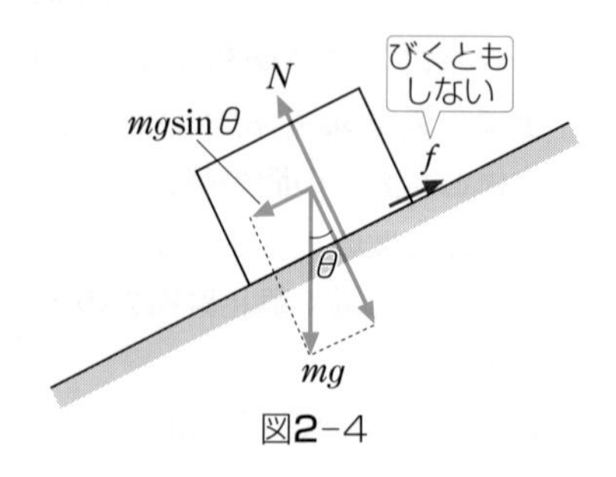

図2-4

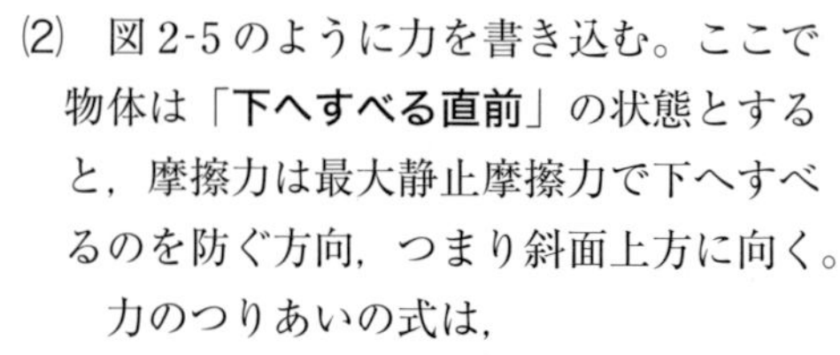

⑵　図2-5のように力を書き込む。ここで物体は「**下へすべる直前**」の状態とすると，摩擦力は最大静止摩擦力で下へすべるのを防ぐ方向，つまり斜面上方に向く。

力のつりあいの式は，

$$x : F_1 + mg\sin\theta = \mu N$$

$$y : N = mg\cos\theta$$

$$\therefore \quad F_1 = (\mu\cos\theta - \sin\theta)mg \quad \cdots \text{答}$$

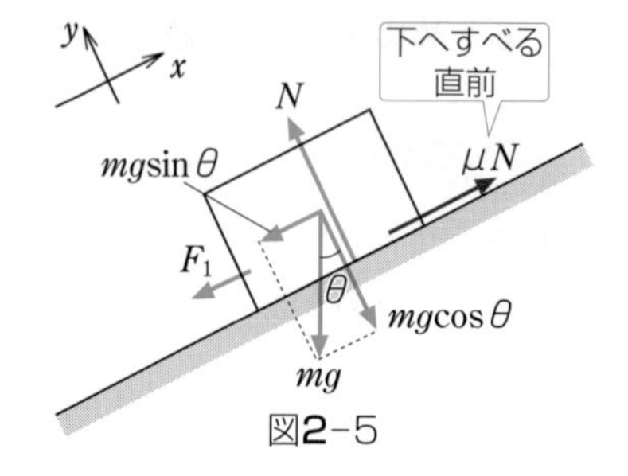

図2-5

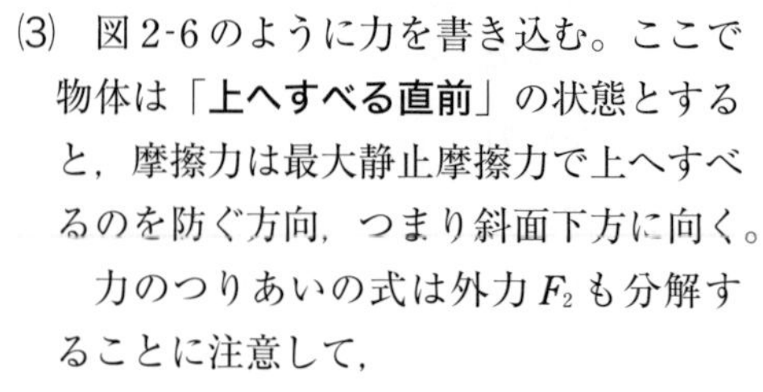

⑶　図2-6のように力を書き込む。ここで物体は「**上へすべる直前**」の状態とすると，摩擦力は最大静止摩擦力で上へすべるのを防ぐ方向，つまり斜面下方に向く。

力のつりあいの式は外力F_2も分解することに注意して，

$$x : F_2\cos\theta = \mu N + mg\sin\theta \quad \cdots ①$$

$$y : N = mg\cos\theta + F_2\sin\theta \quad \cdots ②$$

《注》 $N = mg\cos\theta$ としない。F_2も忘れるな!!

②を①に代入して，

$$F_2\cos\theta = \mu(mg\cos\theta + F_2\sin\theta) + mg\sin\theta$$

$$\therefore \quad F_2(\cos\theta - \mu\sin\theta) = mg(\mu\cos\theta + \sin\theta)$$

$$\therefore \quad F_2 = \left(\frac{\mu\cos\theta + \sin\theta}{\cos\theta - \mu\sin\theta}\right)mg \quad \cdots \text{答}$$

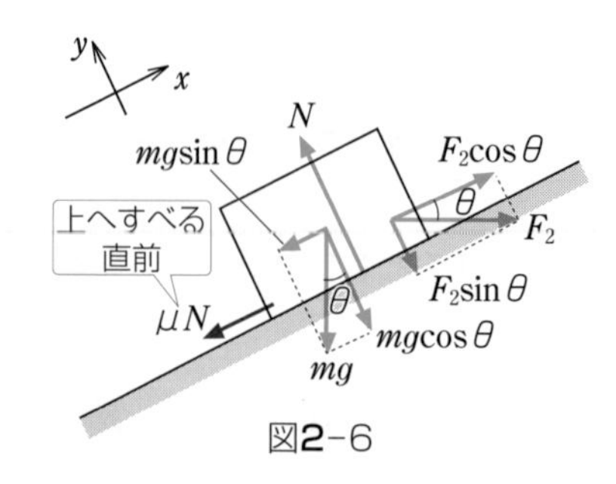

図2-6

出題パターン

6 ばねの弾性力を含む力のつりあい

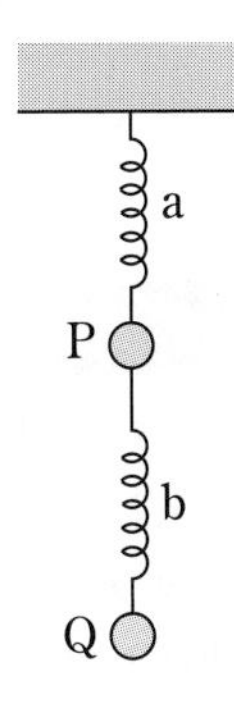

図に示すようにばね a(ばね定数 k_1, 自然長 l_1)の一端を天井に固定し，他端に質量 m の小球 P をつるす。さらに P にばね b(ばね定数 k_2, 自然長 l_2)の一端を固定し，他端に質量 M の小球 Q をつるす。はじめ全体が静止しているとき，ばね a, b は自然長からそれぞれ x_1, x_2 だけ伸びている。ばね a, b の質量はいずれも無視できるものとし，重力加速度の大きさを g とする。

(1) x_1, x_2 を求めよ。

次に，Q を鉛直下方にゆっくり引いて静止させる。P, Q が移動した距離をそれぞれ y_1, y_2 とし，このとき Q に加えている力の大きさを F とする。

(2) y_1, y_2 を求めよ。

解答のポイント

ばねの弾性力 F は, ばね定数 k〔N/m〕(＝1m 伸ばす，または縮めるのに要する力）として，

$F=k\times$（伸びまたは縮み x〔m〕）

ばねの横には,「伸び」または「縮み」の「セリフ」を書く習慣をつけよう。

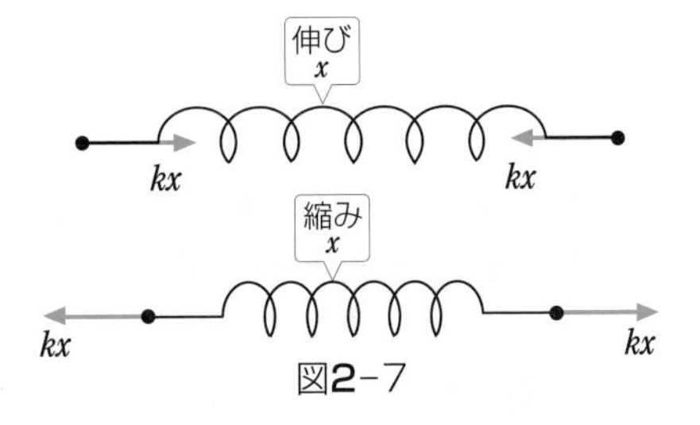

図2-7

両側におもりのついたばね

図 2-8 で,「図アの伸びが x のとき，図イの伸び y はいくらになるか。」という問いに,「2 つのおもりに引かれるから伸びは 2 倍で，$y=2x$ になる」と答えると…×（バツ）！

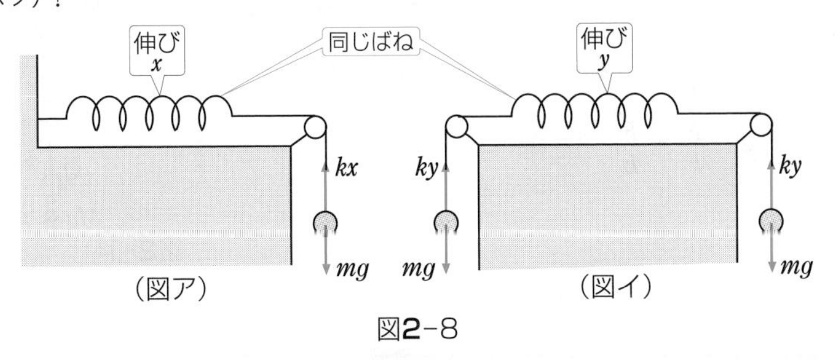

図2-8

各おもりに働く力のつりあいをよく見てみよう。

図アでは，$kx=mg$，　図イでは，$ky=mg$

よって，$y=x=\dfrac{mg}{k}$ で，図アと図イの伸びは同じ!!

解　法

⑴ それぞれのばねに「セリフ」を書きこもう。各々「伸び x_1」と「伸び x_2」と仮定しておく。**力の書き込み3ステップ**によって，右の図2-9のように力を書き込む。伸びたばねはその両端の物体を自分の中心に向かって引っぱり込もうとする。

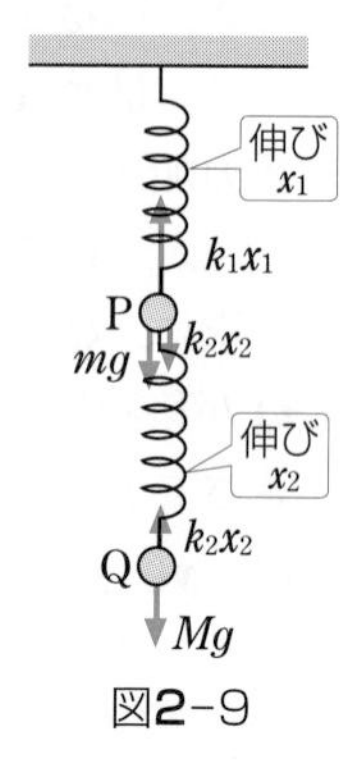

図2-9

P，Qに働く力のつりあいより，

P：$k_1x_1=k_2x_2+mg$　… ①

Q：$k_2x_2=Mg$　… ②

∴　$x_1=\dfrac{m+M}{k_1}g$　… 答

$x_2=\dfrac{M}{k_2}g$　… 答

⑵ 図2-10のようにQを下ろした後の「ばねの伸び」の「セリフ」を書く。このとき，ばねbの伸びが，$x_2+y_2-y_1$ となる（x_2+y_2 ではない）ことに注意！

→おもりPも y_1 だけ下がってきている

P，Qに働く力のつりあいより，

P：$k_1(x_1+y_1)=k_2(x_2+y_2-y_1)+mg$

Q：$k_2(x_2+y_2-y_1)=Mg+F$

①，②を代入して，

$$\begin{cases} k_1y_1=k_2(y_2-y_1) \\ k_2(y_2-y_1)=F \end{cases}$$

∴　$y_1=\dfrac{F}{k_1}$　… 答

$y_2=\dfrac{F}{k_1}+\dfrac{F}{k_2}$　… 答

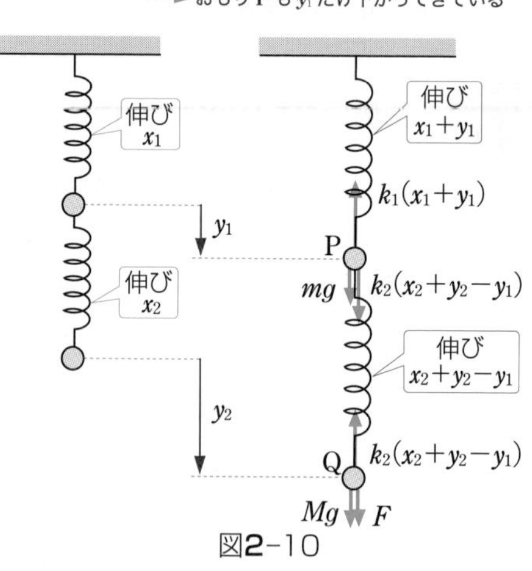

図2-10

出題パターン

7 水圧と浮力

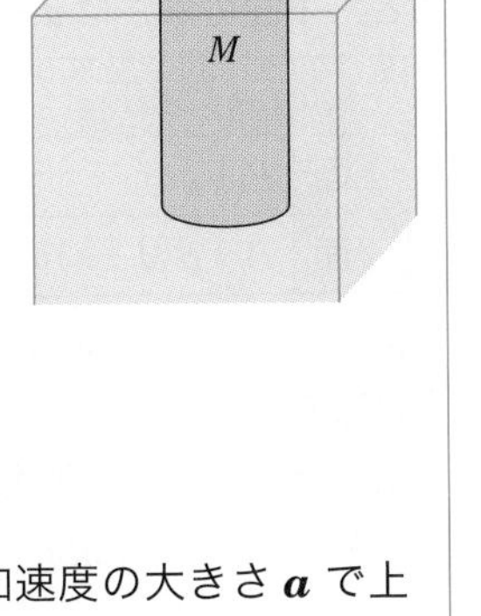

図のように，大気圧 $\boldsymbol{P_0}$ の大気の下で密度と太さが一様で，長さが $\boldsymbol{l}$ の円柱を水につけたところ，$\boldsymbol{\frac{1}{4}l}$ の長さだけ水面から出て浮いた。円柱の質量を $\boldsymbol{M}$，重力加速度の大きさを g とする。

(1)　円柱が水から受けている浮力の大きさ $\boldsymbol{F}$ はいくらか。

(2)　この円柱の上端を静かに押し下げ，円柱全体がちょうど水につかった状態で，静止させる。
　このとき，円柱に加えるべき，下向きの力 $\boldsymbol{F_1}$ はいくらか。

(3)　(2)の状態で加えた力をとり去ったとき，円柱は加速度の大きさ $\boldsymbol{a}$ で上昇し始めた。
　$\boldsymbol{a}$ はいくらか。

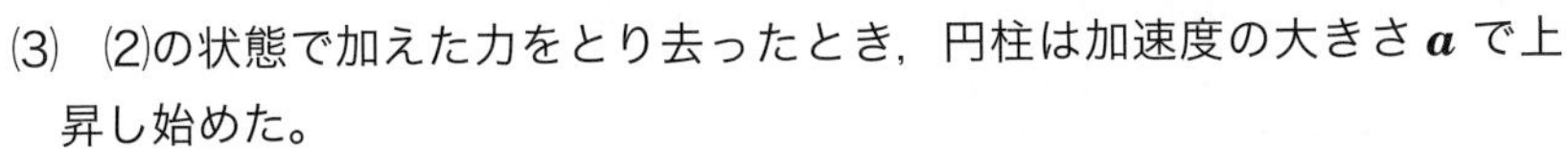

解答のポイント

■ 水圧のしくみ

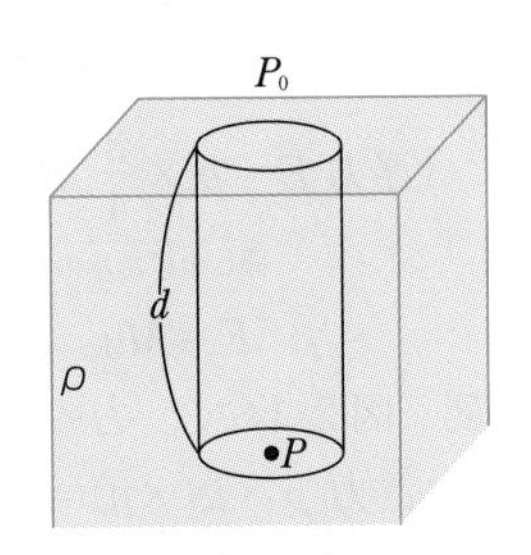

図2-11

図 2-11 のように，大気圧 P_0 の大気の下で，密度 ρ〔kg/m³〕の水中 d〔m〕の深さの点での**水圧** $\boldsymbol{P}$〔N/m²〕を考える。
（水圧 → 1〔m²〕あたり受ける力）

この水圧 P は，ちょうど，図 2-12 のように高さ d〔m〕で底面積 1〔m²〕の「**水の柱**」に注目して，その「水の柱」の上面 1〔m²〕が大気圧から受ける力 P_0 と「水の柱」自身に働く重力の和に等しい。よって重力加速度を g〔m/s²〕として，

$P = P_0 +$（水の柱の質量）$\times g$
$\quad = P_0 +$（水の密度 ρ）$\times$（水の柱の体積 $d \times 1$）$\times g$
$\quad = \boxed{\boldsymbol{P_0 + \rho d g}}$

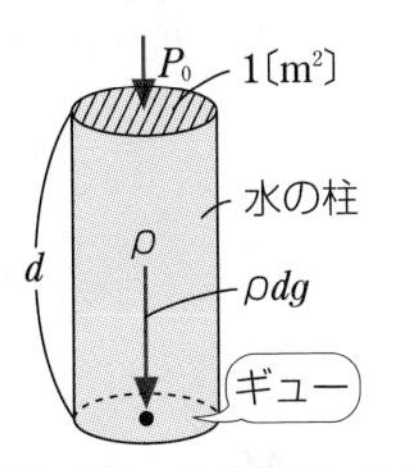

図2-12　水圧のしくみ

よって，$d \to$ 大ほど $P \to$ 大，つまり深いほど水圧も大きくなるのだ。この式は覚えるのではなく，いちいち図 2-12 を書いて導けるようにしておこう。

■ 浮力のしくみ

図 2-13 のように，大気圧 P_0 の下で密度 ρ〔kg/m^3〕の液体中に底面積 S〔m^2〕，高さ h〔m〕（体積 $V=hS$）の円柱が沈んでいる。この円柱の上面の深さを d とすると，下面の深さは $d+h$ となる。よって，

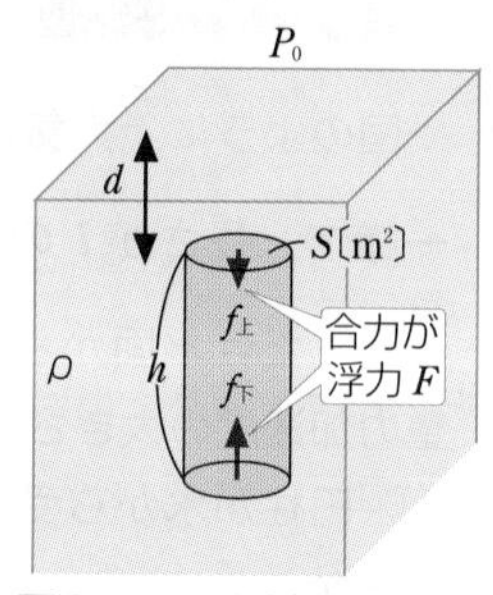

図2-13　浮力のしくみ

	水圧	面全体で受ける力
上面	$P_0+\rho d g$	$f_上=P_0S+\rho d g S$
下面	$P_0+\rho(d+h)g$	$f_下=P_0S+\rho(d+h)g S$

よって，図 2-13 のように $f_下$ の方が $f_上$ よりも力が強く，**合力をとると上向きの力が残る。**

その合力のことを**浮力 F** という。

$F=f_下-f_上=\rho hSg$ ←大気圧 P_0 が相殺されていることに注意。

$=\rho\times$（円柱の体積 V）$\times g$

$=$ **（円柱が押しのけた水の質量）× g** ←「アルキメデスの原理」という。

解　法

(1)　水の密度を ρ，円柱の底面積を S とする。問題文の図での力のつりあいで，浮力の式の中で相殺された大気圧 P_0 の押す力は考えないことに注意して，

（浮力 $F=\rho\times\frac{3}{4}lS\times g$）＝（重力 Mg）　… ①
（$\rho\times\frac{3}{4}lS$：押しのけた水の質量）

$\therefore\quad F=Mg$　… 答

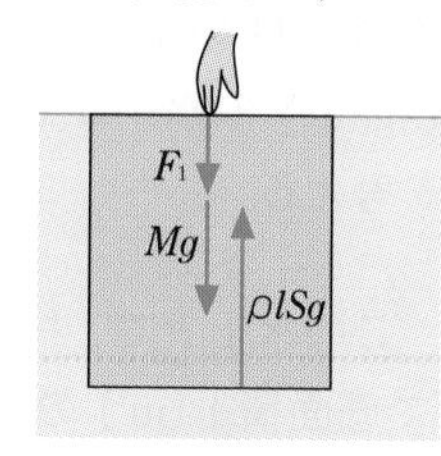

図2-14

(2)　図 2-14 で，力のつりあいの式より，

（浮力 $\rho\times lS\times g$）＝（重力 Mg）＋（押す力 F_1）
（$\rho\times lS$：押しのけた水の質量）

$\therefore\quad F_1=\rho lSg-Mg$

$=\frac{4}{3}Mg-Mg$　（①より）

$=\frac{1}{3}Mg$　… 答

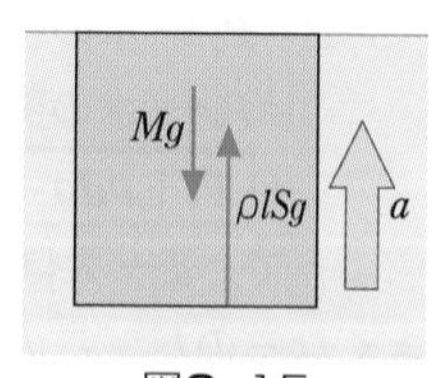

図2-15

(3)　図 2-15 で，円柱の運動方程式(p.35)より，

$Ma=$（浮力 $\rho\times lS\times g$）$-Mg$
（$\rho\times lS$：押しのけた水の質量）

$=\frac{4}{3}Mg-Mg=\frac{1}{3}Mg$　　$\therefore\quad a=\frac{1}{3}g$　… 答

出題パターン

8 力のモーメント（すべる条件）

なめらかで鉛直な壁の前方 **6m** のところから，長さ **10m**，質量 $\boldsymbol{M}$〔**kg**〕の一様なはしごが壁に立てかけられてある。重力加速度の大きさを g〔$\mathbf{m/s^2}$〕とし，床とはしごとの間の静止摩擦係数を $\mu=\dfrac{1}{2}$ とする。

いま，このはしごを質量 $\boldsymbol{5M}$〔**kg**〕の人が登り始めた。この人はどこまで登りうるか。

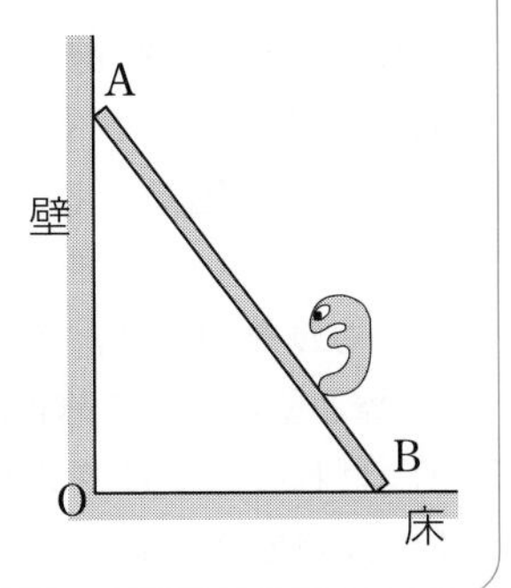

解答のポイント

（力のつりあいの式の数）＜（未知数の数） のとき，未知数を求めるために力のモーメントのつりあいの式も必要になる。棒の重心は，棒の中央である。

解　法

図 2-16 のように，人が下端から l〔m〕まで登ったとき，はしごの下端がすべる直前となり，摩擦力が最大静止摩擦力 $\mu N=\dfrac{1}{2}N$ になったと考える。力のつりあいの式より，

x : $N'=\dfrac{1}{2}N$

y : $N=Mg+5Mg$

ここで，未知数の数は N，N'，l の 3 つに対し，式の数は 2 つしかない。

よって，**力のモーメントのつりあいの式の立て方 3 ステップ**に入る。

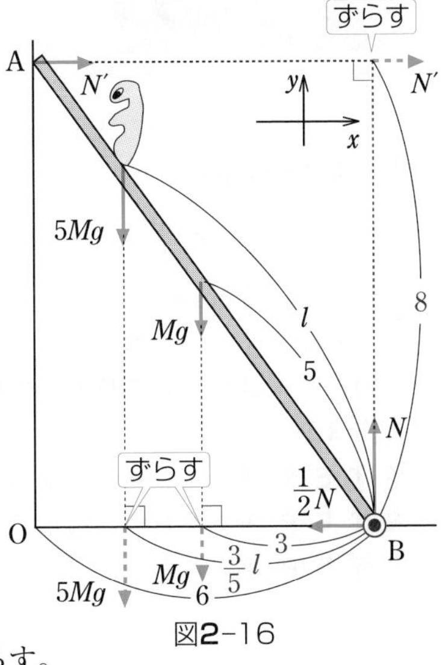

図2-16

STEP 1　支点◉は力の集中する B 点。

STEP 2　各力の作用線に「うで」を下ろす。

STEP 3　力のモーメントのつりあいの式より，各力をうでの位置までずらして，

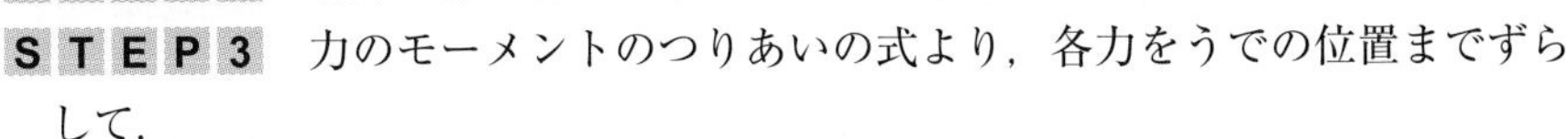

$$Mg\times 3+5Mg\times\frac{3}{5}l=N'\times 8$$

反時計まわりのモーメント　時計まわりのモーメント

以上の 3 式より，l について解くことができて，

$l=7$〔m〕 …答

出題パターン

9 力のモーメント（水平な棒）

図のように質量 M，長さ L の一様でまっすぐな棒の一端 A を鉛直なあらい壁に垂直に当て，他端 B に糸をつけて，壁の一点 C に固定する。さらに，B 点にばね定数 k の軽いばねをつけ，その端に質量 m のおもりをつける。重力加速度の大きさを g，棒と壁との間の静止摩擦係数を μ とする。

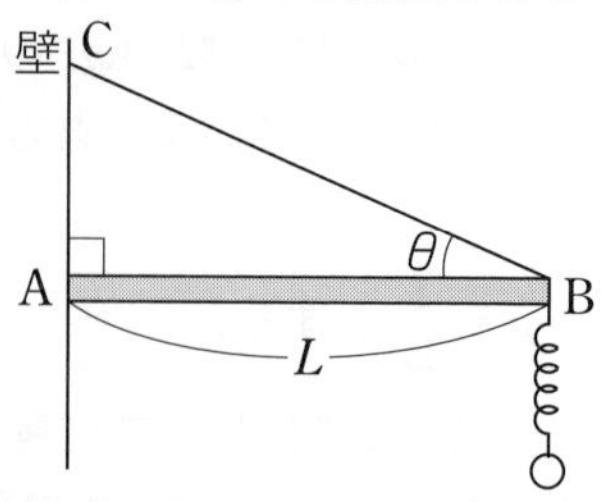

(1) ばねの伸び d を求めよ。

(2) A 点で壁が棒に及ぼす摩擦力 F と垂直抗力 N の大きさを求めよ。

(3) A 点で棒がすべらないための静止摩擦係数 μ の条件を求めよ。

解答のポイント

一様な棒なので，重心は中央。支点は未知の力の多く集まる A 点にとる。

解　法

(1)，(2) 図 2-17 のように力を書き込む。

まず力のつりあいの式より，

おもり：$kd=mg$

$$\therefore\quad d=\frac{mg}{k}\quad\cdots ①\ 答$$

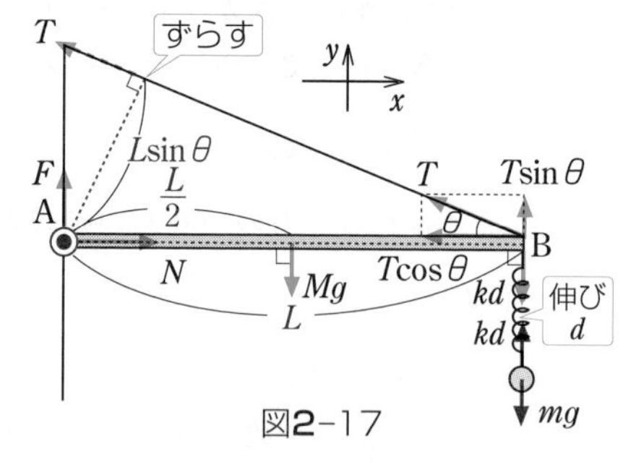

図2-17

$$棒\begin{cases}x：N=T\cos\theta & \cdots ②\\ y：F+T\sin\theta=Mg+kd & \cdots ③\end{cases}$$

力のモーメントのつりあいの式の立て方 3 ステップで

STEP 1　支点◉は未知の力の集中する A 点にとる。

STEP 2　各力の作用線に「うで」を下ろす。

STEP 3　力のモーメントのつりあいの式より，T はうでの位置までずらして，

$$\underbrace{T\cdot L\sin\theta}_{反時計まわりのモーメント}=\underbrace{Mg\cdot\frac{L}{2}+kd\cdot L}_{時計まわりのモーメント}\quad\cdots ④$$

①，④より，$T=\dfrac{M+2m}{2\sin\theta}g$ … ⑤　　①，③，⑤より，$F=\dfrac{1}{2}Mg$ … 答

②より，$N=T\cos\theta=\dfrac{M+2m}{2\tan\theta}g$（⑤より） … 答

(3) すべらない条件は，$F\leqq\mu N$　　$\therefore\quad \mu\geqq\dfrac{F}{N}=\dfrac{M\tan\theta}{M+2m}$ … 答

出題パターン

10 力のモーメント（倒れる条件）

図のように，水平面と角 θ の傾きをなす斜面の上に，長さ b の辺が最大傾斜の方向に平行になるように，質量が M で密度の一様な直方体が置かれている。重力加速度の大きさをg，直方体と斜面との間の静止摩擦係数を μ とする。

斜面上に静止している直方体に力 F を静かに作用させるとき，直方体が倒れ始めないためには，力 F は次の不等式

$F \leqq$ ［(1)］ …(ア)

を満たさなければならない。また，式(ア)の条件が満たされているとき，直方体が斜面上をすべり始めるためには，力 F は次の不等式

$F >$ ［(2)］ …(イ)

を満たす必要がある。したがって，直方体を倒れ始めることなくすべらせるためには，式(ア)および式(イ)の条件を同時に満たす力 F を作用させる必要がある。このような力 F が存在するためには，θ，μ，h，b の間に次の不等式が成立する必要がある。

$\tan\theta >$ ［(3)］

解答のポイント

倒れ始める条件を求めるためには，まず，垂直抗力 N の作用点を図 2-18(ii)のように，「つま先」と一致させて図示する。そして，「つま先」を支点とする力のモーメントのつりあいの式を立てる。その式が，倒れ始める直前の状態を表しており，倒れる条件を求めることができる。

ただし，　摩擦力 $f \leqq \mu N$（最大静止摩擦力）　とする。

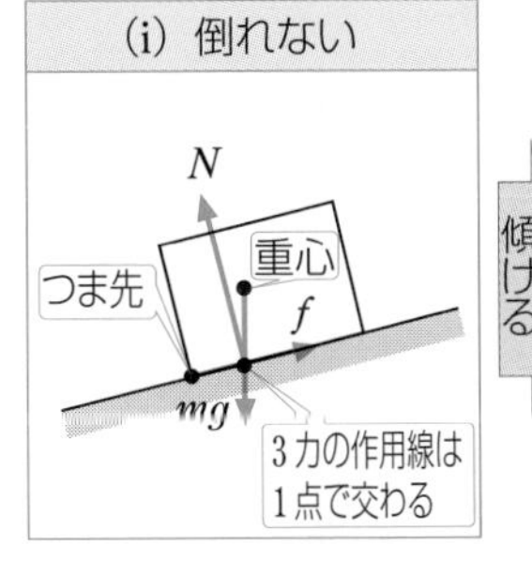

傾ける

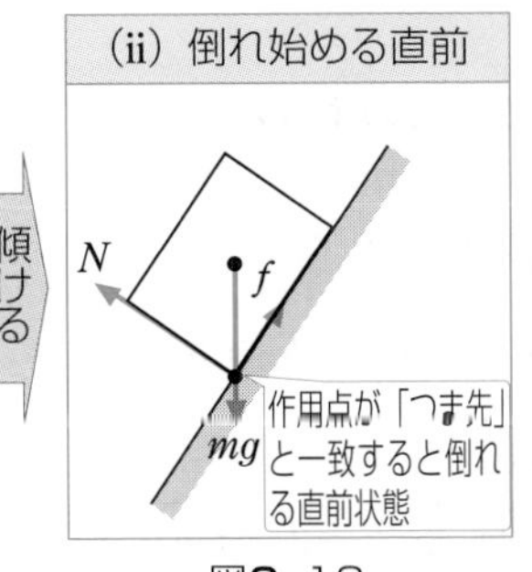

傾ける

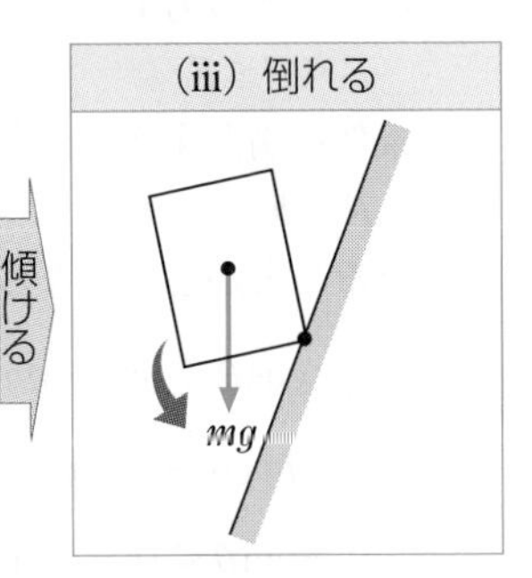

図2-18

解　法

(1)　直方体が**倒れ始める直前**の状態では，斜面から受ける垂直抗力の作用点は左下端で「**つま先立ち**」の状態になっている（図 2-19）。このとき，**力のモーメントのつりあいの式の立て方３ステップ**で，

STEP 1　支点◉は「つま先」にとる。

STEP 2　各力の作用線に「うで」を下ろす。

STEP 3　力のモーメントのつりあいの式より，各力をうでの位置までずらして，

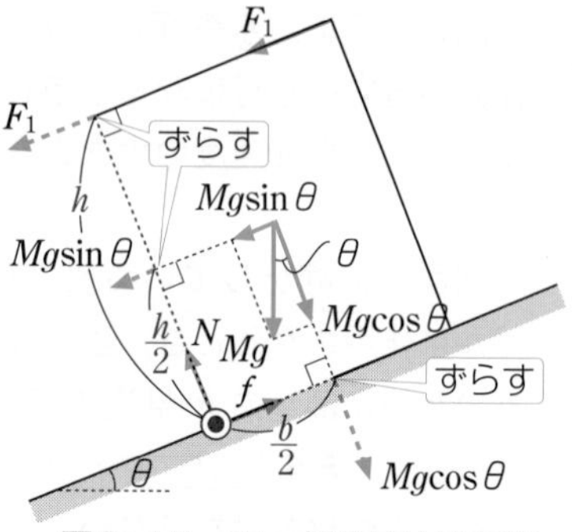

図2-19　下へ倒れ始める直前

$$F_1 \cdot h + Mg\sin\theta \cdot \frac{h}{2} = Mg\cos\theta \cdot \frac{b}{2}$$

反時計まわりのモーメント　　時計まわりのモーメント

$$\therefore \quad F_1 = (b\cos\theta - h\sin\theta)\frac{Mg}{2h} \quad \cdots 答$$

倒れないためには，この F_1 以下の力 F を加えなければならない

(2)　直方体が**すべる直前**の状態では，摩擦力が最大静止摩擦力 μN となっている（図 2-20）。このとき，力のつりあいより，

$x：\mu N = F_2 + Mg\sin\theta$

$y：N = Mg\cos\theta$

$$\therefore \quad F_2 = (\mu\cos\theta - \sin\theta)Mg \quad \cdots 答$$

すべらせるには，この F_2 より大きい力 F を加えなければならない

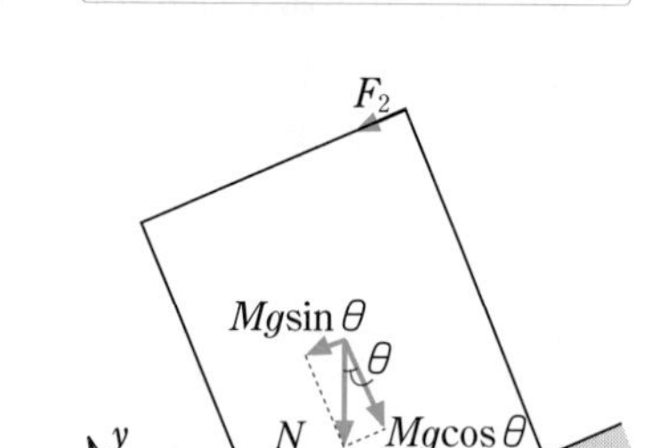

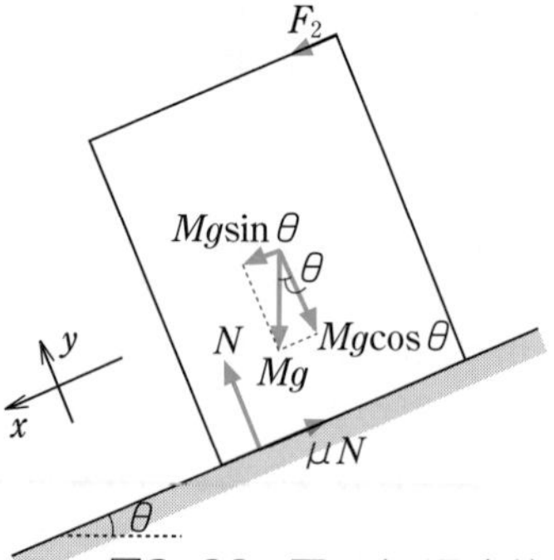

図2-20　下へすべる直前

(3)　直方体を倒れ始めることなくすべらせるには，加える力 F は(1)，(2)で求めた F_1，F_2 について，

$F_2 < F \leqq F_1$

の条件を満たす必要がある。このような F が存在するためには，

$F_2 < F_1$

となることが必要となる。よって，

$$(\mu\cos\theta - \sin\theta)Mg < (b\cos\theta - h\sin\theta)\frac{Mg}{2h}$$

辺々を $Mg\cos\theta$ で割って，

$$\mu - \tan\theta < (b - h\tan\theta)\frac{1}{2h} \qquad \therefore \quad \tan\theta > 2\mu - \frac{b}{h} \quad \cdots 答$$

よく見る“重心”の問題　(物理)

「重心」=「重力の作用点で，その点を支えるとバランスがとれる点」は力のモーメントのつりあいの問題で，必ず知らねばならない点である。この重心を求める問題を**苦手にしている人**が多いが，結局は次の2タイプしかない。

タイプ1　つけ足しタイプ

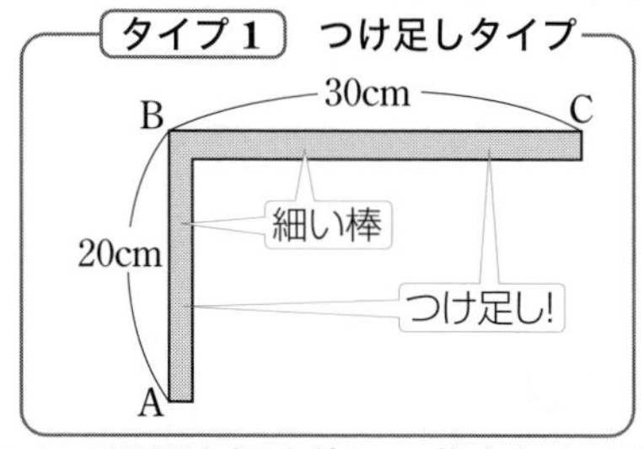

タイプ2　くり抜きタイプ

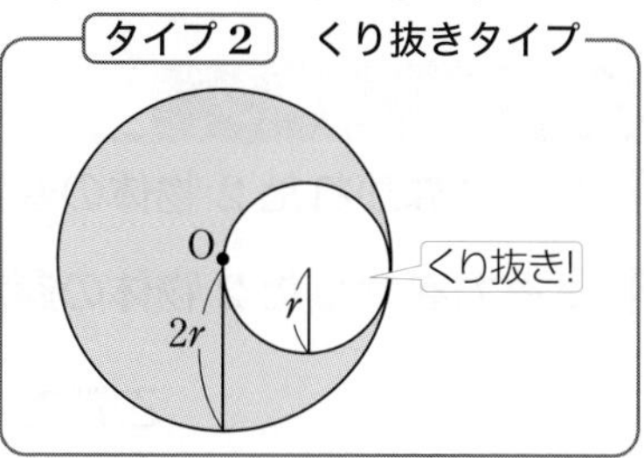

ここで問題を解く前に，基本となる次の考えを押さえておこう。

漆原の解法 7　2物体の重心

2物体の重心の位置は，それぞれの物体の重心を質量の逆比に内分した点である。

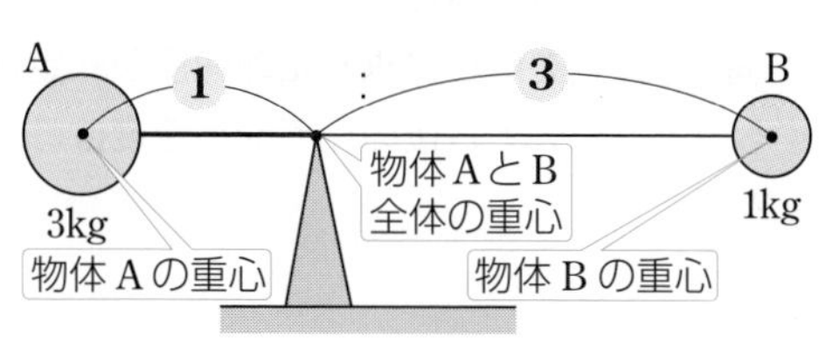

解説 タイプ1　AB部分とBC部分を足し合わせて，つくられたと見る。ABもBCも一様なので，それらの重心はそれぞれの中央部分ア，イにある。ABとBCの質量比は2：3なので，アとイを3：2に内分した点ウが重心となる(物体の外だがOK！)。

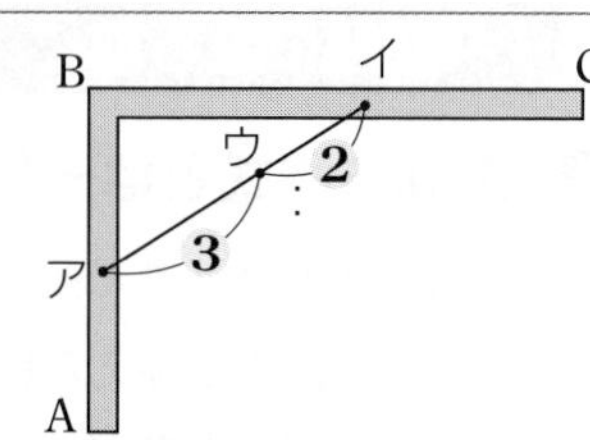

解説 タイプ2　与えられた物体を物体Aとし，くり抜かれた半径rの円板を物体Bとする。物体AとBを足すと半径$2r$の円板となる。

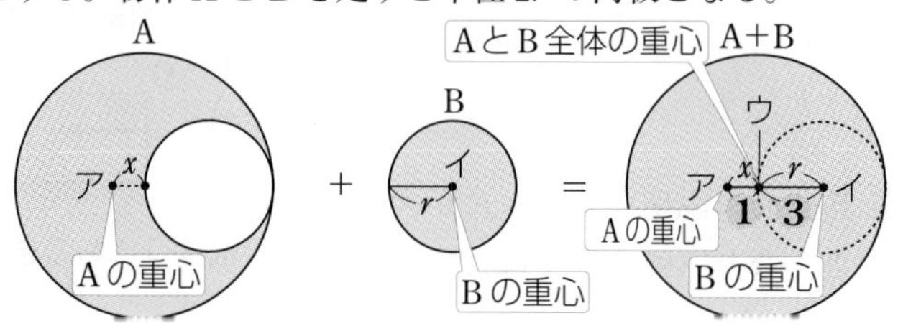

よって，図より，$x=\frac{1}{3}\times r=\frac{1}{3}r$となる。

STAGE 03 力学

運動方程式

(物理基礎)

3つのミスをなくせばクリアー

頻出出題パターン

11 糸でつながれた2物体の運動

12 摩擦力を介した2物体の運動

ここを押さえよ！

力を正確に書き込んだ後，**運動方程式の立て方3ステップ**を着実に行えるようにしよう。特に**運動方程式の3つの落とし穴**には注意するように。

運動方程式を解いて求めた加速度が一定値のとき，物体は等加速度運動をするので，その t 秒後の速度や加速度は**等加速度運動の公式**で求めることができる。

問題に入る前に

❶ 運動方程式とは一体何か

運動方程式とは，誰もが経験したことのある「ものを押すとき，重いものほど動かしにくく，力を加えるほどよく動く」を式にしたにすぎない。

そのことを表したのがニュートンの運動の第2法則であり，図3-1において，a は F に比例し，m に反比例する。

$$a \overset{\text{比例}}{\Longleftrightarrow} \frac{F}{m}$$

この関係を具体的に説明すると，F が大きければ a も大きくなり（強く押すほどグングン加速），m が大きければ a は小さくなる（重いほど加速は鈍い）ということ。

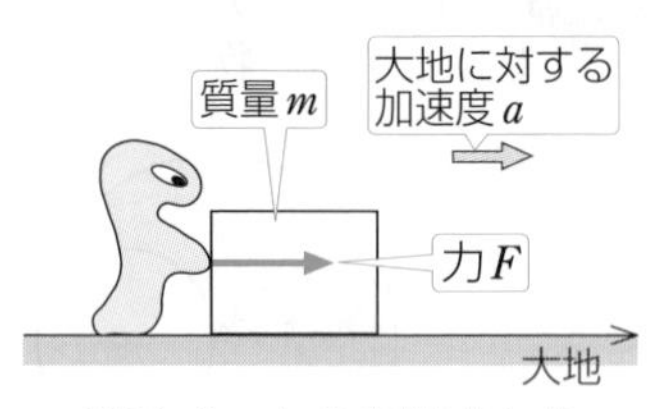

図3-1　ものを押すとき

ここで，特に $m=1$〔kg〕の物体に，加速度 $a=1$〔m/s²〕を生じさせるような力を $F=1$〔N〕（ニュートン）と定義すると，$a=\dfrac{F}{m}$

∴ **m**〔kg〕× **a**〔m/s²〕＝ **F**〔N〕
（質量）（加速度）（力）

この式を運動方程式という。

❷ 運動方程式の立て方

力の書き込みが終った時点で，もし物体がある方向に加速度をもって運動しているとき，次の手順で運動方程式を立てる。

漆原の解法 8 運動方程式の立て方3ステップ

（すでに力の書き込みは終っているものとする。）

STEP 1 運動をイメージし，加速度 a を書き込む。

STEP 2 **加速度と同じ方向に** x 軸，**垂直方向に** y 軸を立て，x，y 方向に力を分解する。

STEP 3 x 軸方向には**運動方程式**，y 軸方向には**力のつりあいの式**を立てる。

《例》

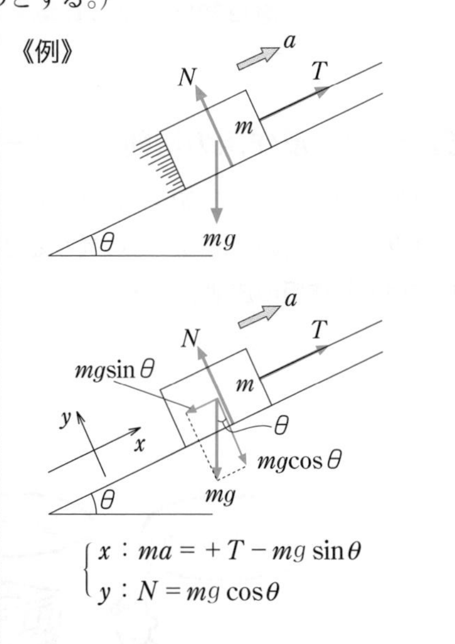

$$\begin{cases} x：ma=+T-mg\sin\theta \\ y：N=mg\cos\theta \end{cases}$$

❸ 運動方程式を立てるときに必ずミスする３つの落とし穴とは

運動方程式を立てるときに特にミスしやすいのが次の**運動方程式の３つの落とし穴**である。運動方程式を書くたびにいつも心にとめておこう。

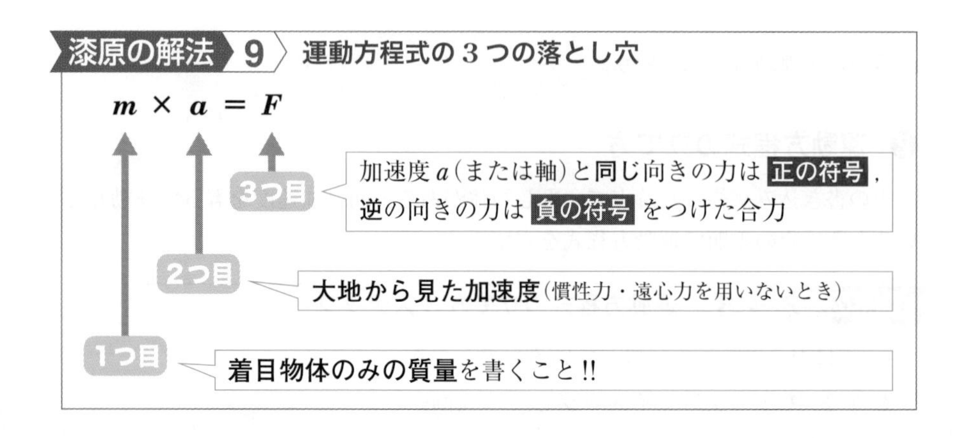

❹ 作用・反作用の法則のイメージ

黒板を強くたたくと痛い。これは相手に与えた力と**同じ大きさで逆向きの力**を受け返されるためである。この異なる２物体間でやりとりされる力どうしの法則を**作用・反作用の法則**という。

出題パターン

11 糸でつながれた2物体の運動

図のように，いずれも質量 m の物体Aと物体Bが，定滑車 K_1 と動滑車 K_2 と糸を用いて天井からつり下げてある。滑車はいずれもなめらかに回るものとし，滑車と糸の質量は無視できるものとする。はじめに物体Aを支えて床から高さ h の位置に静止させ静かに放すと，2つの物体は動き始めた。重力加速度の大きさを g とする。

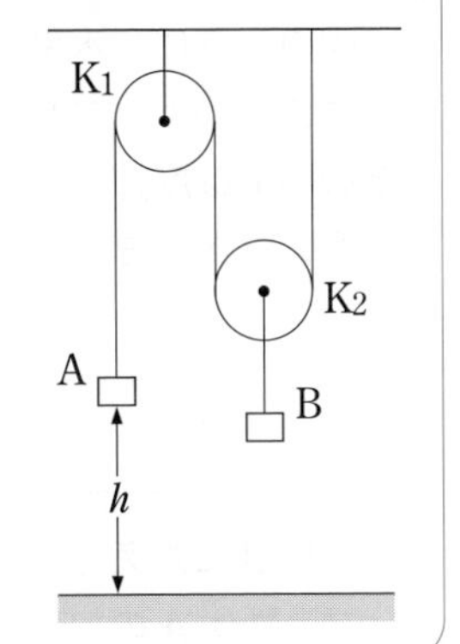

(1) このときの物体Aの加速度の大きさはいくらか。

(2) 物体Aが床につくまでに要した時間はいくらか。

\解答のポイント/

糸の質量が無視できるとき，糸の張力はどこでも同じ大きさとなる。

また，動滑車についたBの加速度の大きさは，Aの加速度の大きさの $\frac{1}{2}$ である。

(例：Bが10cm上がると K_2 の左右の糸が10cmずつ合計20cm余る。その「余った糸」が K_1 を通してAに与えられるので，Aは20cm下がる。)

解　法

(1) 図3-2のように**動滑車 K_2 とBを一体とみなすのがコツ。糸の張力はどこも同じ大きさで T** と仮定する。

運動方程式の立て方3ステップでAの加速度を下向きに a と仮定すると，Bの加速度は上向きに $\frac{1}{2}a$ となる。A，Bの運動方程式は，右辺の符号に注意して，

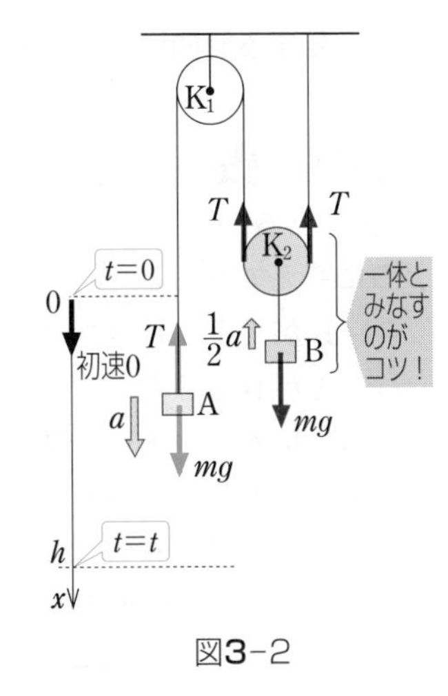

図3-2

$$A：ma=+mg-T \quad \cdots ①$$

$$B：m\times\frac{1}{2}a=+T+T-mg \quad \cdots ②$$

①×2+②より，

$$\frac{5}{2}ma=mg \qquad \therefore \quad a=\frac{2}{5}g \quad \cdots 答$$

(2) Aが床($x=h$)につくまでに要した時間 t は**等加速度運動の公式** 公式2より，

$$\frac{1}{2}at^2=h \qquad \therefore \quad t=\sqrt{\frac{2h}{a}}=\sqrt{\frac{5h}{g}} \quad \cdots 答$$

出題パターン

12 摩擦力を介した2物体の運動

図のように，水平な床の上に質量 $\boldsymbol{M}$ の板 $\mathbf{B}$ があり，その上に質量 $\boldsymbol{m}$ の物体 $\mathbf{A}$ が置かれている。板 $\mathbf{B}$ と床との間には摩擦がないが，板 $\mathbf{B}$ と物体 $\mathbf{A}$ との間には摩擦がある。静止摩擦係数を μ_0，動摩擦係数を μ とし，重力加速度の大きさを g とする。

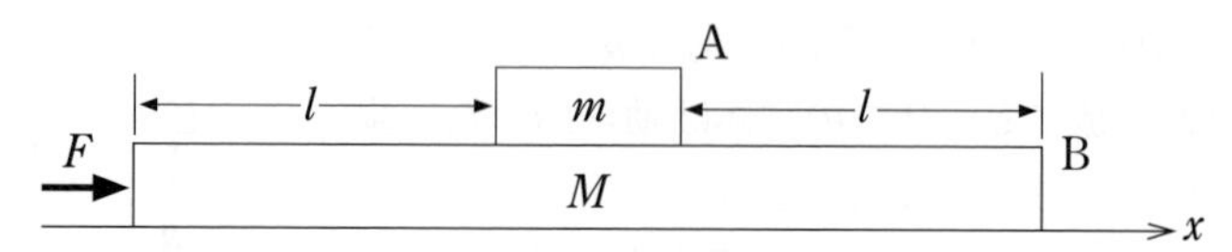

(1) 板 $\mathbf{B}$ に加える力 $\boldsymbol{F}$ が $\boldsymbol{F}_{\mathrm{C}}$ より小さいとき，物体 $\mathbf{A}$ と板 $\mathbf{B}$ は一緒に動く。

(ア) 物体 $\mathbf{A}$ の加速度はいくらか。

(イ) このとき，物体 $\mathbf{A}$ が板 $\mathbf{B}$ から受ける力の $\boldsymbol{x}$ 成分はいくらか。

(2) 板 $\mathbf{B}$ に加える力 $\boldsymbol{F}$ を大きくしていって，物体 $\mathbf{A}$ が板 $\mathbf{B}$ の上をすべり出そうとするとき，物体 $\mathbf{A}$ が板 $\mathbf{B}$ から受ける $\boldsymbol{x}$ 方向の力はいくらか。また，板 $\mathbf{B}$ に加える力 $\boldsymbol{F}$（この力が $\boldsymbol{F}_{\mathrm{C}}$）はいくらか。

(3) 板 $\mathbf{B}$ に加える力 $\boldsymbol{F}$ が $\boldsymbol{F}_{\mathrm{C}}$ より大きいとき，床に対する物体 $\mathbf{A}$，板 $\mathbf{B}$ の加速度をそれぞれ $\boldsymbol{\alpha}$，$\boldsymbol{\beta}$ とする。

(ア) 物体 $\mathbf{A}$，板 $\mathbf{B}$ の運動方程式は，それぞれどうなるか。

(イ) 物体 $\mathbf{A}$ が板 $\mathbf{B}$ の上を距離 $\boldsymbol{l}$ だけ動いて，板 $\mathbf{B}$ の端に到達するまでに要する時間はいくらか。

解答のポイント

“よく出る”「こすれあう2物体間に働く摩擦力 f の向き」について，図3-3のように考えてみると，

(i) BがAよりも右へいってしまうのを防ぐ向き

(ii) AがBよりも右へいってしまうのを防ぐ向き

となっている。つまり，摩擦力の向きはいつでも「ずれを防ぐ向き」としてシンプルに判定することができる。また，作用・反作用の法則も使っていこう。

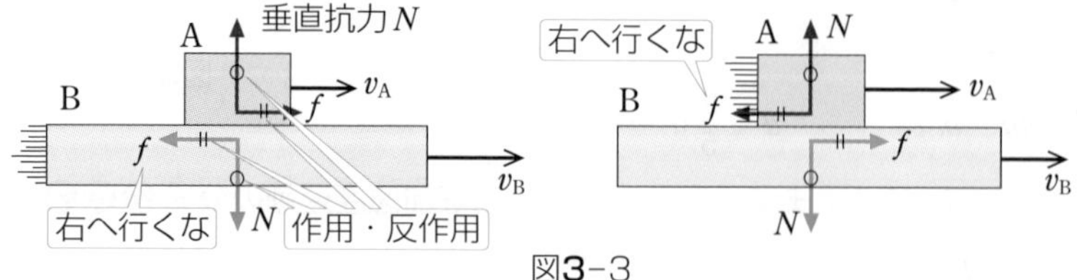

図3-3

解 法

(1) (ア) 図 3-4 のように力を書き込む。まだ「**びくともしない**」ので，摩擦力は静止摩擦力 f である。その向きは，B が A よりも右へいってしまうのを防ぐ向きになる。**運動方程式の立て方 3 ステップ**で，物体 A と B はまだ一緒になって動いているので，ともに床(大地)から見た加速度を a とおける。

《注》物体 A が，物体 B の上で静止しているからといって，**物体 A の加速度を 0 としてはいけない。運動方程式の 3 つの落とし穴**から，**加速度はあくまでも床(大地)から見た加速度**でなくてはいけない。

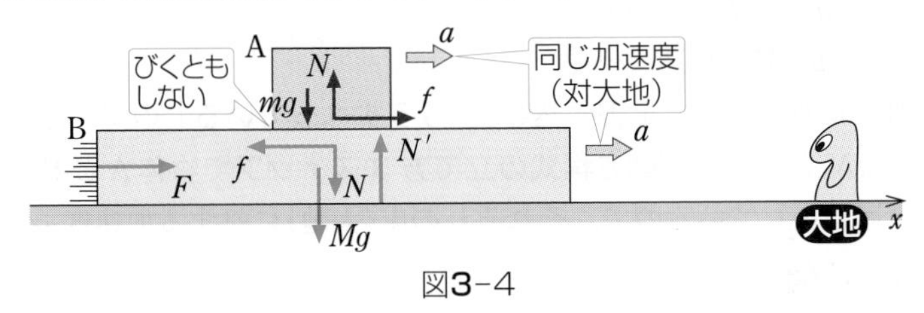

図3-4

A，B の x 方向の運動方程式は，

A：$ma=f$

B：$Ma=F-f$

《注》B：$(M+m)a=F-f$ としてはいけない。**運動方程式の 3 つの落とし穴**より，**着目物体 B の質量 M のみを使う。**

辺々足して，作用・反作用の関係にある力 f は右辺で消えるので

$$(m+M)a=F \qquad \therefore \quad a=\frac{F}{m+M} \quad \cdots \text{答}$$

(イ) $f=ma=\dfrac{mF}{m+M}$ $\cdots$ 答

(2) 図 3-5 のように力を書き込む。ちょうど「**すべる直前**」なので，摩擦力は最大静止摩擦力 $\mu_0 N$ となる。**運動方程式の立て方 3 ステップ**で物体 A と B はかろうじてまだギリギリ一緒になって動いているので，ともに加速度は b とおいておく。

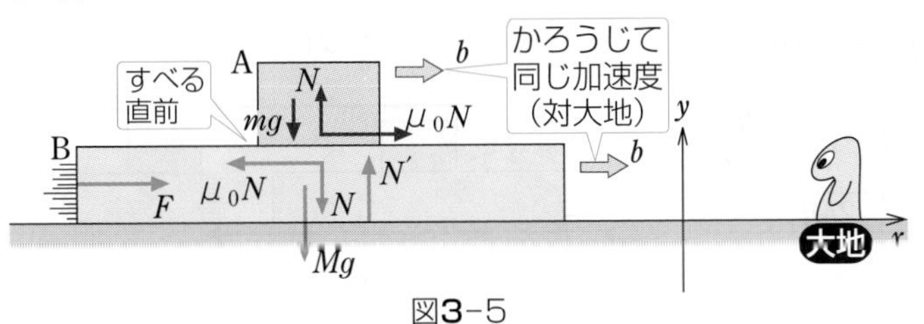

図3-5

Aの x 方向の運動方程式，y 方向の力のつりあいの式，Bの x 方向の運動方程式は，

$$\mathrm{A}\begin{cases} x：mb = \mu_0 N & \cdots ① \\ y：N = mg & \cdots ② \end{cases}$$

$$\mathrm{B}：x：Mb = F - \mu_0 N \quad \cdots ③$$

よって，①，②よりAがBから受ける力は，

$\mu_0 N = \mu_0 mg$　… 答

①×M −③×m を計算し，②を代入すると，

$$0 = \mu_0 mMg - mF + \mu_0 m^2 g$$

$$\therefore \quad F = \mu_0 (M + m) g \quad \cdots 答$$

(3)　(ア)　図3-6のように力を書き込む。「**もうすべっている**」ので，摩擦力は動摩擦力 μN となる。**運動方程式の立て方3ステップ**で物体AとBはもはや別々の運動をしているので，それぞれの床(大地)に対する加速度 α，β を用いることになる。

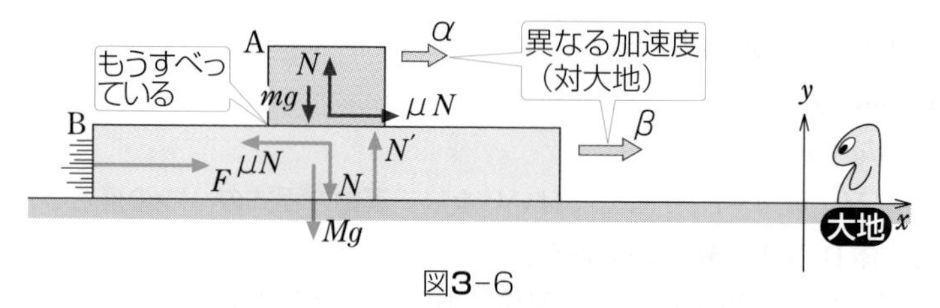

図3-6

A，Bの x 方向の運動方程式は，$\mu N = \mu mg$ であることを用いて，

A：$m\alpha = \mu mg$　… 答

B：$M\beta = F - \mu mg$　… 答

$$\therefore \quad \alpha = \mu g, \qquad \beta = \frac{F}{M} - \mu \frac{m}{M} g$$

(イ)　AがBの左端に達するとき，図3-7のように大地に対するBの移動距離がAの移動距離よりも l だけ多くなっている。求める時間を t_1 とすると**等加速度運動の公式** 公式❷ より，

$$\frac{1}{2}\beta t_1^2 - \frac{1}{2}\alpha t_1^2 = l$$

$$\therefore \quad t_1 = \sqrt{\frac{2l}{\beta - \alpha}}$$

$$= \sqrt{\frac{2Ml}{F - \mu(m + M)g}} \quad \cdots 答$$

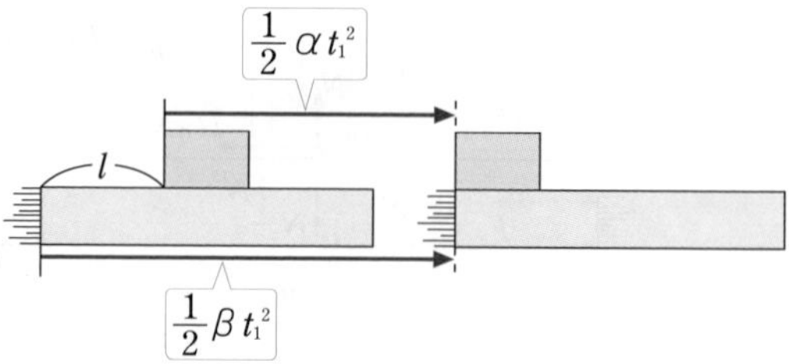

$\frac{1}{2}\alpha t_1^2$

l

$\frac{1}{2}\beta t_1^2$

図3-7

STAGE

04

力学

慣性力・束縛条件

物理基礎
物理

慣性力が出てくる問題パターンは決まっている

頻出出題パターン

13 動く箱（エレベーター，電車） 物理

14 動滑車 物理

15 動く三角台 物理

16 束縛条件（動滑車） 物理基礎

17 束縛条件（動く三角台） 物理基礎

ここを押さえよ！

まず，慣性力は加速度を持つ人からのみ見えることを押さえよう。そして，入試に出る頻出問題の3パターンを**慣性力問題の解法4ステップ**で解けるようになれば楽にクリアーできる。

さらに，大地から見た各物体の変位の関係から，加速度間の関係を求めるという，束縛条件を使った解法も見てみよう。

問題に入る前に

❶ 慣性力は，誰から見える力なのか 物理

慣性力というのは，誰もが感じたことがある力だ。例えば，いま次ページの図4-1のように電車が「グーン」と急発進して右へ加速度 α で走っているとき，車内の人は逆に左方へ力を受けて倒れそうになる。この人が感じた力を振り子も同じように受けて左方へ θ だけ傾いている。この力を**慣性力**という。

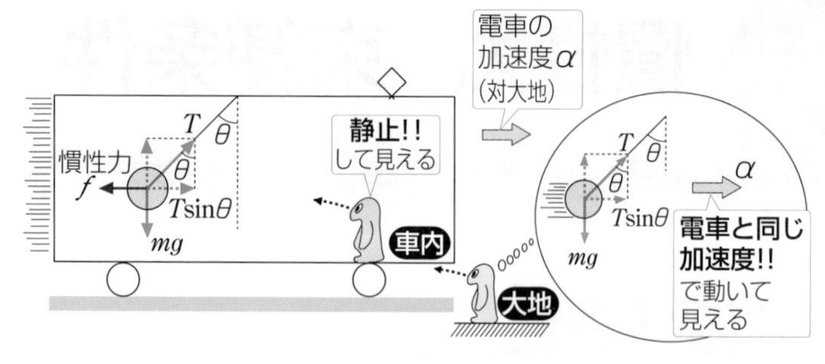

図4-1　車内と大地で見たとき

それでは，慣性力fはどのような力なのか，車内，大地それぞれの人の立場で運動の式を書き，比べてみるとその形が出てくる。

・**車内**から見た力のつりあいの式　：$f = T\sin\theta$　　… ①

車内の人からは振り子は**静止して**見えるため

・**大地**から見た運動方程式　：$m\alpha = T\sin\theta$　… ②

大地の人からは，振り子は傾いた状態で，**加速度αを持って動いている**ように見えるため

①，②を比べると，

$f = m\alpha$

となり，この $m\alpha$ が**慣性力**となることがわかる。まとめると，

慣性力
$f = m\alpha$

- **向　き**：観測者の加速度 α(対大地)と逆向き
- **大きさ**：(質量m)× 観測者の加速度 α(対大地)

大切なことは，慣性力というのは何を見ているかではなく，誰が見ているのかのみで決まることだ。

よって，運動方程式(力のつりあいの式)を立てるときは，いつも，

誰が見ているのか をはっきりさせ，

大地(または一定速度)の人から見る	⇨	**慣性力を用いない**
加速度を持った人から見る	⇨	**慣性力を用いる**

に気をつけよう。

❷ 慣性力の問題の解き方 （物 理）

慣性力と聞くだけで，頭をかかえたくなるかもしれない。しかし，前にも述べたように，頻出の問題パターンは決まっている。そのどの問題も，次の４ステップで解けてしまう。

このとき「**誰が見ているのか**」を常に気をつけるようにしよう。

漆原の解法 10 慣性力問題の解法４ステップ

STEP 1 まず何よりも先に，動く箱の加速度 α を書く。

STEP 2 **大地の人から見た動く箱の運動方程式を立て，**加速度 α を求める。

STEP 3 **箱内の人から見て，**物体に働く慣性力を書く。

STEP 4 物体に働く力を書き込む。

次に，**箱内の人から見て**加速度をもつ場合は物体の運動方程式，または静止して見える場合は力のつりあいの式を立てる。

《例》

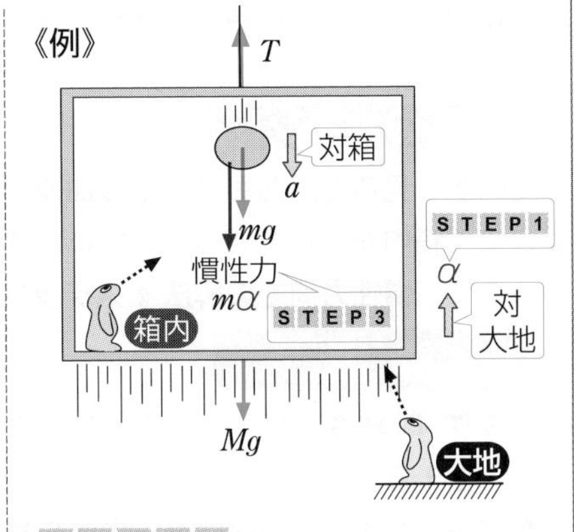

STEP 2

$$M\alpha = T - Mg \qquad \therefore \quad \alpha = \frac{T}{M} - g$$

STEP 4

$$ma = mg + m\alpha$$

$$\therefore \quad a = g + \alpha = \frac{T}{M}$$

出題パターン

13 動く箱（エレベーター，電車）

自然長 $\boldsymbol{l}$，ばね定数(ばねの弾性定数) $\boldsymbol{k}$ の軽いつるまきばねがあり，その一端に質量 $\boldsymbol{m}$ のおもりをつけてある。重力加速度の大きさを g とする。

(1) 一定の加速度 $\boldsymbol{\alpha}$ で上昇中のエレベーター内で，このばねをつるして静止させた。ばねの伸び $\boldsymbol{x_1}$ はいくらか。

(2) 一定の加速度 $\boldsymbol{A}$ で水平な直線上を走っている電車内で，同じように，このばねをつるして静止させた。ばねは鉛直方向から，どの向きにどれだけ傾くか，傾きの角 θ の $\tan\theta$ を求めよ。また，伸び $\boldsymbol{x_2}$ はいくらか。

解答のポイント

箱内から見ると，おもりは箱の加速度とは逆向きに慣性力を受け，静止しているので，箱内から見た力のつりあいの式を立てるだけ。箱の加速度が与えられているので，**慣性力問題の解法 4 ステップ**の **STEP 3** と **4** だけをする。

解　法

(1) **STEP 3**　図 4-2 のように慣性力が働いて見える。

STEP 4　**エレベーター内から見た**力のつりあいの式より，

$$kx_1 = mg + m\alpha \quad \therefore \quad x_1 = \frac{m}{k}(g+\alpha) \quad \cdots \text{答}$$

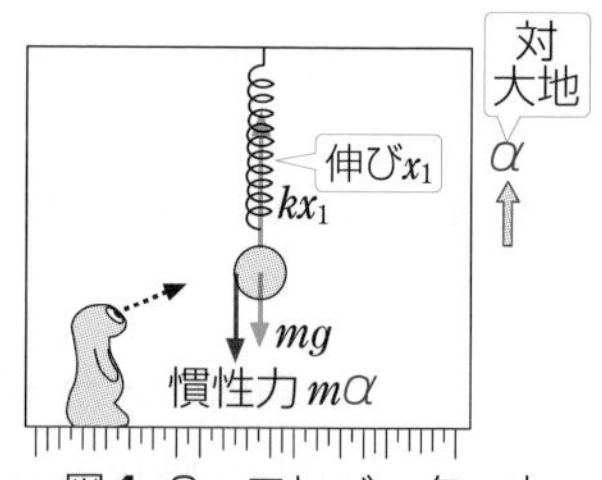

図4-2　エレベーター内

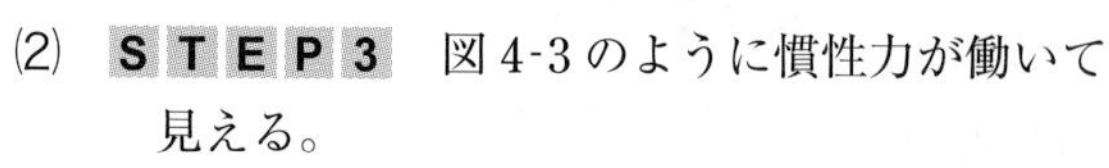

(2) **STEP 3**　図 4-3 のように慣性力が働いて見える。

STEP 4　ばねの傾き θ を用いて，**電車内から見た**力のつりあいの式を x，y 軸方向に立てると，

x ：$kx_2\sin\theta = mA$　… ①

y ：$kx_2\cos\theta = mg$　… ②

① ÷ ② より，

$$\frac{\sin\theta}{\cos\theta} = \tan\theta = \frac{A}{g} \quad \cdots \text{答}$$

この角度 θ で電車の進行方向と逆向きに傾く。

$①^2 + ②^2$ より，

$$(kx_2)^2(\sin^2\theta + \cos^2\theta) = (mA)^2 + (mg)^2$$

$$\therefore \quad x_2 = \frac{m}{k}\sqrt{A^2+g^2} \quad \cdots \text{答}$$

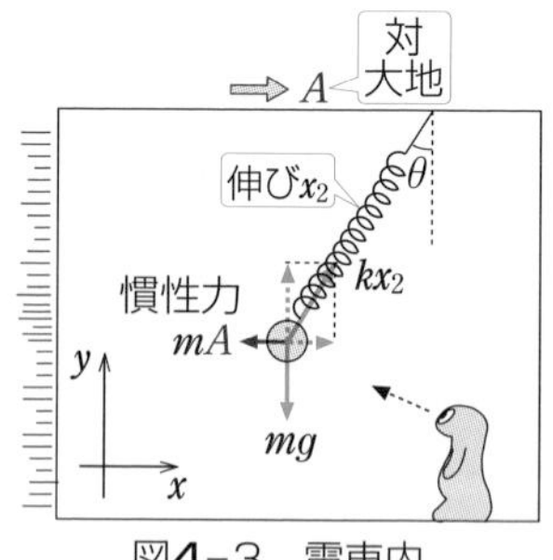

図4-3　電車内

出題パターン 14 動滑車

質量 m のおもりAと質量 $3m$ のおもりBとを糸で結んで動滑車Pにかけ，動滑車Pと質量 $4m$ のおもりCとを別の糸で結んで定滑車Qにかける。滑車と糸の質量を無視し，重力加速度の大きさを g とする。

A，B，Cすべてを同時に静かに放す。A，B，Cそれぞれの加速度(下向き正)はいくらか。

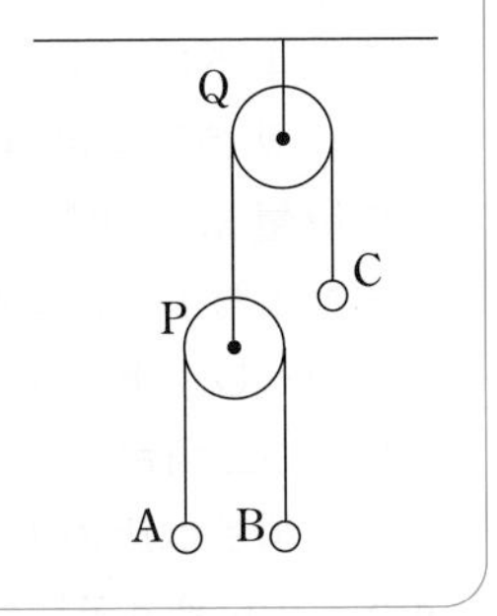

解答のポイント

大地から見ると物体A，Bは複雑な運動をして見えるが，動滑車上から見れば，Aは上向きに，Bは下向きにそれぞれ同じ大きさの加速度で動いているように見える。

解　法

慣性力問題の解法4ステップで解く。

STEP 1　動滑車PとおもりCの加速度を α とする。

STEP 2　**大地から見た**CとPの運動方程式を立てる（Pの質量は0に注意）。

C：$4m\alpha = 4mg - T_1$

P：$0 \cdot \alpha = T_1 - 2T_2$

STEP 3　**P上から見ると**，A，Bには図4-4のように慣性力が働いて見える。

STEP 4　A，Bの**Pに対する**加速度を図のように決めると，運動方程式は，

A：$m\beta = T_2 - mg - m\alpha$

B：$3m\beta = 3mg + 3m\alpha - T_2$

以上4式より，Cの加速度 α は，

$$\alpha = \frac{1}{7}g \quad \cdots 答, \qquad \beta = \frac{4}{7}g$$

また，A，Bの大地から見た加速度 a_A，a_B（下向き正）は，

$$a_A = -\beta - \alpha = -\frac{5}{7}g, \qquad a_B = \beta - \alpha = \frac{3}{7}g \quad \cdots 答$$

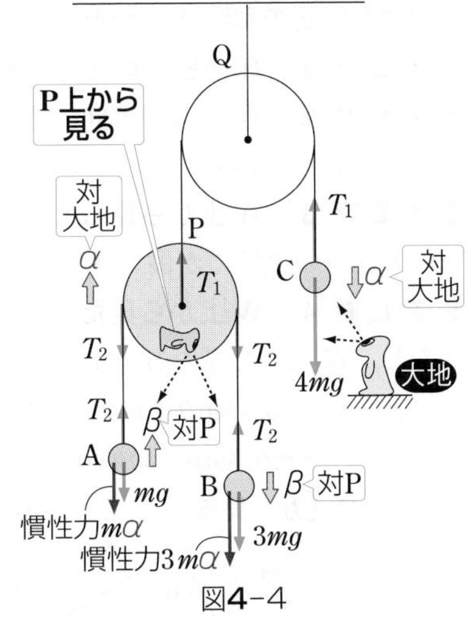

図4-4

出題パターン

15 動く三角台

図のように，水平な床の上に質量 M で頂角 θ の三角台 W を置き，その斜面上に質量 m の小物体 S を置く。三角台の面と床および物体との間には摩擦はないものとし，重力加速度の大きさを g とする。

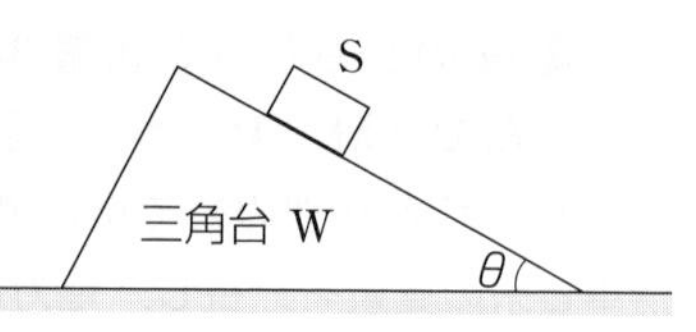

物体も三角台も静止させておいて同時に静かに放すと，物体は斜面を落下し，三角台は床の上を左方へ動く。そのとき，物体が斜面上を距離 l だけすべるのに要する時間 t_1，およびその間に三角台の動く距離 L を求めよ。

解答のポイント

床(大地)から見ると，物体 S の加速度の方向を決めるのは難しいが，三角台 W 上から見れば，S は斜面に沿った方向に加速度を持っているように見える。

解　法

慣性力問題の解法 4 ステップで解く。

STEP 1　**床から見た**三角台 W の加速度を水平左向きに α とする。

STEP 2　W の水平方向の運動方程式は，

$$M\alpha = N\sin\theta \quad \cdots ①$$

STEP 3　**W 上から見ると**，図 4-5 のように小物体 S には水平右向きに $m\alpha$ の大きさの慣性力が働いて見える。

STEP 4　**W 上から見た**小物体 S の加速度を斜面に沿って下向きに a とすると，W 上から見た S の x 方向の運動方程式，y 方向の力のつりあいの式は，

$$x：ma = mg\sin\theta + m\alpha\cos\theta \quad \cdots ②$$

$$y：N + m\alpha\sin\theta = mg\cos\theta \quad \cdots ③$$

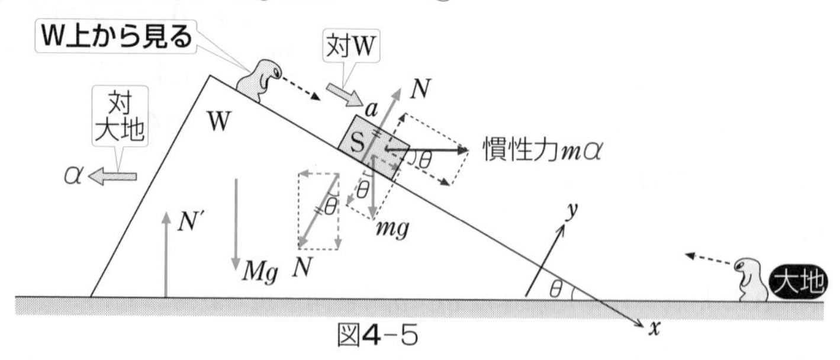

図4-5

③を①に代入して，

$$M\alpha = (mg\cos\theta - m\alpha\sin\theta)\sin\theta$$

$$\therefore \quad \alpha = \frac{mg\sin\theta\cos\theta}{M + m\sin^2\theta} \quad \cdots ④$$

②より，$a = g\sin\theta + \alpha\cos\theta$

④を代入して，

$$a = g\sin\theta\left(1 + \frac{m\cos^2\theta}{M + m\sin^2\theta}\right) = \frac{(M+m)g\sin\theta}{M + m\sin^2\theta} \quad \cdots ⑤$$

ここで図 4-6 のように，S が W の**斜面上を**加速度 a（対 W）で距離 l だけすべるのに要する時間 t_1 は，**等加速度運動の公式** 公式❷ より，

$$\frac{1}{2}at_1^2 = l$$

$$\therefore \quad t_1 = \sqrt{\frac{2l}{a}} = \sqrt{\frac{2l(M + m\sin^2\theta)}{(M+m)g\sin\theta}} \quad \cdots ⑥ \ (⑤を代入)$$ 答

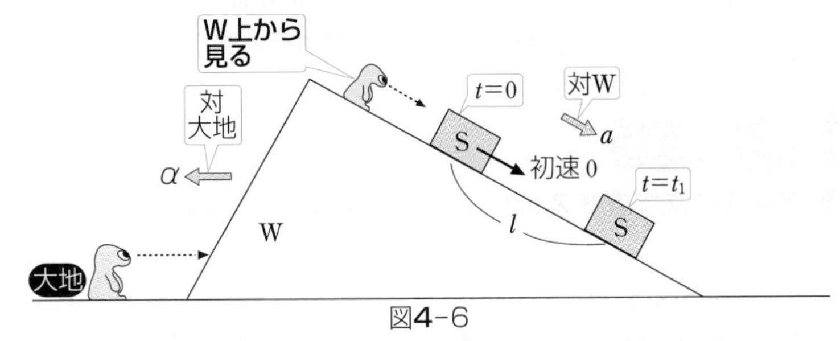

図4-6

その間に W が**床を**すべる距離 L は，

$$L = \frac{1}{2}\alpha t_1^2$$

④，⑥を代入して，

$$L = \frac{1}{2}\cdot\frac{mg\sin\theta\cos\theta}{M + m\sin^2\theta}\cdot\frac{2l(M + m\sin^2\theta)}{(M+m)g\sin\theta} = \frac{ml\cos\theta}{M+m} \quad \cdots$$ 答

別解

図 4-7 で水平外力がないので（p. 105, 106 を見よ），$m+M$ 全体の重心の x 座標 x_G は不変となる。

$$\overbrace{\frac{M\cdot 0 + m\cdot 0}{M+m}}^{前の\,x_G} = \overbrace{\frac{MX + mx}{M+m}}^{後の\,x_G} \quad \cdots ⑦$$

一方，図より $x - X = l\cos\theta \quad \cdots ⑧$

⑦，⑧より，

$$L = -X = \frac{ml\cos\theta}{M+m} \quad \cdots$$ 答

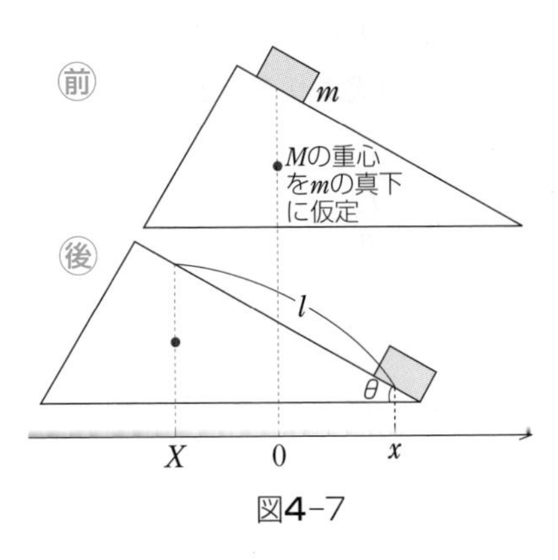

図4-7

出題パターン

16 束縛条件（動滑車）

14（p.45）において，大地から見た **A**，**B** の加速度（上向き正）を $\boldsymbol{a}$，$\boldsymbol{b}$ とし，**C** の加速度（下向き正）を $\boldsymbol{\alpha}$ とする。

(1) **PC** 間の糸の張力を $\boldsymbol{T_1}$，**AB** 間の糸の張力を $\boldsymbol{T_2}$ として，$\boldsymbol{a}$，$\boldsymbol{b}$，$\boldsymbol{\alpha}$ の各々を $\boldsymbol{T_2}$，$\boldsymbol{m}$，$\boldsymbol{g}$ の中から必要なものを用いて表せ。

(2) $\boldsymbol{a}$，$\boldsymbol{b}$，$\boldsymbol{\alpha}$ の間に成り立つ関係式（束縛条件）を求めよ。

(3) (1)，(2)の結果より，$\boldsymbol{a}$，$\boldsymbol{b}$，$\boldsymbol{\alpha}$ を $\boldsymbol{g}$ を用いて表せ。

解答のポイント

(2)では，A，B，C が t 秒間動いたとして，その間の A，B，C の動きを図示しよう。それらの変位の関係を図形的に求め，等加速度運動の式を用いると，加速度間の関係（束縛条件）が求められる。

解　法

(1) **運動方程式の立て方 3 ステップ**で，**大地から見た**ときの A，B，C に働く力を図示すると，図 4-8 のようになる。**大地から見ているので慣性力は見えない**ことに注意しよう。

この図より，運動方程式は

A：$m \cdot a = T_2 - mg$

B：$3m \cdot b = T_2 - 3mg$

C：$4m \cdot \alpha = 4mg - T_1$

P：$0 \cdot \alpha = T_1 - 2T_2$

最後の式より $T_1 = 2T_2$

以上より，

$$a = \frac{T_2}{m} - g \quad \cdots ① \text{答}$$

$$b = \frac{T_2}{3m} - g \quad \cdots ② \text{答}$$

$$\alpha = g - \frac{T_2}{2m} \quad \cdots ③ \text{答}$$

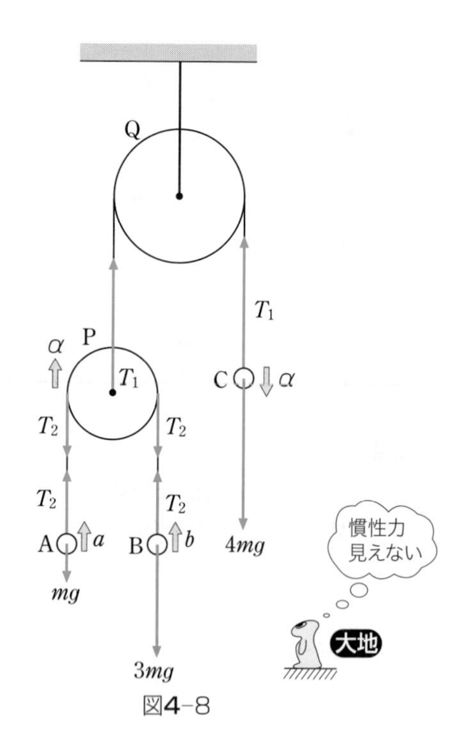

図4-8

(2) ①, ②, ③の3つの式の中に, a, b, α, T_2 の4つの未知数が入っているので, あと1つ式が必要。

ここで, t 秒間でのA, B, C(P)の変位の大きさ x_A, x_B, x_C($x_P=x_C$)の間には, 図4-9のような関係がある。

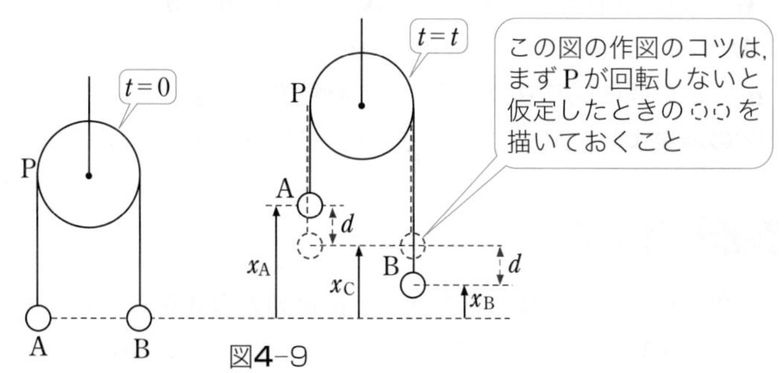

図4-9

ここで大切なことは, A側の糸が d だけ短くなり, B側の糸が d だけ長くなることだ。

これらの d は, それぞれ図4-9より,

$$d=x_A-x_C$$

$$d=x_C-x_B$$

これら2式を比べて,

$$x_A-x_C=x_C-x_B$$

$$\therefore \quad x_A+x_B=2x_C \quad \cdots ④$$

ここで, **等加速度運動の公式** 公式❷ から, 加速度 a, b, α を使って

$$x_A=\frac{1}{2}at^2,\ x_B=\frac{1}{2}bt^2,\ x_C=\frac{1}{2}\alpha t^2$$

のように書けるので, ④式は,

$$\frac{1}{2}at^2+\frac{1}{2}bt^2=2\cdot\frac{1}{2}\alpha t^2 \qquad \therefore \quad a+b=2\alpha \quad \cdots ⑤ 答$$

のように書ける。この**加速度間の関係を束縛条件**という。

(3) ⑤に①, ②, ③を代入して,

$$\frac{T_2}{m}-g+\frac{T_2}{3m}-g=2\left(g-\frac{T_2}{2m}\right) \qquad \therefore \quad T_2=\frac{12}{7}mg \quad \cdots ⑥$$

⑥を①, ②, ③に代入して,

$$a=\frac{5}{7}g,\ b=-\frac{3}{7}g,\ \alpha=\frac{1}{7}g$$ … 答(**14**の α と一致している)

出題パターン

17 束縛条件（動く三角台）

15 (p.46)において，床から見た **S** の加速度の水平成分(右向き正)を $\boldsymbol{a}_x$，鉛直成分(下向き正)を $\boldsymbol{a}_y$，**W** の加速度(左向き正)を α とする。

(1) **S** と **W** の間の垂直抗力の大きさを $\boldsymbol{N}$ として，$\boldsymbol{a}_x$，$\boldsymbol{a}_y$，α の各々を，$\boldsymbol{N}$ および $\boldsymbol{M}$，$\boldsymbol{m}$，g，θ のうち必要なものを用いて表せ。

(2) $\boldsymbol{a}_x$，$\boldsymbol{a}_y$，α の間に成り立つ関係(束縛条件)を求めよ。

(3) (1)，(2)の結果より，$\boldsymbol{N}$ および α を，$\boldsymbol{m}$，$\boldsymbol{M}$，θ，g を用いて表せ。

解答のポイント

(1)では，床から見て，各物体・各方向ごとに運動方程式を立てる。

(2)では，t 秒間の変位の関係を図示しよう。その変位の関係を図形的に求め，等加速度運動の公式を用いると，加速度間の関係が求まる。

解　法

(1) **運動方程式の立て方３ステップ**で，**床から見た**ときのS，Wに働く力を図示すると，図4-10のようになる。**床から見ているので慣性力は見えないことに注意**しよう。

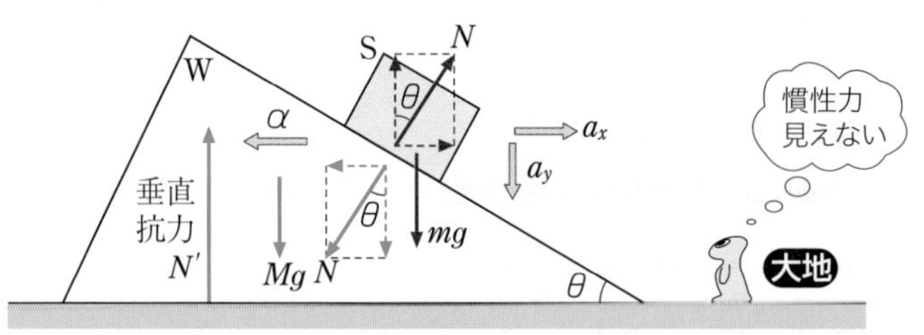

図4-10

この図で，各運動方程式から各加速度が求まる。

Sについて，

水平：$m \cdot a_x = N\sin\theta$　　∴　$a_x = \dfrac{N}{m}\sin\theta$　… ① 答

鉛直：$m \cdot a_y = mg - N\cos\theta$　　∴　$a_y = g - \dfrac{N}{m}\cos\theta$　… ② 答

Wについて，

$M \cdot \alpha = N\sin\theta$　　∴　$\alpha = \dfrac{N}{M}\sin\theta$　… ③ 答

⑵　⑴の①，②，③の３つの式の中に，未知数は a_x，a_y，α，N の４つ入っている。よって，あと１つ式を立てないと解けないことになる。そこで，床から見た小物体Ｓの t 秒間での右向きの変位を x，下向きの変位を y，三角台Ｗの t 秒間での左向きの変位を X とすると，図4-11のようになる。

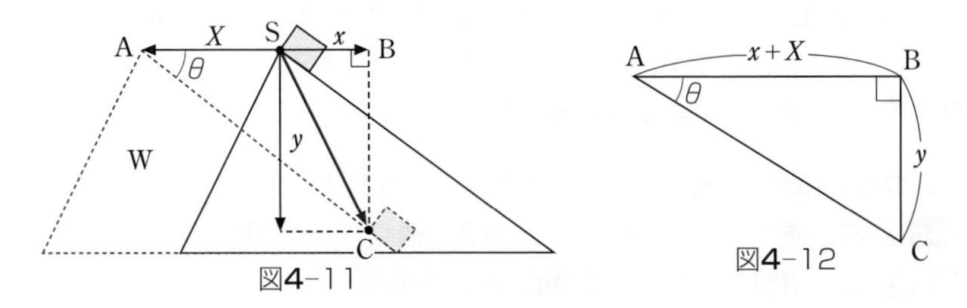

図4-11　図4-12

図4-11の中の直角三角形ABCを抜き出してかくと，上の図4-12のようになる。これより，x，y，X の間には，

$$y = (x + X)\tan\theta \quad \cdots ④$$

の関係があることがわかる。さらに，これらの変位は**等加速度運動の公式**
公式❷から，加速度 a_x，a_y，α と時間 t を使って

$$x = \frac{1}{2}a_x t^2, \quad y = \frac{1}{2}a_y t^2, \quad X = \frac{1}{2}\alpha t^2$$

のように表せるので，④式は，

$$\frac{1}{2}a_y t^2 = \left(\frac{1}{2}a_x t^2 + \frac{1}{2}\alpha t^2\right)\tan\theta \qquad \therefore \quad a_y = (a_x + \alpha)\tan\theta \quad \cdots ⑤ \text{答}$$

のように書ける。この**加速度間の関係のことを束縛条件**という。

⑶　⑤に①，②，③を代入して，

$$g - \frac{N}{m}\cos\theta = \left(\frac{N}{m}\sin\theta + \frac{N}{M}\sin\theta\right)\tan\theta$$

両辺に $mM\cos\theta$ をかけて，

$$mM\cos\theta \cdot g - M\cos^2\theta \cdot N = M\sin^2\theta \cdot N + m\sin^2\theta \cdot N$$

$$\therefore \quad N = \frac{mMg\cos\theta}{M + m\sin^2\theta} \quad \cdots ⑥ \text{答}$$

③，⑥より，

$$\alpha = \frac{mg\sin\theta\cos\theta}{M + m\sin^2\theta}$$

$\cdots$ 答（これは **15** の④式と一致している）

共通テストへの＋α　v-t グラフは強力な道具　（物理基礎）

共通テストで多く出題が予想されるのは，「v-t グラフを用いて運動を分析する」という問題である。特に2つの等加速度運動の比較をさせる問題は頻出であるが，その際に強力な手法となるのが次のやり方である。

POINT　v-t グラフによる運動の比較

2つの等加速度運動の比較は v-t グラフで行おう。そして

チェック①　傾き（符号つき）⇒ 加速度（働く力の合力に比例）

チェック②　横軸とはさまれる面積 ⇒ 移動距離

によって答をチェックしよう。

問題1

水平なあらい面上で物体をすべらせ，すべり始めてから停止するまでの距離が初速度または動摩擦係数によってどのように変わるかを考える。動摩擦係数が同じ場合，初速度が2倍になると，停止するまでの距離は［ (1) ］倍になる。一方，初速度が同じ場合，動摩擦係数が $\frac{1}{2}$ 倍になると，停止するまでの距離は［ (2) ］倍になる。空欄に適する値を次の①～⑤のうちから1つずつ選べ。

①　1　　②　$\sqrt{2}$　　③　2　　④　$2\sqrt{2}$　　⑤　4

解法

式ではなくグラフで考える！

図より距離（＝v-tグラフの下の三角形の面積）は元の運動に比べ，(1)では4倍（答は⑤），(2)では2倍（答は③）になっている。

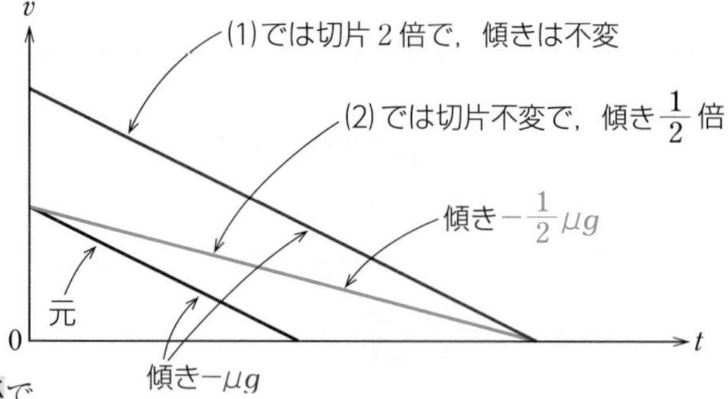

別解

仕事とエネルギーの関係で

$$\frac{1}{2}m\underline{v}^2+(-\underline{\mu}mg\underline{l})=0\quad（—が変化し得るもの）$$

(1)では v が2倍，μ は1倍 → l は4倍

(2)では μ が $\frac{1}{2}$ 倍，v は1倍 → l は2倍

問題2

質量 M の物体Aと質量 m の物体Bを糸でつないであらい水平面上に置き，AとBをともに一定の速さ v で運動させた。水平面とA，Bの間の動摩擦係数をそれぞれ μ_A'，μ_B' とする。また，重力加速度の大きさを g とする。

Aに力を加えるのをやめたところ，糸がゆるみ，AとBは図のように糸がゆるんだまましばらく運動を続け，やがて互いに衝突することなく静止した。力を加えるのをやめてからA，Bがそれぞれ静止するまでにかかった時間を t_A，t_B とする。μ_A' と μ_B'，および，t_A と t_B の大小関係の組合せとして正しいものを，次の①～⑥のうちから1つ選べ。

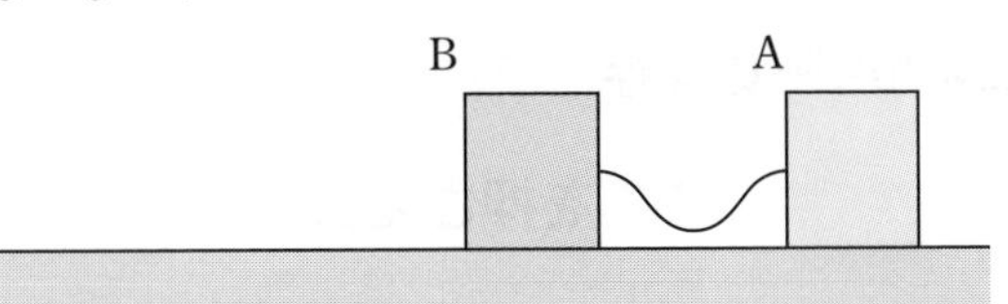

① $\mu_A' > \mu_B'$，$t_A > t_B$　② $\mu_A' < \mu_B'$，$t_A > t_B$　③ $\mu_A' > \mu_B'$，$t_A = t_B$

④ $\mu_A' < \mu_B'$，$t_A = t_B$　⑤ $\mu_A' > \mu_B'$，$t_A < t_B$　⑥ $\mu_A' < \mu_B'$，$t_A < t_B$

解法

A，Bの加速度 a_A，a_B は運動方程式より

$$Ma_A = -\mu_A' Mg \qquad \therefore \quad a_A = -\mu_A' g$$

$$ma_B = -\mu_B' mg \qquad \therefore \quad a_B = -\mu_B' g$$

また，Bの方がAより止まるまでに大きな距離を動いている。

以上よりA，Bの v-t グラフは，

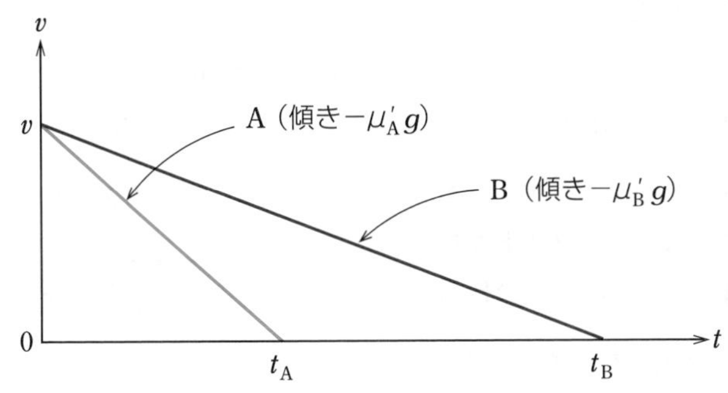

図より一瞬で，$\mu_A' > \mu_B'$，$t_A < t_B$（答は⑤）が分かる。

等加速度運動を見たらまず v-t グラフを描く習慣を!!

STAGE 05 力学

仕事とエネルギー（物理基礎）

運動の㊥前㊥中㊥後の図だけで解決

頻出出題パターン

18 仕事とエネルギー

19 力学的エネルギーの保存

ここを押さえよ！

仕事とは，力を加えて動かす効果である。力の向きと動かす方向によって，正，負，0の仕事がある。力学的エネルギーとは，他の物体に仕事をする能力で，運動エネルギーと位置エネルギーを足したものである。これらの間には仕事とエネルギーの関係が成り立つ。

大切なのは，力学的エネルギーを変化させることができるのは，動摩擦力などの重力・弾性力以外の力だけということである。

問題に入る前に

❶ 仕事とは何か

仕事 W（〔N·m〕=〔J〕(ジュール)）とは，物体に力を加えて動かす効果のことで，次の3タイプだけ押さえておけばよい（図5-1）。

① $\boldsymbol{F_A}$: $\boldsymbol{W = +F_A \cdot x}$ （正の仕事）

② $\boldsymbol{F_B}$: $\boldsymbol{W = 0}$ （仕事をしない）

③ $\boldsymbol{F_C}$: $\boldsymbol{W = -F_C \cdot x}$ （負の仕事）

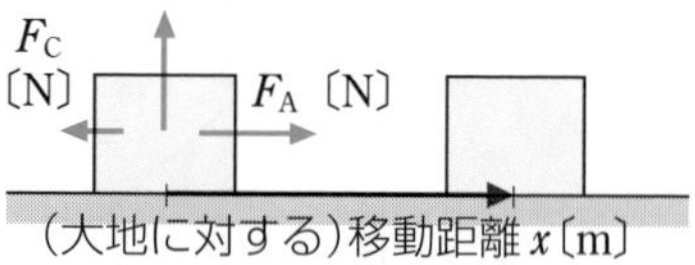

F_B〔N〕
F_C〔N〕
F_A〔N〕
（大地に対する）移動距離 x〔m〕

図5-1　仕事の3タイプ

A，B，Cの3人で荷物を運ぶとしてイメージしてみよう。荷物を運ぶのにプラスの効果があったのは F_A（頑張りました）。移動させる向きと逆向きの力の F_C はマイナスの効果(じゃまをしている)。移動させる向きと垂直な力の F_B はプラスの効果もマイナスの効果も全くないので効果はゼロ（ムナシイ）。要は **仕事は符号が命！** 。

図5-2のように移動させる向きとナナメの力の場合は，力を移動させる向きと平行・垂直成分に分解すればF_A，F_B，F_Cのうちのどれかになるので，やはり前ページに示した3タイプだけ押さえておけばよい。

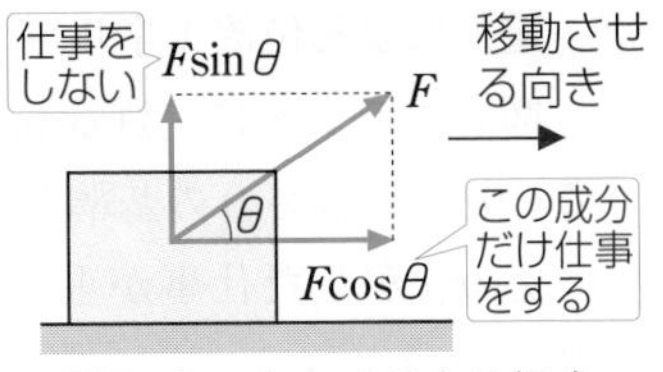

図5-2　ナナメの力の場合

❷ 力学的エネルギーとはどのような考えか

力学的エネルギーE（〔J〕=〔kg·m^2/s^2〕）とはひとことで言えば「**仕事能力**」である。例えば，投げられたボール，高く持ち上げられたボール，伸ばされた，または縮められたばねなどは，他の物体に力を加えて動かすという仕事をする能力を持っている。

物体が力学的エネルギーE〔J〕を持つということとは

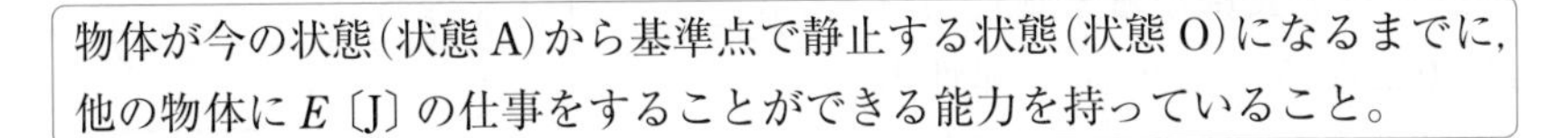
物体が今の状態（状態A）から基準点で静止する状態（状態O）になるまでに，他の物体にE〔J〕の仕事をすることができる能力を持っていること。

❸ 力学的エネルギーの例

①　運動エネルギーK

図5-3のように，質量mで速さvのハンマーでくぎを一定の力Fで押し込む。距離xだけ押し込んだところでハンマーは止まった。

この間にハンマーがくぎにした仕事が運動エネルギーKである。

$K = Fx$

$= (-ma)x$　← ハンマーの運動方程式 $ma = -F$ より

$= -m\left(-\frac{v^2}{2}\right)$　← **等加速度運動の公式** $0^2 - v^2 = 2ax$ より

$= \boxed{\frac{1}{2}mv^2}$

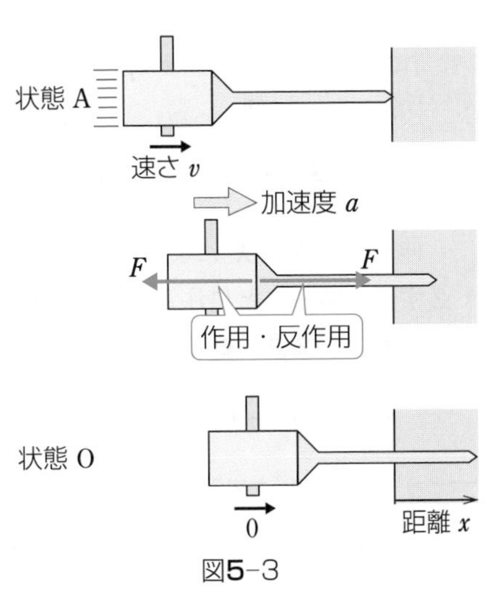

図5-3

Kは速度vの向きによらず必ず正であることに注意しよう。

② 重力による位置エネルギー U_g

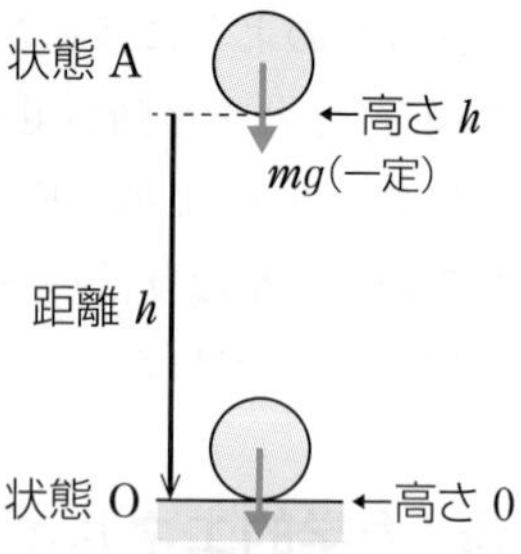

図 5-4 のように，質量 m の物体が高さ h にある。この物体が高さ 0 の基準点で静止するまでの間に，重力 mg がした仕事が重力による位置エネルギー U_g である。

$$U_g = \underbrace{mg}_{\text{力}} \times \underbrace{h}_{\text{距離}}$$

$$= \boxed{mgh}$$

図5-4

③ 弾性力による位置エネルギー U_k

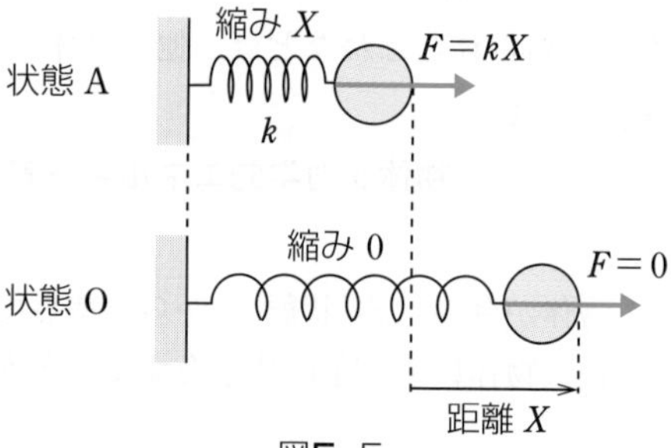

図 5-5 のように，ばね定数 k のばねが X だけ縮んでおり，物体に $F=kX$ の弾性力を与えている。このばねが物体を押していき，やがて自然長になると弾性力は $F=0$ となる。この間に弾性力 F がした仕事が弾性力による位置エネルギー U_k である。

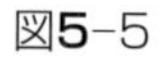

図5-5

この仕事は図 5-6 の F-x グラフの下の面積で求められる。

$$U_k = \underbrace{\frac{1}{2}kX \cdot X}_{\text{図 5-6 の三角形の面積}}$$

$$= \boxed{\frac{1}{2}kX^2}$$

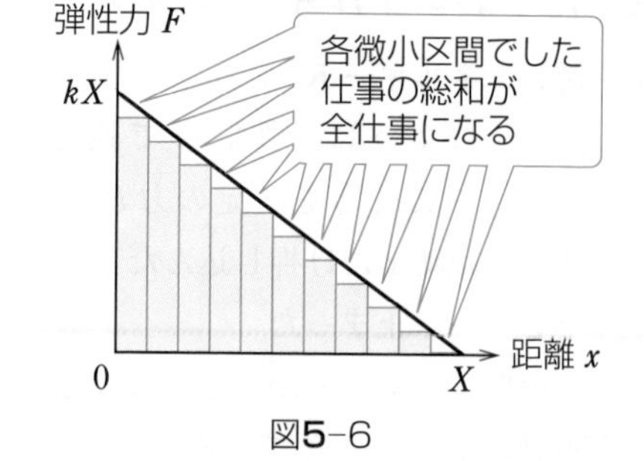

図5-6

伸び X，縮み X によらず U_k は必ず正であることに注意しよう。

以上の①②③の**総和**が力学的エネルギー E となる。

$$E = K + U_g + U_k$$

$$= \frac{1}{2}m\underline{v}^2 + mg\underline{h} + \frac{1}{2}k\underline{X}^2$$

よって，力学的エネルギーを具体的に求めるには，

速さ $\underline{v}$，高さ $\underline{h}$，伸び縮み $\underline{X}$

の「**エネルギーの 3 要素**」を明記しておくことが大切だ。

❹ 貯金箱の中のお金の流れ

当たり前だが，貯金箱の中の貯金は，お金を投入した分増える。

（例）（㊞貯金箱の中の 貯金10万円）＋（㊥6万円 お金を投入）＝（㊝貯金箱の中の 貯金16万円）

ここで「貯金」というのは「お金を使える能力」なので，一般的に次が成り立つ。

（㊞の お金を使える能力）＋（㊥で 投入したお金）＝（㊝の お金を使える能力）

試しに「お金（を使える）」をすべて共通の「仕事（をする）」という言葉に置き換えてみると，

（㊞の 仕事をする能力）＋（㊥で 投入した仕事）＝（㊝の 仕事をする能力）

ここで，P. 55で定義したように「仕事をする能力」＝「力学的エネルギー」となるので，次の関係が成立する。

（㊞の 力学的エネルギー）＋（㊥で 投入した仕事）＝（㊝の 力学的エネルギー）

❺ 仕事とエネルギーの関係

❹で見た㊞㊥㊝の流れをもう少し正確に表現する。

（㊞の着目物体の持つ 力学的エネルギー E $\left(=\frac{1}{2}mv^2+mgh+\frac{1}{2}kX^2\right)$）＋（㊥で**重力・弾性力** **以外**の力のした仕事 W）＝（㊝の E）

ここで大切なのは，㊥で，**重力・弾性力** **以外**の仕事のみ考えることだ。その理由は次のようになる。図5-7のように，質量 m の物体が距離 h だけ自由落下する。このとき**等加速度運動の公式**より

$$v^2-0^2=2gh$$

両辺 $\times\frac{1}{2}m$ として，

$$\frac{1}{2}mv^2=mgh$$

よって，この間に

運動エネルギー K は mgh 増加している。

一方，図より

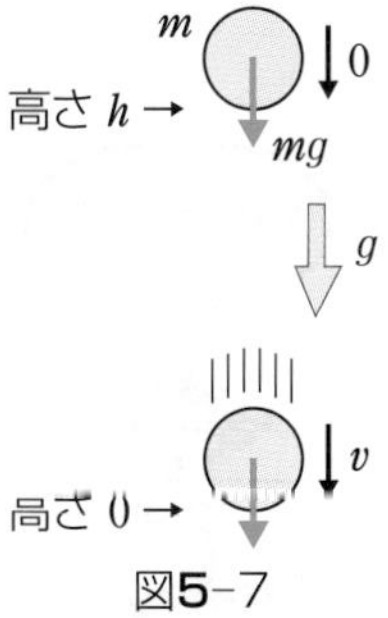

図5-7

重力による位置エネルギー U_g は mgh だけ減少している。

以上を合わせると，

力学的エネルギー $E\,(=K+U_g)$ は全く変化していない。

なんと！　重力が仕事をしても力学的エネルギーは変化しないのだ。全く同様に，弾性力が仕事をしても力学的エネルギーは変化しない。逆に言えば，重力・弾性力**以外**の力がした仕事の分のみ，力学的エネルギーは変化するのだ。

漆原の解法 11　仕事とエネルギーの関係

（㊞前の着目物体の力学的エネルギー E $\left(=\dfrac{1}{2}m\underline{v}^2+mg\underline{h}+\dfrac{1}{2}k\underline{X}^2\right)$）＋（㊥中で重力・弾性力**以外**の力がした仕事 W）＝（㊢後の着目物体の力学的エネルギー E）

エネルギーの３要素

よって

漆原の解法 12　力学的エネルギー保存則

特に，㊥中で重力・弾性力**以外**の力がした仕事（の和）$W=0$ のとき

（㊞前の着目物体の力学的エネルギー E）＝（㊢後の着目物体の力学的エネルギー E）

要は，着目物体を決めて，㊥中で着目物体に働く重力・弾性力**以外**の力がした仕事（の和）を W として

$W=0$ のとき ➡ 力学的エネルギー保存則

$W\neq0$ のとき ➡ 仕事とエネルギーの関係

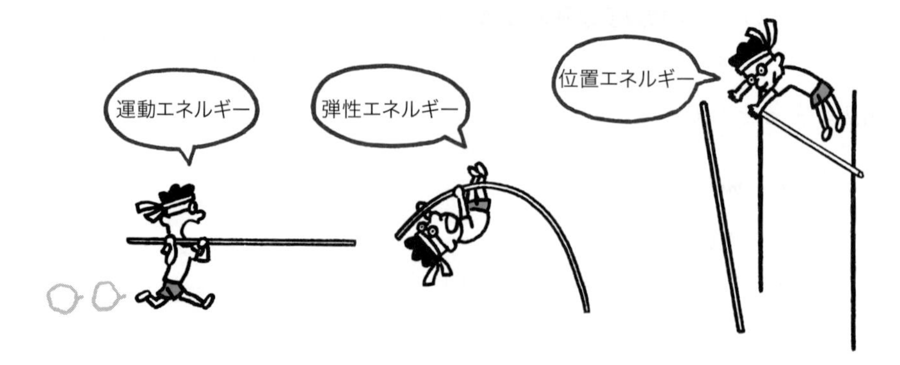

出題パターン

18 仕事とエネルギー

図のように，水平面と 30° の傾きをなす斜面(高さ $\boldsymbol{h}$ の上部半分はなめらかで，下部半分は摩擦がある)上に，質量 $\boldsymbol{m}$ の小さな物体を静かに置いたところ，高さ $\boldsymbol{h}$ をすべり下りた。重力加速度の大きさを g，物体と下部半分の斜面との間の動摩擦係数を $\dfrac{1}{2\sqrt{3}}$ とする。速度，加速度は斜面方向の下向きを正とする。また，物体の前面が下部半分の斜面に入った瞬間から，一定の動摩擦力を受けるものとする。

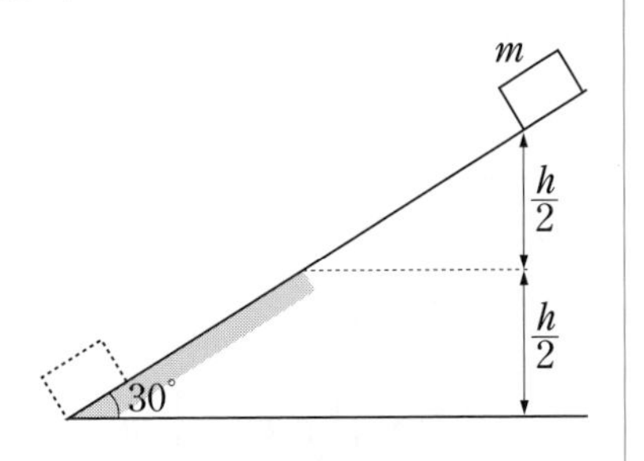

(1) 下部斜面で物体の受ける動摩擦力の大きさはいくらか。

(2) なめらかな上部斜面における物体の斜面方向の加速度および，摩擦のある下部斜面におけるその加速度はいくらか。

ここで高さ $\boldsymbol{h}$ をすべり下りたとき，

(3) 物体に働く重力のした仕事はいくらか。

(4) 物体に働く垂直抗力のした仕事はいくらか。

(5) 動摩擦力のした仕事はいくらか。

(6) 物体の斜面方向の速度はいくらか。

解答のポイント

前中後の図をかくときに，前後では**エネルギーの3要素**である速さ $\underline{v}$，高さ $\underline{h}$，伸び縮み $\underline{X}$ を明記しよう。中での**重力・弾性力** **以外** の力である動摩擦力のする仕事は $\overrightarrow{力}$ と $\overrightarrow{移動方向}$ が反対向きになるので負の仕事となる。途中で動摩擦力が仕事をするので，**仕事とエネルギーの関係**を用いる。

解　法

(1) 斜面上部(図5-8)，下部(図5-9)で物体の受ける力を書き込む。**運動方程式の立て方3ステップ**より，それぞれにおける加速度を a，a' とすれば，x 方向の運動方程式，y 方向の力のつりあいの式は，

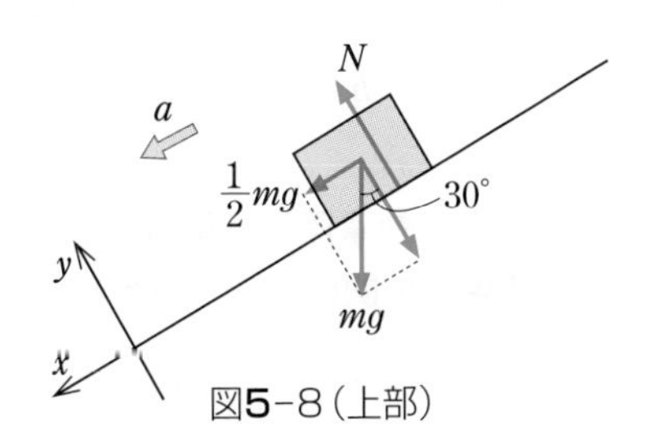

図5-8(上部)

$$上部\ x：ma = \frac{1}{2}mg \quad \cdots ①$$

下部 $\begin{cases} x : ma' = \dfrac{1}{2}mg - \mu N & \cdots ② \\ y : N = \dfrac{\sqrt{3}}{2}mg & \cdots ③ \end{cases}$

ここで，下部において受ける動摩擦力の大きさは③より，

$$\mu N = \frac{\sqrt{3}}{2}\mu mg$$

$$= \frac{\sqrt{3}}{2} \times \frac{1}{2\sqrt{3}} mg = \frac{1}{4}mg \quad \cdots ④ \text{答}$$

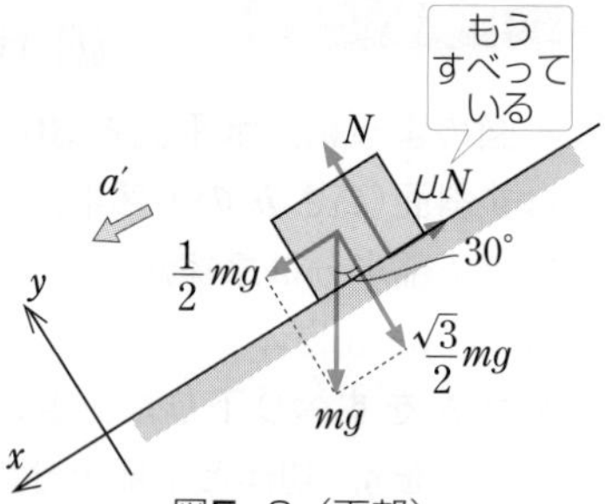

図5-9（下部）

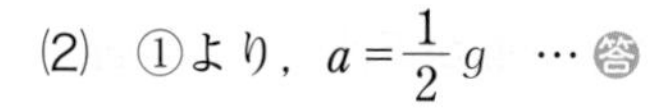

⑵ ①より，$a = \dfrac{1}{2}g$ ···答

②，④より，$a' = \dfrac{1}{2}g - \dfrac{1}{4}g = \dfrac{1}{4}g$ ···答

⑶ 図 5-10 より重力のした仕事は，

$$+\frac{1}{2}mg \cdot 2h = mgh \quad \cdots \text{答}$$

重力の斜面方向成分（正の向き）

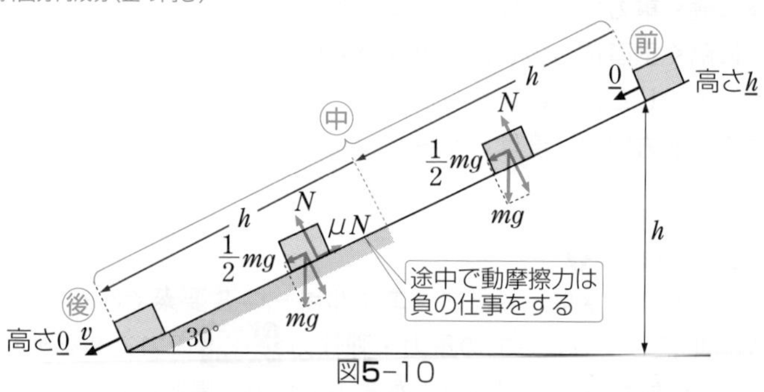

図5-10

⑷ 垂直抗力はいつも**移動方向と必ず直交**するので，その仕事は 0 答。

⑸ 下部斜面の長さ h の部分にしか動摩擦力（**重力・弾性力 以外** の力）が働かないことと，動摩擦力は**負の仕事をする**ことに注意して，

$$-\mu N \cdot h = -\frac{1}{4}mgh \quad (④\text{を代入}) \text{答}$$

動摩擦力（負の向き）

⑹ 途中で**動摩擦力（重力・弾性力 以外 の力）が仕事をする**ので，**仕事とエネルギーの関係**より，前の高さ h，後の速さ v に注目して，

$$mgh + \left(-\frac{1}{4}mgh\right) = \frac{1}{2}mv^2 \qquad \therefore \quad v = \sqrt{\frac{3gh}{2}} \quad \cdots \text{答}$$

前の力学的エネルギー　中で動摩擦力がした仕事　後の力学的エネルギー

出題パターン

19 力学的エネルギーの保存

図のようになめらかな水平面となめらかな斜面を接続し，左端の壁に質量の無視できるばねを固定する。質量 $\boldsymbol{m}$ の小球 **A** をばねに押しつけて，$\boldsymbol{a}$ だけ縮めて静かに放すと，小球 **A** はばねが自然長になったところでばねから離れ，そのまま床の上を進み，**B** 点を通過して斜面をすべり上がり，斜面を飛び出して最高点まで上がり，床に向かって落ちた。

重力加速度の大きさを g，ばね定数を $\boldsymbol{k}$，斜面の端 **C** 点の高さを $\boldsymbol{h}$，斜面の傾きを **45°** とし，空気の抵抗は無視できるものとする。

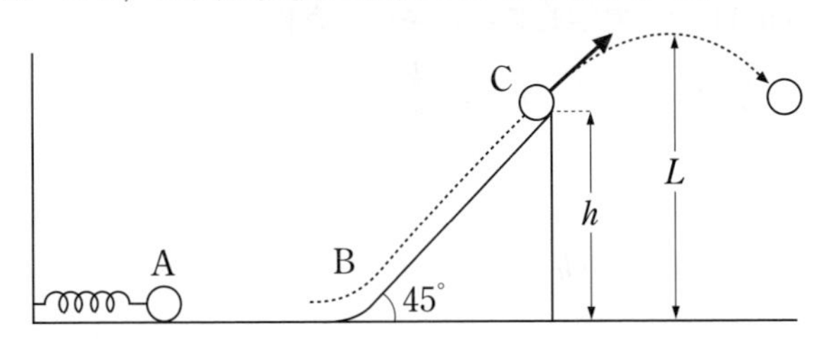

(1) 小球 **A** がばねから離れたときの速さ $\boldsymbol{v_0}$ を求めよ。

(2) 小球 **A** が **C** 点に達したときの速さ $\boldsymbol{v_1}$ を $\boldsymbol{v_0}$ を用いて表せ。

(3) 小球 **A** が斜面をすべり上がって **C** 点を飛び出すための $\boldsymbol{a}$ の最小値を求めよ。

(4) 小球 **A** が **C** 点を離れ，最高点に達したときの高さ $\boldsymbol{L}$ を $\boldsymbol{v_0}$ を用いて表せ。

解答のポイント

小球は終始一貫して「重力・弾性力**以外**の力」からの仕事を受けていないので**力学的エネルギー保存則**が成り立つ。特に放物運動においては，水平方向は等速度運動なので，最高点での速さが C 点での速度の水平成分の大きさと同じことを利用しよう。

解　法

(1)，(2) 次ページの図 5-11 で，㋐，㋑，㋒にかけて，**重力・弾性力以外の力は仕事をしていない**(垂直抗力は常に移動方向と垂直であり仕事は 0 である)。また，各点での**エネルギーの 3 要素**である速さ $\underline{v}$，高さ $\underline{h}$，伸び縮み $\underline{X}$ を明記する。

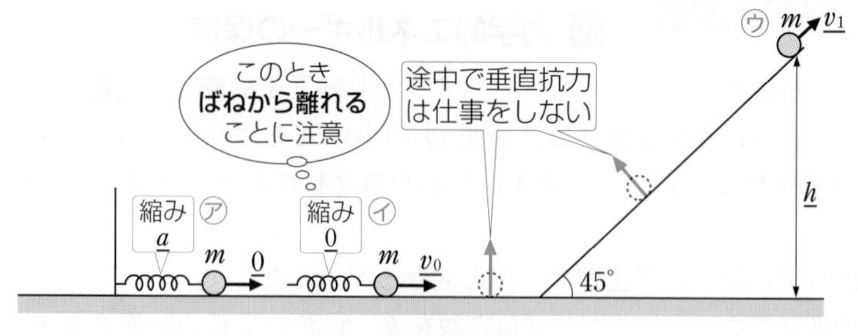

図5-11

よって，図 5-11 で，**力学的エネルギー保存則**により，

$$\underbrace{\frac{1}{2}ka^2}_{㋐の力学的エネルギー} = \underbrace{\frac{1}{2}mv_0^2}_{㋑の力学的エネルギー} \qquad \therefore \quad v_0 = \sqrt{\frac{k}{m}}a \quad \cdots ① 答$$

$$\underbrace{\frac{1}{2}mv_0^2}_{㋑の力学的エネルギー} = \underbrace{\frac{1}{2}mv_1^2 + mgh}_{㋒の力学的エネルギー} \qquad \therefore \quad v_1 = \sqrt{v_0^2 - 2gh} \quad \cdots ② 答$$

⑶　物体がC点から飛び出せるには②の **$v_1>0$ となる**ことが必要。そのためには $v_0^2-2gh>0$ となることが必要であり，これに①を代入して，

$$\frac{k}{m}a^2 - 2gh > 0 \qquad \therefore \quad a > \sqrt{\frac{2mgh}{k}} \quad \cdots 答$$

⑷　図 5-12 でポイントは，放物運動の水平方向は等速度運動になるので，最高点の速さはC点での速度の水平成分の大きさ $\frac{v_1}{\sqrt{2}}$ と同じになることである。

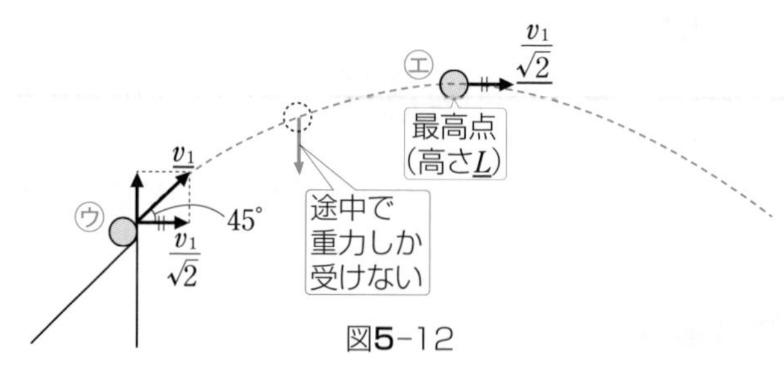

図5-12

ここで放物運動中は，重力のみしか受けないので，**力学的エネルギー保存則**を用いて，

$$\underbrace{\frac{1}{2}mv_0^2}_{㋑の力学的エネルギー} = \underbrace{\frac{1}{2}m\left(\frac{v_1}{\sqrt{2}}\right)^2 + mgL}_{㋓の力学的エネルギー}$$

$$\therefore \quad L = \frac{v_0^2}{2g} - \frac{v_1^2}{4g} = \frac{v_0^2}{4g} + \frac{h}{2} \quad （②を代入）答$$

共通テストへの＋α　グラフ選択のテクニック　（物理基礎）

共通テストではグラフの選択にもすばやさが要求される。そこでグラフをすばやく能率的に選ぶテクニックを紹介しよう。

POINT　グラフをすばやく選ぶウラワザ

グラフを見たら，縦軸，横軸をはっきりさせ，次の 3 つをチェックしよう。

チェック① 切片は正しいか

チェック② 傾向（増減，何次式の形か，反比例か，横軸→∞での収束）

チェック③ 具体例（θ なら 0°, 90°, 180°）を代入してグラフ上に点を打つ

問題1

図のように長さ L の軽い棒の先に質量 m のおもりをつけて，支点を中心に初速度 0 で回転させた。はじめの位置から回転した棒とのなす角を θ，重力加速度の大きさを g とする。

速さ v-角度 θ のグラフとして正しいものを，次の①～④のうちから 1 つ選べ。

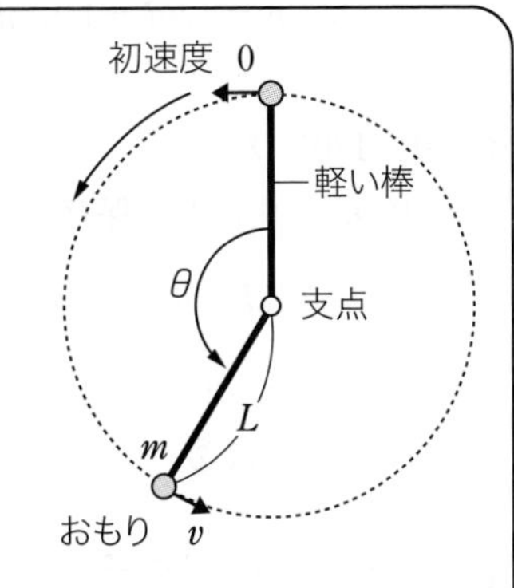

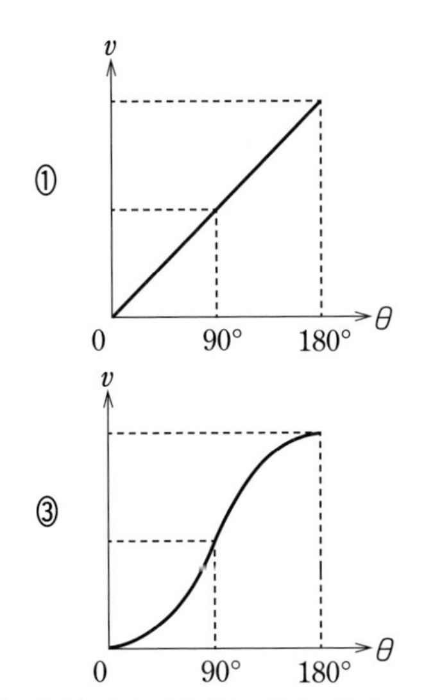

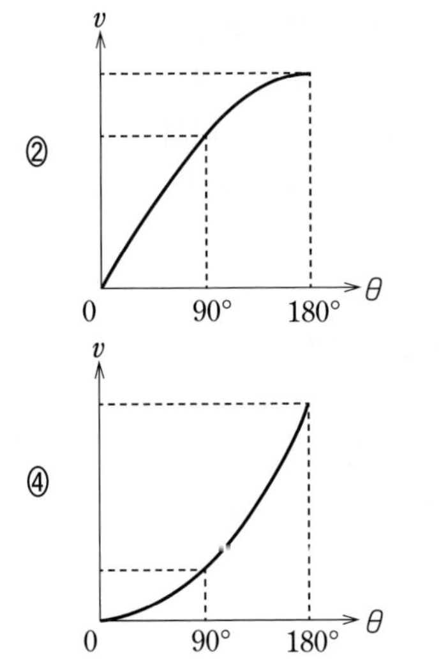

解　法

一般の θ でエネルギー保存を考えると数学的処理がめんどう。グラフさえ選べればいいので①，②，③を**チェック**する。

チェック❶　切片：$\theta=0$ では $v=0$ ⇒ ①～④すべてOK

チェック❷　傾向：増加していく ⇒ ①～④すべてOK

チェック❸　具体例：$\theta=90°$，$\theta=180°$ で調べる

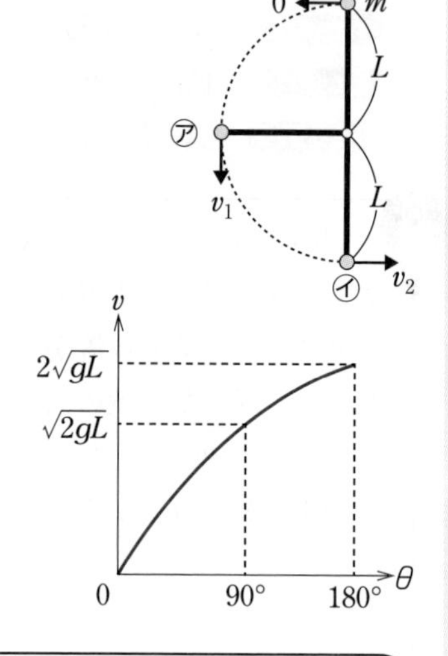

㋐　$\theta=90°$ のとき

力学的エネルギー保存より

$$mgL=\frac{1}{2}mv_1^2$$

$$\therefore\quad v_1=\sqrt{2gL}\fallingdotseq 1.4\sqrt{gL}$$

㋑　$\theta=180°$ のとき

力学的エネルギー保存より

$$mg\times 2L=\frac{1}{2}mv_2^2$$

$$\therefore\quad v_2=2\sqrt{gL}$$

⇒ 答は②

問題2

図のように，抵抗値が R_1，R_2 の2つの抵抗と可変抵抗器および電池をつないで回路をつくった。抵抗値 R_1 の抵抗に流れる電流を I とする。

$R_1=R_2$ のとき，可変抵抗器の抵抗値 R_3 を0からしだいに増加させると，抵抗値 R_1 の抵抗を流れる電流 I はどのように変化するか。最も適当なものを，次ページの①～④のうちから1つ選べ。ただし，図中の破線は電流値が近づいていく値を示す。

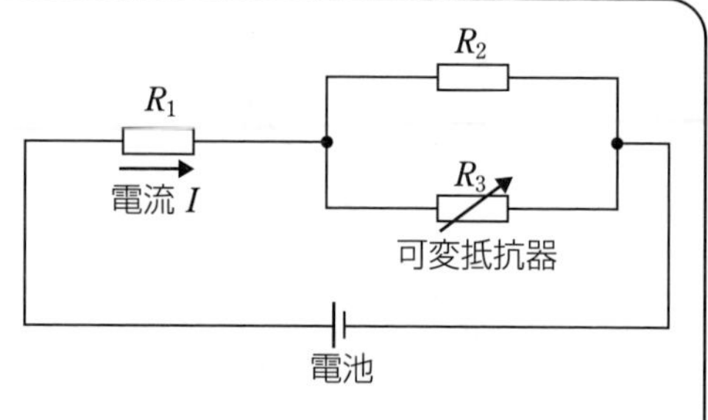

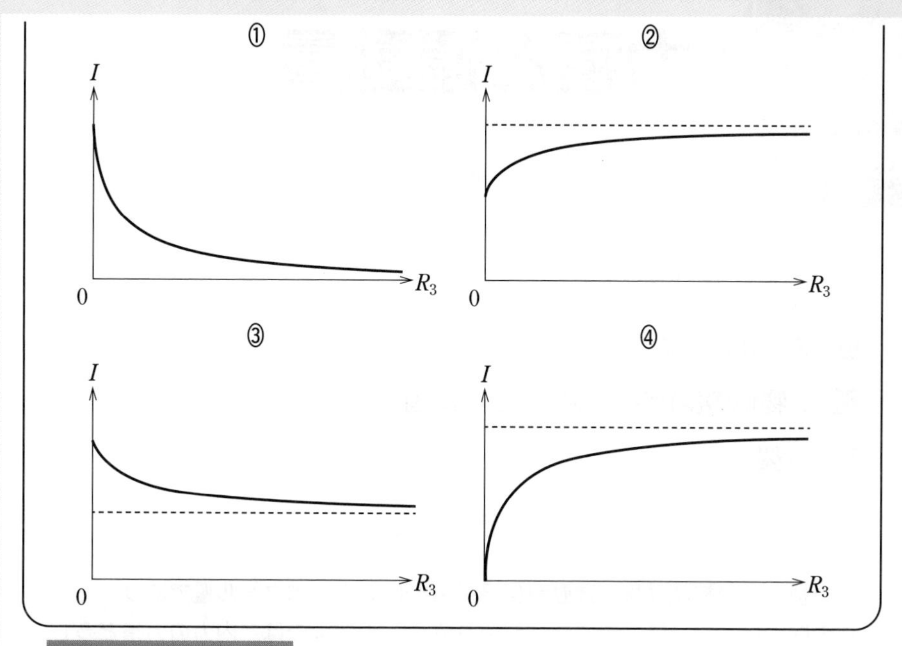

解　法

電池の起電力を E, $R_1=R_2=R$ とする。

チェック① 切片：$R_3=0$ のとき

図1のように電流はすべて R_3 の「ただの導線」に流れるので

$$I=\frac{E}{R}\Rightarrow ④は I=0 で不適$$

チェック② 傾向：R_3 が大きくなるほど回路全体としての抵抗が大きくなり電流は減る

⇒ ②は不適

チェック③ 具体例：$R_3=\infty$ とすると図2のように電流はすべて R_2 に流れるので

$$I=\frac{E}{2R}\Rightarrow 答は③$$

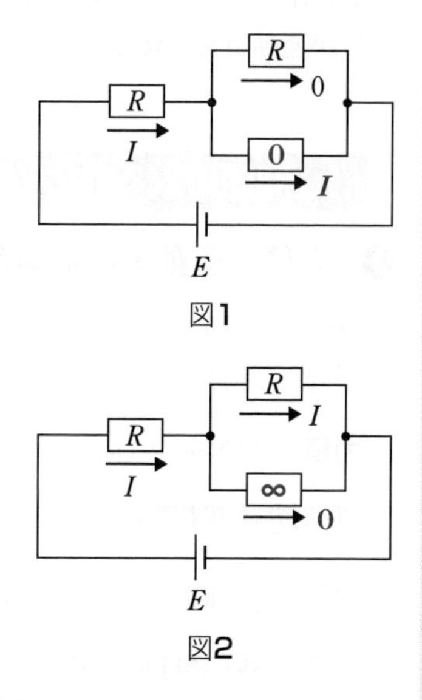

図1
図2

グラフを選ぶときは縦軸，横軸をチェックして切片，傾向，具体例でしぼりこもう

STAGE 06 力学

力積と運動量

物 理

衝突・分裂ときたら運動量!!

頻出出題パターン

20 2物体の正面衝突

21 2物体の斜衝突・固定面との斜衝突

22 分裂

ここを押さえよ!

力積は力の持続効果，運動量は運動の勢いを表すベクトル量であり，それらの間には**力積と運動量の関係**が成り立つ。大切なのは，内力の力積どうしは作用・反作用の法則で打ち消しあってしまうので，結局，外力の力積のみしか運動量を変化させられないことである。

問題に入る前に

❶ 力積，運動量とは何か

力積と運動量はともに**ベクトル量**であることに注意。つまり，座標軸(正の向き)を必ず確認しよう。

力積 $\vec{I}$ ([N·s]=[kg·m/s])＝ 力 $\vec{F}$ [N]× 力を及ぼした時間 t[s]

力の持続効果を表す

運動量 $\vec{p}$ [kg·m/s]＝ 質量 m[kg]× 速度 $\vec{v}$ [m/s]

運動の勢い（相手に力積を与える能力）を表す

ミスする人が多いので何度も注意するが，力積，運動量はともにベクトルなので，正・負の符号に注意すること。例えば運動量が-2というのは，いま，考えている座標軸の正の向きとは逆向きに大きさ2の運動量を持つということを意味する。また，衝突においてよく出てくる状況だが，**衝突後の物体の運動の向きがわからないときは，とりあえず正の向きを勝手に仮定**しておけばよい。その後の計算の結果，仮定した運動量(速度)が正の値で出てくれば，物体は仮定した向きと同じ向きに，もし負の値で出てくれば，実際は仮定した向きと逆向きに動いていることがわかるのだ。

❷ 力積と運動量の関係

図 6-1 のように，最初(㊚)に速度 $v_{前}$ を持っていた質量 m の小球が，途中(㊥)で Δt 秒間だけ力 f_1, f_2, f_3 を受けた後(㊖)に速度 $v_{後}$ になったとする。

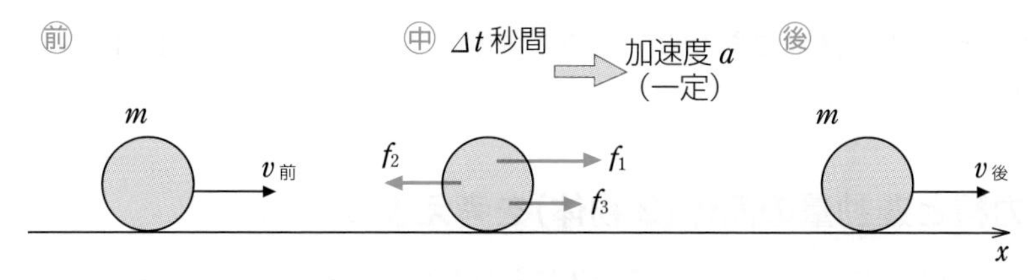

図6-1　力積と運動量（1物体）

このとき㊥での運動方程式を立てると，

$$ma = f_1 - f_2 + f_3$$

ここで，加速度 a =（1秒あたりの速度変化）なので，

$$a = \frac{v_{後} - v_{前}}{\Delta t}$$

を代入して整理すると，

$$\underbrace{mv_{前}}_{前} + \underbrace{(f_1 - f_2 + f_3)\Delta t}_{中} = \underbrace{mv_{後}}_{後}$$

この式の意味は，次のようになる。

$$\underbrace{mv_{前}}_{\text{前の運動量}} + \underbrace{(f_1 - f_2 + f_3)\Delta t}_{\text{中で受けた力積}} = \underbrace{mv_{後}}_{\text{後の運動量}}$$

❸ 外力と内力を区別する

着目物体を決めると，力は外力と内力に分けることができる。**内力は作用・反作用の関係より，同じ大きさの力が逆向きに働いている**ことを押さえよう。

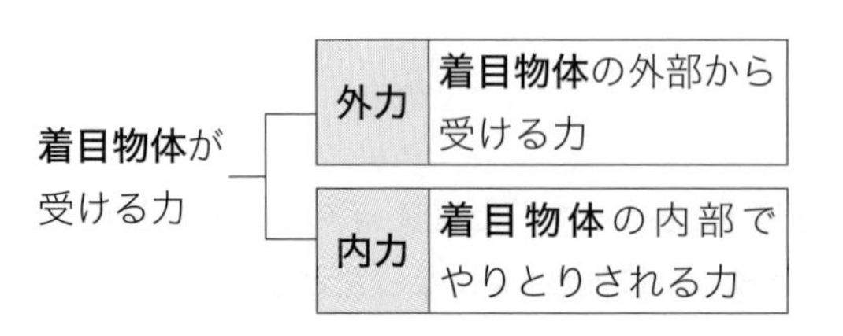

着目物体が受ける力	外力	**着目物体**の外部から受ける力
	内力	**着目物体**の内部でやりとりされる力

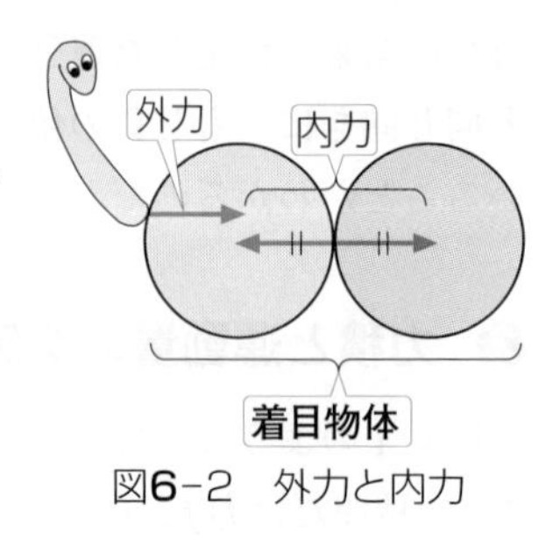

図6-2　外力と内力

この2つの力を区別できたら，次の2物体の場合で力積と運動量の関係を考えてみよう。

❹ 力積と運動量の関係(2物体)を考えよう

図6-3のように，大小2つの球全体に着目してみよう。㊢でそれぞれの速度が V，v，㊥で2球が接触して互いに $f_{内}$ で押し合っている Δt 秒間に，大球のみに力 $F_{外}$ を加え，(後)でそれぞれの速度が V'，v' へと変化したとする。

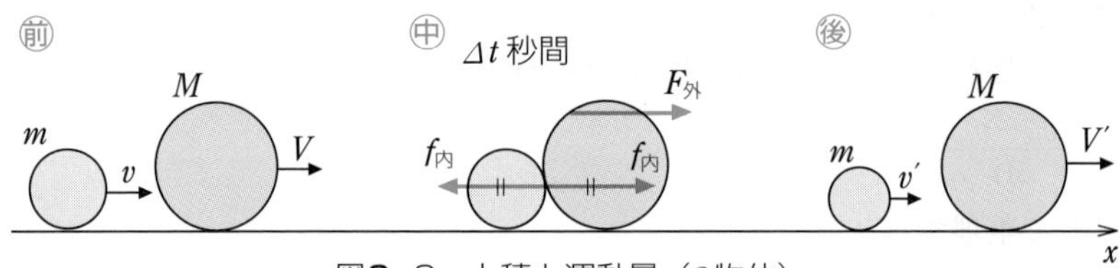

図6-3　力積と運動量（2物体）

このとき力積と運動量の関係をそれぞれの球に用いると，

小球：$mv+(-f_{内}\Delta t)=mv'$　　　大球：$MV+(f_{内}\Delta t+F_{外}\Delta t)=MV'$

となる。この2式を辺々足して(ここで**内力の力積どうしが作用・反作用の法則で打ち消しあっている**ことに注意。つまり，全体としての**運動量を変えることができるのは外力の力積だけ**である)，

$$(mv+MV)+(\cancel{-f_{内}\Delta t}+\cancel{f_{内}\Delta t}+F_{外}\Delta t)=(mv'+MV')$$

$$\therefore\quad \underbrace{(mv+MV)}_{前}+\underbrace{F_{外}\Delta t}_{中}=\underbrace{(mv'+MV')}_{後}$$

この式の意味は次ページに示したようになる。

漆原の解法 13 力積と運動量の関係

$$(mv+MV) \quad + \quad F_{外}\Delta t \quad = \quad (mv'+MV')$$

前の着目物体の全運動量　　中で外力から受けた力積　　後の着目物体の全運動量

よって

漆原の解法 14 運動量保存則

特に，中で外力から受けた力積 $F_{外}\Delta t=0$ のとき，

$$(mv+MV) \quad = \quad (mv'+MV')$$

前の着目物体の全運動量　　後の着目物体の全運動量

簡単にいうと，**着目物体**を決めて，座標軸の正の向きを確認して，

外力がないとき ⟶ **運動量保存則**

外力があるとき ⟶ **力積と運動量の関係**

《注》 力積と運動量はベクトルなので，x 方向，y 方向別々に考えること!!

❺ 反発係数と衝突

反発係数とは，衝突する2つの面の材質のみで決まる量で，次のように約束されている。

漆原の解法 15 反発係数の式

$$e=\frac{(\text{衝突面と垂直に})2\text{ 物体が離れる速さ}}{(\text{衝突面と垂直に})2\text{ 物体が近づく速さ}}$$

反発係数の使い方は，次ページに示した3タイプを押さえていれば大丈夫である。

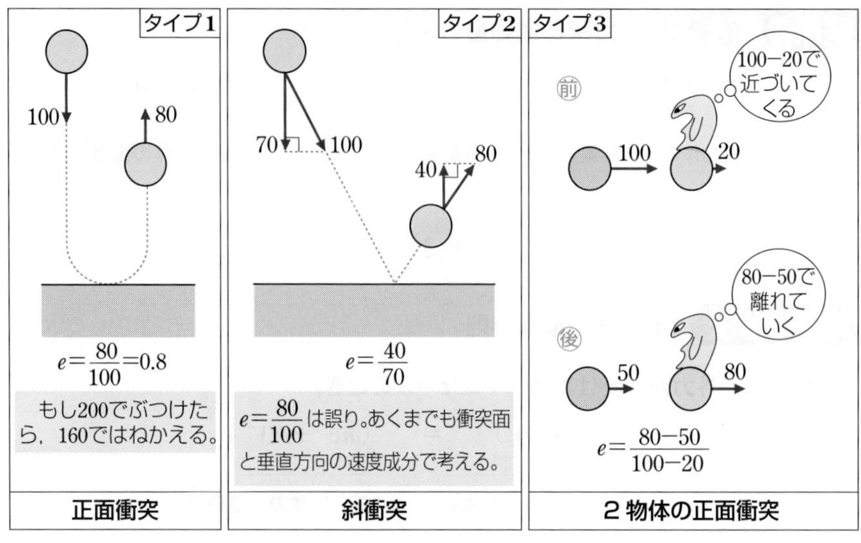

図6-4

あらゆる衝突は，その反発係数の値（$0 \leqq e \leqq 1$）によって次の3つの場合に分類される。入試によく出る衝突時の力学的エネルギーの損失についてもまとめておこう。

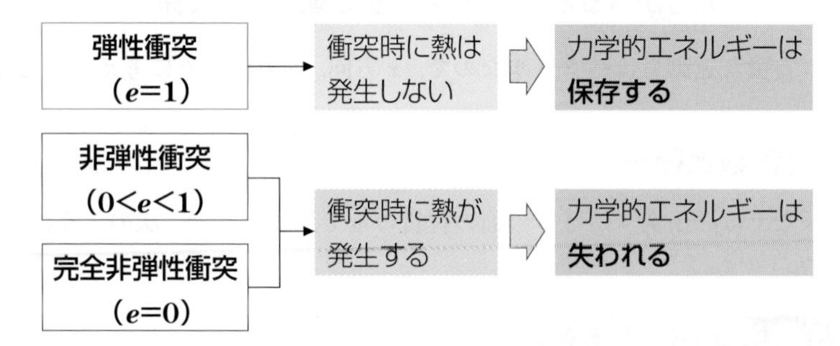

《注》 衝突の特別な場合（**弾性衝突**）以外では，**力学的エネルギー保存則**を使ってはいけない!!

出題パターン 20 2物体の正面衝突

質量 m の物体Aに初速度 v_0 を与えて，質量 M の物体Bに衝突させたところ，衝突後の物体AおよびBの速度はそれぞれ右向きを正として v_A，v_B となった。

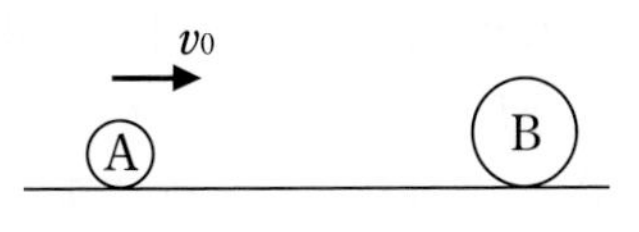

(1) この衝突の反発係数を e として，v_A，v_B を求めよ。

(2) $e=0$ のとき，衝突によって失われた力学的エネルギーはいくらか。

解答のポイント

軸の正の向きを確認して，**運動量保存則**と**反発係数の式**を連立して解く。

解法

(1) **A，B全体に着目すると外力の力積がない**ので，**運動量保存則**より，

$$\underbrace{mv_0}_{\text{前の運動量}} = \underbrace{mv_A + Mv_B}_{\text{後の運動量}} \quad \cdots ①$$

また，**反発係数の式**より，

$$e=\frac{\text{後でA，Bが離れる速さ}}{\text{前でA，Bが近づく速さ}}$$

$$=\frac{v_B-v_A}{v_0} \quad \cdots ②$$

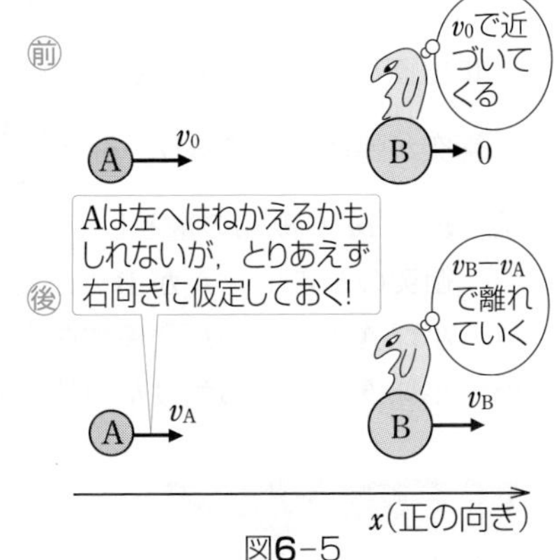

図6-5

②を①に代入して，

$$mv_0=mv_A+M(ev_0+v_A)$$

$$\therefore \quad v_A=\frac{m-eM}{m+M}v_0, \qquad v_B=\frac{(1+e)m}{m+M}v_0 \quad \cdots \text{答}$$

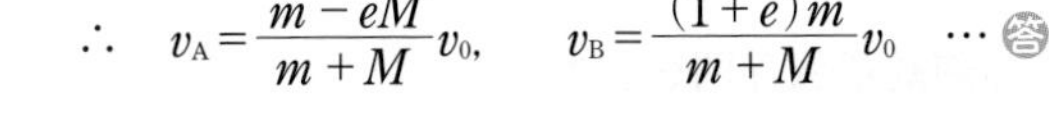
《注》ここでもし $m<eM$ であるとき，$v_A<0$ となってAは左にはねかえる。

(2) $e=0$（完全非弾性衝突）のとき失われた力学的エネルギー $\varDelta E$ は，

$$\varDelta E=\frac{1}{2}mv_0^2-\left(\frac{1}{2}mv_A^2+\frac{1}{2}Mv_B^2\right)$$

$$=\frac{1}{2}mv_0^2\left\{1-\left(\frac{m}{m+M}\right)^2-\frac{mM}{(m+M)^2}\right\}$$

$$=\frac{mMv_0^2}{2(m+M)} \quad \cdots \text{答}$$

（このエネルギーは衝突時に熱などとして放出される。）

出題パターン

21 2物体の斜衝突・固定面との斜衝突

なめらかな水平面上に静止している小球 **B** に，質量 $\boldsymbol{m}$ の小球 **A** が速さ $\boldsymbol{v_0}$ で衝突した。衝突後図のように，小球 **A** は進行方向に対し **30°** の方向に進み，小球 **B** は小球 **A** の衝突前の進行方向と $\boldsymbol{\theta}$ をなす方向に進んだ。小球 **A** はその後水平面に垂直ななめらかな壁と，図のような角度で衝突して速さ $\boldsymbol{v_1'}$ ではねかえった。

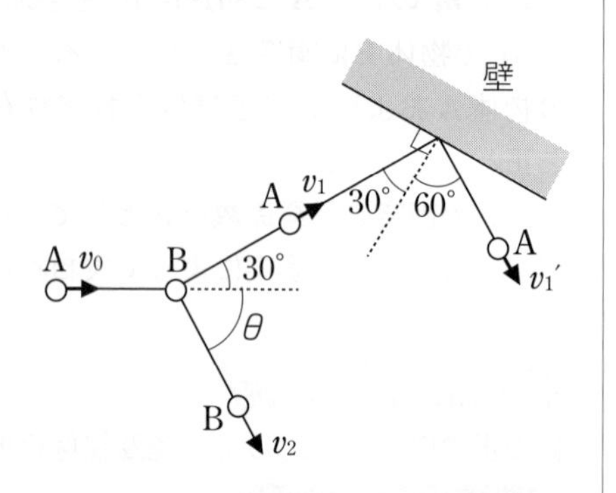

⑴　小球 **A** と **B** の衝突後の速さをそれぞれ $\boldsymbol{v_1}$，$\boldsymbol{v_2}$，また **B** の質量を $\boldsymbol{M}$ として，衝突における運動量保存則を，小球 **A** の衝突前の進行方向とそれに垂直な方向とに分解して書け。

衝突が弾性衝突であり，$\boldsymbol{v_1}=\dfrac{\sqrt{3}}{2}\boldsymbol{v_0}$ であることがわかったとする。

⑵　$\boldsymbol{v_0}$ と $\boldsymbol{m}$ を既知の量として，$\boldsymbol{v_2}$，$\boldsymbol{M}$，$\boldsymbol{\theta}$ を求めよ。

⑶　衝突のとき小球 **A** が **B** から受けた力積の大きさを求めよ。

⑷　小球 **A** と壁との反発係数を求めよ。

⑸　小球 **A** が壁から受けた力積の大きさを求めよ。

解答のポイント

①2物体の斜衝突

いつも入射方向，垂直方向の**運動量保存則**を立てる。

特に，弾性衝突のときは**力学的エネルギー保存則**を連立させる。

②固定面との斜衝突

面と平行方向の**運動量保存則**

面と垂直方向の**力積と運動量の関係**

反発係数の式

の3式を連立させる。

特に注意したいのは，運動量，力積はベクトルなので x 方向，y 方向に完全に分けて考え，軸と同じ向きなら正，軸と逆向きなら負の符号をつけることである。

一方，運動エネルギーはベクトルではない(スカラー)ので，x 方向，y 方向に分けてはいけない。また，その符号は常に正となる。

解　法

(1) 衝突㊞㊥で**A，B全体に着目すると，外力はない**ので，図6-6でx，y方向の**運動量保存則**より，

$$x：mv_0 = m\cdot\frac{\sqrt{3}}{2}v_1 + Mv_2\cos\theta \quad \cdots ①\text{答}$$

$$y：\quad 0 = m\cdot\frac{1}{2}v_1 + (-Mv_2\sin\theta) \quad \cdots ②\text{答}$$

図6-6

(2) 弾性衝突では**力学的エネルギー保存則**が成り立ち，

$$\frac{1}{2}mv_0^2 = \frac{1}{2}mv_1^2 + \frac{1}{2}Mv_2^2 \quad \cdots ③$$

前の力学的エネルギー　後の力学的エネルギー

①より，

$$Mv_2\cos\theta = m\left(v_0 - \frac{\sqrt{3}}{2}v_1\right) \quad \cdots ①'$$

②より，

$$Mv_2\sin\theta = \frac{1}{2}mv_1 \quad \cdots ②'$$

$①'^2 + ②'^2$ より，

$$(Mv_2)^2 = m^2(v_0^2 + v_1^2 - \sqrt{3}v_0v_1) \quad \cdots ④$$

斜衝突必須！

式変形のポイント①

まず，θ を

$\sin^2\theta + \cos^2\theta = 1$

で消す。

③より，

$$Mv_2^2 = m(v_0^2 - v_1^2) \quad \cdots ⑤$$

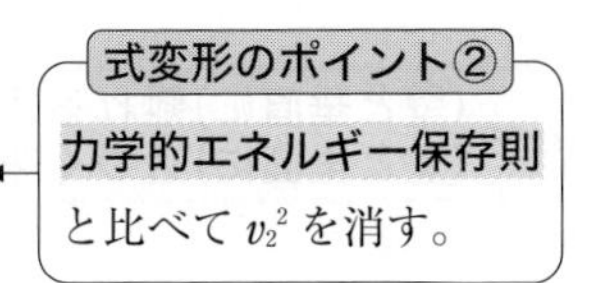

いまの場合，$v_1 = \frac{\sqrt{3}}{2}v_0$ より，

④，⑤は，

$$(Mv_2)^2 = \frac{1}{4}m^2v_0^2, \qquad Mv_2^2 = \frac{1}{4}mv_0^2$$

辺々割って，$M = m$　…答

これより，$v_2 = \frac{1}{2}v_0$　…答

また，②′より，

$$\sin\theta = \frac{\frac{1}{2}mv_1}{Mv_2} = \frac{\sqrt{3}}{2} \qquad \therefore\ \theta = 60^\circ \quad \cdots\text{答}$$

(3) Aが受ける力積を問うのでAのみに着目する。図6-7のように，㊥で**AがBから受けた力積のx，y成分の大きさをそれぞれI_x，I_y**とすると，**力積と運動量の関係**より**Aのみに着目して**，

$$x: mv_0 + (-I_x) = m\cdot\frac{\sqrt{3}}{2}v_1\left(= m\cdot\frac{3}{4}v_0\right)$$

$$y: \quad 0 + \quad I_y \quad = \quad m\cdot\frac{1}{2}v_1 \quad \left(= m\cdot\frac{\sqrt{3}}{4}v_0\right)$$

㊚の運動量　㊥で受けた力積　㊝の運動量

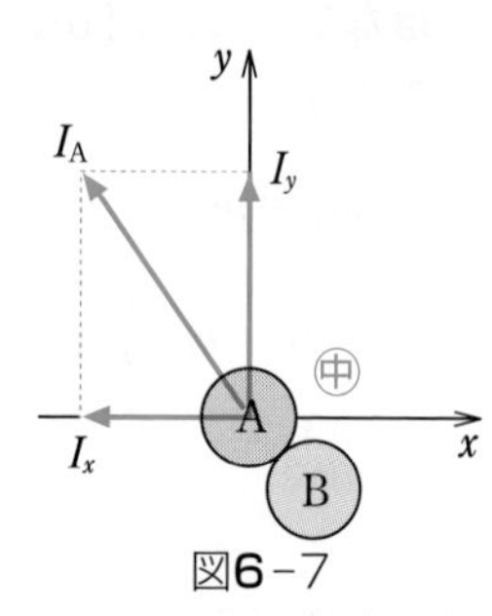

図6-7

$$\therefore \quad I_x = \frac{1}{4}mv_0, \qquad I_y = \frac{\sqrt{3}}{4}mv_0$$

よって，求める力積の大きさI_Aは，

$$I_A = \sqrt{I_x^2 + I_y^2} = \frac{1}{2}mv_0 \quad \cdots 答$$

(4) 図6-8のように，**Aが壁から受けた力積をI**とすると，X，Y方向の**力積と運動量の関係**より，

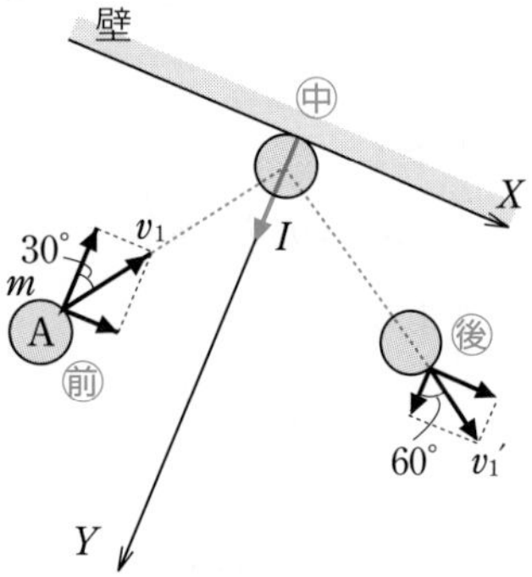

$$X: \quad m\cdot\frac{1}{2}v_1 \quad +0 = m\cdot\frac{\sqrt{3}}{2}v_1' \quad \cdots ⑥$$

$$Y: \left(-m\cdot\frac{\sqrt{3}}{2}v_1\right) + I = m\cdot\frac{1}{2}v_1' \quad \cdots ⑦$$

㊚の運動量　㊥で受けた力積　㊝の運動量

図6-8

また，壁とAとの**反発係数の式**では，**壁と垂直方向**の速さに注意して，

$$\boxed{e = \frac{(壁と垂直に)離れる速さ}{(壁と垂直に)近づく速さ}} = \frac{\frac{v_1'}{2}}{\frac{\sqrt{3}v_1}{2}} = \frac{v_1'}{\sqrt{3}v_1} \quad \cdots ⑧$$

⑥より，$v_1' = \frac{1}{\sqrt{3}}v_1$ を⑧に代入して，

$$e = \frac{1}{3} \quad \cdots 答$$

(5) ⑦より，

$$I = m\left(\frac{1}{2}v_1' + \frac{\sqrt{3}}{2}v_1\right) = \frac{2\sqrt{3}}{3}mv_1 = mv_0 \quad \left(v_1 = \frac{\sqrt{3}}{2}v_0 より\right) \quad \cdots 答$$

出題パターン

22 分裂

質量 M の台がなめらかな床にのっている。図のように，ばね定数 k の質量が無視できるばねが台上に置かれ，ばねの左端は台に結びつけられている。

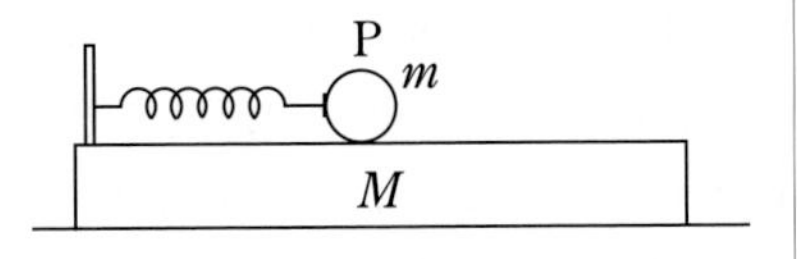

いま，ばねを自然の長さから x だけ静かに押し縮め，ばねの先端に質量 m の小物体 **P** を置き，すべてが静止している状態で放した。すると小物体 **P** はばねが自然長になったところでばねから離れた。その瞬間の，小物体 **P** および台の速度（右向きを正）を求めよ。重力加速度の大きさを g とする。

解答のポイント

分裂中に P と台以外の外部から水平方向の外力は加わらないので，水平方向で**運動量保存則**が使える。また，面はなめらかで，動摩擦力などの「**重力・弾性力以外**の力」が仕事をしないので**力学的エネルギー保存則**も使える。

また，**衝突以外のこのような問題になると運動量保存則を思いつけなくなる**人が多い。要は衝突であろうと分裂であろうと，着目物体の外から外力が加わらなければ**運動量保存則**は使えるのだ。

知って得する **その他の分裂の例**

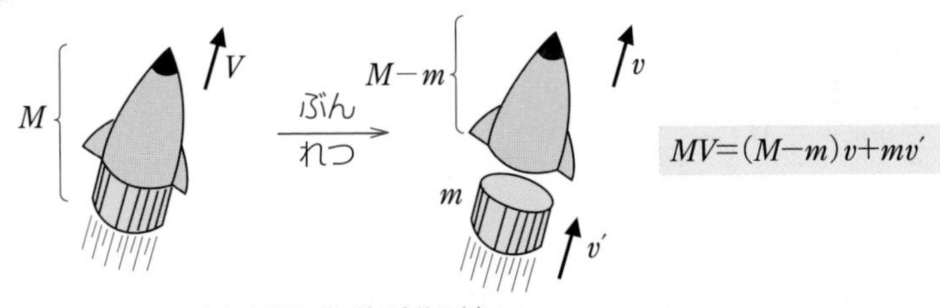

〈文字通り物体が分裂!〉

図6-9

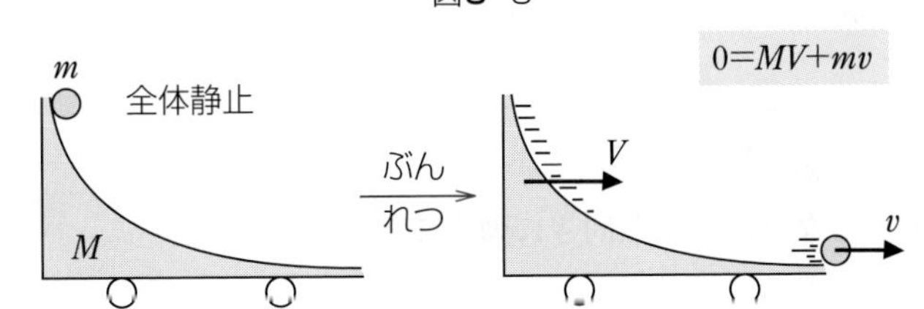

〈水平方向に外力はないので，水平方向の全運動量は保存する〉

図6-10

解　法

まず，図 6-11 の(後)のように，Pがばねを離れるときのPと台の速度をそれぞれ v, V とおく。ここで v は右向きとわかるが，V の向きはとりあえず v と同じ右向きに**勝手に仮定しておく**。

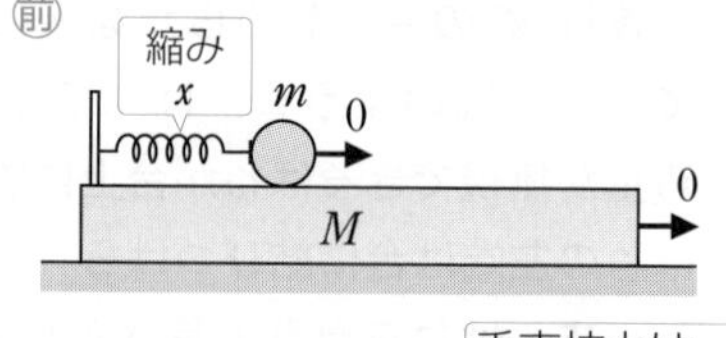

次に，途中(中)で**Pと台に着目すると，水平方向に外力は働かない**ので，Pと台全体の x 方向の**運動量保存則**が成り立ち，

$$x:\ \underbrace{0}_{\text{(前)の運動量}} = \underbrace{mv + MV}_{\text{(後)の運動量}} \quad \cdots ①$$

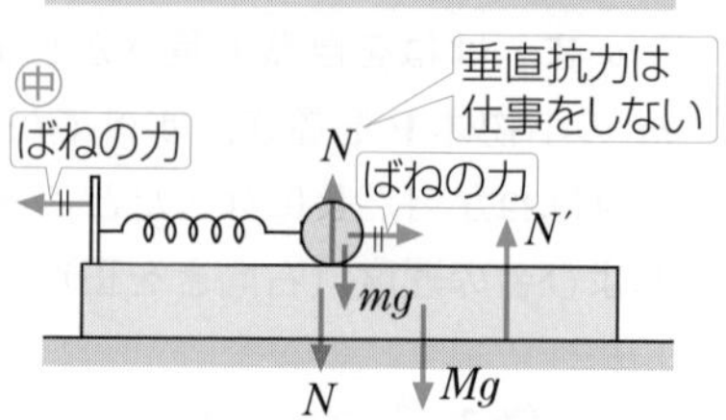

さらに，(中)で働く力は，ばねの弾性力と重力と垂直抗力であるが，垂直抗力は移動方向と垂直なので仕事をしない。よって，**重力・弾性力以外の力の仕事はない**ので**力学的エネルギー保存則**が成り立ち，

$$\underbrace{\frac{1}{2}kx^2}_{\text{(前)の力学的エネルギー}} = \underbrace{\frac{1}{2}mv^2 + \frac{1}{2}MV^2}_{\text{(後)の力学的エネルギー}} \quad \cdots ②$$

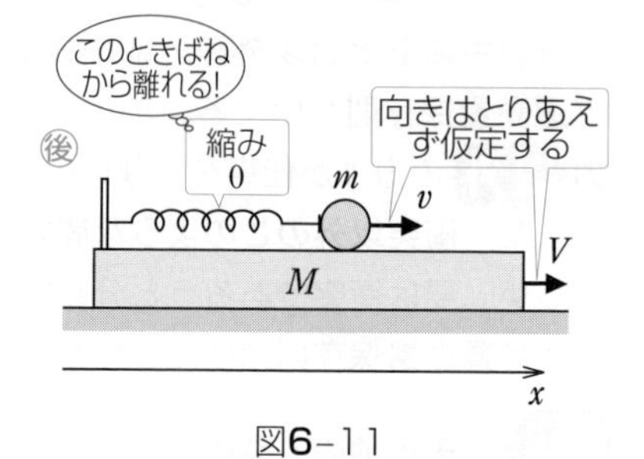

図6-11

①より，$V = -\dfrac{m}{M}v$ 　　　$\cdots$ ③

③を②に代入して，

$$\frac{1}{2}kx^2 = \frac{1}{2}mv^2 + \frac{1}{2}M\left(-\frac{m}{M}v\right)^2$$

$$\therefore \quad v = \pm\sqrt{\frac{Mk}{m(M+m)}}\,x$$

ここで，v は右向き（x 軸の正の向き）なので，$v>0$ より，

$$v = \sqrt{\frac{Mk}{m(M+m)}}\,x \quad \cdots ④\ (答)$$

④を③に代入して，

$$V = -\sqrt{\frac{mk}{M(M+m)}}\,x \quad \cdots (答)$$

これより，$V<0$ となり，台は左向きに動くことがわかる。

力学的エネルギー保存則と運動量保存則の使い分け （物理基礎）（物　理）

よく「共通テストでよく出題されるエネルギーと運動量の保存則の使い分けがわからない」と言う人がいる。実はこの2つの保存則の使い分けにはコツがある。ポイントは2つだ。

まず，着目物体の範囲を明記すること。そして，その物体が受ける力に次の4つの「ラベル」をつけることだ。

(1)　重力・弾性力
(2)　**重力・弾性力以外の力**
(3)　内力（着目物体の内部でやりとりされる力）
(4)　**外力**（着目物体の外から受ける力）

①　途中で着目物体が受ける重力・弾性力以外の力が仕事をしない（または相殺する）とき， ⇒ **力学的エネルギー保存則**が使える

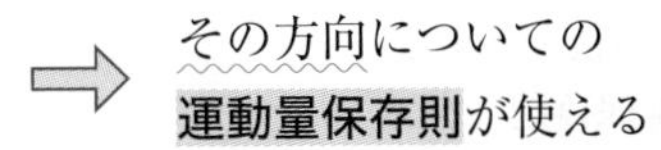

②　途中で着目物体が，ある方向に外力の力積を受けないとき， ⇒ その方向についての**運動量保存則**が使える

次のさまざまな例で，2つの保存則がいつ使えるのか見てみよう。

1　なめらかな面（円運動も）

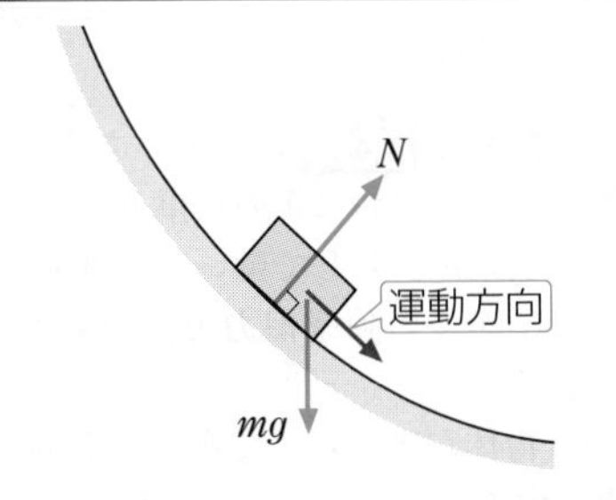

①　垂直抗力N（**重力・弾性力以外**の力）は運動方向と垂直な力なので仕事をしない。
→ **力学的エネルギー保存則**：OK
②　外力（垂直抗力N，重力mg）の力積を受ける。
→ **運動量保存則**：ダメ

2　単振動

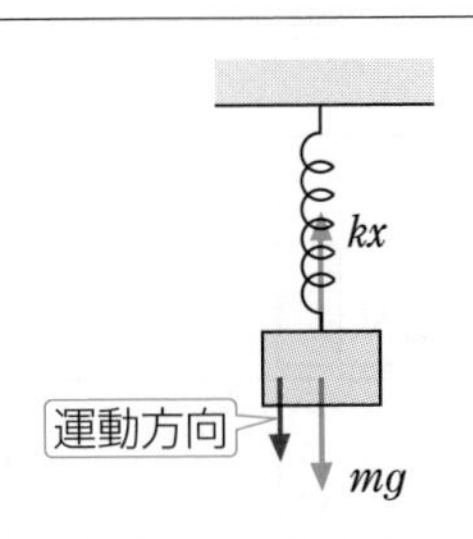

①　ばねの弾性力kx，重力mgしかない（**重力・弾性力以外**の力はない）。
→ **力学的エネルギー保存則**：OK
②　外力（ばねの弾性力kx，重力mg）の力積を受ける。
→ **運動量保存則**：ダメ

3　あらい面

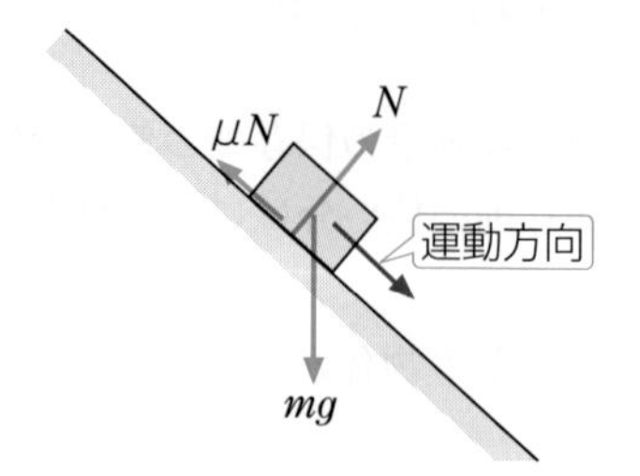

① **重力・弾性力** **以外**の力のうち垂直抗力 N は，運動方向と垂直な力なので仕事をしない。動摩擦力 μN は負の仕事をする。

⟹ **力学的エネルギー保存則**：ダメ
（**仕事とエネルギーの関係**を使う）

② 外力（垂直抗力 N，動摩擦力 μN，重力 mg）が力積を与える。

⟹ **運動量保存則**：ダメ

4　なめらかな三角台と物体

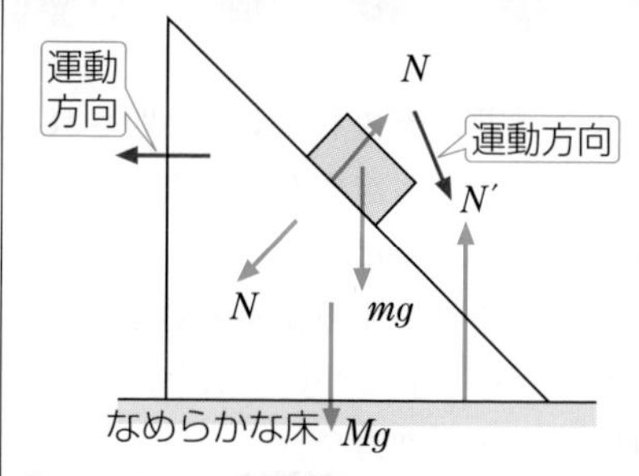

① 三角台と物体全体に着目する。**重力・弾性力** **以外**の力のうち垂直抗力 N が三角台にする仕事と物体にする仕事どうしは打ち消し合う。垂直抗力 N' は台の運動方向と垂直なので仕事をしない。

⟹ 三角台と物体全体の**力学的エネルギー保存則**：OK

② 三角台と物体全体に着目すると，水平方向に外力からの力積は受けない。また，垂直抗力 N は内力である。

⟹ 水平方向で三角台と物体全体の**運動量保存則**：OK

5　あらい上面をもつ台と物体

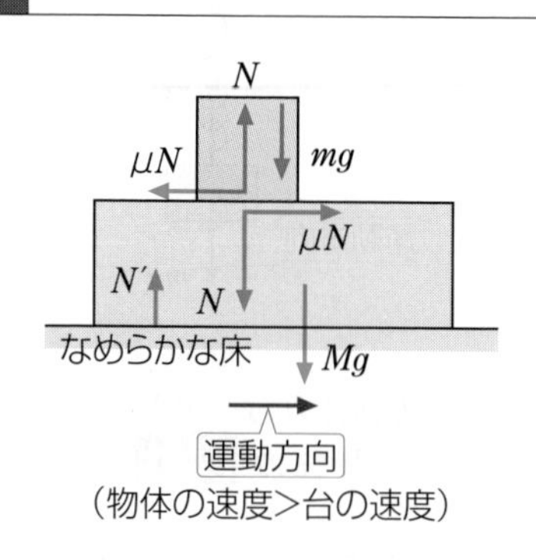

（物体の速度>台の速度）

① **重力・弾性力** **以外**の力のうち右向きの動摩擦力 μN は台に正の仕事 W_1：

$\mu N \times$（台が床に対して動いた距離 x_1）

一方，左向きの動摩擦力 μN は物体に負の仕事 W_2：

$-\mu N \times$（物体が床に対して動いた距離 x_2）

の仕事をする。

ここで $x_1 < x_2$ より，

$W_1 + W_2 < 0$

⟹ **力学的エネルギー保存則**：ダメ
（**仕事とエネルギーの関係**を使う）

② 台と物体全体に着目すると，水平方向に外力からの力積を受けない。

⟹ 水平方向で全体の**運動量保存則**：OK

STAGE 07 力学

円運動

物理

正しくイメージできればワンパターンで楽に解ける

頻出出題パターン

23 円すい振り子

24 振り子の円運動

25 曲面上の円運動

ここを押さえよ！

円運動している物体が持つ加速度は中心方向を向き，その大きさが半径と速さ，または角速度のみで決まることを図を描いて確認しよう。また，物体と一緒に回る人から見ると物体には遠心力が働くという見方もできるようにしよう。解法は 3 ステップで，完全にワンパターンで解ける。

問題に入る前に

❶ 円運動の基本その 1：角速度

角速度と速度を区別し，図を描きながらそれらの関係をまとめよう。

角速度 ω … 1 秒あたりの回転角〔rad/s〕

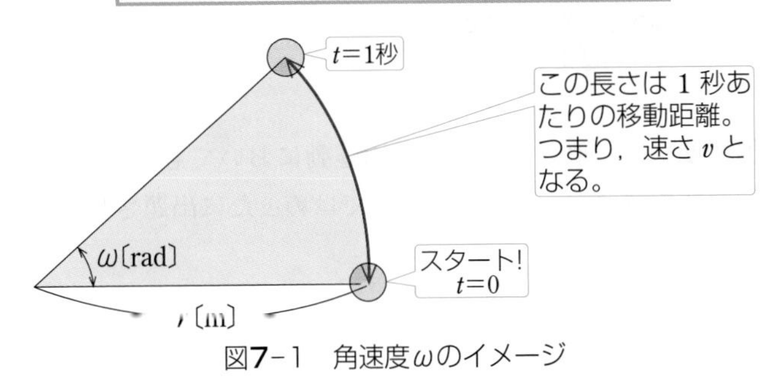

図7-1　角速度ωのイメージ

図7-1より，速さ(速度の大きさ) v は(図7-2の〔おうぎ形の弧長公式〕を参考にして)，

$$\boxed{v = r\omega}$$

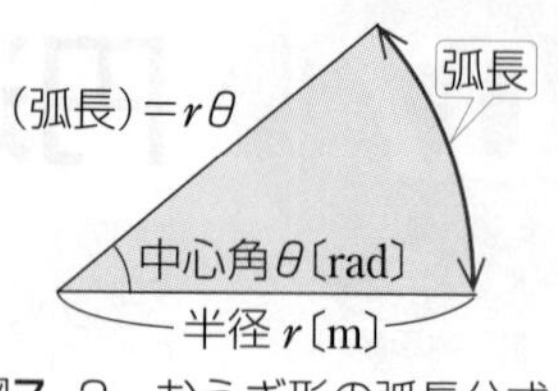

図7-2　おうぎ形の弧長公式

ここで使う角度はラジアン〔rad〕であり，今までの〔度〕とは，π〔rad〕$= 180$〔度〕で換算できる。

❷ 円運動の基本その2：向心加速度

加速度ベクトルとは1秒あたりの速度ベクトルの変化である。図7-3の右側のように，$t=0$ と $t=1$ での速度ベクトルの差をとると，円運動の加速度がわかる。

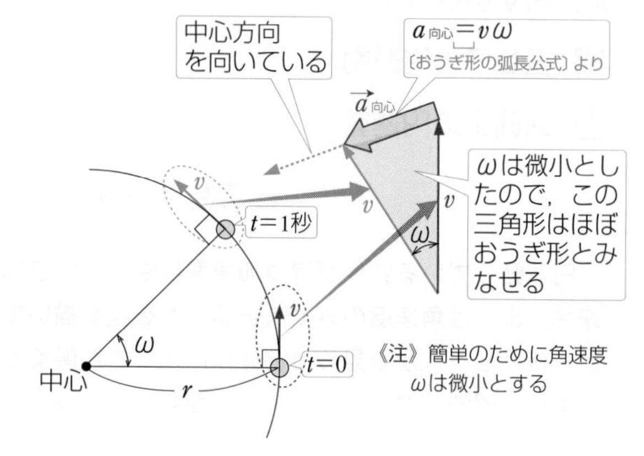

図7-3　向心加速度 $\vec{a}_{向心}$

図7-3より，等速円運動している物体が持つ加速度(向心加速度 $\vec{a}_{向心}$)は，

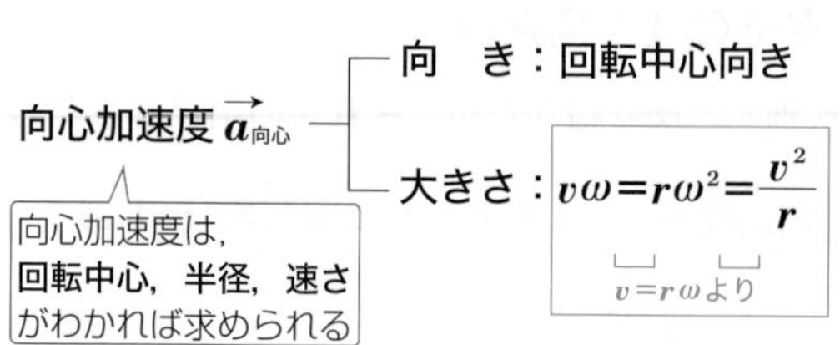

この向心加速度は，一般の等速でない円運動においても使える(そのときは接線方向にも加速度を持つが，単振り子以外ではめったに出題されない)。

❸ 遠心力

遠心力は，ハンマー投げの選手のように，回転する物体とともに“ぐるぐる”回転している人(本書では**回る人**と名付ける)からのみ見える力である。

(i) 大地から見るとき

$v=r\omega$

ω $a_{向心}$ m

張力 T

r

大地

(ii) **回る人**から見るとき

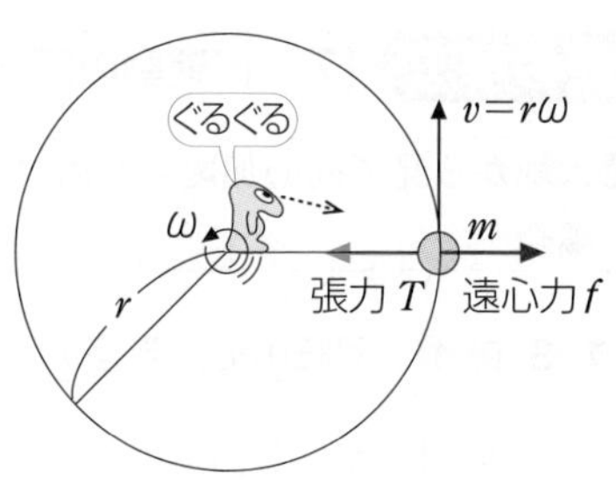

図7-4 大地と**回る人**で見たとき

図 7-4 の大地から見たときと，**回る人**から見たときの運動の式を書き，それぞれを比べると，遠心力の形が出てくる。

大地から見た運動方程式：

$ma_{向心}=T$ … ①

回る人から見た力のつりあいの式：

$f=T$ … ②

(物体と一緒に“ぐるぐる”回転しているので**静止**して見える。)

①，②を比べて，まとめると次のようになる。

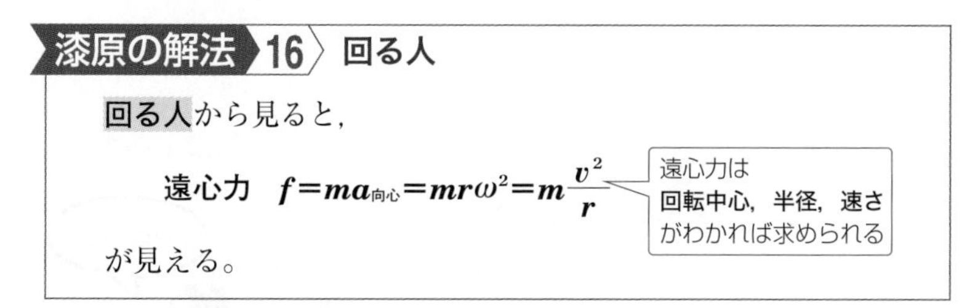

漆原の解法 16 回る人

回る人から見ると，

遠心力 $\boldsymbol{f=ma_{向心}=mr\omega^2=m\frac{v^2}{r}}$

が見える。

❹ 円運動の解法手順

円運動の解法は，次の❶と❷の２つがあるが，このうち**おすすめは，遠心力を用いる❷**の方。遠心力を使う方が実感がわきやすく，イメージしやすいからだ。

《注》 このとき，慣性力のところでやったように「**誰が見ているのか**」をはっきりさせよう。

漆原の解法 17 円運動の解法３ステップ

❶大地から見て向心加速度を用いる場合	❷回る人から見て遠心力を用いる場合

STEP 1 回転中心，半径 $\boldsymbol{r}$，速さ $\boldsymbol{v}$ $\left(\text{または角速度 } \boldsymbol{\omega=\frac{v}{r}}\right)$ を求める。

▶鉛直面内における円運動のときは，**力学的エネルギー保存則**を用いて速さ v を求める。

❶の場合

STEP 2 向心加速度

$a_{向心}=r\omega^2=\dfrac{v^2}{r}$ を図示する。

STEP 3 物体に働く力を書き込み，半径方向の運動方程式

$$ma_{向心}=(合力)$$

この部分を向心力という

を立てる。

❷の場合

STEP 2 遠心力 $mr\omega^2=m\dfrac{v^2}{r}$

を図示する。

STEP 3 物体に働く力を書き込み，半径方向の力のつりあいの式を立てる。

出題パターン 23 円すい振り子

長さ l のばねの一端を固定して，他端におもりをつるしたら，ばねの長さは $1.5l$ になった。次に図のように，ばねがいつも鉛直線と角 θ をなすようにおもりを水平面内で円運動させた。このとき，ばねの長さは $2l$ であった。重力加速度の大きさを g とする。

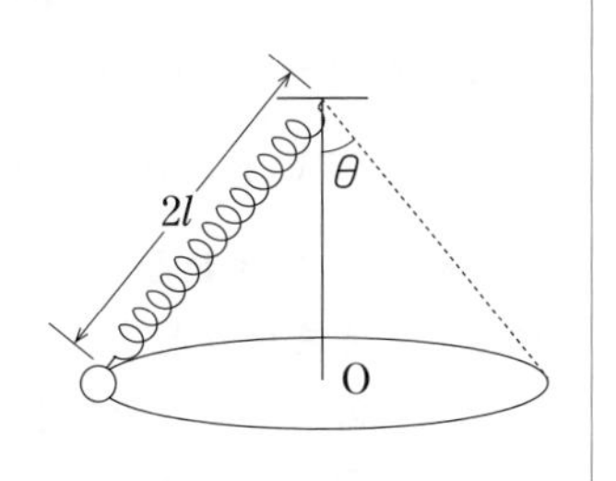

(1) θ は何度か。

(2) おもりの回転周期 T はいくらか。

解答のポイント

「大地から見る」のか，「**回る人**から見る」のかをはっきりさせること。

解　法

(1) **回る人**から見て，**円運動の解法3ステップ**で解く。

STEP 1　回転中心は点 $\underline{O}$，半径 $\underline{r}$ は $2l\sin\theta$ … ①，速さは $\underline{v}$ とおく。

STEP 2　遠心力は図7-5のようになる。

STEP 3　物体に働く力は図7-5のように書けるが，特にばね定数 k は，与えられた条件より，おもりの質量を m として，

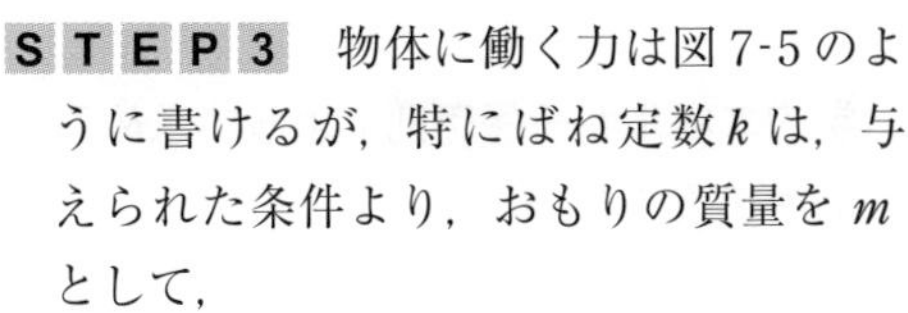

$k(1.5l - l) = k \cdot 0.5l = mg$ … ②

ここで，**回る人**から見ると，おもりは静止しているので，x，y 方向の力のつりあいの式より，

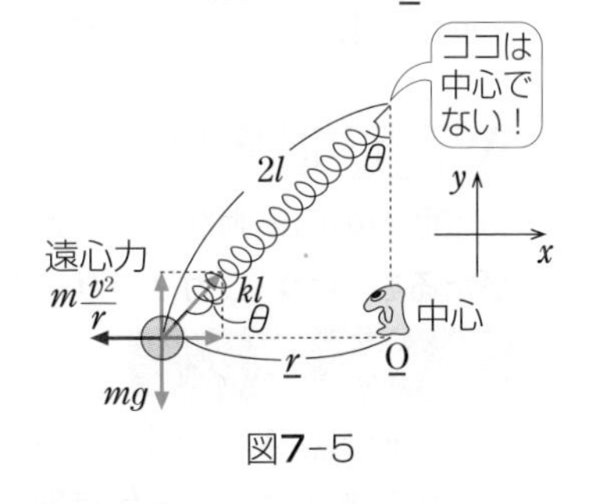

図7-5

x : $kl\sin\theta = m\dfrac{v^2}{r}$ … ③

y : $kl\cos\theta = mg$ … ④

②，④より，$\cos\theta = 0.5$　∴　$\theta = 60°$ … ⑤ 答

(2) ①，②，③，⑤より，

$v = \sqrt{3gl}$

よって，周期 T は，

$$T = \frac{(1周の長さ\ 2\pi r)}{(速さ\ v)} = \frac{2\pi \cdot 2l\sin 60°}{\sqrt{3gl}} = 2\pi\sqrt{\frac{l}{g}}$$ … 答

出題パターン

24 振り子の円運動

長さ l の糸の先に質量 m の小さなおもりがついている。糸の固定点Oから $\frac{l}{2}$ だけ下には，くぎPが打ってある。重力加速度の大きさを g とする。

(1) 図アのように，糸が水平になるまでおもりを持ち上げ静かに手放した。

(a) おもりが最下点Aに達した瞬間の速さを求めよ。

(b) その後，糸がPにひっかかりながら回転中，糸がたるみ出す位置は，最下点Aから測っていくらの高さにあるか。

(2) 図イのように，初速 v_0 を与えたとき，糸がPにひっかかりながら糸がたるまずに1回転できるためには，v_0 は最低いくら以上でなければならないか。

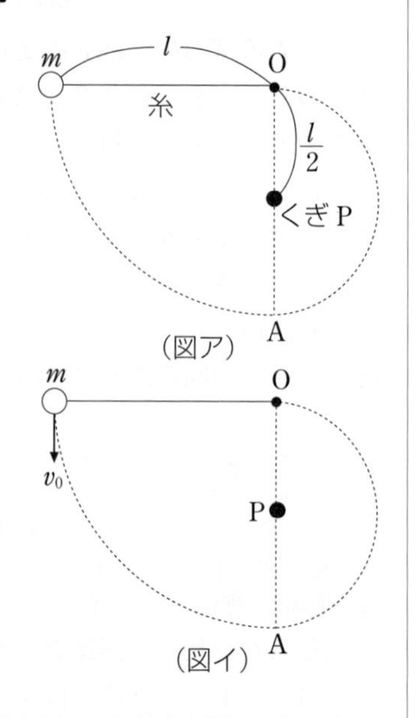

（図ア）
（図イ）

解答のポイント

鉛直面内の円運動なので，速さは**力学的エネルギー保存則**によって求める。

糸がたるむ ⟺ 張力 $T=0$ の条件を活用すること。

解法

(1) (a) 最下点Aでの速さを v_1 とすると（図7-6），**力学的エネルギー保存則**より，

$$mgl = \frac{1}{2}mv_1^2$$

（㋐ mgl，㋑ $\frac{1}{2}mv_1^2$）

$\therefore\ v_1=\sqrt{2gl}$ …答

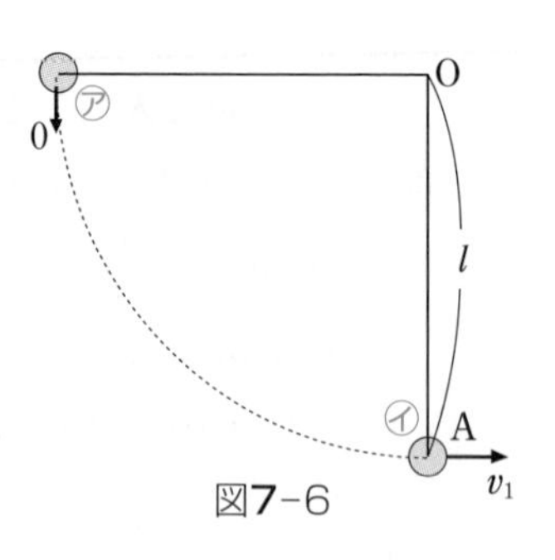

図7-6

一般に円運動では，重力・弾性力**以外**の力である糸の張力や垂直抗力は仕事をしない。なぜなら物体の移動方向（円の接線方向）とそれらの力は直交するからである。

よって，**円運動では必ず力学的エネルギー保存則が使える**。

(b) 図7-7のように，糸がたるみ出す瞬間を**回る人**から見た**円運動の解法3ステップ**で解く。

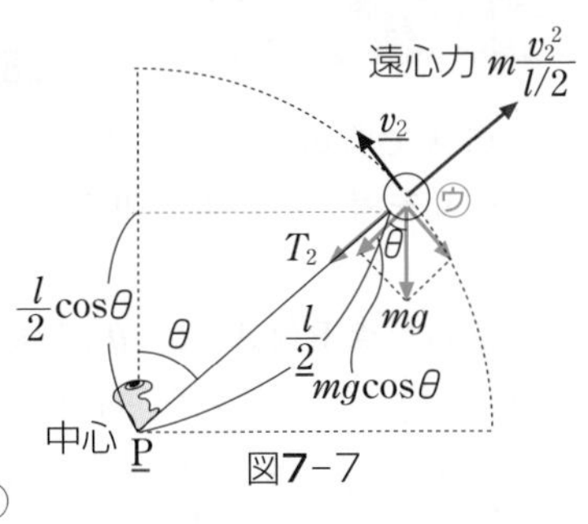

図7-7

STEP 1　**回転中心は点P，半径 $\frac{l}{2}$，**

速さ v_2 は**力学的エネルギー保存則**より，（点Aの位置を高さ0とする）

$$mgl = \frac{1}{2}mv_2^2 + mg\cdot\frac{l}{2}(1+\cos\theta) \quad \cdots ①$$

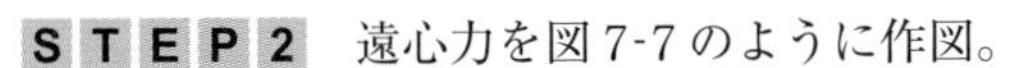

STEP 2　遠心力を図7-7のように作図。

STEP 3　**回る人**から見た半径方向の力のつりあいの式と①より，

$$\text{張力 } T_2 = m\frac{v_2^2}{l/2} - mg\cos\theta = mg(2-3\cos\theta)$$

ここで，**糸がたるむ条件 ⟺ 張力 $T_2=0$** より，

$$mg(2-3\cos\theta)=0 \qquad \therefore \quad \cos\theta = \frac{2}{3}$$

よって，この点の最下点Aから測った高さは，

$$\frac{l}{2}(1+\cos\theta) = \frac{l}{2}\left(1+\frac{2}{3}\right) = \frac{5}{6}l \quad \cdots 答$$

(2) 図7-8のように，おもりが最高点を通過している瞬間を**回る人**から見た**円運動の解法3ステップ**で解く。

遠心力 $m\frac{v_3^2}{l/2}$　㋓　v_0　v_3　㋔　mg　T_3　ピン!　$\frac{l}{2}$　1回転…　中心　P

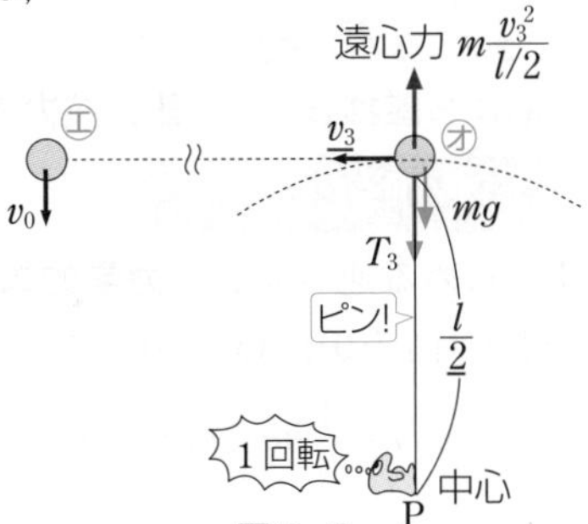

図7-8

STEP 1　**回転中心は点P，半径 $\frac{l}{2}$，**

速さ v_3 は**力学的エネルギー保存則**より，（点Aの位置を高さ0とする）

$$\underbrace{mgl + \frac{1}{2}mv_0^2}_{㋓} = \underbrace{mgl + \frac{1}{2}mv_3^2}_{㋔} \qquad \therefore \quad v_3 = v_0 \quad \cdots ②$$

STEP 2　遠心力を図7-8のように作図。

STEP 3　**回る人**から見た半径方向の力のつりあいの式と②より，

$$\text{張力 } T_3 = m\frac{v_3^2}{l/2} - mg = m\frac{v_0^2}{l/2} - mg$$

ここで，**糸がたるまずに1回転できる条件 ⟺ 張力 $T_3 \geqq 0$** より，

$$m\frac{v_0^2}{l/2} \geqq mg \qquad \therefore \quad v_0 \geqq \sqrt{\frac{gl}{2}} \quad \cdots 答$$

出題パターン

25 曲面上の円運動

点**A**で質量$\boldsymbol{m}$の小物体を静かに放した場合の運動を考える。重力加速度の大きさをgとする。

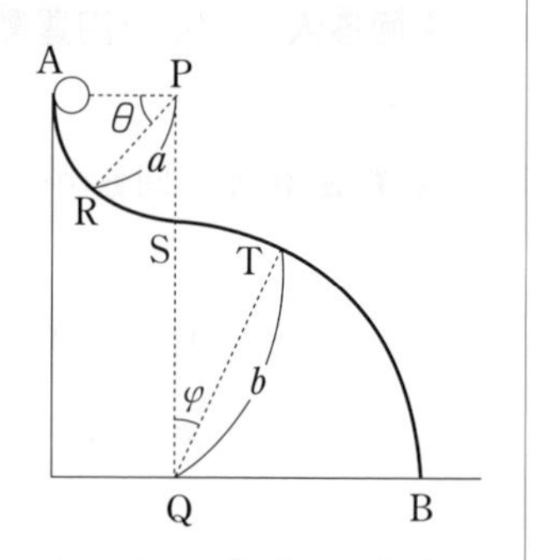

物体が点**R**(∠**APR**$=\theta$)を通過するときの速さ$\boldsymbol{v}_1$は［(1)］であり，面から受ける垂直抗力は［(2)］である。$\dfrac{\boldsymbol{a}}{\boldsymbol{b}}$がある値より小さい場合は，物体は点**S**を通過したあとも，しばらく面上をすべる。

そして，ある点**T**(∠**SQT**$=\varphi$)に達したときの速さを$\boldsymbol{v}_2$とすると，点**T**で物体が面から受ける垂直抗力は［(3)］となる。

そして$\varphi=\varphi_0$の点$\mathbf{T}_0$で面から離れて空中に飛び出したとする。このとき$\cos\varphi_0=$［(4)］という関係が成り立つ。また点$\mathbf{T}_0$で面から離れるときの物体の速さをg，$\boldsymbol{a}$，$\boldsymbol{b}$で表すと［(5)］となる。

＼解答のポイント／

面から離れる ⟺ 垂直抗力 $N=0$ の条件を活用する。

解　法

(1)　求める速さv_1は，**力学的エネルギー保存則**より(図7-9)，(高さ0の点はSにとる)

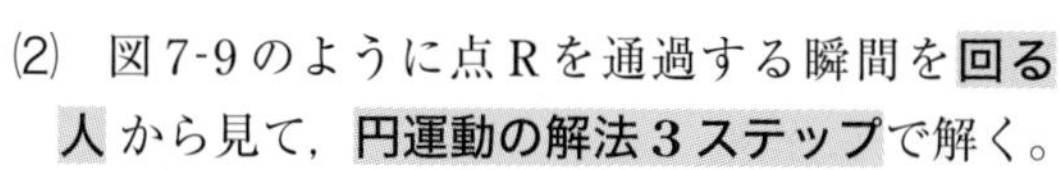

$$mga=\frac{1}{2}mv_1^{\,2}+mga(1-\sin\theta)$$

点A　　　　点R

$\therefore\quad v_1=\sqrt{2ga\sin\theta}\quad\cdots$ ① 答

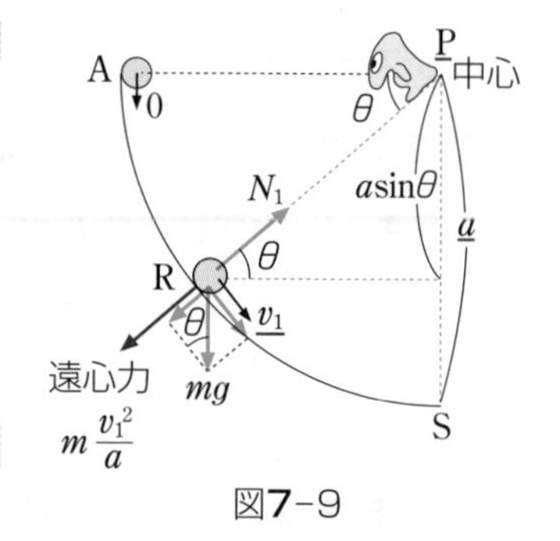

図7-9

(2)　図7-9のように点Rを通過する瞬間を**回る人**から見て，**円運動の解法3ステップ**で解く。

STEP 1　**中心は点<u>P</u>，半径は<u>a</u>，速さは<u>v_1</u>である。**

STEP 2　遠心力を図7-9のように作図。

STEP 3　**回る人**から見た半径方向の力のつりあいの式と①より，

$$\text{垂直抗力 } N_1=m\frac{v_1^{\,2}}{a}+mg\sin\theta=3mg\sin\theta\quad\cdots\text{答}$$

(3) 図 7-10 のように，点 T を通過する瞬間を**回る人**から見た**円運動の解法 3 ステップ**で解く。

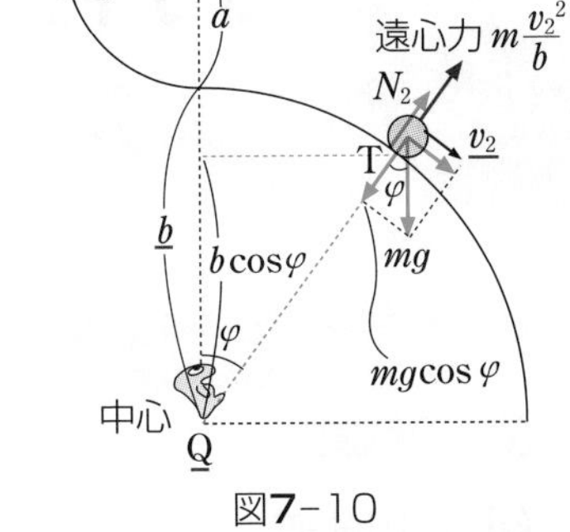

図7−10

STEP 1　中心は点 $\underline{\text{Q}}$ に移動する。半径は $\underline{b}$，速さ $\underline{v_2}$ は力学的エネルギー保存則より，（高さ 0 の点は Q にとる）

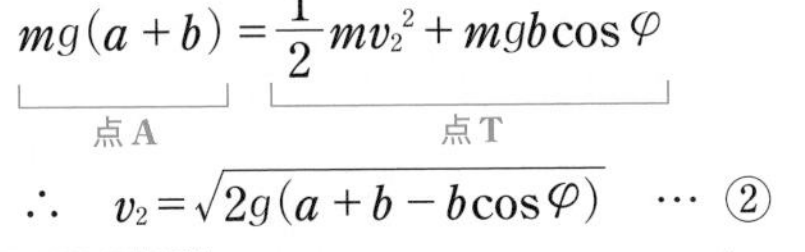

STEP 2　遠心力を図 7-10 のように作図。

STEP 3　**回る人**から見た半径方向の力のつりあいの式より，

$$垂直抗力\ N_2=mg\cos\varphi-m\frac{v_2^2}{b}$$

$$=mg\cos\varphi-\frac{2}{b}\{mg\,b(1-\cos\varphi)+mga\}\quad(②より)$$

$$=3mg\cos\varphi-2mg\left(\frac{a+b}{b}\right)\quad \cdots ③ 答$$

(4) $\varphi=\varphi_0$ の点 T_0 で **面から離れる条件 ⟺ 垂直抗力 $N_2=0$** より，③に $\varphi=\varphi_0$ と $N_2=0$ を代入して，

$$3mg\cos\varphi_0-2mg\left(\frac{a+b}{b}\right)=0$$

$$\therefore \quad \cos\varphi_0=\frac{2(a+b)}{3b}\quad \cdots ④ 答$$

(5) 点 T_0 から飛び出すときの速さ v は②で $\varphi=\varphi_0$ としたものに④を代入して，

$$\therefore \quad v=\sqrt{\frac{2}{3}g(a+b)}\quad \cdots 答$$

STAGE 08 力学

万有引力

物理

宇宙スケールでは重力 mg は使えない

頻出出題パターン

26 円軌道

27 楕円軌道

28 無限遠への脱出

ここを押さえよ！

地球が丸く見えるような宇宙スケールでは，重力や重力の位置エネルギーの代わりに万有引力や万有引力による位置エネルギーを使わなければならない。入試でよく出題されるのは，円運動，楕円運動，無限遠への脱出の3パターンである。

問題に入る前に

❶ 万有引力の法則のポイント

すべての物体間に万有引力は働くが，万有引力定数 G が非常に小さいので，少なくとも片方が天体並みに「スーパーヘビー級」でないと感じることができない。その万有引力の大きさは，

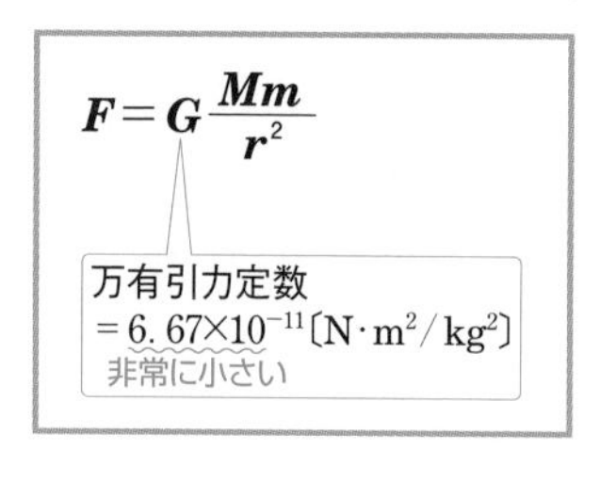

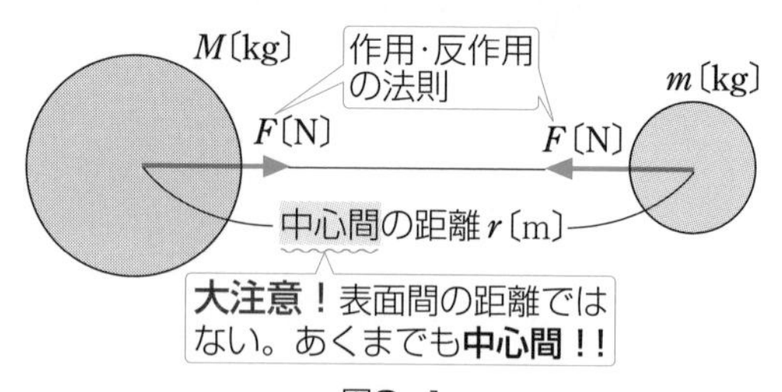

図8−1

❷ 万有引力と重力 mg の関係とは

ここでぜひはっきりさせておきたいのは，「一体，今までの重力 mg と，この万有引力とはどんな関係なのか」ということである。

実は，

「地表上での万有引力」をこれまで「重力 mg」と呼んでいた

のである。ポイントは「物体 m は地球の中心との距離によっていろいろな大きさの万有引力を受けるが，その中で特に**地表上**(地球の中心からの距離がちょうど地球の半径 R)で受ける万有引力を重力と呼んでいた」ということである。

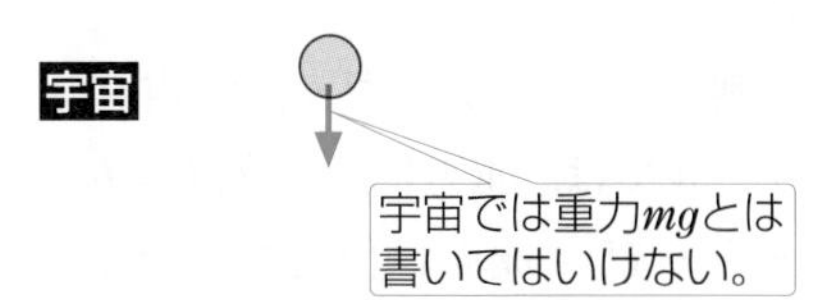

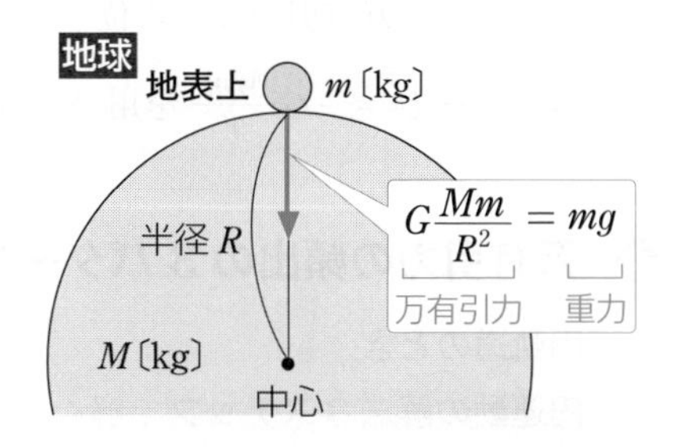

図8-2　万有引力と重力の関係

ここで，図 8-2 の地表上で立てた式より，

$$\text{重力加速度 } g = \frac{GM}{R^2}$$

したがって，重力の mg や，重力による位置エネルギー mgh は地表上でしか使えず，宇宙スケールの問題では，万有引力や万有引力による位置エネルギーを用いなければならないのだ。

❸ 万有引力による位置エネルギー U_G は基準点が命

ポイントは**無限遠を基準点に**とること。

最も位置エネルギーの高い無限遠で $U_G = 0$ とするので，それよりも低い

一般の位置では $U_G < 0$

となる。例えば，エベレスト山の山頂を基準にとれば，富士山が標高マイナス 5000m 級の山となってしまうのと同じだ。

ここで，図 8-3 のように無限遠(状態 O)から(状態 A)までゆっくり運ぶのに力 F のした負の仕事が，万有引力による位置エネルギー

$$U_G = -G\frac{Mm}{r}$$

として蓄えられている。(証明は略)

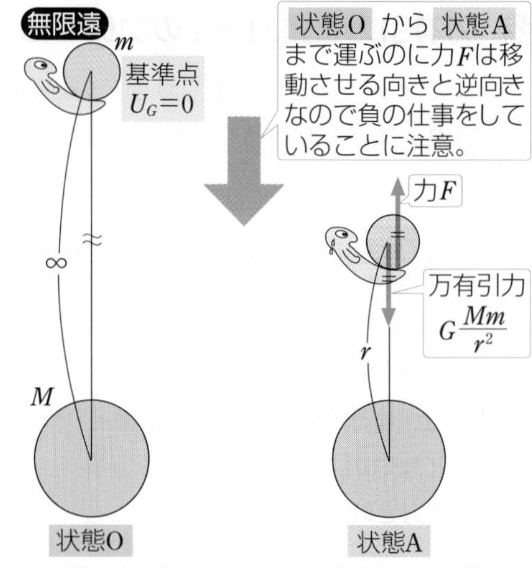

図8-3　万有引力による位置エネルギー

何度も言うようだが，宇宙スケールでは，重力による位置エネルギー $U_g = mgh$ は使えないので，代わりに，この万有引力による位置エネルギー $U_G = -G\frac{Mm}{r}$ を用いなければならないのだ。

❹ 万有引力の頻出の 3 パターンとその解き方

① 円軌道のとき

円運動の解法 3 ステップで解く。 ➡ 出題パターン 26

② 楕円軌道のとき

ケプラーの第 2 法則(面積速度一定の法則)と力学的エネルギー保存則の連立で解く。 ➡ 出題パターン 27

図 8-4 を例に考えると，面積速度(地球 O と衛星 P を結ぶ線〈動径〉が 1 秒あたりに掃(は)く図で青色のついた三角形の面積 S)一定の法則より，

$$S = \frac{1}{2}r_1v_1 = \frac{1}{2}r_2v_2$$

(近地点)　(遠地点)

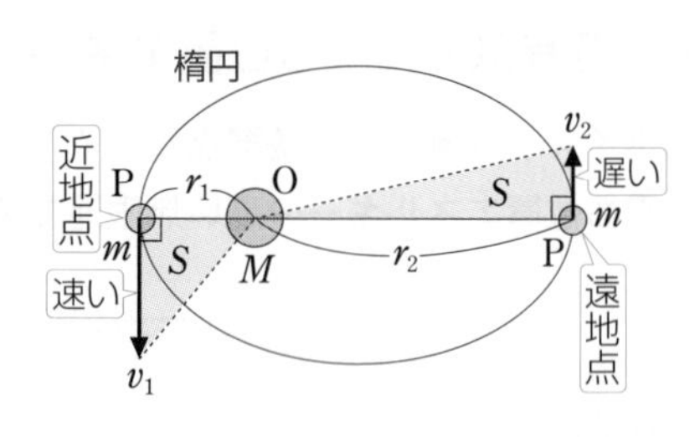

図8-4　面積速度一定の法則

力学的エネルギー保存則より，

$$\frac{1}{2}mv_1^2 + \left(-G\frac{Mm}{r_1}\right) = \frac{1}{2}mv_2^2 + \left(-G\frac{Mm}{r_2}\right)$$

(近地点)　(遠地点)

③　無限遠への脱出のとき

力学的エネルギー保存則で解く。 ➡ 出題パターン 28

❺ 周期の求め方

円軌道と楕円軌道では周期の求め方が異なる。

円軌道の場合：$T=\dfrac{1\text{周の長さ}}{\text{速さ}}$

楕円軌道の場合：ケプラーの第3法則 $\dfrac{(\text{周期}\ T)^2}{(\text{長半径}\ r)^3}=\text{一定}$ を用いる。

ここで，長半径とは楕円を4等分した切り口のうち，長い方の切り口の半径のことである。また，Tの2乗とrの3乗は「**2**はTwo, **3**はThree」と覚えよう。

図8-5の例で考えると，ケプラーの第3法則より，

$$\frac{T_1^{\,2}}{r_1^{\,3}}=\frac{T_2^{\,2}}{r_2^{\,3}}$$

楕円軌道　円軌道

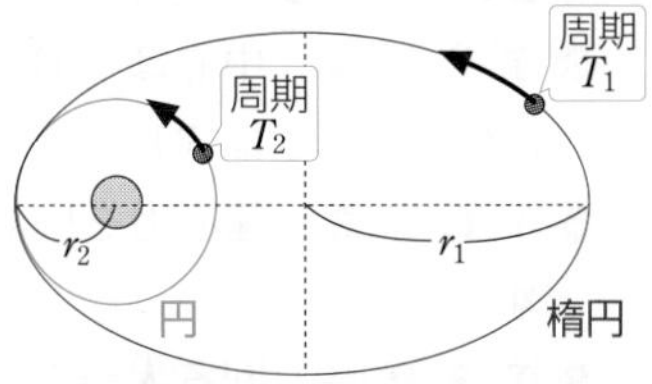

図8-5　ケプラーの第3法則

楕円軌道では，1周の長さが求まらないし，速度も一定でないため，このように円軌道と結びつけて周期を求めるしかないのだ。

出題パターン

26 円軌道

地球の半径を R，質量を M，地表での重力加速度の大きさを g とする。いま，地表からの高さ R のところを円軌道を描いて回る質量 m の人工衛星があるとする。

(1) 人工衛星の速さ v_0 を求めよ。

(2) 人工衛星の周期 T_0 を求めよ。

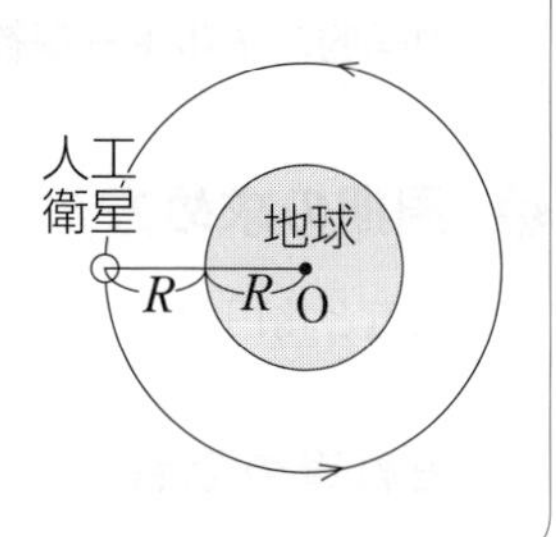

解答のポイント

円軌道なので，**円運動の解法 3 ステップ**で解く。

解　法

(1) 図 8-6 のように**回る人**から見た**円運動の解法 3 ステップ**で解く。

STEP 1　中心は点 O，半径は $2R$（地表からの高さは R），速さは v_0 である。

STEP 2　遠心力を図 8-6 のように作図。

STEP 3　**回る人**から見た，半径方向の力のつりあいの式より，

$$G\frac{Mm}{(2R)^2}=m\frac{v_0^2}{2R}$$

$$\therefore\quad v_0=\sqrt{\frac{GM}{2R}}\quad\cdots①$$

ここで，**万有引力定数 G は与えられていない**ので，重力加速度 g を使って G を表さねばならない。こんなとき思い出してほしいのが，「**地表上での万有引力＝重力**」の関係で，

$$\boxed{G\frac{Mm}{R^2}=mg}\qquad\therefore\quad GM=gR^2\quad\cdots②$$

②を①に代入して，

$$v_0=\sqrt{\frac{gR^2}{2R}}=\sqrt{\frac{gR}{2}}\quad\cdots答$$

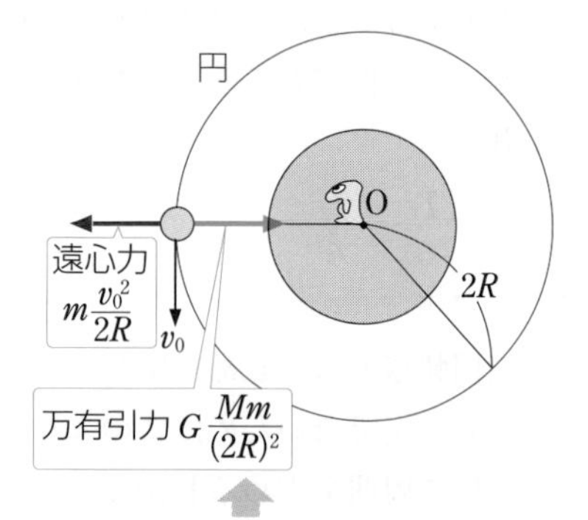

大注意！　万有引力を地球からの高さ R を使って $G\frac{Mm}{R^2}$ と書いてはいけない。
あくまでも**中心間の距離 $2R$** を使うのだ。

図8-6

(2) $$\boxed{T_0=\frac{1\text{周の長さ}}{\text{速さ}}}=\frac{2\pi\cdot 2R}{v_0}=\frac{4\pi R}{\sqrt{\frac{gR}{2}}}=4\pi\sqrt{\frac{2R}{g}}\quad\cdots答$$

出題パターン 27 楕円軌道

26 (p.92)において，円軌道上の**A**点で人工衛星を加速し速さを$\boldsymbol{v}_1$にしたところ，図の**A**点が近地点，**B**点が遠地点となる楕円軌道に移り，**B**点での速さは$\boldsymbol{v}_2$となった。

(1) $\boldsymbol{v}_2$を$\boldsymbol{v}_1$で表せ。

(2) **A**点および**B**点について力学的エネルギー保存則を表す式を立てよ。

(3) $\boldsymbol{v}_1$および$\boldsymbol{v}_2$を求めよ。

(4) 人工衛星の周期を求めよ。

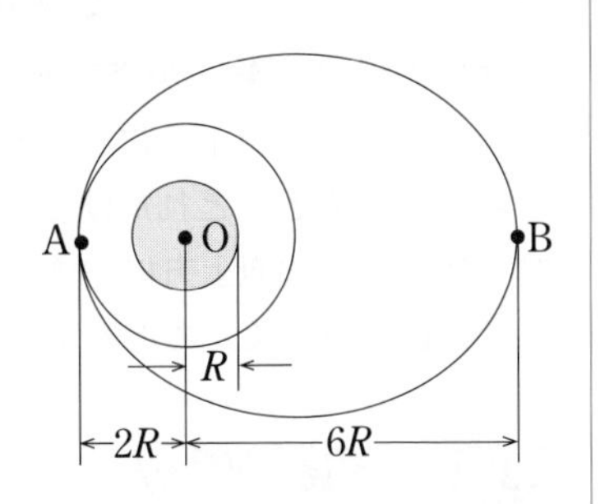

解答のポイント

楕円軌道なので，ケプラーの第2法則(面積速度一定の法則)と，**力学的エネルギー保存則**を連立して解く。

解　法

(1) 図8-7のように作図する。A点とB点の面積速度(色のついた部分の面積)が等しいので，

$$\frac{1}{2}\cdot 2R\cdot v_1=\frac{1}{2}\cdot 6R\cdot v_2$$

$$\therefore\quad v_2=\frac{1}{3}v_1\quad\cdots ①\text{答}$$

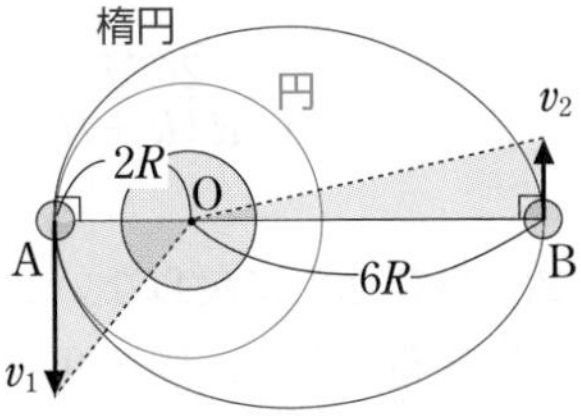

図8-7

(2) 図で**力学的エネルギー保存則**より，

$$\underbrace{\frac{1}{2}mv_1{}^2+\left(-G\frac{Mm}{2R}\right)}_{\text{A}}=\underbrace{\frac{1}{2}mv_2{}^2+\left(-G\frac{Mm}{6R}\right)}_{\text{B}}\quad\cdots ②\text{答}$$

(3) ①と**26**の②式$GM=gR^2$を②に代入して，

$$\frac{1}{2}m(3v_2)^2-\frac{mgR}{2}=\frac{1}{2}mv_2{}^2-\frac{mgR}{6}\qquad\therefore\quad v_2=\sqrt{\frac{gR}{12}}=\frac{\sqrt{3gR}}{6}\quad\cdots\text{答}$$

①より，$v_1=3v_2=\dfrac{\sqrt{3gR}}{2}\quad\cdots$答

(4) 楕円の長半径は$(2R+6R)\div 2=4R$なので，求める周期をTとして，ケプラーの第3法則を用いて，

$$\underbrace{\frac{T_0{}^2}{(2R)^3}}_{\text{円軌道}}=\underbrace{\frac{T^2}{(4R)^3}}_{\text{楕円軌道}}\qquad\therefore\quad T=\sqrt{8}\,T_0=16\pi\sqrt{\frac{R}{g}}\quad\cdots\text{答}$$

出題パターン

28 無限遠への脱出

地球の質量を $\boldsymbol{M}$，半径を $\boldsymbol{R}$，万有引力定数を $\boldsymbol{G}$ とする。

(1) 地上から鉛直上方に物体を発射して，高さ $\boldsymbol{H}$ のところに到達させるには，少なくともどれだけの初速度を与えなければならないか。

(2) 地上から鉛直上方に物体を発射して，再び地上に戻らないようにするためには，少なくともどれだけの初速度を与えなければならないか。

解答のポイント

重力による位置エネルギー mgh は地表上でしか使えず，宇宙スケールの問題では万有引力による位置エネルギーしか使えない。

解法

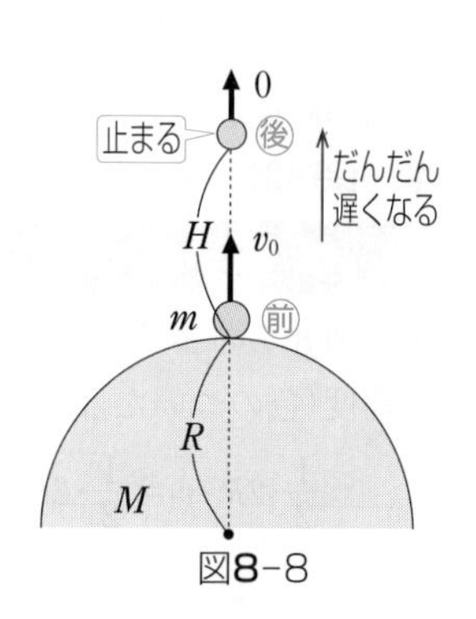

図8-8

(1) 図8-8のように，物体の質量を m，初速度を v_0 として，**力学的エネルギー保存則**より，

$$\underbrace{\frac{1}{2}mv_0^2+\left(-G\frac{Mm}{R}\right)}_{\text{前}}=\underbrace{\frac{1}{2}m\cdot 0^2+\left(-G\frac{Mm}{R+H}\right)}_{\text{後}}$$

$$\therefore\quad v_0=\sqrt{\frac{2GMH}{R(R+H)}}\quad\cdots\text{答}$$

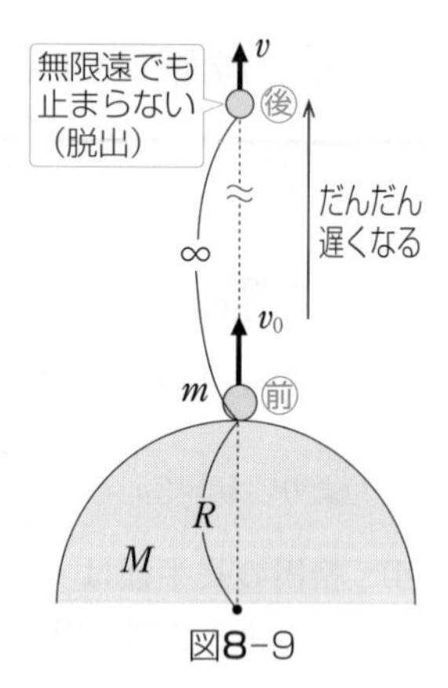

図8-9

(2) 再び地上に戻らないということは，**無限遠に脱出する**ことで，図8-9のように，発射された後だんだん減速してゆくが，その速さが0となる前に，万有引力を感じないほど遠く（つまり無限遠）に達するということである。もうここまでくれば地球に引っぱられて戻されることはない。

力学的エネルギー保存則より，

$$\underbrace{\frac{1}{2}mv_0^2+\left(-G\frac{Mm}{R}\right)}_{\text{前}}=\underbrace{\frac{1}{2}mv^2+\overbrace{\left(-G\frac{Mm}{\infty}\right)}^{0\text{になる}}}_{\text{後}}$$

$$\therefore\quad v^2=v_0^2-\frac{2GM}{R}\geqq 0$$

図8-9より無限遠でも止まらないためには $v\geqq 0$

$$\therefore\quad v_0\geqq\sqrt{\frac{2GM}{R}}\quad\cdots\text{答}$$

STAGE 09 力学

単振動

物 理

問題文の中から「3 つのデータ」を読みとれば勝ち

頻出出題パターン

29 水平面上での物体の単振動

30 斜面上での物体の単振動

31 鉛直方向への物体の単振動

32 重心速度と単振動

33 単振り子の周期公式

34 単振り子と見かけの重力

ここを押さえよ！

単振動は，等速円運動を真横から見た運動ということから，その速度，加速度の変化のようすをイメージしよう。そして，単振動はたった**3**つのデータさえ求まれば，すべての問題が解けることをマスターしよう。

また，単振動の応用として，重心から見た単振動および，単振り子まで扱う。

問題に入る前に

❶ 単振動のイメージ

単振動とは，「等速円運動を真横から見たときに見える往復運動」のことである。

次ページの図 9-1 で特に大切なのは，速度と加速度が 0 になる位置である。

折り返し点 ⇨ 速度 $v=0$　いったん止まって向きを変えるというイメージ

振動中心 ⇨ 加速度 $a=0$

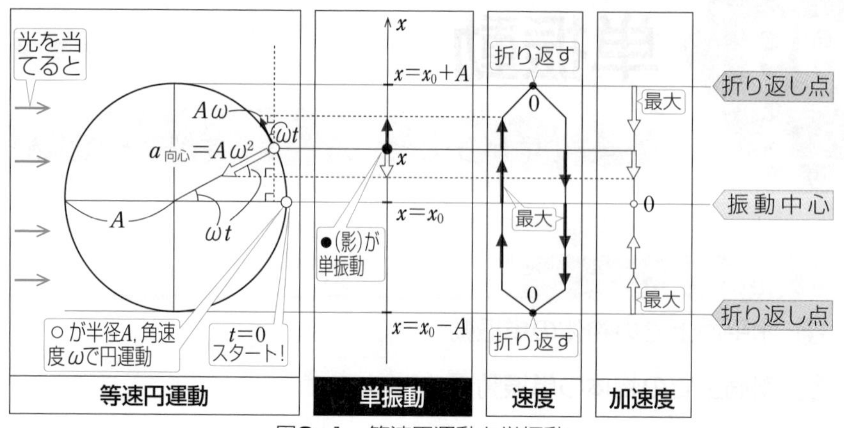

図9-1　等速円運動と単振動

❷ 単振動の３つのデータ

単振動はたった３つのデータがわかれば，すべての問題が解ける。

DATA 1 **振動中心**，　DATA 2 **折り返し点**，　DATA 3 **周期**

これら３つのデータの求め方をここで伝授しよう。

振動中心

加速度 $a=0$ の点を求める。それには，運動方程式 $ma=$(合力)において加速度 $a=0$ とすると，(合力)$=0$。これより，

(合力)＝0 の力のつりあい点

を見つければよい。

折り返し点

速度 $v=0$ の点 を見つければよい（例えば，問題文中で“そっと手を放す”と書いてある点など。または，エネルギー保存より $v=0$ の点を見つける）。

振幅A　振幅A

折り返し点	振動中心	折り返し点
加速度 最大	**加速度 $a=0$**	加速度 最大
速度 $v=0$	速度 最大	**速度 $v=0$**

図9-2

周期

運動方程式の形から求める。

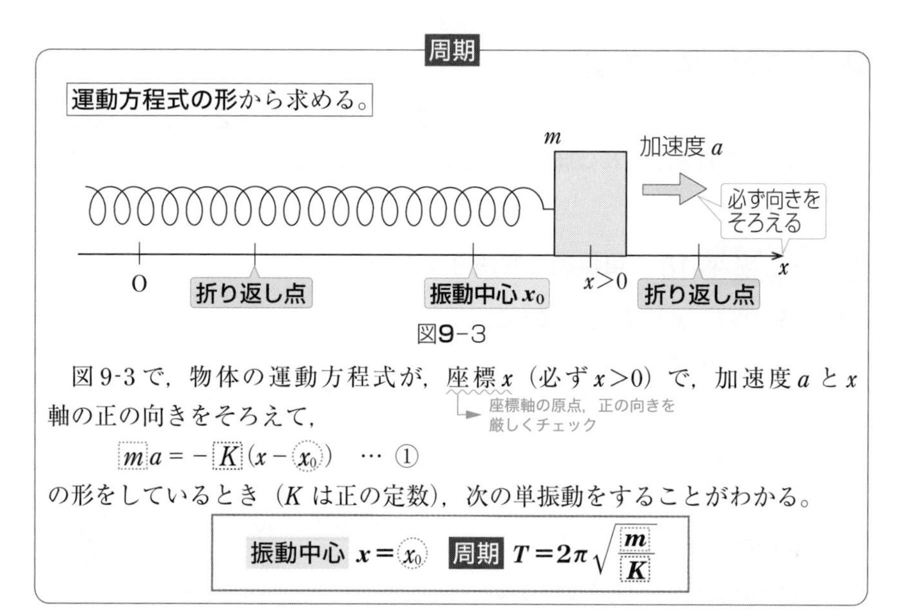

図9-3

図 9-3 で，物体の運動方程式が，座標 x（必ず $x>0$）で，加速度 a と x 軸の正の向きをそろえて，

座標軸の原点，正の向きを厳しくチェック

$$ma = -K(x - x_0) \quad \cdots ①$$

の形をしているとき（K は正の定数），次の単振動をすることがわかる。

振動中心 $x = x_0$　**周期** $T = 2\pi\sqrt{\dfrac{m}{K}}$

▶ **証明**

図 9-1〔等速円運動と単振動〕の 3 つの直角三角形に注目すると，次の 3 つの式がわかる。

$$\left.\begin{aligned}&\text{座標 } x = x_0 + A\sin\omega t && \cdots ②\\&\text{速度 } v = A\omega\cos\omega t\\&\text{加速度 } a = -A\omega^2\sin\omega t \underset{②\text{より}}{=} -\omega^2(x - x_0) && \cdots ③\end{aligned}\right\}\text{上向き正}$$

また，単振動の周期 T は対応する等速円運動が 1 回転するのに要する時間 T のことで，

$$T = \frac{2\pi}{\omega} \quad \cdots ④$$

③を①に代入して，

$$m\{-\omega^2(x - x_0)\} = -K(x - x_0) \qquad \therefore \quad \omega = \sqrt{\frac{K}{m}}$$

これを④に代入して，周期 $T = 2\pi\sqrt{\dfrac{m}{K}}$　(証明終わり)

❸ 単振動の解法手順

単振動は3つのデータ，DATA 1 …振動中心，DATA 2 …折り返し点，DATA 3 …周期を求めれば勝ちであるが，それらを確実に get! するには次の手順を行えばよい。

漆原の解法 18 単振動の解法 3 ステップ

STEP 1 x 軸を定める(原点，正の向きを確認)。

STEP 2 x 軸の上に○×(マルバツ)をつける。

- **振動中心**($x=x_0$)に×(中)をつける。
- **折り返し点**に○(折)をつける。
- **自然長**の位置に(自)をつける。

(DATA 1，DATA 2 get!)

STEP 3 座標 x (必ず $x>0$)での運動方程式を立てる。

▶このとき，**加速度 a の向きは必ず x 軸の正の向きと同じ**にする。

(DATA 3 get!)

《例》

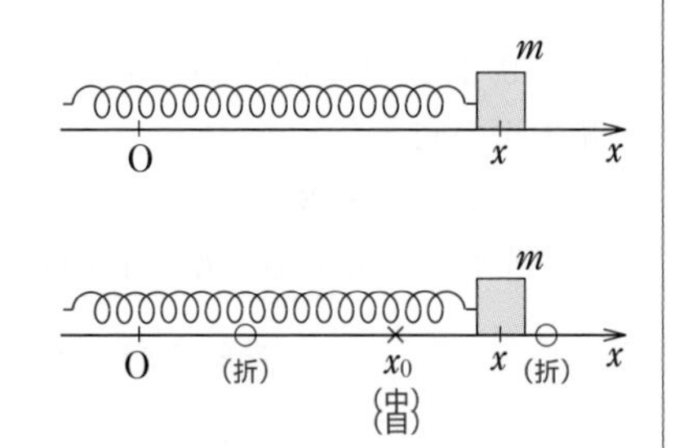

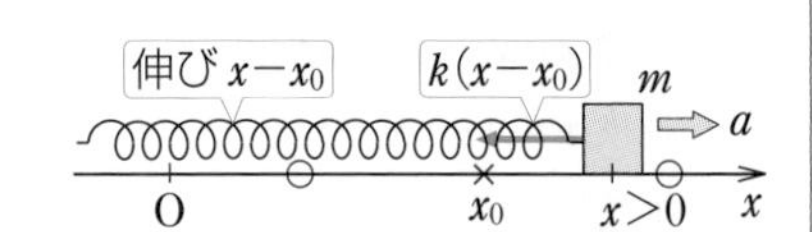

運動方程式：$ma=-k(x-x_0)$

運動方程式の形から**周期**を求める。

周期：$T=2\pi\sqrt{\dfrac{m}{k}}$

出題パターン

29 水平面上での物体の単振動

自然長 l，ばね定数 k の 2 つの同じばねを，質量 m の小さなおもりの両側に取りつける。いま，おもりを時刻 $t=0$ で，中心から A だけ右にずらして放す。

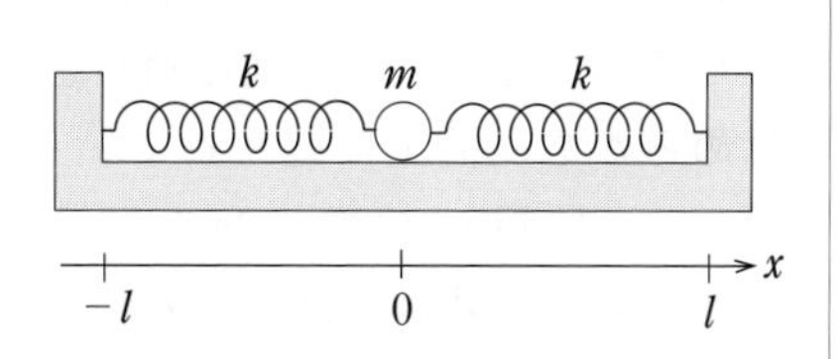

⑴　振幅を求めよ。

⑵　おもりの変位を x とすると，ばねの弾性力はいくらか。

⑶　加速度を a として，運動方程式を求めよ。

⑷　単振動の周期 T を求めよ。

＼解答のポイント／

単振動の解法 3 ステップで「3 つのデータ」を求めてゆく。

解　法

⑴　**単振動の解法 3 ステップ**で解く。

STEP 1　x 軸は与えられている(原点，正の向きを確認)。

STEP 2　DATA 1 …**振動中心**は**自然長**の位置で $x=0$。

DATA 2 …**折り返し点**はおもりを初速度 0 で放した $x=A$ と，振動中心に対して対称の位置にある $x=-A$。

よって，振幅は A 答

⑵　図 9-4 のようにばねから受ける力の合力は $-2kx$ 答

⑶　**STEP 3**　運動方程式を立てるときは必ず座標軸の原点と正の向きをチェック。次に，原点 O と軸を見て，必ず $x>0$ で立てることに注意。また，**加速度の向きを必ず軸の正の向きにそろえる**ことも大切。これより運動方程式は，

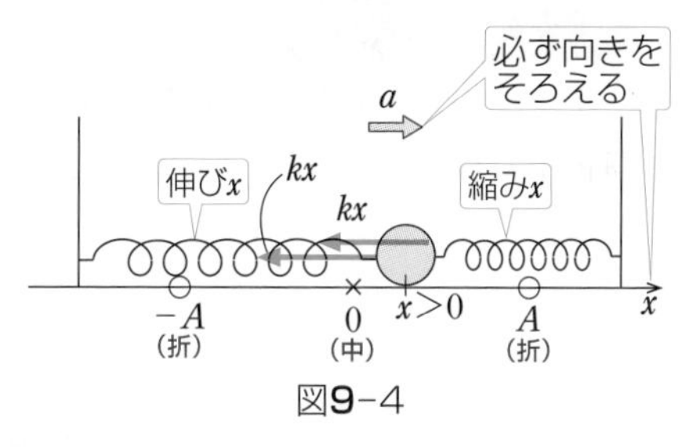

図9-4

$$ma=-2kx \quad \cdots 答$$

⑷　⑶の運動方程式の形より，振動中心，DATA 3 …**周期**がわかる。

振動中心：$x=0$

周期　：$T=2\pi\sqrt{\dfrac{m}{2k}}=\pi\sqrt{\dfrac{2m}{k}}$　… 答

出題パターン

30 斜面上での物体の単振動

図のように，定点Xに一端を固定された軽いばねが，水平面と角 θ をなすなめらかな斜面上に置かれている。A点より，質量 m の物体Mを初速0ですべらせた。Mは斜面上を l だけすべって，O点でばねと連結した。重力加速度の大きさを g とすると，ばねと連結する直前のMの速さは［ (1) ］である。その後，Mは，O点より斜面に沿って a だけ下方の点Bでいったん静止し，それ以降，XX′ 上で単振動を行った。ばね定数 k は［ (2) ］である。

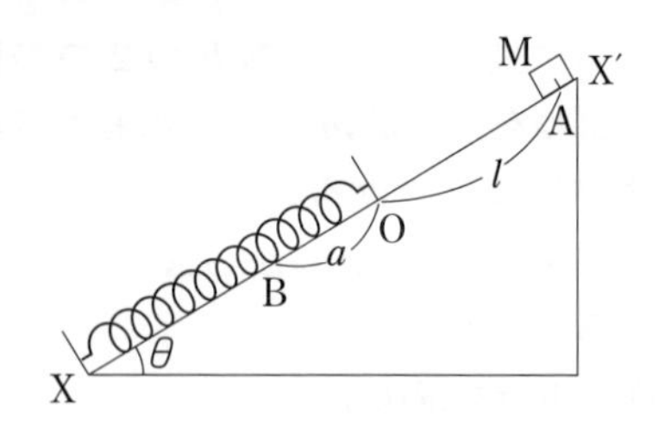

ばねがO点より $x\,(x<a)$ だけ縮んだとき，Mの加速度 α を斜面に沿って下向きを正とすると，運動方程式は k を用いて $m\alpha=$［ (3) ］と表せる。ばねの単振動の周期は l，a を用いて［ (4) ］となり，また，振幅は l，a を用いて［ (5) ］となる。

解答のポイント

運動方程式を立てるときは，x 軸の原点の位置と正の向きを厳しくチェックすると符号のミスが起こらなくなる。

加速度 α の方向は軸と同じ斜面下向きにとることに注意。

解法

(1) まず図9-5で**力学的エネルギー保存則**を，O点での物体の速さを v，物体が静止する点B(この点が「折り返し点」となる)を高さ0として書く。

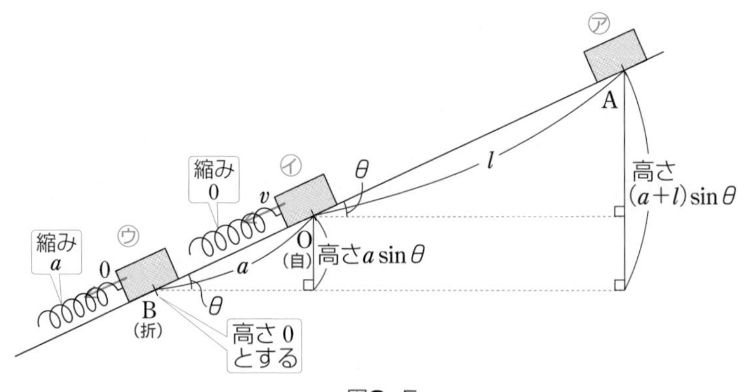

図9-5

力学的エネルギー保存則より,

$$\underbrace{mg(a+l)\sin\theta}_{㋐} = \underbrace{\frac{1}{2}mv^2 + mga\sin\theta}_{㋑} = \underbrace{\frac{1}{2}ka^2}_{㋒} \quad \cdots ①$$

$\therefore \quad v = \sqrt{2gl\sin\theta} \quad \cdots$ 答

(2) ①より,

$$k = \frac{2mg(a+l)\sin\theta}{a^2} \quad \cdots ② \text{ 答}$$

(3) **単振動の解法3ステップ**で解く。

STEP 1 x 軸は問題文で, 加速度 α が斜面に沿って下向きが正となっているので, **そろえて**斜面下向きを正とする。

STEP 2 **折り返し点**は, 問題文より $x=a$ に1つあるのがわかる。

振動中心は, すぐわからないので後まわし(運動方程式の形で求める)にする。

自然長は原点Oの位置にある。

STEP 3 図9-6のように位置 $x>0$ で物体に働く力を書き, 加速度 α は x 軸の正の向きにそろえて, 運動方程式を立てると,

$$m\alpha = -kx + mg\sin\theta \quad \cdots \text{ 答}$$

$$= -k\left(x - \frac{mg\sin\theta}{k}\right)$$

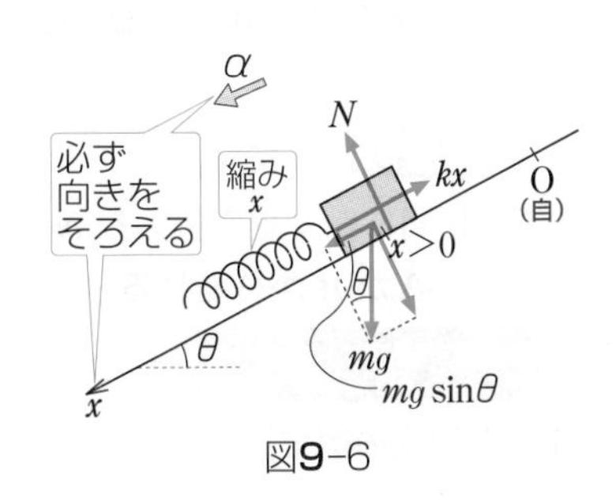

図9-6

(4) (3)の運動方程式の形より,

振動中心 : $x = \frac{mg\sin\theta}{k} = \frac{a^2}{2(a+l)}$ (②より)

周期 : $T = 2\pi\sqrt{\frac{m}{k}} = \frac{2\pi a}{\sqrt{2g(a+l)\sin\theta}}$ (②より) $\cdots$ 答

の単振動をすることがわかる。

(5) 振幅は,「振動中心」と「折り返し点」の間隔であるので, 図9-7より,

$$(\text{振幅}) = a - \frac{a^2}{2(a+l)}$$

$$= \frac{a(a+2l)}{2(a+l)} \quad \cdots \text{ 答}$$

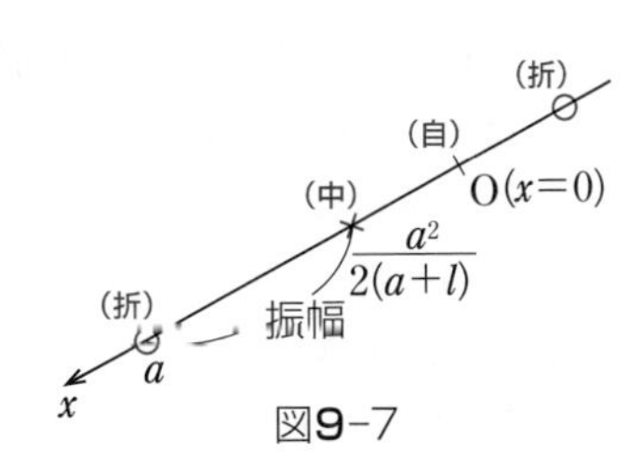

図9-7

出題パターン　31 鉛直方向への物体の単振動

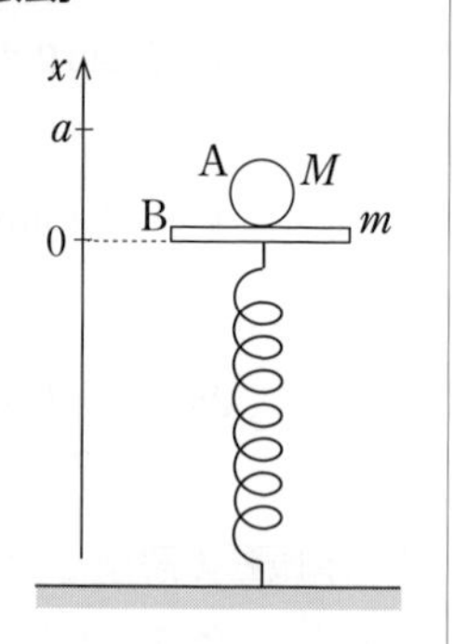

ばね定数 $\boldsymbol{k}$ のばねを鉛直に立て，床に固定する。ばねの上端に，質量 $\boldsymbol{m}$ の薄い板 **B** を取りつけ，板の上に質量 $\boldsymbol{M}$ の小球 **A** を乗せると，自然長から $\boldsymbol{a}$ だけ縮んで静止した。このつりあいの位置を $\boldsymbol{x}=\boldsymbol{0}$ として，鉛直上向きに $\boldsymbol{x}$ 軸をとる。また，重力加速度の大きさを g とする。

(1)　ばねの縮み $\boldsymbol{a}$ を求めよ。

次に板 **B** をつりあいの位置から，さらに $\boldsymbol{b}(>0)$ だけ下げて静かに放すと，**A** と **B** は一体となり単振動した。

(2)　小球 **A** と板 **B** の単振動の周期を求めよ。

(3)　位置 $\boldsymbol{x}$ における，小球 **A** の速さ $\boldsymbol{v}$ を求めよ。

(4)　小球 **A** が板 **B** から受ける垂直抗力 $\boldsymbol{N}$ を $\boldsymbol{x}$ の関数として表せ。

(5)　小球 **A** が板 **B** から離れない $\boldsymbol{b}$ の条件を求めよ。

解答のポイント

A，B 間に働く垂直抗力を N として，A，B それぞれの運動方程式を立て，N を求め，**A が B から離れる ⟺ 垂直抗力 $N=0$** を用いる。

解　法

(1)　問題文の図で，力のつりあいより，

$$(M+m)g=ka \qquad \therefore \quad a=\frac{M+m}{k}g \quad \cdots ①$$ 答

ポイント!!
今後の式変形に，この式をフル活用することになる。

(2)　**単振動の解法 3 ステップ**で解く。

STEP 1　x 軸は与えられている。

STEP 2　**振動中心**は，つりあいの位置 $x=0$ の点。

折り返し点は速さ 0 で**静かに放した** $x=-b$ と，振動中心に対して対称の位置にある $x=b$。

自然長は $x=a$ の点。

図9-8

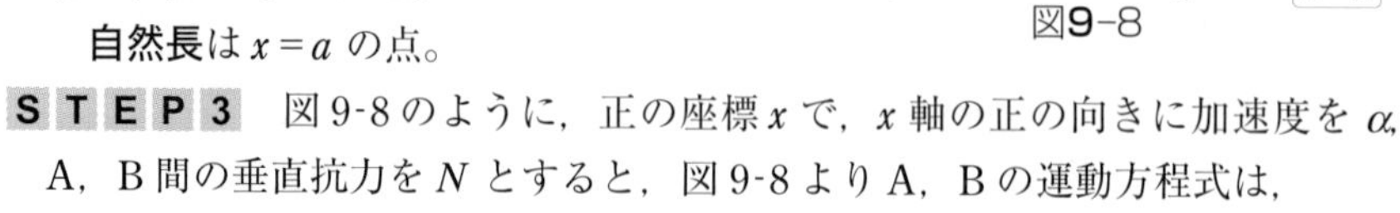

STEP 3　図 9-8 のように，正の座標 x で，x 軸の正の向きに加速度を α，A，B 間の垂直抗力を N とすると，図 9-8 より A，B の運動方程式は，

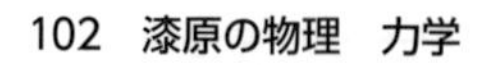

A：$M\alpha = -Mg + N$ … ②

B：$m\alpha = k(a - x) - mg - N$ … ③

②＋③より，

$$(M+m)\alpha = -kx + ka - (M+m)g$$

$$= -kx \quad \cdots ④$$ （①を代入することがポイント!!）

よって，運動方程式の形より，

振動中心：$x = 0$

周期：$T = 2\pi\sqrt{\dfrac{M+m}{k}}$ …答

⑶ 図9-9で**力学的エネルギー保存則**より，

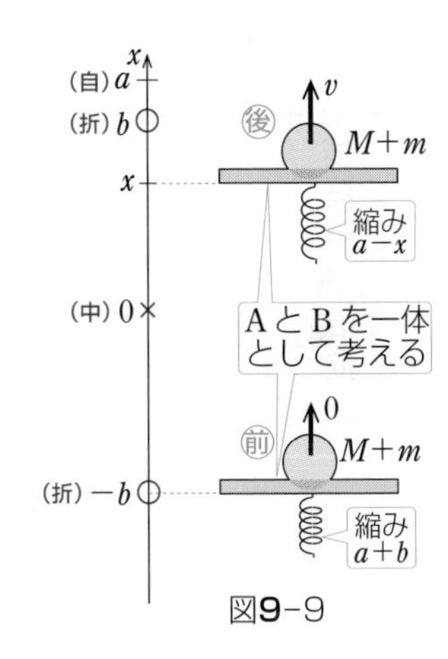

図9-9

$$\underbrace{\frac{1}{2}k(a+b)^2 + (M+m)g(-b)}_{前}$$

$$= \underbrace{\frac{1}{2}(M+m)v^2 + \frac{1}{2}k(a-x)^2 + (M+m)gx}_{後}$$

ここに①を代入して$(M+m)g(-b) = -kab$，$(M+m)gx = kax$などとして整理すると，

$$\frac{1}{2}kb^2 = \frac{1}{2}(M+m)v^2 + \frac{1}{2}kx^2$$

$$\therefore \quad v = \sqrt{\frac{k}{M+m}(b^2 - x^2)} \quad \cdots 答$$

⑷ ④より，

$$\alpha = -\frac{kx}{M+m} \quad \cdots ⑤$$

ここで②より，

垂直抗力 $N = M(\alpha + g) = -\dfrac{M}{M+m}kx + Mg$ … ⑥（⑤を代入）答

⑸ AがBから **離れない条件 ⟺ $N \geqq 0$**

で⑥から考えると，

$$x \leqq \frac{M+m}{k}g = a$$ （①を代入した）

ちょうど自然長の位置($x = a$)で浮くことがわかる。一方，単振動の振動範囲は，

$-b \leqq x \leqq b$

以上を合わせると，図9-10より単振動の途中でAがBから離れないための条件は，

$b \leqq a$ …答

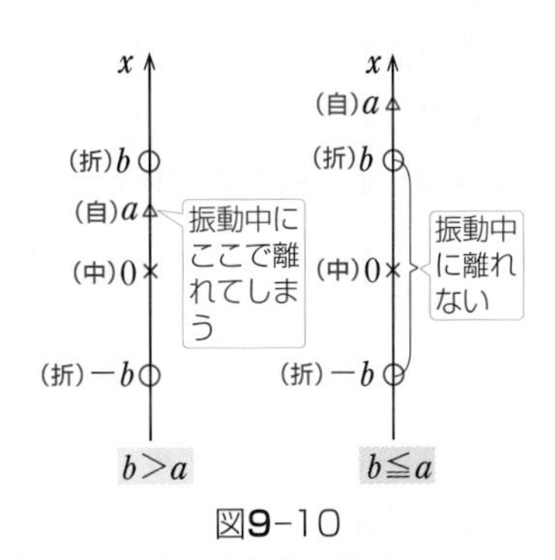

図9-10

研究　単振動でエネルギー保存を用いるときにとても便利なテクニック

まずは次の図を見ていただきたい。ばね定数 k のばねに質量 m のおもりをつるす。

図の㋐の力のつりあいより $kd = mg$ …①である。㋐からさらに x だけ伸ばして㋑にすると，ばねの力は $k(d+x)$，重力は mg である。この2力の合力をとると，①より kd と mg は等しい大きさで逆向きなので，打ち消しあって，結局，㋒のように kx のみ残る。これは㋐の力のつりあいの位置を**見かけ上の自然長**としたときの水平ばね振り子におけるばねの力の形をしている。

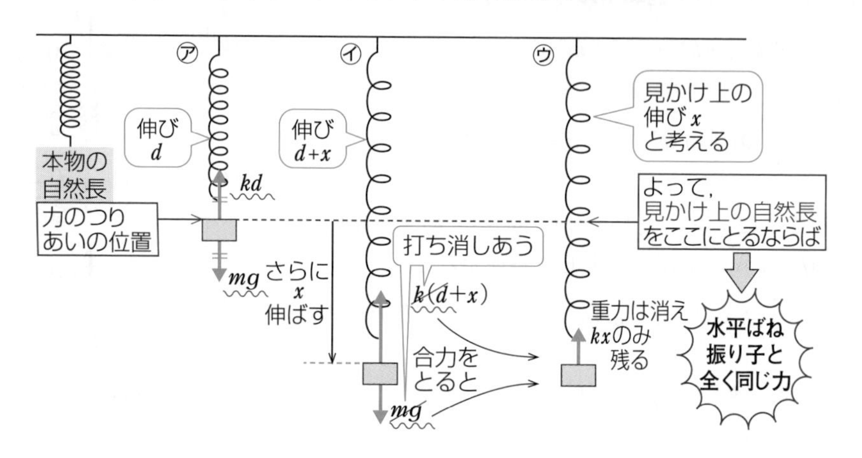

これを用いた 31 (3)（p. 103）の 別解 。

右図で $x=0$ の力のつりあい点（振動中心）で合力は0。そこから上下に x，b ずれた点での合力は各々，下向きに kx，上向きに kb のみ残る。**これは $x=0$ を見かけ上の自然長とした水平ばね振り子と全く同じ力**。よってエネルギー保存の式も水平ばね振り子と同じ式に従い

$$\underbrace{\frac{1}{2}kb^2}_{前} = \underbrace{\frac{1}{2}(M+m)v^2 + \frac{1}{2}kx^2}_{後}$$

$$\therefore \quad v = \sqrt{\frac{k}{M+m}(b^2 - x^2)} \quad \cdots 答$$

となり圧倒的に式変形が楽になった。

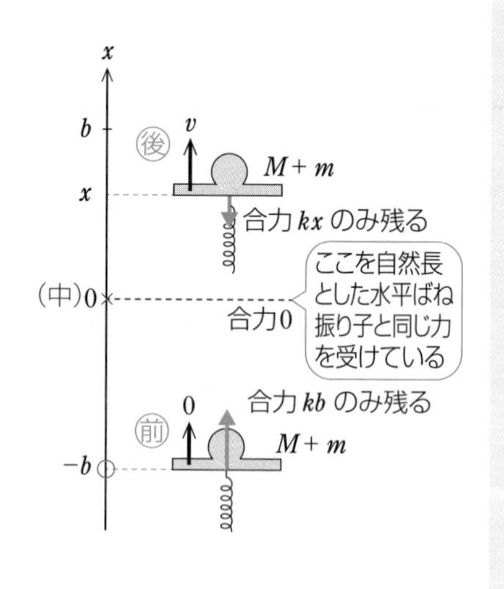

出題パターン

32 重心速度と単振動

右図のように，質量 $2m$，m の小さなおもりA，Bがばね定数 k のばねで結ばれて水平でなめらかな床の上に静止している。

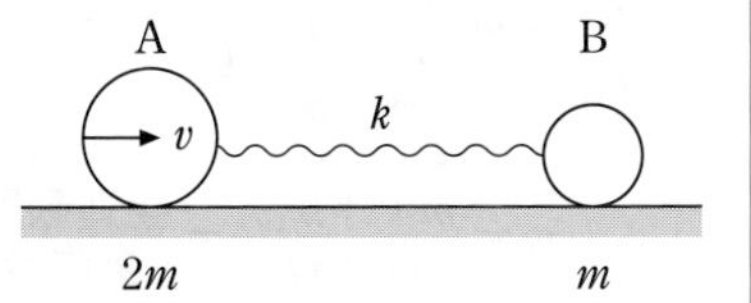

時刻 $t=0$ に，Aのみに初速度 v（右向き正）を与えた。

(1) A，B 2物体全体の重心Gの速度 v_G を求めよ。

(2) Gから見ると，A，Bはそれぞれ単振動しているように見える。その単振動の周期 T_A，T_B を求めよ。

(3) ばねがはじめて最大に伸びるときの時刻 $t=t_1$ を求めよ。

(4) $t=t_1$ のときのばねの最大の伸びを求めよ。

(5) 時刻 $t=t$ のときのAの床から見た速度 v_A を t の関数として求めよ。

解答のポイント

① **重心座標 x_G と重心速度 v_G**

2物体の重心とは，**2物体の重心**で見たように，**質量の逆比に内分**する点にある。

図9-11のように，質量 m_1 と m_2 のおもりがばね定数 k のばねで結ばれているとき，全体の**重心座標 x_G** は，それぞれの座標 x_1，x_2 を質量の逆比 $m_2:m_1$ に内分した位置で，図9-11より，

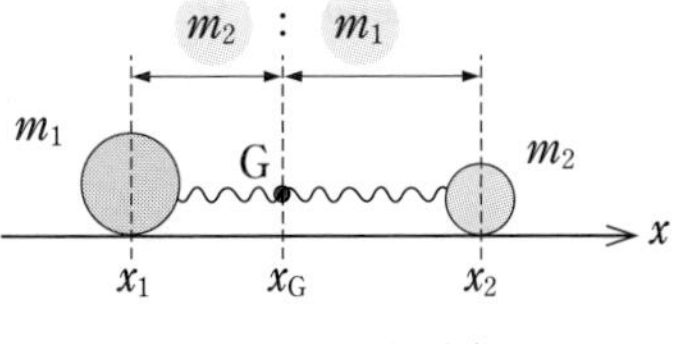

図9-11　重心座標 x_G

$$m_2:m_1=(x_G-x_1):(x_2-x_G)$$

$$\therefore\quad m_1(x_G-x_1)=m_2(x_2-x_G)$$

$$\therefore\quad x_G=\frac{m_1x_1+m_2x_2}{m_1+m_2}\quad\cdots①$$

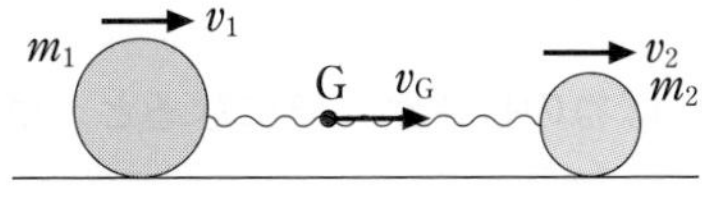

図9-12　重心速度 v_G

となる。

図9-12のように，m_1，m_2 がそれぞれ速度 v_1，v_2 で動くと，それに伴い，その重心Gは速度 v_G で動く。この速度 v_G を**重心速度 v_G** という。

ここで，次ページの図9-13のように，速度 v の定義より，

$$v=(1\text{秒あたりの}x\text{の変化})$$

$$=(x\text{-}t\text{グラフの傾き})$$

$$=\frac{dx}{dt}$$

これより，①の両辺を t で微分して，

$$\frac{dx_G}{dt}=\frac{m_1\frac{dx_1}{dt}+m_2\frac{dx_2}{dt}}{m_1+m_2}$$

$$\therefore\quad v_G=\frac{m_1v_1+m_2v_2}{m_1+m_2}=\frac{\textbf{全運動量}}{\textbf{全質量}}\quad\cdots②$$

となる。したがって，v_G は全運動量に比例する。

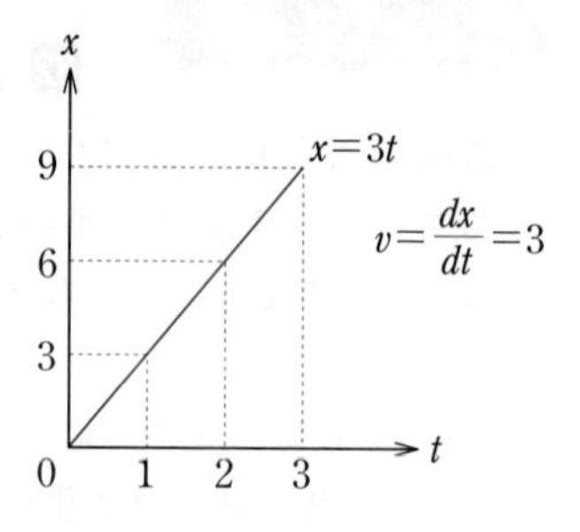

図9-13　$v=\frac{dx}{dt}$ の例

このことは次のことを意味する。

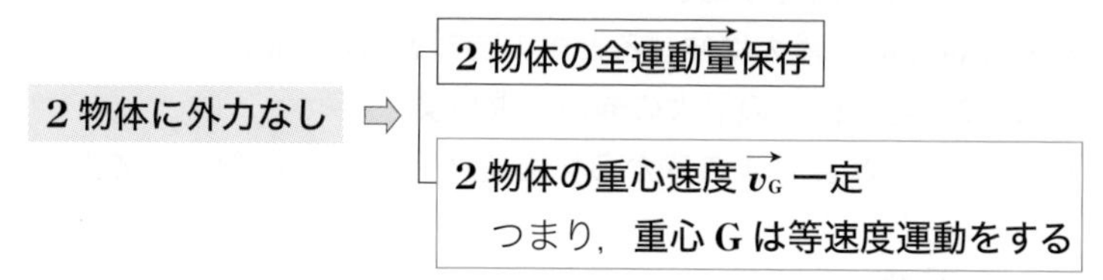

特に，

$\overrightarrow{全運動量}=0$ ⇨ **2 物体の重心速度 $\vec{v}_G=0$**
つまり，**重心不動**

となる。

《注》　重心不動の使い方については，p. 47 の **別解** を見よ。

②　ばねを切る，つなぐ

ばねを切ったり，つないだりしたときには，そのばね定数 k（1〔m〕伸ばすのに要する力）が変化する。一般に次のことがわかっている。

ばねの長さが α 倍になると，ばね定数は $\frac{1}{\alpha}$ 倍となる

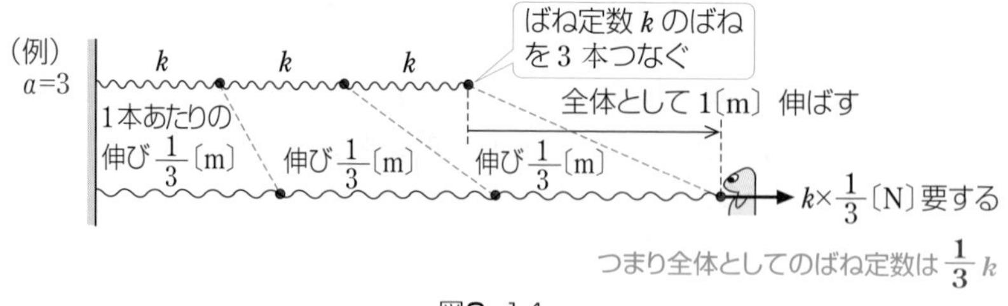

図9-14

解　法

(1)　図 9-15 のように，重心の位置は，A, B を**質量の逆比に内分**した点 G にある。そして，その重心速度 v_G は「解答のポイント」より，

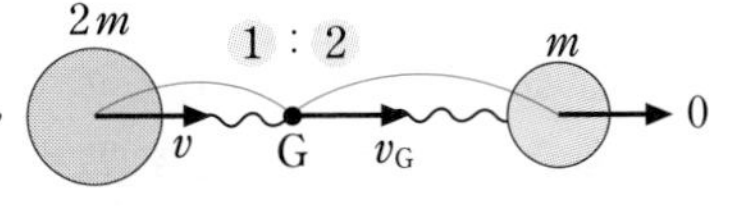

図9-15　$t=0$ での重心座標

$$v_G=\frac{\textbf{全運動量}}{\textbf{全質量}}$$

$$=\frac{2mv+m\cdot 0}{2m+m}=\frac{2}{3}v \quad \cdots ①答$$

(2)　いま，A, B 全体に着目すると**外力は働かないので**，「解答のポイント」で見たように**重心 G は一定速度 v_G で動く**（図 9-16）。このとき大地から見た A, B それぞれの動きは図 9-16 のように「グニャグニャ」ととても複雑になってしまう。

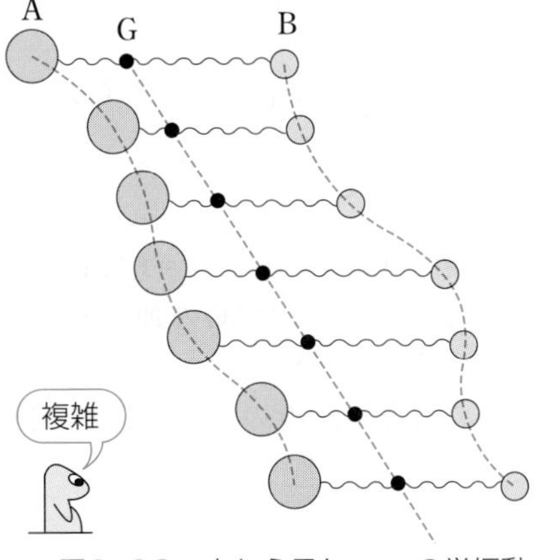

図9-16　床から見たA，Bの単振動

そこで，A, B の運動を，図 9-17 のように**重心 G 上に乗って見る**。

すると，**固定された重心 G の左右で，A がばね AG，B がばね GB によって，それぞれ独立に水平ばね振り子運動しているように見える**。

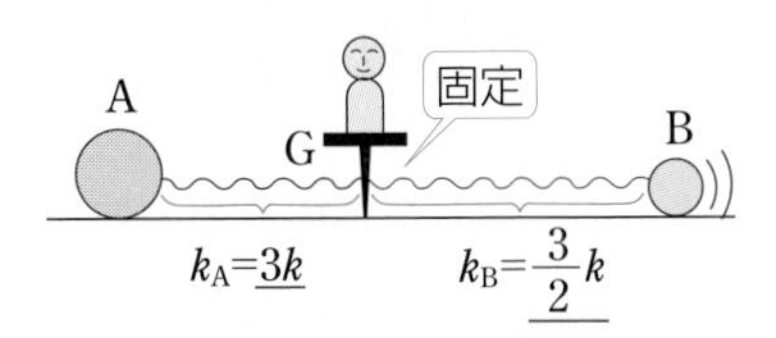

図9-17　G上から見たA，Bの単振動

このときのばね AG の長さは全体のばねの長さの $\frac{1}{3}$ 倍であるので，「解答のポイント」で見たようにばね定数 k_A は逆にその 3 倍の

$$k_A=k\times\frac{1}{1/3}=\underline{3k}$$

同様に，ばね GB のばね定数 k_B は，

$$k_B=k\times\frac{1}{2/3}=\underline{\frac{3}{2}k}$$

となる。

よって，A, B の単振動の周期 T_A，T_B は，

$$T_A=2\pi\sqrt{\frac{2m}{\underline{3k}}} \quad \cdots ②答$$

$$T_B = 2\pi\sqrt{\frac{m}{\frac{3}{2}k}} = 2\pi\sqrt{\frac{2m}{3k}} \quad \cdots 答$$

となる。ここで $T_A = T_B$ なので A，B は G の両側で同じタイミングで振動していることがわかる。必ず $T_A = T_B$ となることは覚えておいて損はない。

(3) 図 9-18 のように，$t=0$ でばねが自然長の状態から運動を始めて，$t=t_1$ でばねがはじめて最も伸びたとすると，図より，(中)→(折)→(中)→(折)までの時間で，

$$t_1 = \frac{3}{4} \times (周期\ T_A)$$

$$= \frac{3}{4} \times 2\pi\sqrt{\frac{2m}{3k}} \quad (②より)$$

$$= \pi\sqrt{\frac{3m}{2k}} \quad \cdots 答$$

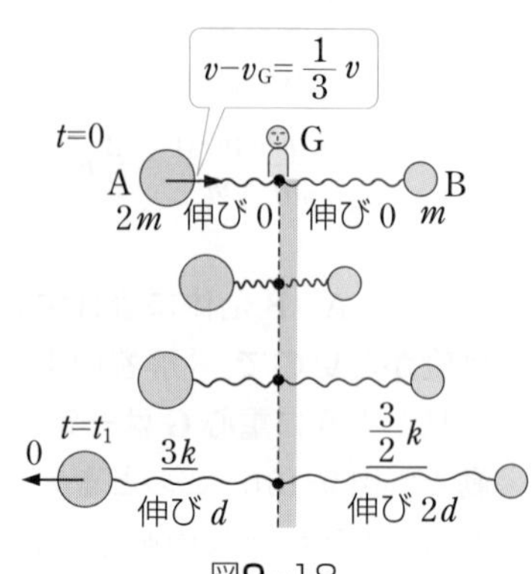

図9-18

(4) 図 9-18 のように，$t=t_1$ でばねが最も伸びたときの，ばねAGの伸びを d とすると，
そのときのばね GB の伸びは $2d$ となる（常に AG：GB＝1：2 となるため）。

ここで，$t=0$ のときの **G から見た A の相対速度**が，

$$v - v_G = \frac{1}{3}v \quad (①より)$$

見るものの速度

であることに注意して，**G から見た AG 間のみ**の**力学的エネルギー保存則**より，

$$\frac{1}{2}\cdot 2m\left(\frac{1}{3}v\right)^2 = \frac{1}{2}\cdot 3kd^2 \qquad \therefore \quad d = \frac{v}{3}\sqrt{\frac{2m}{3k}}$$

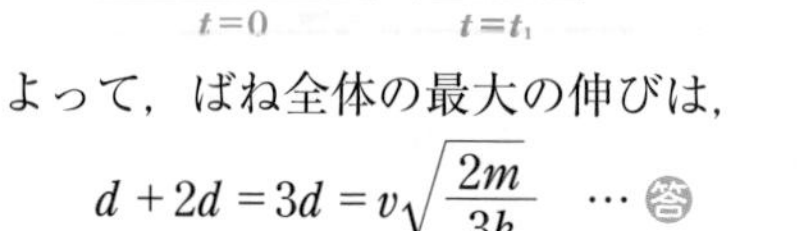

よって，ばね全体の最大の伸びは，

$$d + 2d = 3d = v\sqrt{\frac{2m}{3k}} \quad \cdots 答$$

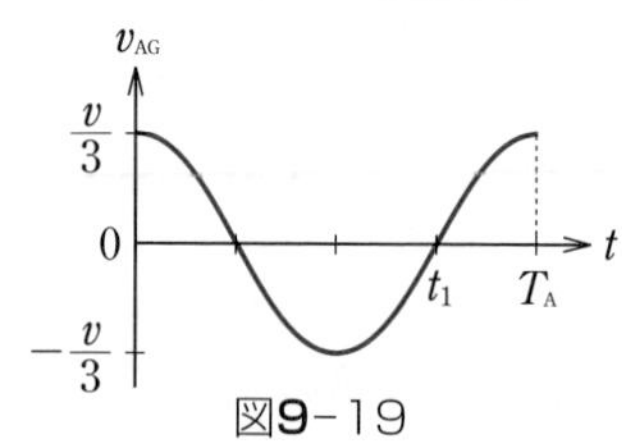

図9-19

(5) **G から見た A の相対速度** v_{AG} は，図 9-19 のグラフを式にして，

$$v_{AG} = \frac{v}{3}\cos\frac{2\pi}{T_A}t = \frac{v}{3}\cos\sqrt{\frac{3k}{2m}}t \quad (②より)$$

床から見た A の速度 v_A は，これに重心 G の速度 v_G を上乗せして，

$$v_A = v_{AG} + v_G = \frac{v}{3}\cos\sqrt{\frac{3k}{2m}}t + \frac{2}{3}v \quad \cdots 答$$

となる。

出題パターン

33 単振り子の周期公式

長さ l の軽い糸の一端に質量 m のおもりをつけ，他端を天井に取りつける。

糸が鉛直になるおもりの位置を原点Oとして，おもりの通る円弧に沿って x 軸を定める。おもりを原点Oから微小変位させて静かに放したところ，おもりは単振動した。この単振動の周期 T を求めよ。微小角 θ に対する近似 $\sin\theta \fallingdotseq \theta$ を用いてもよい。重力加速度の大きさを g とする。

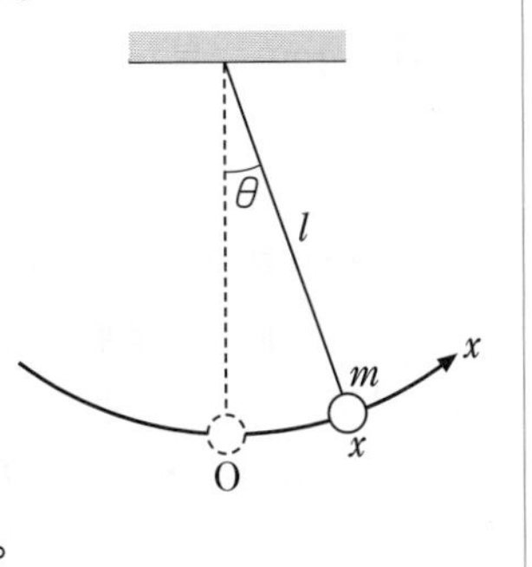

解答のポイント

円弧に沿った方向の加速度を a として，座標 x における運動方程式を立てる。与えられた近似と弧長公式（弧長)＝(半径)×(中心角）を用いると，$ma = -kx$ の形にもっていける。

解　法

単振動の解法3ステップで解く。

STEP1　円弧状の x 軸が与えられている。

STEP2　振動中心はつりあいの位置 $x=0$ の点。折り返し点は放した点。

STEP3　図9-20のように，座標 x での糸の傾きを θ とすると，**弧長公式**により，

(弧長 x)＝(半径 l)×(中心角 θ)　… ①

$+x$ 向きの加速度を a として，運動方程式は，

$$\boxed{m}a = -mg\sin\theta$$
$$\fallingdotseq -mg\cdot\theta \quad (\text{近似より})$$
$$= -mg\frac{x}{l} \quad (\text{①より})$$
$$= -\boxed{\frac{mg}{l}}\times x$$

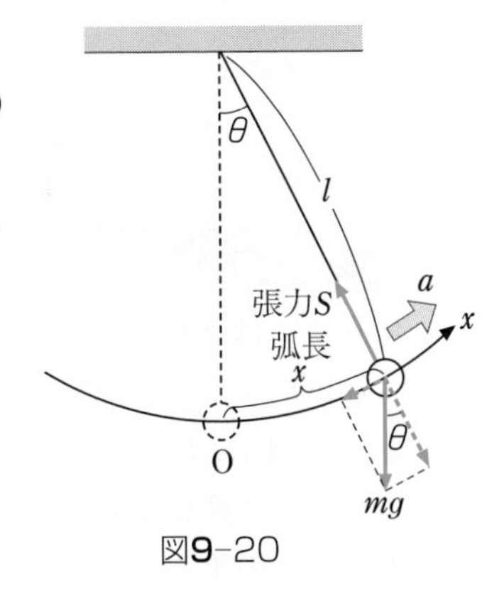

図9-20

よって運動方程式の形より，

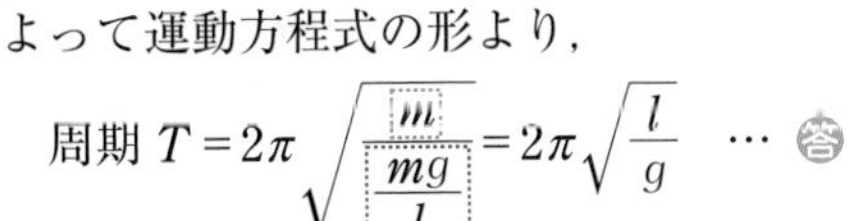

$$\text{周期 } T = 2\pi\sqrt{\frac{\boxed{m}}{\boxed{\frac{mg}{l}}}} = 2\pi\sqrt{\frac{l}{g}} \quad \cdots \text{答}$$

（この**周期は g と l のみで決まり，m や振れ幅にはよらない。**）

出題パターン

34 単振り子と見かけの重力

33 (p.109)で見た単振り子を電車の天井につけた。電車は加速度 $\boldsymbol{a}$(左向き正)で走っている。重力加速度の大きさを $\boldsymbol{g}$ とする。

(1) 図のように，糸が $\theta=\theta_0$ だけ傾いて静止したとき，$\tan\theta_0$ はいくらか。

(2) (1)の状態で θ をわずかに増しておもりを放すと，おもりは(1)の位置を中心に単振り子運動をした。その周期 $\boldsymbol{T}'$ は，33 の周期 $\boldsymbol{T}$ の何倍か。

(3) (2)で，θ が最大となった瞬間に静かに糸を切った。この瞬間のおもりの真下の電車の床の点を $\mathbf{P}$ とし，$\mathbf{P}$ とおもりの距離を $\boldsymbol{h}$ とする。おもりが床に落下するまでの時間 $\boldsymbol{t_1}$ と，落下点 $\mathbf{Q}$ と $\mathbf{P}$ の距離 $\boldsymbol{d}$ をそれぞれ求めよ。

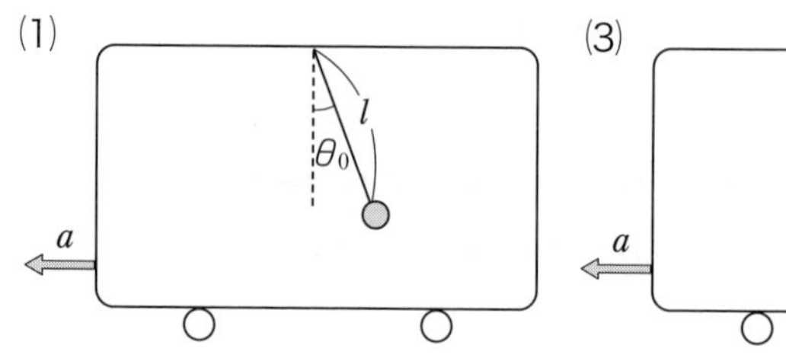

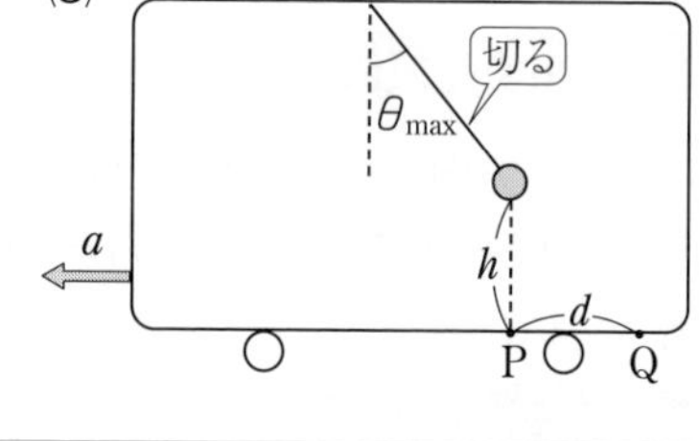

解答のポイント

動く電車の中では，重力 mg と慣性力 ma が同時に働く。これをひとまとめにして斜め方向の「見かけの重力 mg'」とみなしてしまう。すると，33 での周期公式中の g を g' でおきかえるだけで周期 T' が楽に求まる。

解　法

(1) おもりには図 9-21 のように，重力 mg と慣性力 ma が，同時に，常に働く。

そこで，図のように，それらの力のベクトル和をとり「**見かけの重力 mg'**」とみなす。その見かけの重力加速度の大きさ g' は，三平方の定理より，

$$mg'=\sqrt{(mg)^2+(ma)^2}$$

$$\therefore\quad g'=\sqrt{g^2+a^2}\quad\cdots ①$$

そして，その傾き θ_0 は図の三角比で，

$$\tan\theta_0=\frac{ma}{mg}=\frac{a}{g}\quad\cdots ②\ 答$$

おもりはこの向きにつりあう。

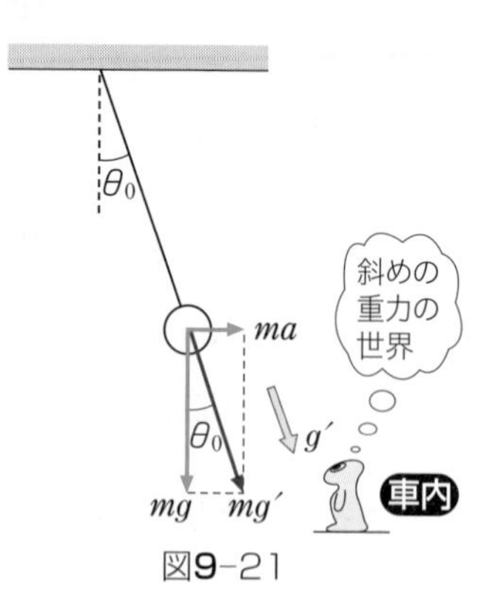

図9-21

(2) (1)の見かけの重力は，おもりが運動しても不変。よって，おもりは見かけ上，図 9-22 の $\boldsymbol{g'}$ **を重力加速度とする世界で単振り子運動しているものとみなせる。**

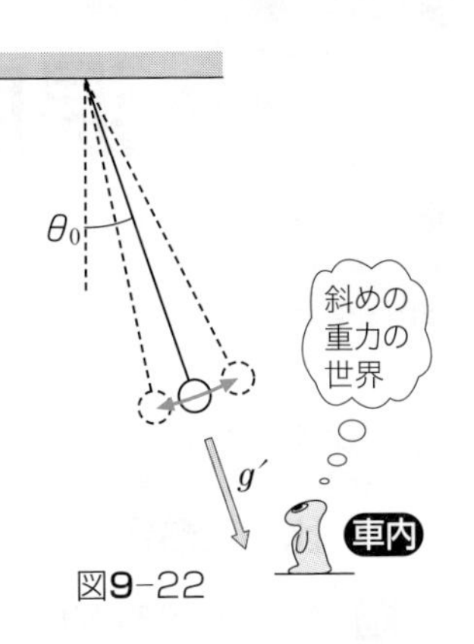

図9-22

その周期 T' は 33 の結果の

$$T = 2\pi\sqrt{\frac{l}{g}}$$

において，

$$g \to g'$$

とおきかえたものに相当するので，

$$T' = 2\pi\sqrt{\frac{l}{g'}}$$

したがって，

$$\frac{T'}{T} = \sqrt{\frac{g}{g'}} = \sqrt{\frac{g}{\sqrt{g^2 + a^2}}} \quad (①より) 答$$

(3) 糸を切る瞬間のおもりの速さは 0。よって，糸を切ると，おもりは(1)で見た見かけの重力によって，g' の方向にまっすぐ「**見かけの自由落下**」をしていく。

落下点までの距離 h' は図 9-23 より，

$$h' = \frac{1}{\cos\theta_0} h \quad \cdots ③$$

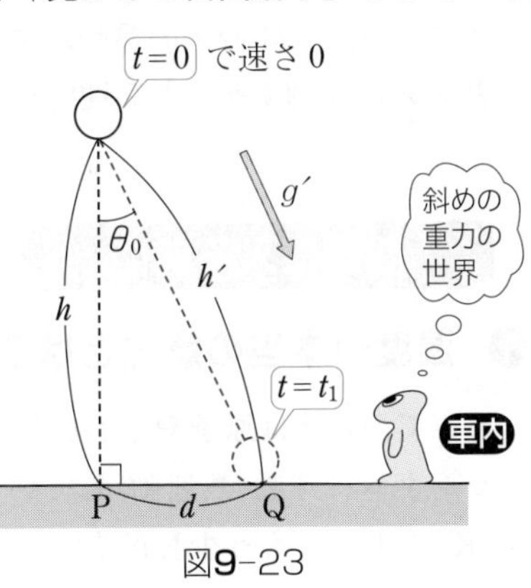

図9-23

ここで，図 9-21 より，

$$\cos\theta_0 = \frac{mg}{mg'} = \frac{g}{g'} \quad \cdots ④$$

③，④より，$h' = \dfrac{g'}{g} h \quad \cdots ⑤$

この距離 h' を加速度 g' で自由落下するので，落下時間 t_1 は**等加速度運動の公式** 公式❷ より，

$$\frac{1}{2} g' t_1^2 = h'$$

$$\therefore \quad t_1 = \sqrt{\frac{2h'}{g'}} = \sqrt{\frac{2h}{g}} \quad (⑤より) 答$$

また，図 9-23 より PQ 間の距離 d は，

$$d = h\tan\theta_0 = \frac{a}{g} h \quad (②より) 答$$

STAGE 10 熱力学

温度と熱

（物理基礎）（物理）

温度とは分子の運動の激しさを表す

頻出出題パターン

35 比熱と熱容量（物理基礎）

36 気体の状態変化（物理）

37 気体分子の運動（物理）

ここを押さえよ！

まず，「絶対温度とは物体をつくる分子の運動の激しさを表す量である」と温度の正しい意味をとらえる。次に，気体とは分子という“ボール”の集団が飛びまわっているものとイメージする。そして，気体を特徴づける4つの量 $\boldsymbol{p}$，$\boldsymbol{V}$，$\boldsymbol{n}$，$\boldsymbol{T}$ とそのイメージを結びつける。最後に気体の内部エネルギーは，気体分子の運動エネルギーの総和であり，モル数 $\boldsymbol{n}$ と絶対温度 $\boldsymbol{T}$ のみに比例することを理解しよう。

問題に入る前に

❶ 温度の本当の意味とは？（物理基礎）

すべての物体は原子や分子などの小さい粒子の集合で，目に見えないがそれらはランダムに運動（熱運動）している。その運動の激しさを表すものが絶対温度 T〔K（ケルビン）〕である。もう少し正確に言えば，

絶対温度 T〔K〕 ＝ 物質を構成する分子1個あたりの持つ平均の運動エネルギーに比例する量

となる。「今日は暑いなあ」という日は，大気中の空気分子が元気いっぱいにビュンビュン飛びまわっており，「今日は寒いなあ」という日は，空気分子が元気なくヘロヘロ状態で飛んでいるというイメージだ。特に $T=0$〔K〕ではすべて

の分子が静止している状態で，これより低い運動エネルギーはないのでこれより低い温度はない(絶対零度)。

私たちが通常使っているセ氏温度 t〔℃〕とは，$T=t+273$ の関係があることを覚えておこう。例えばセ氏0℃のときは絶対温度273Kとなる。

❷ 比熱はこれだけを押さえよ（物理基礎）

ものはあたためると温度が上がる。つまり，熱を投入するということはエネルギーを投入することになる。特に図10-1のように，ある物質1gを1K温度上昇させるのに要する熱エネルギー(熱量)のことを，その物質の比熱 c〔J/(g·K)〕という。

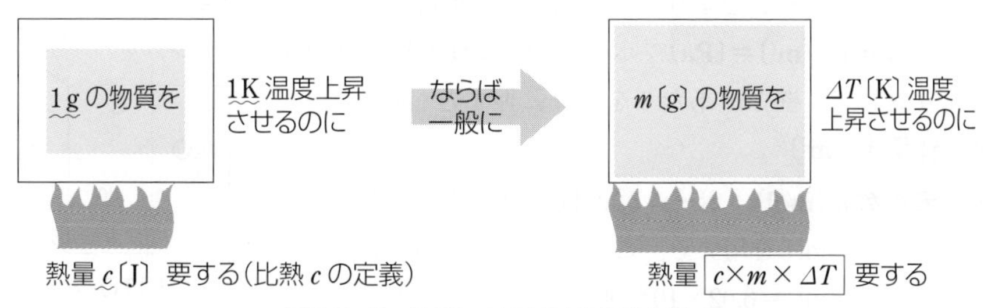

図10-1　比熱 c はこれだけ押さえよ

また，ここで熱容量 C〔J/K〕として $C=c\times m$ とおくと，熱量 $Q=C\times\Delta T$ と書ける。特に水の比熱 $c_{水}$ については覚えていてほしい。

$$c_{水}=1\,〔\mathrm{cal/(g\cdot K)}〕\fallingdotseq 4.2\,〔\mathrm{J/(g\cdot K)}〕$$

(ここで 1〔cal(カロリー)〕≒4.2〔J〕)

試験に出るので覚えておくこと!!

❸ 熱量保存の法則はカンタン（物理基礎）

いま，図10-2のように高温物体Aと低温物体Bとが接触して，十分長い時間がたった後，全体の温度が同じになったときを考える。

このとき，A，B以外との熱のやりとりがなければ，次の熱量保存の法則が成り立つ。

(Aが失った熱量)＝(Bが得た熱量)

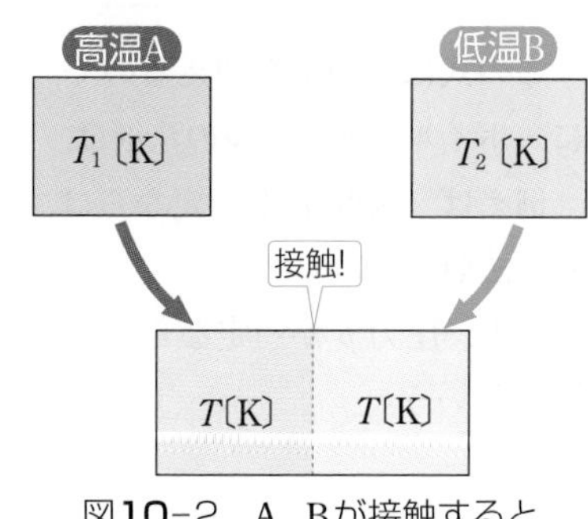

図10-2　A，Bが接触すると

ここで，例として，図10-2の物体A，Bの比熱をそれぞれc_A，c_B，質量をそれぞれm_A，m_Bとおくと，熱量保存の法則は図10-3の「温度図」を参考にして，次のように書ける。

$$\underbrace{c_A m_A(T_1 - T)}_{\text{Aが失った熱量}} = \underbrace{c_B m_B(T - T_2)}_{\text{Bが得た熱量}}$$

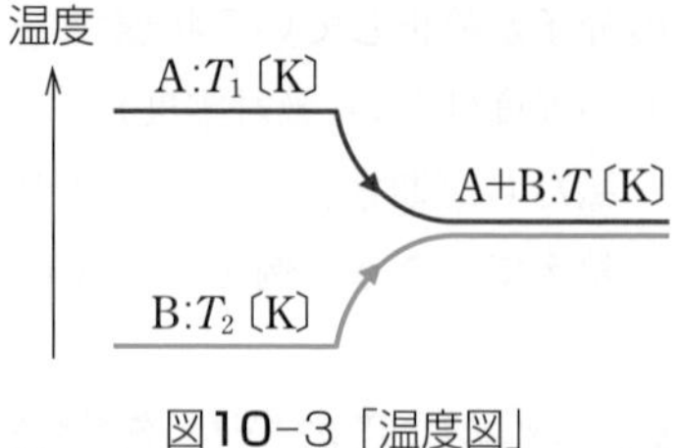

図10-3「温度図」

❹ 気体を見たら p，V，n，T を求める習慣を （物理基礎）（物　理）

気体とは図10-4のように「分子というボールの集団が多数飛びまわっている状態」とイメージしよう。この気体の状態は次の4つの量のみで決まる。

① **圧力 p〔N/m²〕＝〔Pa〕**（パスカル）：ボールの集団が壁に衝突をくり返して，壁 1m² あたりを垂直に押す力〔N〕。

② **体積 V〔m³〕**

③ **モル数 n〔mol〕**（モル）：ボールの個数を表す。ただし，その単位は〔mol〕を用いる。ここで〔mol〕というのは，

1〔mol〕＝6.02×10^{23}〔個〕（アボガドロ数）

④ **絶対温度 T〔K〕**：ボール1個あたりの運動エネルギーに比例する量。

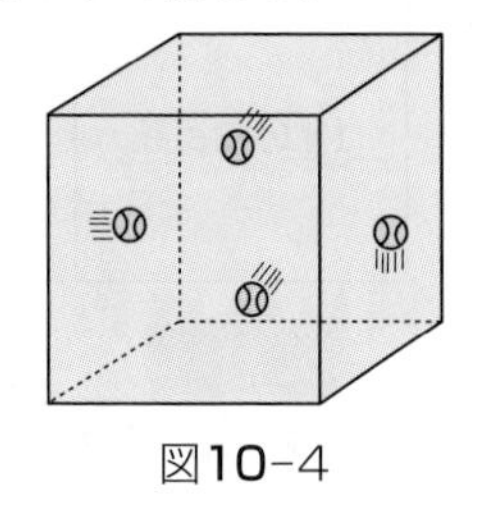
図10-4

❺ いつも心に状態方程式を （物　理）

理想気体では，いつでも次の状態方程式が成り立つことが実験でわかっている。

$$pV = nRT \quad (R：\text{気体定数 } 8.31〔\text{J/(mol·K)}〕)$$

この式はいつでも使えるので，「気体を見たらいつも状態方程式を！」。ちなみに，ボイル・シャルルの法則は，この式に含まれているので，この式だけでOK!!

例えば，温度Tが一定ならば，$p \times V$＝一定でpとVとは反比例。これを**ボイルの法則**という。

一方，圧力pが一定ならば，$pV = nRT$よりVとTは比例。これを**シャルルの法則**という。

❻ 内部エネルギーは n と T のみに比例する!! (物理基礎) (物 理)

内部エネルギーとは何か？と聞かれたら，次のように答えられるようにしたい。

内部エネルギー U〔J〕＝(気体分子ボールの運動エネルギーの総和)

この定義より，

U ⟺(比例) {モル数 n (の数)} × {絶対温度 T (1個の運動エネルギー)}

となり，**U は n と T のみに比例**する。よって，気体の種類のみで決まる比例定数 C_V を用いて，

漆原の解法 19 内部エネルギーの式

内部エネルギー　$U=C_VnT$

と表される。比例定数 C_V を定積モル比熱という。ここで注意したいのは，C_V は定積モル比熱という名前がついてはいるものの，あくまでも気体の種類(何原子分子か)によってすでに決まってしまっている比例定数であり，定積変化に限らず**何変化（定圧，等温，断熱，…）でも，「内部エネルギー」ときたら C_V を用いなければならない**ことだ。

また，**単原子分子**(１つの原子だけでとなっているもの)では， $\boxed{C_V=\frac{3}{2}R}$

となることも覚えておこう(➡ 出題パターン 37 参照)。ちなみに，二原子分子（2つの原子がくっついて鉄アレイのような形になっている）では，回転運動エネルギーが追加される分，内部エネルギーが大きくなるので $C_V=\frac{5}{2}R$ となってしまう。要は C_V は何原子分子であるかによって決まってしまう量であるのだ。

出題パターン

35 比熱と熱容量

(1) -5℃ の氷 **10g** を **100**℃ の水蒸気にするには [(1)] の熱量が必要である。ただし氷，水の比熱はそれぞれ **2.1J/(g·K)**，**4.2J/(g·K)**，氷の融解熱は $\mathbf{3.4\times10^2}$**J/g**，水の蒸発熱は $\mathbf{2.3\times10^3}$**J/g** とする。

(2) **3**℃ の水 **300g** を入れた熱量計に **200**℃ に熱した **2kg** の鉛片を投入して全体が **15**℃ になったとすると，この熱量計の熱容量は [(2)] である。ただし，鉛の比熱を $\mathbf{1.3\times10^{-1}}$**J/(g·K)** とし，熱は逃げないものとする。

解答のポイント

$Q=cm\varDelta T=C\varDelta T$ (c：比熱，C：熱容量)の定義に戻って考えること。
融解(蒸発)熱は，氷(水) 1g を融解(蒸発)させるのに要する熱である。
水の比熱が 4.2J/(g·K) であることは，常識として覚えておくこと。

解　法

(1) 横軸が時間，縦軸が温度のグラフを考える(図 10-5)。このグラフを 4 つに分け，これらに要する熱量を考えると，それらの和は，

$$Q=\underbrace{2.1\times10\times5}_{\text{(i) 氷の温度上昇}}+\underbrace{3.4\times10^2\times10}_{\text{(ii) 氷の融解}}$$

（単位：〔J/(g·K)〕〔g〕〔℃〕，〔J/g〕〔g〕）

$$+\underbrace{4.2\times10\times100}_{\text{(iii) 水の温度上昇}}+\underbrace{2.3\times10^3\times10}_{\text{(iv) 水の蒸発}}$$

（単位：〔J/(g·K)〕〔g〕〔℃〕，〔J/g〕〔g〕）

$=30705\fallingdotseq3.1\times10^4$〔J〕 … 答

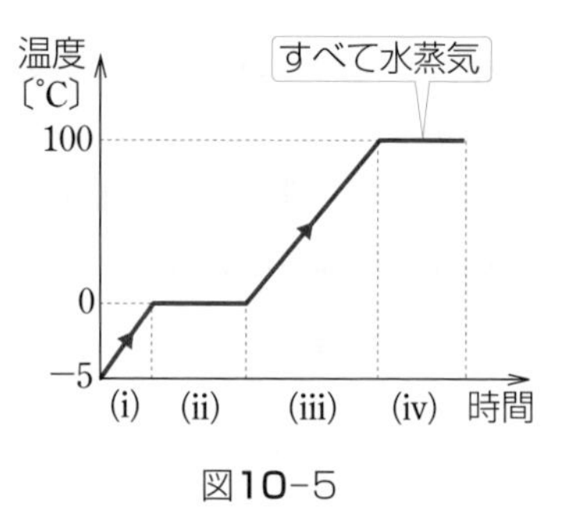

図10-5

(2) 求める熱量計の熱容量を C〔J/K〕とする。まず，図 10-6 のように何の温度が上がり，何の温度が下がったかを表す「温度図」を書くのがコツ。

水と熱量計が得た熱の合計は，

$$Q_{\text{in}}=\underbrace{4.2\times300\times(15-3)}_{\text{水}}+\underbrace{C\times(15-3)}_{\text{熱量計}}$$

鉛が失った熱は，

$$Q_{\text{out}}=1.3\times10^{-1}\times2\times10^3\times(200-15)$$

ここで，$Q_{\text{in}}=Q_{\text{out}}$ とおくと，

$C\fallingdotseq2.7\times10^3$〔J/K〕 … 答

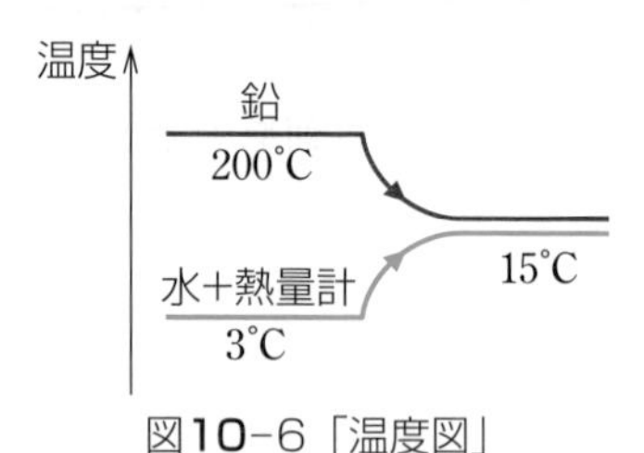

図10-6「温度図」

出題パターン

36 気体の状態変化

断面積が $10\,\mathrm{cm}^2$ の円筒容器内に，ばね定数が $20\,\mathrm{N/m}$，自然長 **1.0m** のばねに結ばれたピストンで仕切られた **A**，**B** 室があり，両室には同じ物質量（モル数）の理想気体が封入されている。はじめ両気体の温度はともに **0**℃，**1** 気圧になっている。ここで **B** 室を **0**℃に保ったまま **A** 室をあたためたら，ピストンは **0.50m** 右方に移動した。**1** 気圧 $=1.0\times10^5\,\mathrm{N/m^2}$ として，**A** 室，**B** 室の圧力はそれぞれ何気圧になったか。

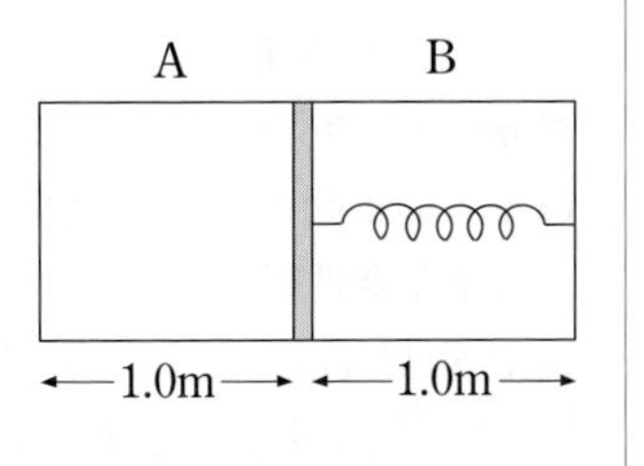

解答のポイント

気体の問題は，次の手順で解く。

手順 1　圧力 p，体積 V，モル数 n，絶対温度 T を仮定する。
手順 2　状態方程式を立てる。
手順 3　ピストンのつりあい式で未知数を求める。

解　法

手順 1　図 10-7 のように，$\underline{p}$，$\underline{V}$，$\underline{n}$，$\underline{T}$ を仮定する。未知数は p_1，p_2，T_1，n

手順 2　状態方程式を立てる。

前：$p_0V_0=nRT_0$　　… ①

後 $\begin{cases} \mathrm{A}：p_1\cdot\dfrac{3}{2}V_0=nRT_1 \\ \mathrm{B}：p_2\cdot\dfrac{1}{2}V_0=nRT_0 \quad \cdots ② \end{cases}$

手順 3　ピストンにかかる力のつりあいの式を立てる。

前：すでに成立している。

後：$20\times0.5+p_2S=p_1S$　… ③

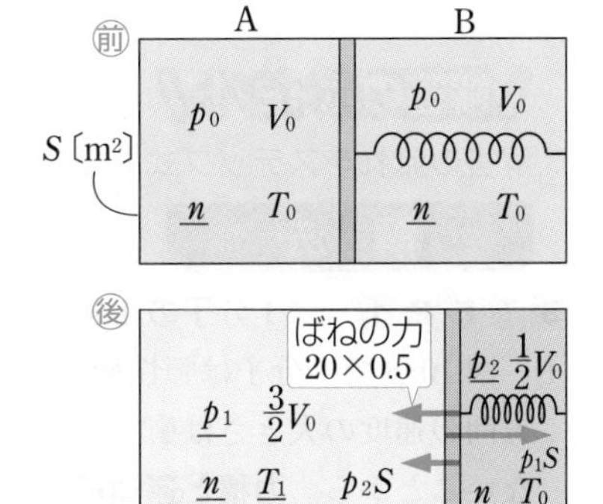

未知数 x は $\underline{x}$ と表示

図10-7

まず，②÷①より（状態方程式では「**辺々割る**」が式変形の基本！），

$$\frac{p_2}{2p_0}=1 \qquad \therefore \quad p_2=2p_0=2.0〔気圧〕 \quad \cdots 答$$

③より，

$$p_1=p_2+\frac{20\times0.5}{S}=2.0〔気圧〕+\frac{20\times0.5〔\mathrm{N}〕}{10\times10^{-4}〔\mathrm{m}^2〕}$$

$$=2.0〔気圧〕+10^4\times10^{-5}〔気圧〕=2.1〔気圧〕 \quad \cdots 答$$

出題パターン

そのまま出る！

37 気体分子の運動

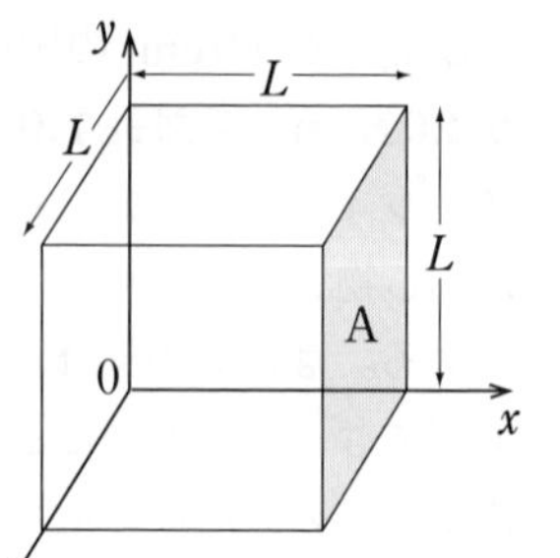

一辺の長さ L の立方体容器に，1 分子の質量が m の理想気体(単原子分子) が n モル入っている。いま図の壁 A に速度の x 成分が v_x の 1 つの分子が弾性衝突をすると，壁 A は (1) の力積を受ける。この分子は単位時間に壁 A に (2) 回衝突し，壁 A がこの分子から単位時間に受ける力積は (3) である。

ここで全分子の v_x^2 の平均を $\overline{v_x^2}$，アボガドロ数を N とすると，壁 A が全分子から受ける力は (4) である。また分子運動の等方性より，分子の 2 乗平均速度を $\overline{v^2}$ とすると，$\overline{v_x^2}=$ (5) であるから，気体の圧力 p は $p=$ (6) となり，体積 $V=L^3$ を用いて，$pV=$ (7) となる。一方，状態方程式より $pV=nRT$ だから，気体定数 R，絶対温度 T，気体の分子量 M〔kg/モル〕を使って，$\overline{v^2}=$ (8) となる。

よって，この理想気体 n モルの内部エネルギー U は，R と T を使って $U=$ (9) と表され，理想気体の内部エネルギーは絶対温度のみの関数であることがわかる。

解答のポイント

解答の流れをステップ式でまとめ，最終的には自力で書けるようになろう。

解 法

STEP 1　1 分子の 1 回の衝突

(1) 図 10-8 で，分子は弾性衝突なので，x 方向の速度の大きさは衝突前後で変わらないことから，**力積と運動量の関係**（右向き正に注意!!）より，

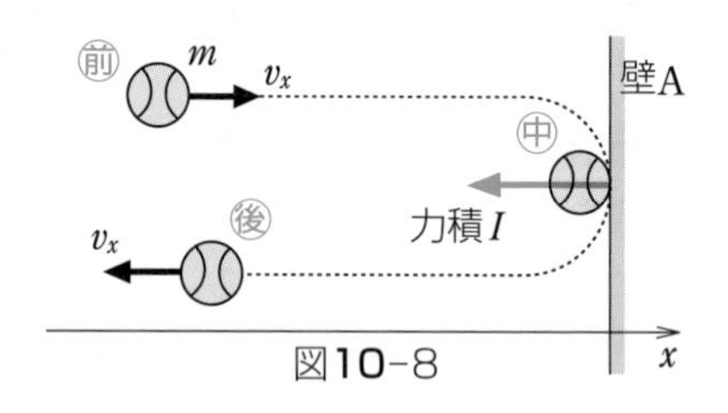

図10-8

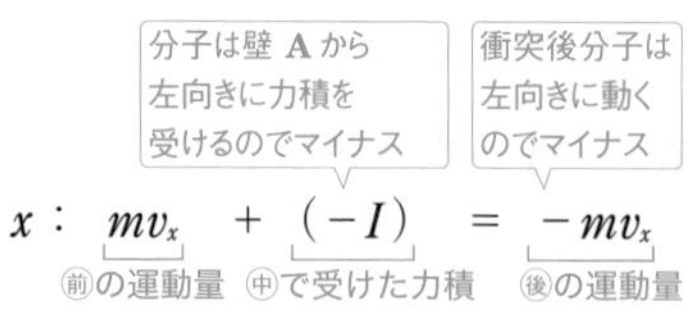

$$x: \underset{\text{前の運動量}}{mv_x} + \underset{\text{中で受けた力積}}{(-I)} = \underset{\text{後の運動量}}{-mv_x}$$

$$\therefore \quad I = 2mv_x$$

作用・反作用の法則より，壁 A は分子から右向きに力積 $I=2mv_x$ 答 を受ける。

STEP 2　1秒あたりの衝突回数

(2)　図10-9のように分子は壁Aと向かい合う壁と衝突をくり返してゆくが，ポイントは「往復の距離 $2L$ 走るごとに1回壁Aと衝突する」ことである。

速さ v_x で走る分子は，「1秒間に全長 v_x 走る」ので，その間に壁Aと

$\dfrac{v_x}{2L}$〔回〕答 衝突する。

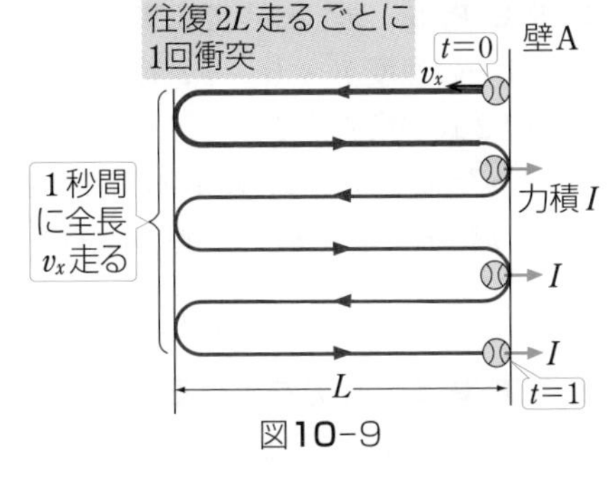

図10-9

STEP 3　一定の力に換算する

(3)　分子が衝突をくり返して与える力を一定の力に換算してみよう(図10-10)。

図10-10の上の図で1秒あたりに与える力積は，(1)，(2)の結果より，

$$2mv_x \cdot \frac{v_x}{2L} = \frac{mv_x^2}{L} \quad \cdots ①\text{答}$$

（$2mv_x$：1回の衝突で与える力積　$\frac{v_x}{2L}$：1秒あたりの衝突回数）

また，図10-10の下の図で1秒あたりに与える力積は定義より，

$$f \times 1\text{秒} \quad \cdots ②$$

（f：力　1秒：時間）

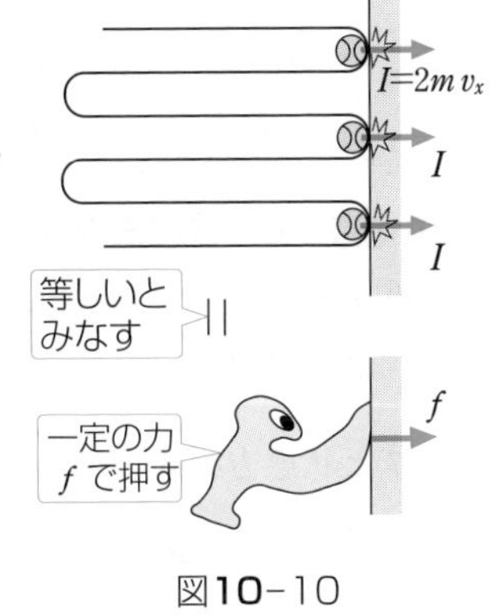

図10-10

図10-10の上の図と下の図を等しいとみなすと，それぞれが1秒あたりに与える力積どうしで等しいとみなせるので，

①＝②とおくと，

$$f = \frac{mv_x^2}{L} \quad \cdots ③$$

STEP 4　全分子から受ける力の和を求める

(4)　(3)で求めた f は，あくまでも1分子が壁Aに与える力である。各分子によって v_x^2 の値はいろいろ取りうるので，f の値は各分子についてさまざまである。よって，単に f に全分子数を掛け算しても，それは正しい全分子から受ける力の和 F とはならない。そこで正しい F を求めるために，f，v_x^2 の全分子における平均値 $\overline{f}$，$\overline{v_x^2}$ がどうしても必要になる。すると，全分子(モル数 n × アボガドロ数 N (6.02×10^{23} 個))から受ける力の和 F は，③より，

$$F = \overline{f} \cdot nN = \frac{m\overline{v_x^2}}{L} \cdot nN = \frac{mnN\overline{v_x^2}}{L} \quad \cdots ④\text{答}$$

（$\overline{f}$：平均の力　nN：全分子数）

STEP 5　$\overline{v_x^2}$ を $\overline{v^2}$ で表す

(5)　分子の速度 $\vec{v}=(v_x,\ v_y,\ v_z)$（図 10-11）について次の 2 式が成立する。

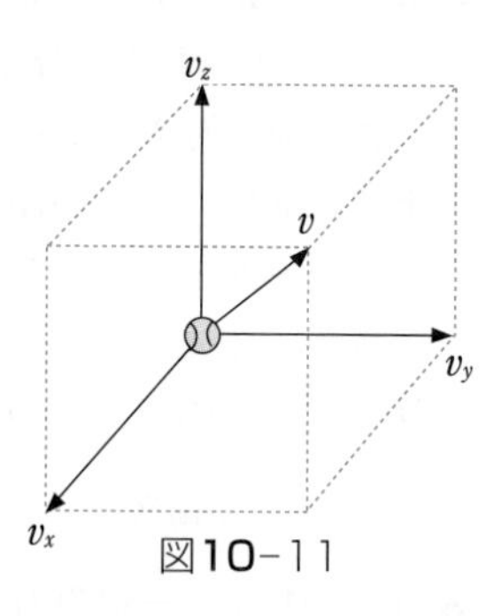

図10-11

$$\overline{v_x^2}=\overline{v_y^2}=\overline{v_z^2}\quad (x,\ y,\ z \text{ 方向は平等なので})$$

$$\overline{v_x^2}+\overline{v_y^2}+\overline{v_z^2}=\overline{v^2}\quad (\text{三平方の定理より})$$

$$\therefore\quad \overline{v_x^2}=\overline{v_y^2}=\overline{v_z^2}=\frac{1}{3}\overline{v^2}\quad \cdots ⑤$$ 答

STEP 6　圧力を求める

(6)　壁 A の受ける力は，④に⑤を代入して，

$$F=\frac{mnN\overline{v^2}}{3L}$$

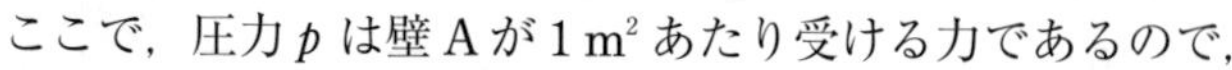

ここで，圧力 p は壁 A が 1 m^2 あたり受ける力であるので，

$$p=\frac{\text{力 } F\ 〔\mathrm{N}〕}{\text{面積 } L^2\ 〔\mathrm{m}^2〕}=\frac{mnN\overline{v^2}}{3L^3}$$ 答 $\left(=\frac{mnN\overline{v^2}}{3V}\quad \cdots ⑥\quad (L^3=\text{体積 } V \text{ より})\right)$

STEP 7　状態方程式と比べる

(7)　⑥より，

$$pV=\frac{mnN\overline{v^2}}{3}\quad \cdots ⑦$$ 答

(8)　⑦と状態方程式 **$pV=nRT$** と比べて，

$$\frac{mnN\overline{v^2}}{3}=nRT$$

$$\therefore\quad \overline{v^2}=\frac{3RT}{mN}(\cdots ⑧)=\frac{3RT}{M}\quad \cdots$$ 答　（分子量 $M=mN$ より）

STEP 8　内部エネルギーを求める

(9)　**内部エネルギー U＝（気体分子の運動エネルギーの総和）** より，

$$U=\frac{1}{2}m\overline{v^2}\cdot nN$$

（$\frac{1}{2}m\overline{v^2}$：分子 1 個の運動エネルギー，$nN$：全分子数）

ここに⑧を代入して，

$$U=\frac{1}{2}m\cdot\frac{3RT}{mN}\cdot nN=\frac{3}{2}nRT\quad \cdots$$ 答

よって，**U は n と T に比例する**ことがわかるが，本問のような**単原子分子**では，その比例定数（定積モル比熱 C_V）は $C_V=\frac{3}{2}R$ となることが確かめられた。

そのまま出る問題なので以上の 8 つのステップを何回もくり返して，自力で何も見ずに解けるようにしておこう。

STAGE 11 熱力学

気体の熱力学

物理基礎　物理

ほとんどの問題が3ステップで同じように解ける

頻出出題パターン

38 定積モル比熱と定圧モル比熱　物理

39 ばねつきピストン　物理

40 熱サイクル・熱効率　物理基礎　物理

41 2気体の問題　物理

ここを押さえよ！

熱力学第1法則 $Q_{in}=\Delta U+W_{out}$ のイメージをつかみ，具体的な ΔU，W_{out}，Q_{in} の求め方をマスターする。あとは，どんな問題でも同じように解けてしまう「3ステップ」の解法で満点を狙える。

問題に入る前に

❶ 熱力学の第1法則とはエネルギーの流れを表す　物理基礎　物理

図11-1のように，エネルギーをお金に例えてイメージしてみよう。

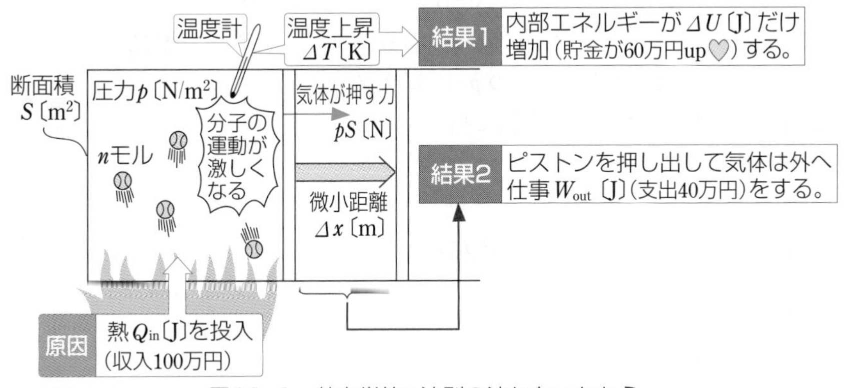

図11-1　熱力学第1法則の流れをつかもう

このとき，投入された熱 Q_{in}(収入100万円)のうち一部は，気体の内部エネルギーの上昇分 ΔU(貯金60万円♡)になり，残りが外への仕事 W_{out} に使われる(支出40万円)。この関係(流れ)を表した次の式を熱力学第1法則という。

$$Q_{in}=\Delta U+W_{out}$$

❷ ΔU，W_{out}，Q_{in} はこう求めよ！ (物理基礎) (物 理)

① **ΔU の求め方は温度変化 ΔT で！**

$$\Delta U=U_{変化後}-U_{変化前}$$

$=C_V nT_{後}-C_V nT_{前}$ (**内部エネルギーの式** $U=C_V nT$ より)

$=C_V n(T_{後}-T_{前})$

$=\boxed{C_V n\Delta T}$

何度も注意するが，**何変化(定圧，等温，断熱，…)であっても，U には C_V(定積モル比熱)を用いる**。特に単原子分子の気体では $C_V=\frac{3}{2}R$ となる。C_V というのは，U が n と T に比例するときの気体の種類だけで決まる比例定数にすぎないのだ。

② **W_{out} の求め方は p-V グラフで！**

図11-1において，気体がピストンを押し出す仕事(＝力×距離)を計算してみる。ピストンの移動距離 Δx は微小であるので，移動中の気体の圧力はほぼ一定の p であるとする。仕事の定義より，

$$W_{out}=\underbrace{pS}_{力}\cdot\underbrace{\Delta x}_{距離}=p\cdot\underbrace{S\Delta x}_{体積の増加分\Delta V}=\boxed{p\Delta V}$$

一方，この変化を図11-2のA→Bのように，圧力 p-体積 V グラフ上に表してみる。するとちょうど $p\Delta V$ が，この p-V グラフと横軸とで囲まれた部分の面積に相当することがわかる。

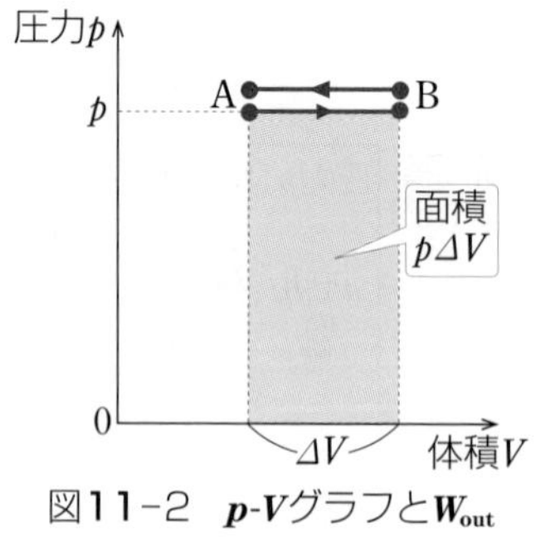

図11-2 p-VグラフとW_{out}

よって，

$$W_{out}=\pm\ (p\text{-}V\ グラフの下の面積)$$

《注》 図11-2のB→Aのように，**ピストンが押し込まれたとき**はマイナスをつける。外から仕事をされたということは，外へした仕事は負である。

③ Q_{in} の求め方は熱力学第1法則で！

基本的には，まず $\varDelta U$ と W_{out} を出しておいてから $\boxed{Q_{in}=\varDelta U+W_{out}}$ の熱力学第1法則で求める。ただし，定圧変化の場合には，定圧モル比熱 C_p を用いて $Q_{in}=C_p n\varDelta T$ と求めることもある（➡ 出題パターン 38 参照）。

また，断熱変化では即，$Q_{in}=0$ とおける。

❸ 熱力学は完全にワンパターン化している （物理基礎）（物　理）

熱力学では“気体をあたためてピストンが上昇したり…”，“p-V グラフが与えられ…”などさまざまな問題を目にするが，ほとんどの問題が実は次の3ステップで同じように解ける。

漆原の解法 20 熱力学の解法3ステップ

STEP 1 各状態で p，V，n，T が与えられていないものは，**とりあえず未知数として仮定**し，次によって求める。

① いつも ⟶ **状態方程式**

② ピストンが静止しているとき ⟶ **ピストンの力のつりあいの式**

③ 断熱変化のとき ⟶ **ポアソンの式**

STEP 2 STEP 1 の結果を p-V グラフに作図する。

STEP 3 各変化（過程）の熱力学第1法則を表にまとめる。

$$Q_{in} = \varDelta U + W_{out}$$

$\varDelta U$：$U_{後}-U_{前}$，$C_V n\varDelta T$ で求める

W_{out}：±（p-V グラフの下の面積）で求める

❹ 断熱変化のポアソンの式とは何か （物　理）

平衡（一様でムラがない状態）を保ちながら，断熱変化（外からの熱の出入りがない変化）するときのみ，次の「ポアソンの式」が成り立つ。

$\boxed{pV^{\gamma}=一定}$　　$\boxed{TV^{\gamma-1}=一定}$　　この2式は $p=\dfrac{nRT}{V}$ により同等

（ただし，比熱比 $\gamma=\dfrac{C_p}{C_V}=\dfrac{C_V+R}{C_V}\left(=\dfrac{5}{3}\right)>1$ ）

p.125 の $C_p=C_V+R$ より　　単原子分子の気体のときのみ　　$C_V=\frac{3}{2}R$ より

ポアソンの式は「使い方」,「グラフの形」,「等温変化との違い」を押さえておけば十分である。

例えば，図 11-3 の断熱圧縮ではポアソンの式を使うと次のようになる。

$$\begin{cases} p_1V_1^{\gamma} = p_2V_2^{\gamma} \\ T_1V_1^{\gamma-1} = T_2V_2^{\gamma-1} \end{cases}$$

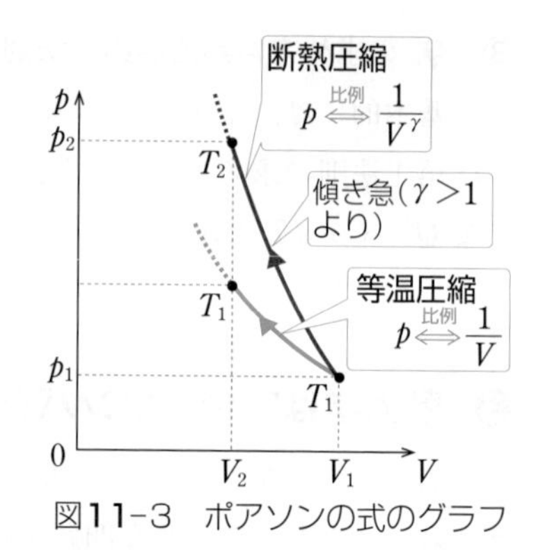

図11-3　ポアソンの式のグラフ

また，図 11-3 のグラフのように，断熱圧縮のグラフの方が等温圧縮のグラフより**傾きが急**であることは覚えておくとよい。これは，断熱圧縮の際には温度が上昇しつつ圧縮される($T_2>T_1$)ため，圧力が急上昇するからである。

もう 1 つ。断熱変化つまり外からの熱の出入りのない変化ということから，熱力学第 1 法則において $\boldsymbol{Q_{in}=0}$ であることも忘れずに押さえておこう。

ここで，下表に断熱圧縮と等温圧縮の違いをまとめておく。

	断熱圧縮	VS		等温圧縮		
p と V の関係	$p\times V^{\gamma}$＝一定			$p\times V$＝一定		
p-V グラフの形	反比例よりも急			反比例		
熱力学第 1 法則の符号とその意味	Q_{in} ＝	ΔU ＋	W_{out}	Q_{in} ＝	ΔU ＋	W_{out}
	0	正	負	負	0	負
	断熱	温度上昇	圧縮	放熱	等温	圧縮

注目してほしいのは〰〰の部分で，断熱圧縮は温度上昇(等温ではない！)，等温圧縮は熱を放出(断熱ではない！)のように，互いに相手を否定しあっているという点である。つまり，**断熱変化と等温変化は似ているどころか全く対極にある変化**だということである。

出題パターン

38 定積モル比熱と定圧モル比熱

ピストンつきの容器内に，$\boldsymbol{n}$ モルの理想気体が，体積 $\boldsymbol{V_1}$，温度 $\boldsymbol{T_1}$ で閉じこめられている。大気圧は $\boldsymbol{p}$，気体定数は $\boldsymbol{R}$，定積モル比熱を $\boldsymbol{C_V}$ とする。

ピストンを自由に動けるようにして，熱を与えて温度を $\boldsymbol{T_2}$ にした。このとき，内部エネルギーの変化 $\Delta \boldsymbol{U}$，気体が外部にした仕事 $\boldsymbol{W_{out}}$，気体に加えた熱 $\boldsymbol{Q_{in}}$ はいくらか。また，以上の結果から，気体の定積モル比熱 $\boldsymbol{C_V}$ と定圧モル比熱 $\boldsymbol{C_p}$ の間にはどのような関係があるか。

解答のポイント

定圧変化であっても $\Delta U = C_V n \Delta T$ の形となることに注意。

解　法

熱力学の解法３ステップで解く。

STEP 1　変化の㋮㋹での p，V，n，T を図示する。ここでピストンは自由に動けるので，**ピストン内の気体の圧力は大気圧とつりあっていて，いつも p となる**。このように，**大気圧，重力などの一定の力を受け自由に動けるピストンでは，必ず定圧変化**になるのだ。また，㋹の体積を V_2（未知数）とおくと，

前：$pV_1 = nRT_1$　… ①

後：$pV_2 = nRT_2$　… ②

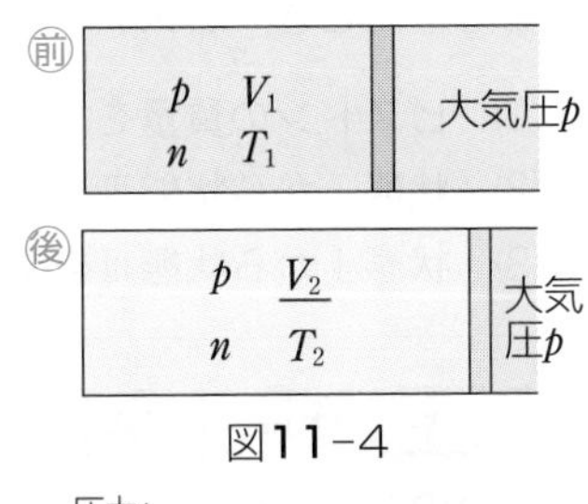

図11-4

STEP 2　p-V グラフは図11-5のようになる。色のついた部分の面積が外へした仕事 W_{out} になる。

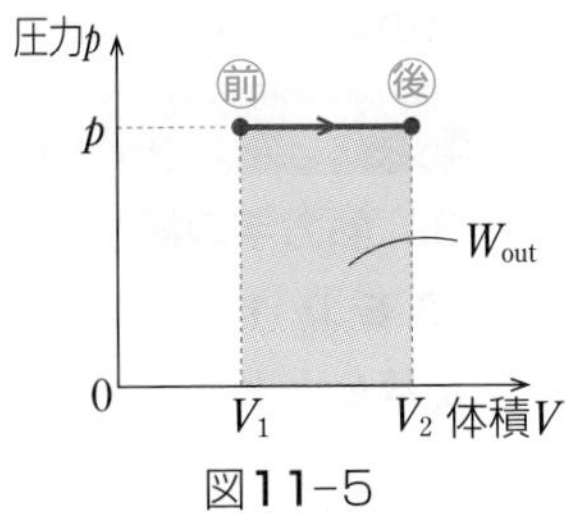

図11-5

STEP 3　熱力学第１法則を表（表中㋟）にまとめると，

Q_{in}	$= \Delta U$	$+ W_{out}$
$n(C_V+R)(T_2-T_1)$	$C_V n(T_2-T_1)$	$p(V_2-V_1) = nR(T_2-T_1)$（①，②より）

また，定圧モル比熱 C_p は，

圧力一定で１モルの気体を１K上昇させるのに要する熱

であるので，Q_{in} で $n=1$〔mol〕，$T_2-T_1=1$〔K〕としたものに等しく，

$$\boxed{C_p} = 1 \times (C_V + R) \times 1 = \boxed{C_V + R} \quad \cdots 答$$

この式は**理想気体であれば必ず成立するので，この例題とともに覚えておこう**。

出題パターン

39 ばねつきピストン

断面積が S のシリンダーが鉛直に立ててある。ピストンWとシリンダーの底とは自然長が h のばねで結ばれている。またシリンダーの底から測って高さ h の位置にストッパー s がある。このシリンダー内に，ある量の単原子分子の理想気体を，その圧力が大気圧と同じ p_0 になるまで封入した。このときピストンWはストッパー s の位置にあり，絶対温度は T_0 であった(状態Ⅰ)。

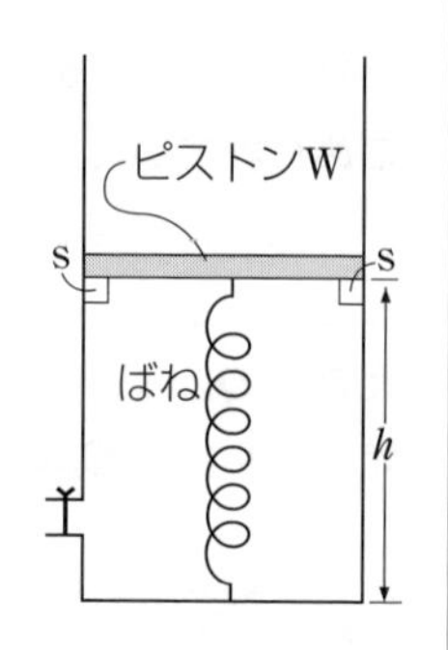

次に封入気体をゆっくりと加熱したところ，温度が $2T_0$ となったところでピストンは上昇を始めた(状態Ⅱ)。さらに加熱したところ，温度が $6T_0$ となったとき，ピストンは $\frac{h}{2}$ だけ上昇した(状態Ⅲ)。

(1) ピストンの質量を求めよ。重力加速度の大きさを g とする。

(2) 状態Ⅰから状態Ⅲまで気体のした仕事を p_0, S, h で示せ。

(3) 状態Ⅰから状態Ⅲまでに加えられた熱量を p_0, S, h で示せ。

解答のポイント

ばねの伸びと圧力の増加分は比例するので，Ⅱ→Ⅲの p-V グラフは直線。

解法

(1)〜(3) **熱力学の解法3ステップ**で解く。

STEP 1 各状態の p, V, n, T を図示する。ピストンWの質量を M, ばね定数を k とする。

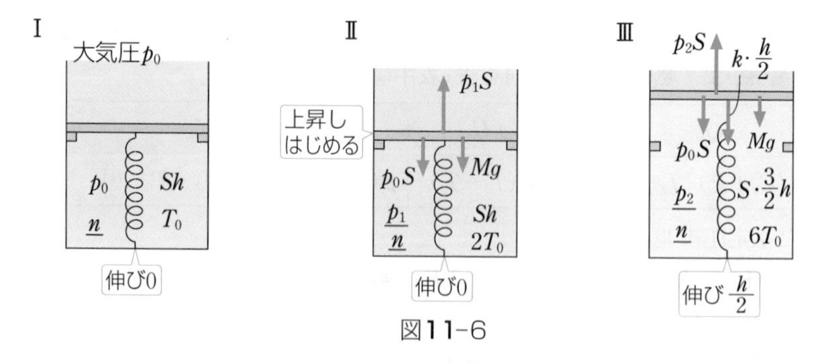

図11-6

状態方程式

Ⅰ：$p_0 \cdot Sh = nRT_0$ …①

Ⅱ：$p_1 \cdot Sh = nR \cdot 2T_0$ …②

Ⅲ：$p_2 \cdot S \cdot \frac{3}{2}h = nR \cdot 6T_0$ …③

ピストンの力のつりあいの式

Ⅱ：$p_1S = p_0S + Mg$ …④

Ⅲ：$p_2S = p_0S + k \cdot \frac{h}{2} + Mg$ …⑤

圧力 p_2 はばねの伸び $\frac{h}{2}$ に比例して増加した…⑥

①，②を辺々割って，$p_1 = 2p_0$ …⑦

⑦を④に代入して，$2p_0S = p_0S + Mg$　$\therefore\ M = \frac{p_0S}{g}$ …⑧ 答

①，③を辺々割って，$p_2 = 4p_0$ …⑨

⑧，⑨を⑤に代入して，$4p_0S = p_0S + k \cdot \frac{h}{2} + p_0S$　$\therefore\ k = \frac{4p_0S}{h}$

STEP 2　p-V グラフは下のようになる。

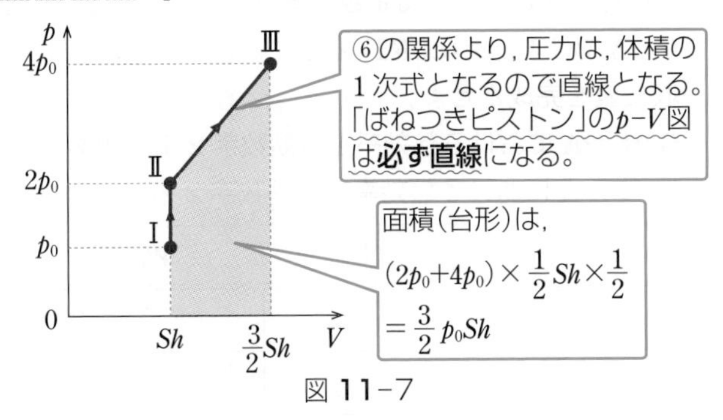

図 11-7

STEP 3　熱力学第1法則を表にする。

$\Delta U = C_V n \Delta T$ で**単原子分子**なので，$C_V = \frac{3}{2}R$ となることに注意!!

	Q_{in} =	ΔU +	W_{out}
Ⅰ→Ⅱ（定積）	$\frac{3}{2}p_0Sh$	$\frac{3}{2}Rn(2T_0 - T_0) = \frac{3}{2}p_0Sh$（①より）	0
Ⅱ→Ⅲ	$\frac{15}{2}p_0Sh$	$\frac{3}{2}Rn(6T_0 - 2T_0) = 6p_0Sh$（①より）	$= \frac{3}{2}p_0Sh$

ⅠからⅢまでの間の封入気体のした仕事 W，加えられた熱量 Q は表より，

$W = 0 + \frac{3}{2}p_0Sh$ …答

$Q = \left(\frac{3}{2} + \frac{15}{2}\right)p_0Sh = 9p_0Sh$ …答

W_{out} の合計，Q_{in} の合計より求めた。

出題パターン

40 熱サイクル・熱効率

単原子分子からなる 1mol の理想気体の状態を図のように変化させる。ここで，A→B は定圧変化，B→C および B→D は定積変化，C→A は等温変化，D→A は断熱変化である。気体の状態が変化する間に外部から気体に加えられる熱量を Q_{in}，気体が外部にする仕事を W_{out}，気体の内部エネルギーの増加を ΔU とする。状態 A での体積を $2V_0$，温度を T_0，状態 B での体積を V_0 とし，気体定数を R とする。

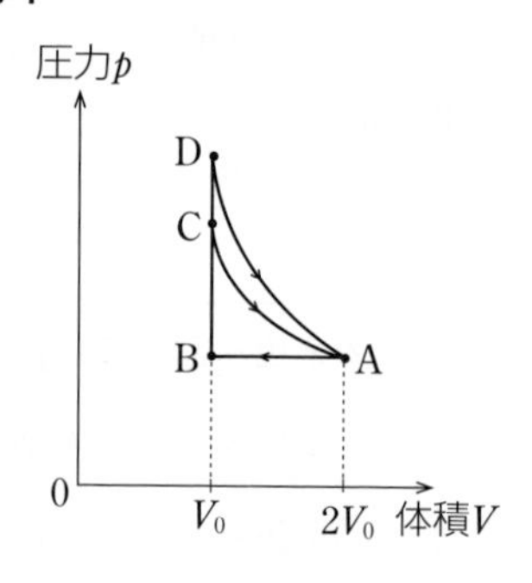

断熱変化では気体の温度 T と体積 V の間に「$T\times V^{\gamma-1}$＝一定」の式が成立する。ここで，γ は比熱比と呼ばれる定数であり，本問では $2^{\gamma-1}=1.6$ としてよい。また，C→A では $W_{out}=0.6RT_0$ としてよい。

(1) 表のエネルギー収支表を完成させよ。

(2) 1 サイクル A→B→C→A における熱効率を有効数字 2 桁で求めよ。

(3) 1 サイクル A→B→D→A における熱効率を有効数字 2 桁で求めよ。

	Q_{in} ＝	ΔU ＋	W_{out}
A→B			
B→C			
C→A			
B→D			
D→A			

解答のポイント

$$\text{熱効率 } e=\frac{(1\text{サイクルにわたる すべての } W_{out} \text{ の和})}{(1\text{サイクルにわたる 吸収熱の和})}$$

└ $Q_{in}>0$ のみ

《注》 分母に放出熱($Q_{in}<0$)を入れてはいけない！

この式は STEP 3 の熱力学第 1 法則の表を使うと楽に立てられる。

解　法

(1) **熱力学の解法3ステップ**で解く（**STEP 2** は問題文のグラフ）。

STEP 1　状態A，B，C，Dの温度をそれぞれ T_0，T_1，T_0（C→Aは等温変化なので），T_2，圧力をそれぞれ p_0，p_0（A→Bは定圧変化），p_1，p_2 とおくと，状態方程式は，

A：$p_0 \cdot 2V_0 = 1 \cdot RT_0$　… ①　　B：$p_0V_0 = 1 \cdot RT_1$　… ②

C：$p_1V_0 = 1 \cdot RT_0$　… ③　　D：$p_2V_0 = 1 \cdot RT_2$

状態方程式の式変形の基本である「**辺々割る**」をする。

②÷①：$\dfrac{1}{2} = \dfrac{T_1}{T_0}$　　∴　$T_1 = \dfrac{1}{2}T_0$

③÷①：$\dfrac{p_1}{2p_0} = 1$　　∴　$p_1 = 2p_0$

D→Aでは断熱変化なので，ポアソンの式 **$TV^{\gamma-1}$＝一定** より，

$\underbrace{T_2V_0^{\gamma-1}}_{\text{Dの}TV^{\gamma-1}} = \underbrace{T_0(2V_0)^{\gamma-1}}_{\text{Aの}TV^{\gamma-1}}$　　∴　$T_2 = 2^{\gamma-1}T_0 = 1.6T_0$

STEP 3　表を作成する（答は表中）。

	Q_{in} ＝	$\varDelta U$ ＋	W_{out}
A→B	$-\dfrac{5}{4}RT_0$（放出熱）	$\dfrac{3}{2}R \cdot 1 \cdot \left(\dfrac{1}{2}T_0 - T_0\right) = -\dfrac{3}{4}RT_0$	$-p_0V_0 = -\dfrac{1}{2}RT_0$ ピストンが押し込まれているので負
B→C	$\dfrac{3}{4}RT_0$（吸収熱）	$\dfrac{3}{2}R \cdot 1 \cdot \left(T_0 - \dfrac{1}{2}T_0\right) = \dfrac{3}{4}RT_0$	0
C→A	$0.6RT_0$（吸収熱）	0（等温変化より）	$0.6RT_0$（与えられている）
B→D	$1.65RT_0$（吸収熱）	$\dfrac{3}{2}R \cdot 1 \cdot \left(1.6T_0 - \dfrac{1}{2}T_0\right) = 1.65RT_0$	0
D→A	0（断熱変化より）	$\dfrac{3}{2}R \cdot 1 \cdot (T_0 - 1.6T_0) = -0.9RT_0$	$0.9RT_0$

(2) サイクルA→B→C→Aでの熱効率 e は，

$$e = \frac{\text{すべての}W_{out}\text{の和}}{\text{吸収熱の和}} = \frac{-\dfrac{1}{2}RT_0 + 0 + 0.6RT_0}{\dfrac{3}{4}RT_0 + 0.6RT_0} = \frac{0.1}{1.35} \fallingdotseq 0.074\,(7.4\%)$$ … 答

(3) サイクルA→B→D→Aでの熱効率 e は，

$$e = \frac{-\dfrac{1}{2}RT_0 + 0 + 0.9RT_0}{1.65RT_0} = \frac{0.4}{1.65} \fallingdotseq 0.24\,(24\%)$$ … 答

出題パターン

41 2気体の問題

図のように，コックCを持つ固定されたしきり板によって2室A，Bに分けられたシリンダーがある。A室はなめらかに動くピストンDによって，その体積を自由に変化できるようになっている。B室の体積は常にV_0と固定されている。はじめコックCを閉じ，Aの体積をV_0とし，その中に圧力p_0，温度T_0の単原子分子の理想気体1 molを封入しておく。また，B内は真空にしておく(状態Ⅰ)。しきり板，シリンダー，ピストンは断熱材でできている。平衡を保った断熱変化では，気体の温度Tと体積Vの間に「$T \times V^{\gamma-1}$＝一定」の式が成立する。

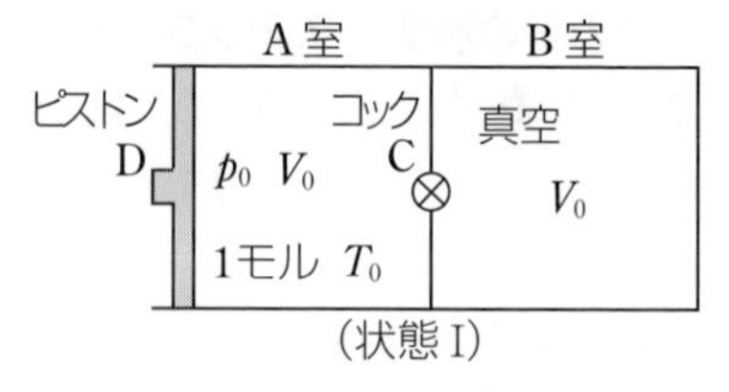

(状態Ⅰ)

ここでγは比熱比と呼ばれる定数であり本問では$2^{\gamma-1}=1.6$としてよい。

(1) (状態Ⅰ)でDを固定し，Cを大きく開き，Aの気体をBに噴出させる。十分時間がたった後(状態Ⅱ)の温度T_1を求めよ。

(2) (1)の後，Cを閉じてから，Dをゆっくり動かして，Aの体積を$\dfrac{V_0}{2}$にした(状態Ⅲ)。このときA内の気体の温度T_2を求めよ。

(3) (2)の後，Dを固定し，Cを大きく開き，A内の気体とB内の気体を混合した。十分時間がたった後(状態Ⅳ)の温度T_3を求めよ。

解答のポイント

2気体の問題では，一般に**熱力学の解法3ステップ**で，**STEP 2**の**p-Vグラフが描けない**ことが多いので省略してもよい。また，**STEP 3**では，A，Bそれぞれが得た熱や，した仕事を計算するのは難しい。

そこで**A，B全体の気体に着目**して熱力学第1法則を書くのがコツ。

断熱変化のポアソンの式は，「全体が常に一様でムラがない」場合にしか使えないことに注意(本問では(2)のときのみ)。

(1)の結果の「真空への噴出では温度は変化しない」ことは覚えておくとよい。カラのコップにお湯を注いでも温度は変わらないのと同じことなのだ！

(3)の結果は「T_3はT_1，T_2の平均温度となった」ことを表している。

解法

(1) **熱力学の解法3ステップ**で解く。

STEP 1　未知数(p_1，T_1)を仮定して次ページの図11-8を描く。

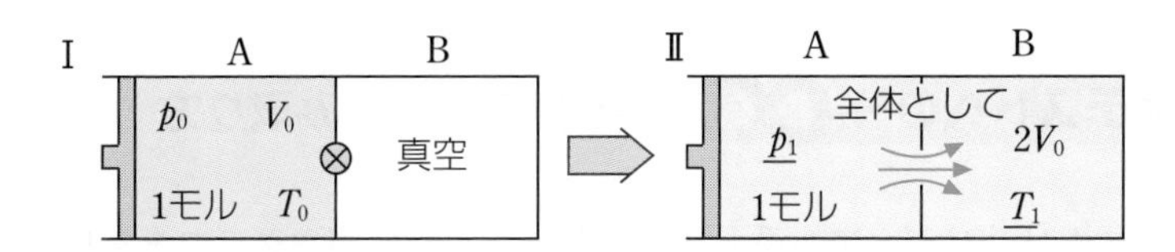

図11-8

STEP 3 A，B 全体に着目!!（2気体の問題の最大のポイント）

$$Q_{in} = \Delta U + W_{out}$$

$$0 = \frac{3}{2}R\cdot 1\cdot T_1 - \frac{3}{2}R\cdot 1\cdot T_0 + 0$$

A, B 以外と熱のやりとりなし　（IIの内部エネルギー）－（Iの内部エネルギー）　A, B の外へは仕事をしていない

$\therefore\ T_1 = T_0$ …答　**（なんと！　真空への噴出では温度は変化しない）**

(2) **STEP 1** 未知数(p_2, T_2)を仮定して図 11-9 を描く。

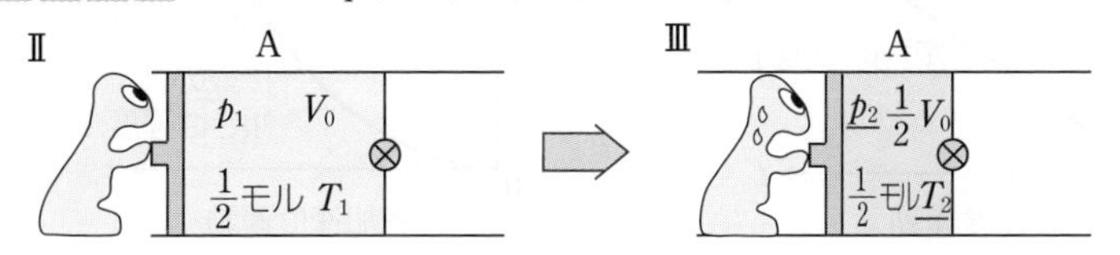

図11-9

このII→IIIの変化でAの気体は常に一様でムラがなく断熱変化しているので，断熱変化のポアソンの式 **$TV^{\gamma-1}$=一定** をAの気体に使って，

$$T_1V_0^{\gamma-1} = T_2\left(\frac{1}{2}V_0\right)^{\gamma-1} \qquad \therefore\ T_2 = 2^{\gamma-1}T_1 = 1.6T_0 \ \cdots 答$$

ちなみに(1)，(3)では変化途中で気体にムラが生じる（気体がBに移動する）ので，ポアソンの式は使えない。

(3) **STEP 1** 未知数(p_3, T_3)を仮定して図 11-10 を描く。

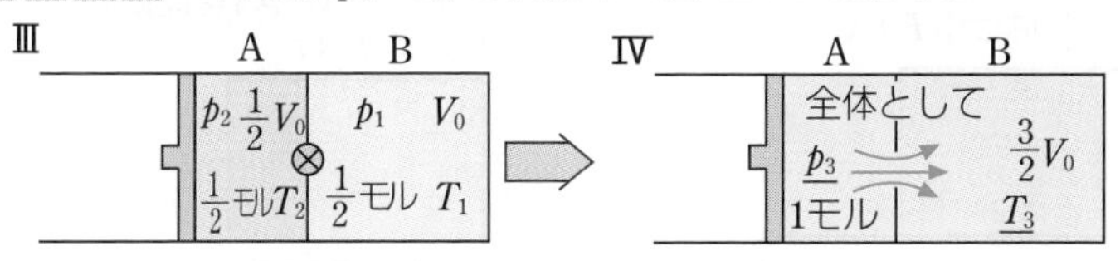

図11-10

STEP 3 A，B 全体に着目!!

$$Q_{in} = \Delta U + W_{out}$$

$$0 = \frac{3}{2}R\cdot 1\cdot T_3 - \left(\frac{3}{2}R\cdot\frac{1}{2}\cdot T_2 + \frac{3}{2}R\cdot\frac{1}{2}\cdot T_1\right) + 0$$

A, B 以外と熱のやりとりなし　（IVの内部エネルギー）－（IIIの内部エネルギーの和）　A, B の外へは仕事をしていない

$$\therefore\ T_3 = \frac{T_1 + T_2}{2} = \frac{T_0 + 1.6T_0}{2} = 1.3T_0 \ \cdots 答$$

共通テストへの＋α　有名グラフの読み取り方　（物理）

共通テストは「ビジュアル系」とよばれる。これは図やグラフを多用し，データを分析させる問題が多いからである。そこで，物理の各分野で出てくる有名なグラフの意味と，その読み取り方についてまとめてみた。どのグラフでも押さえるべきはしっかりと**縦軸**，**横軸をチェック**することである。さらにそのグラフの**傾き**や横軸と**はさまれる面積**，縦軸と横軸へ下ろした垂線とによって囲まれる長方形の面積(**張る面積**)が何を表しているのかを考えることである。

①　位置 x - 時間 t グラフ

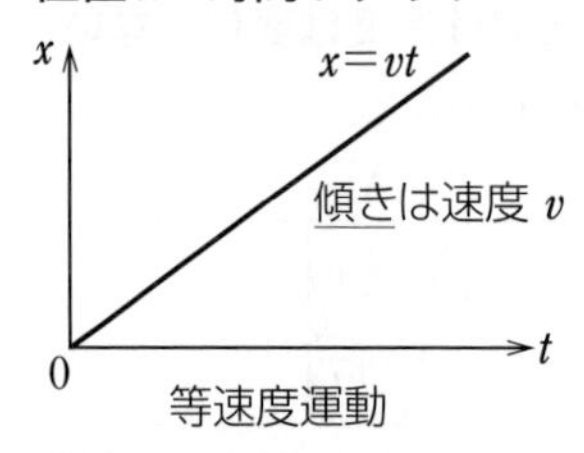

等速度運動

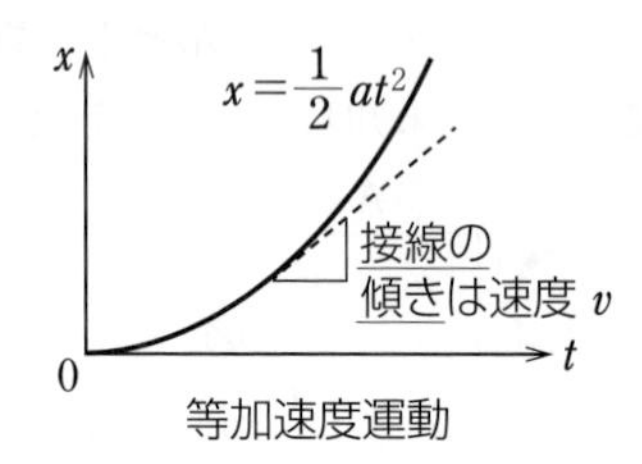

等加速度運動

②　速度 v - 時間 t グラフ

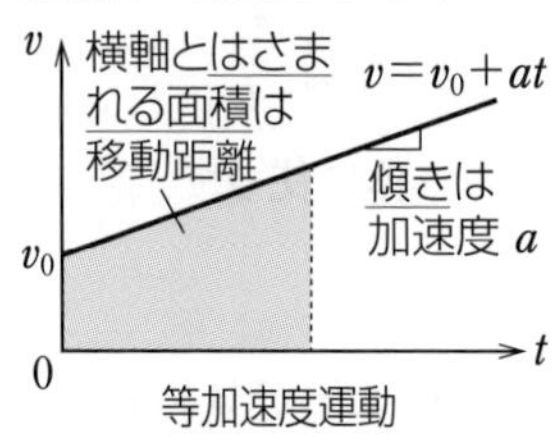

等加速度運動

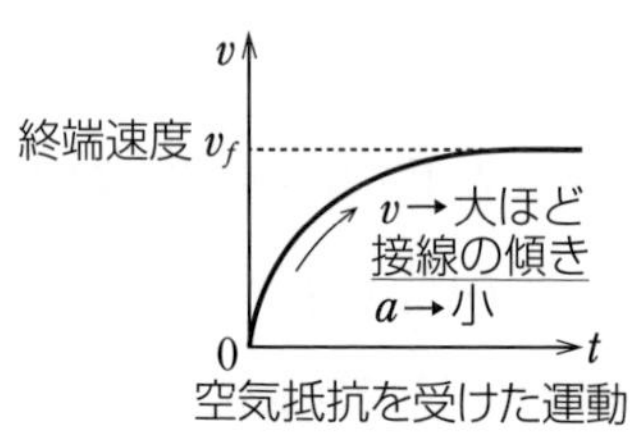

空気抵抗を受けた運動

③　力 F - 位置 x グラフ，力 F - 時間 t グラフ

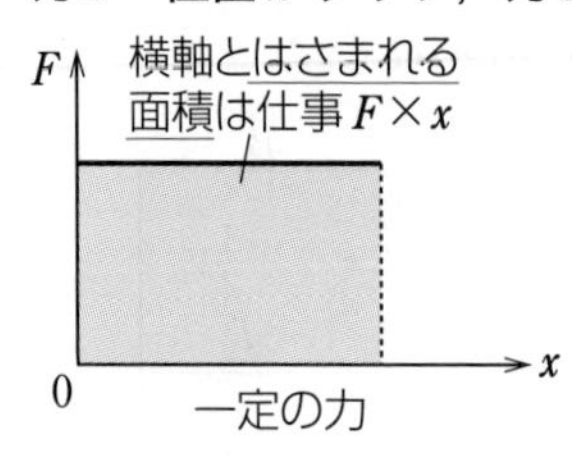

一定の力

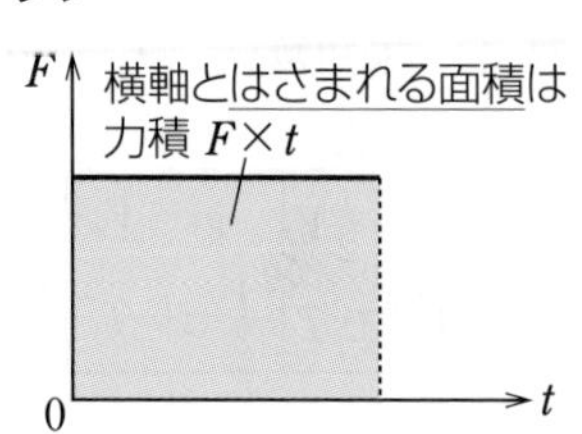

④　電流 I - 電圧 V グラフ

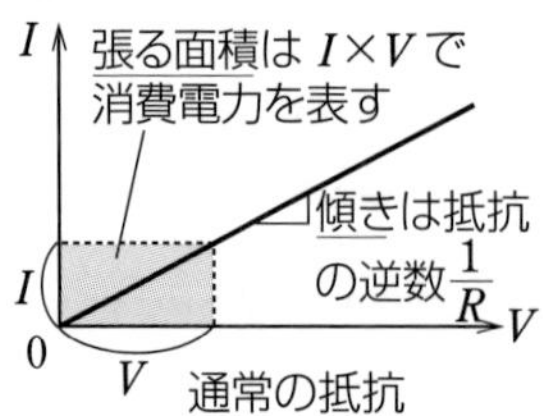

通常の抵抗

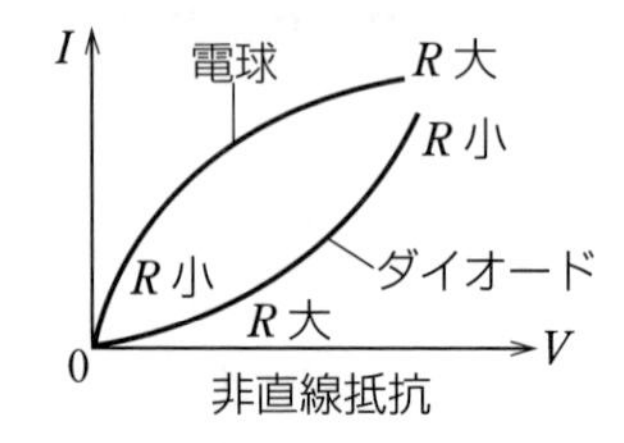

非直線抵抗

⑤ **温度 T - 加熱時間 t グラフ**

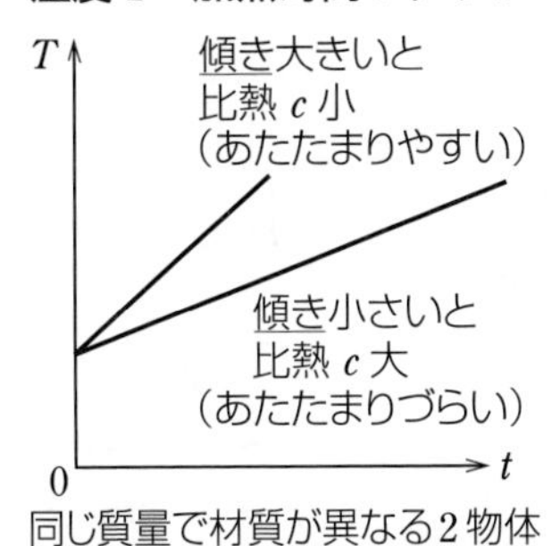

同じ質量で材質が異なる2物体

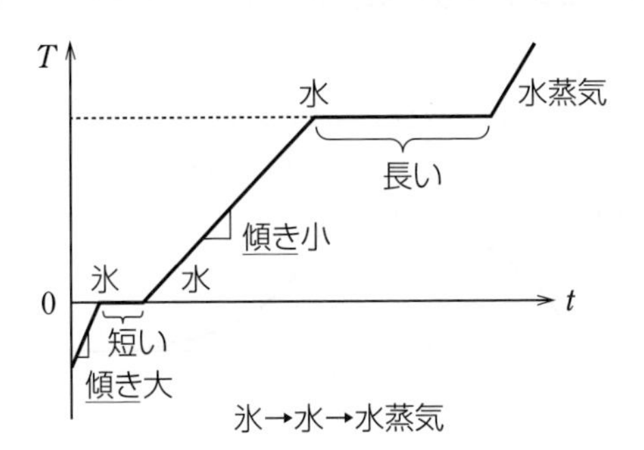

氷→水→水蒸気

⑥ **圧力 P - 体積 V グラフ**

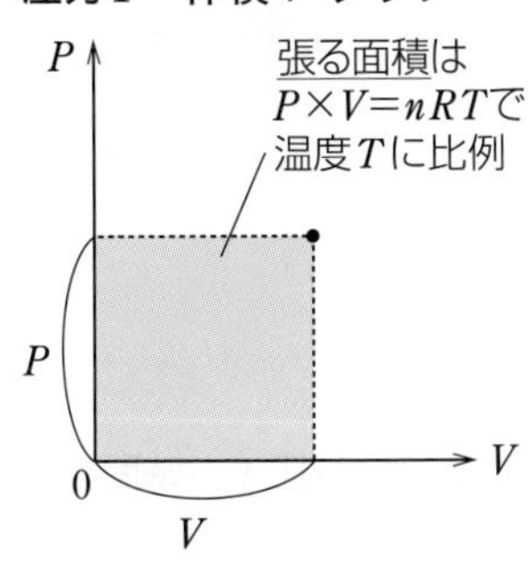

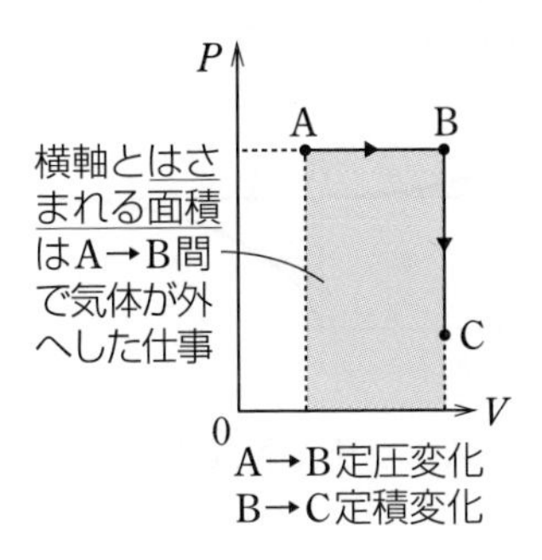

A→B定圧変化
B→C定積変化

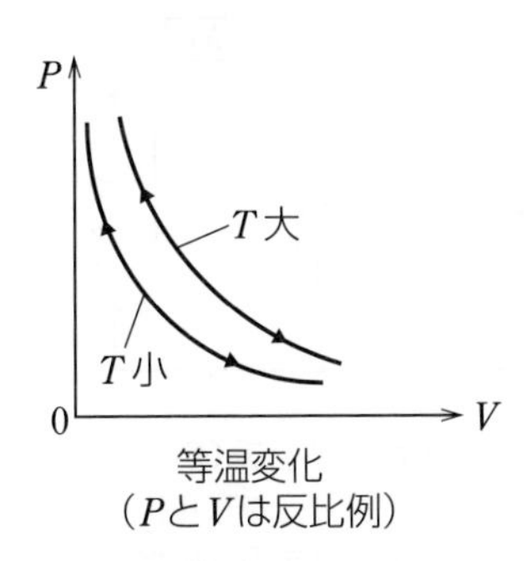

等温変化
(PとVは反比例)

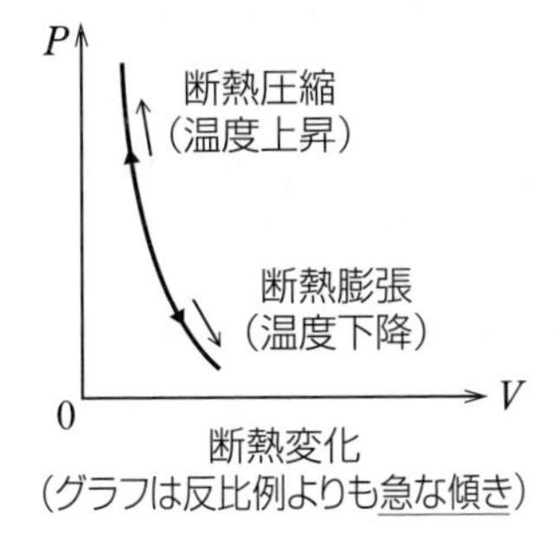

断熱変化
(グラフは反比例よりも急な傾き)

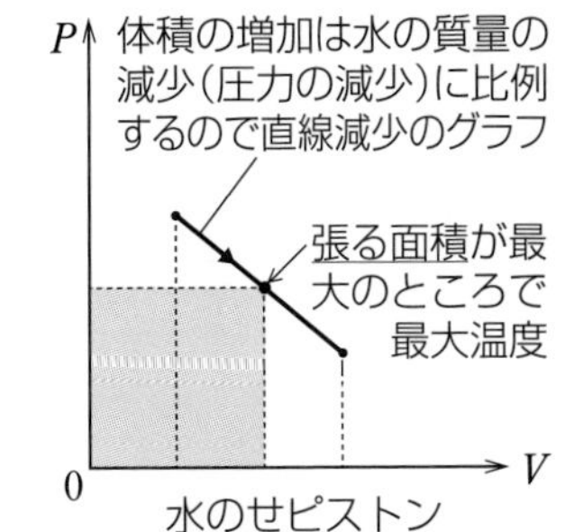

水のせピストン

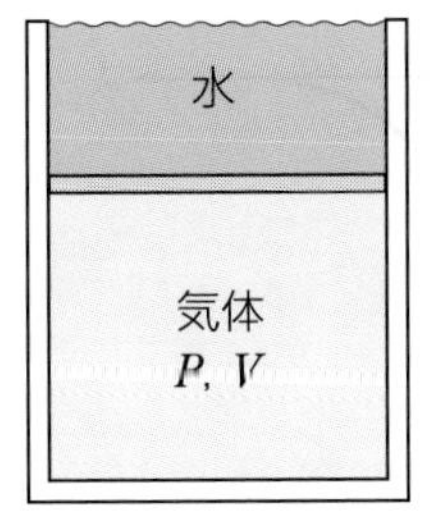

⑦　コンデンサーの充電・放電の電気量 Q －時間 t グラフと電流 I －時間 t グラフ

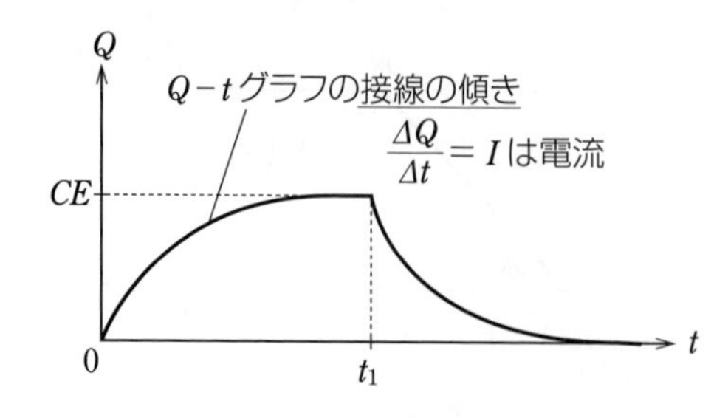

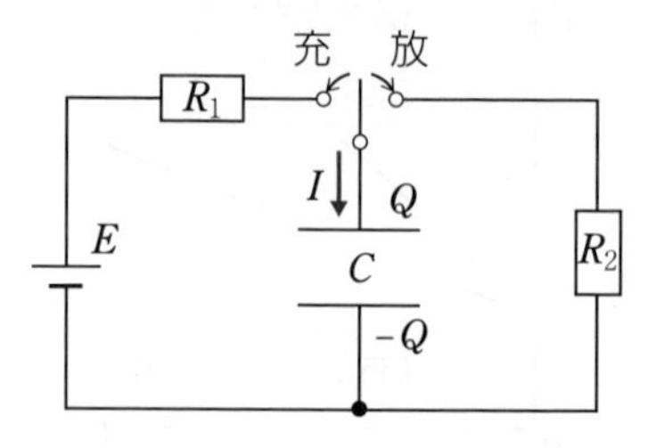

はじめコンデンサーは電荷をもっていない
$t=0$ で充電，十分時間経った $t=t_1$ で放電させる

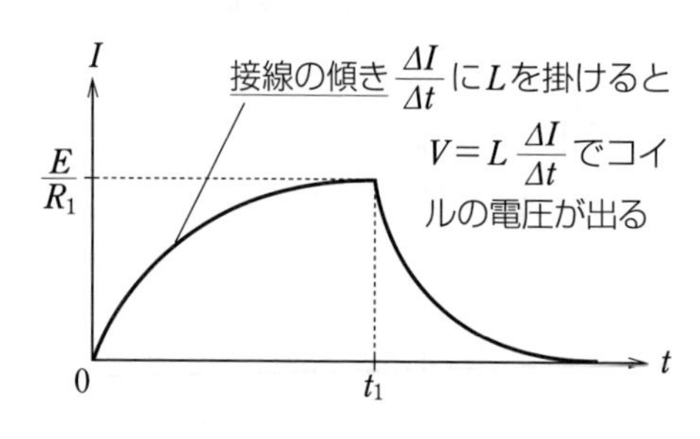

⑧　コイルのスイッチ ON, OFF の電流 I －時間 t グラフと電圧 V －時間 t グラフ

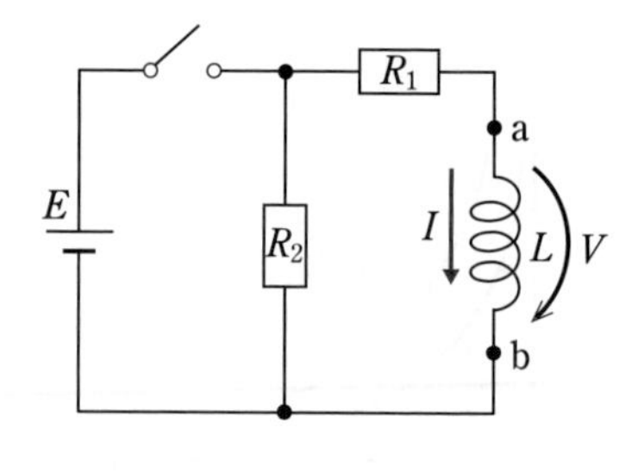

$t=0$ でスイッチ ON
$t=t_1$ でスイッチ OFF
V は b に対する a の電位

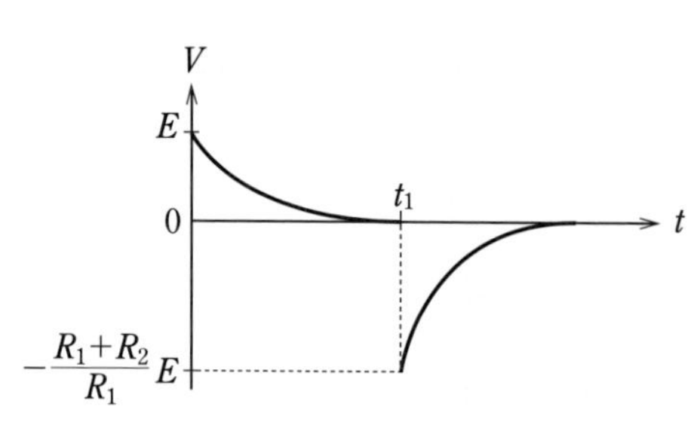

⑨　磁束 $\boldsymbol{\Phi}$－時間 $\boldsymbol{t}$ グラフと起電力 $\boldsymbol{V}$－時間 $\boldsymbol{t}$ グラフ

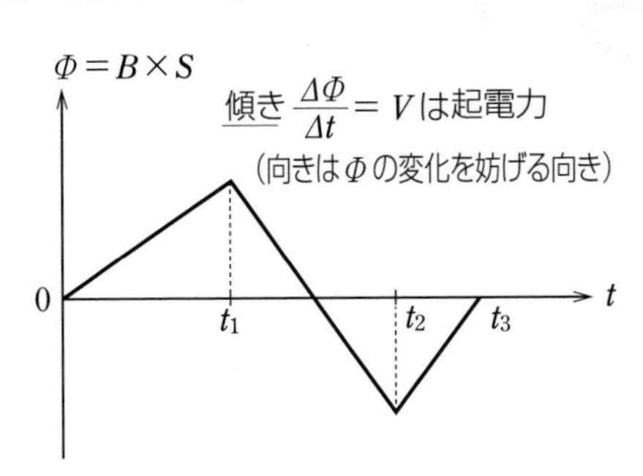

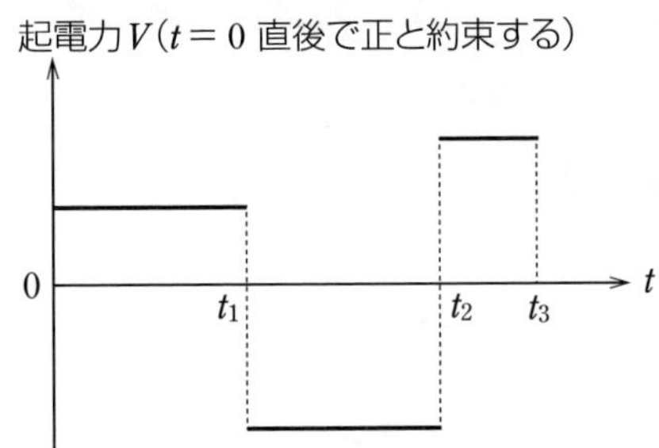

⑩　光電効果の３大基本式：**No 1**（p. 285）のグラフ

$$h\nu = W + \frac{1}{2}mv_{\max}{}^2$$

より

$$\frac{1}{2}mv_{\max}{}^2 = \underbrace{h}_{\text{傾き}}\nu \underbrace{-W}_{\text{切片}}$$

ここで **3** 大基本式：**No 2**（p. 286）より

$h\nu_0 = W$ を代入して

$$\frac{1}{2}mv_{\max}{}^2 = h(\nu \underbrace{-\nu_0}_{\text{横軸切片}})$$

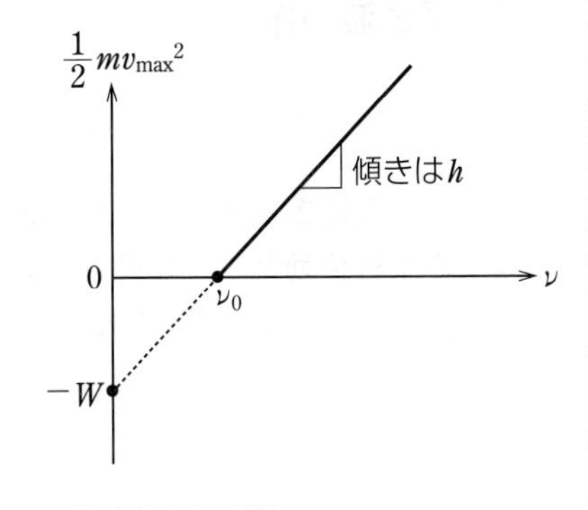

⑪　未崩壊の原子核数 $\boldsymbol{N}$－時間 $\boldsymbol{t}$ のグラフ（半減期を $\boldsymbol{T}$ とする）

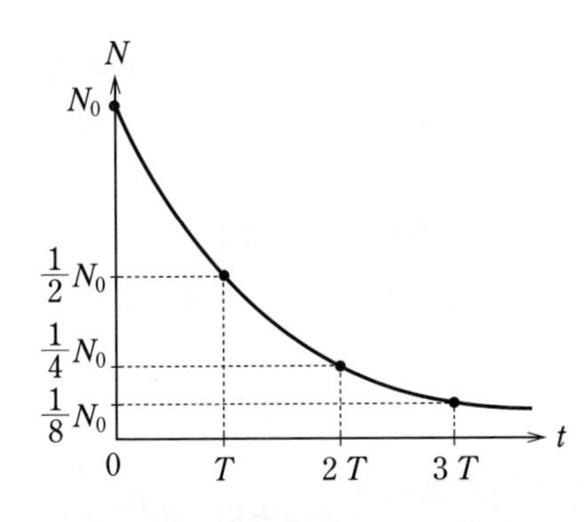

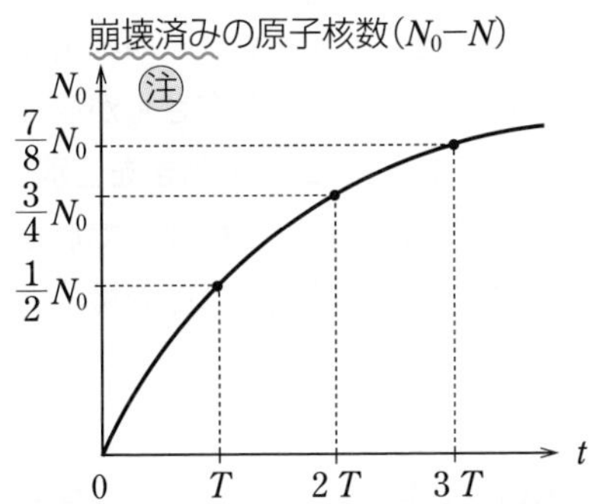

STAGE 12 波動

波のグラフ

物理基礎

波のイメージ=「ウェーブ」で2つの動きを区別する

頻出出題パターン

42 波のグラフ

43 縦波

44 反射波の作図

ここを押さえよ!

まず波の動きを「ウェーブ」のイメージでとらえよう。そこで大切なのは，波形の平行移動と，各媒質点の上下振動を区別すること。これを y-x グラフと y-t グラフで区別できたら，あとは縦波の作図と，反射波の作図をマスターしよう。

問題に入る前に

❶ 波のイメージ

波の命は動くイメージ。その好例は「ウェーブ」だ。サッカーの競技場などで見られる，たくさんのお客さんが並んでするあの「ウェーブ」をイメージしてほしい。ポイントは **2つの動きを区別する** ことだ。

① 波の形(波形)は一定の速さで形を変えずに平行移動してゆく。

② 各お客さん(媒質点(ばいしつてん))はその場で立ったり，座ったり上下に単振動している。

漆原の解法 21 波のイメージ=「ウェーブ」

① 波の形(波形)は平行移動

- 速さ v〔m/s〕
  1秒に何〔m〕平行移動するか

② 各お客さん (媒質点)は上下に単振動

- 振動数 f〔1/s〕(=〔Hz〕) ※Hzのルビ：ヘルツ
  1秒あたり何回振動するか
- 周期 T〔s〕
  1回振動するのにかかる時間

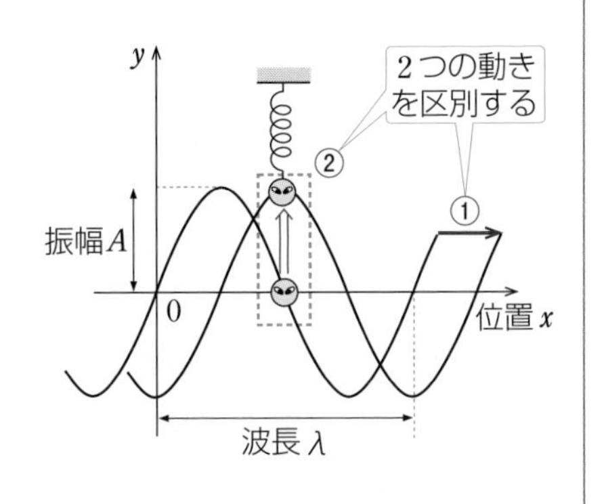

❷ 波の基本式も「ウェーブ」でイメージせよ！

波の4大基本物理量(v, f, T, λ)の間には次の基本式が成立する。ともに具体的な例を自分で何通りかつくってイメージするとよい。

$$f=\frac{1}{T}$$

例 1秒に $f=10$ 回 振動できるということは，1回振動するのに $T=0.1$〔s〕しかかかっていないことになる。

$$v=f\lambda$$

例 波長 $\lambda=2$〔m〕の波が1秒に $f=10$ 個 通過してゆく(お客さんは1秒に $f=10$ 回 振動する)ということは，波形が1秒あたり $v=2\times10$〔m〕進むことである。

この式はいつ使うのか？そう，**それは v, f(または T), λ のうちの2つの量が得られたとき残りを求めるときに使う**のだ。これを **2 get!** と名付ける。

❸ y-x グラフと y-t グラフを混同するな！

2つの動きを区別する ことは，**横軸が x** のグラフと**横軸が t** のグラフを区別することにつながる。ともに形は似ているが表すものが全く異なるので，はっきりと区別しよう。

① **y-x グラフ**：ある特定の時刻で撮った「ウェーブ」の姿そのものの「写真」である。すなわち，**ある時刻でお客さん全体をパチリと撮った**ものである。次ページの図 12-1 が y-x グラフ。

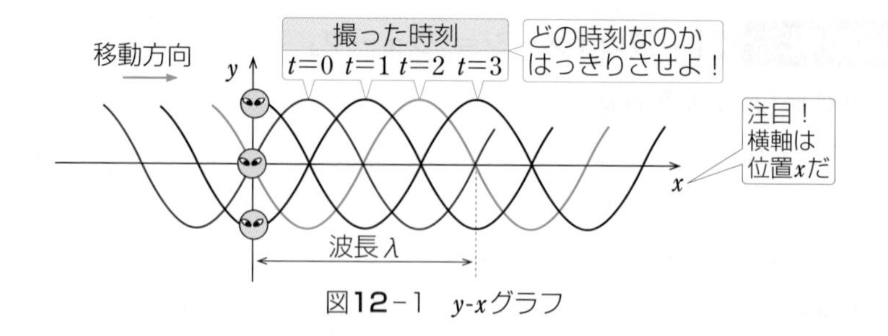

図12−1　y-xグラフ

② **y-t グラフ：ある 1 人のお客さんだけに注目し**，その高さが時間とともにどう変わってゆくのかを記録したグラフである。

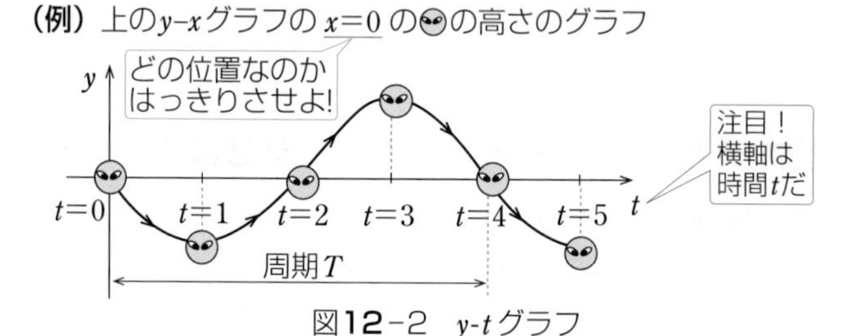

図12−2　y-tグラフ

区別せよ ─┬ y-x グラフでは x(位置)に関連して**波長 λ** がわかる。
　　　　　└ y-t グラフでは t(時間)に関連して**周期 T** がわかる。

❹ 縦波(疎密波)を横波で表す

長いつるまきばねの一端を左右に振ってできるのが縦波(疎密波)である。

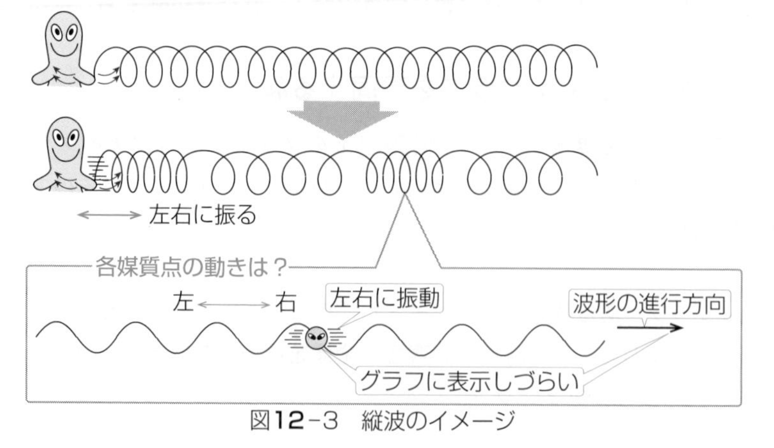

図12−3　縦波のイメージ

いままでの波のように各媒質点が上下に振動する波を横波といい，波形がそのままグラフとして表示できる。これに対し，図 12-3 のように縦波は進行方向と振動する方向が同じで表示しづらい。そこで，

右向きの変位 ⟷ 上向きの変位
左向きの変位 ⟷ 下向きの変位

と対応させて，縦波を横波のグラフにおきかえて図 12-4 のように表示する。

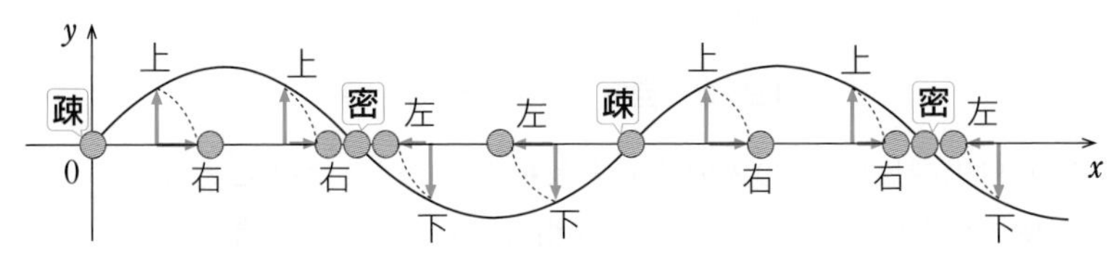

図12-4　縦波を横波として表す

❺ 重ね合せの原理

図 12-5 のように複数の波(y_A，y_B)が重なっているときの変位 y は，それぞれの変位の和(合成波)となる。

$$y = y_A + y_B$$

ここで注意したいのは，「**実際に目に見えるのは合成波のみ**」であるということ。例えば，問題文で単に“波を図示せよ”と書いてあるときには合成波を描くこと。

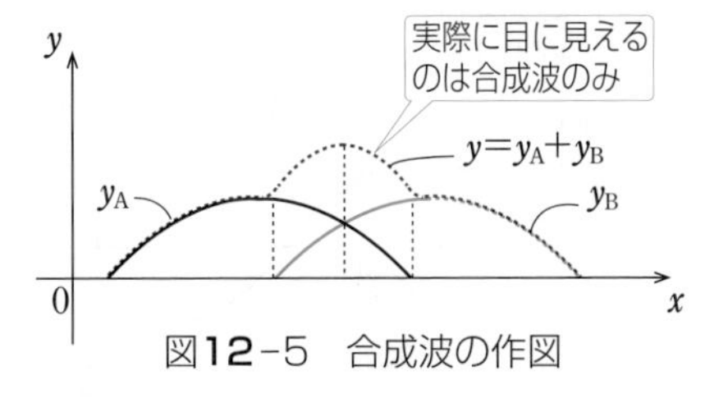

図12-5　合成波の作図

❻ 自由端反射と固定端反射の作図の手順はこれだ

波の反射のしかたは，2 通りのみである。次ページの 作図の手順 を実際に描きながらマスターしよう。

〔**自由端反射**〕… 透過波を(描いて)そのまま折り返す。

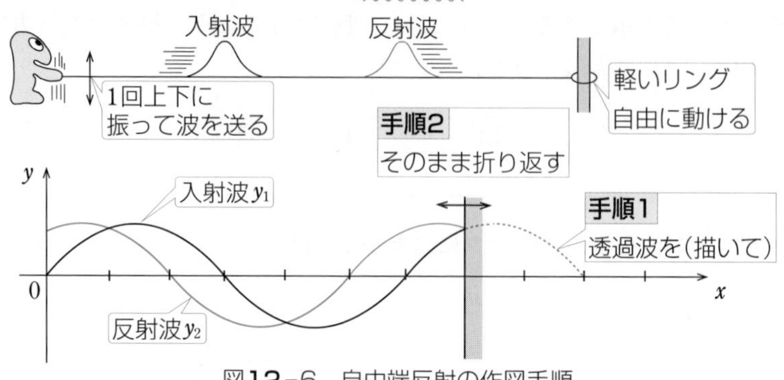

図**12**-6 自由端反射の作図手順

図 12-6 の〔自由端反射〕での入射波 y_1 と反射波 y_2 からわかることは，

壁の位置でいつも $y_1 = y_2$ (「位相のずれなし」という)

つまり，$y_1 + y_2 = 2y_1$

〔**固定端反射**〕… 透過波を(描いて)上下ひっくり返してから折り返す。

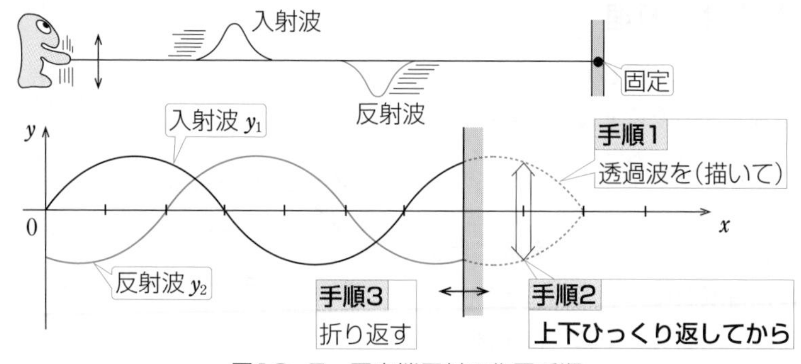

図**12**-7 固定端反射の作図手順

図 12-7 の〔固定端反射〕での入射波 y_1 と反射波 y_2 からわかることは，

壁の位置でいつも $y_2 = -y_1$ (「位相が π ずれる」という)

つまり，$y_1 + y_2 = 0$

特に，〔固定端反射〕のときのみ，上下ひっくり返る(位相が π ずれる)ことを覚えておこう。

出題パターン

42 波のグラフ

ある媒質中を x 軸の正の向きに進んでいる正弦波がある。図の実線は，その正弦波の時刻 $t=0$〔s〕における媒質の変位のようすを示したものである。

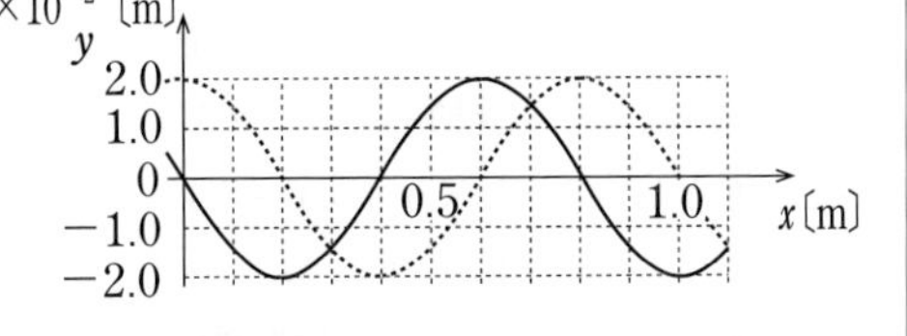

この状態から，はじめて点線の状態になるまで 5.0×10^{-2}s かかった。

(1) この波の振幅，波長，波の速さ，振動数はそれぞれいくらか。

(2) $t=0$〔s〕のとき，$0\leqq x\leqq1.0$〔m〕の範囲で媒質の振動の速さが下向きで最大となる点はどこか。

(3) 原点，および $x=0.2$〔m〕の点での変位と時間の関係をグラフに描け。

(4) $t=2.1$〔s〕での $x=0.6$〔m〕の媒質点の変位を求めよ。

解答のポイント

波のイメージ=「ウェーブ」で，**波形の平行移動**と**各お客さん(媒質点)の上下振動**の2つの動きを完全に分けて区別して考えよ。

各媒質点の上下振動の速度

図12-8の〔単振動の速度の図〕を参考にするとわかりやすい。

- 上下の「**折り返し点**」(最高点，最下点)では速度0
- 「**振動中心**」($y=0$ の点)では速度の大きさ最大

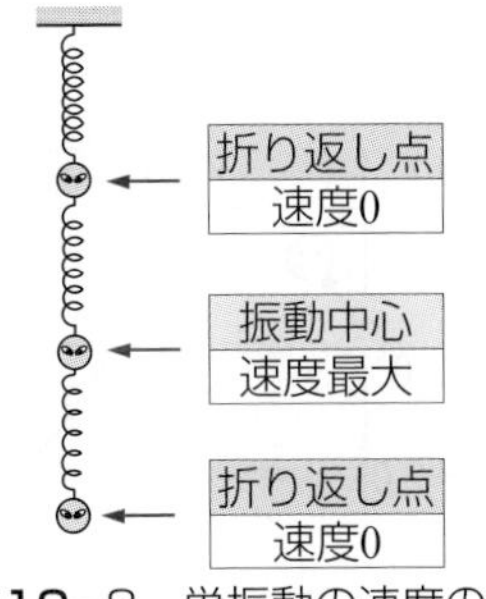

図12-8　単振動の速度の図

解　法

(1) 問題文の y-x グラフより，振幅 $A=2.0\times10^{-2}$〔m〕，波長 $\lambda=0.8$〔m〕　…答

波の速さ v は，まだ，振動数 f がわかっていないので，波の基本式 $v=f\lambda$ では求まらない。そこで，速さ v =（1秒あたりの移動距離）の基本に戻ろう。問題文の y-x グラフより，波形が 5.0×10^{-2}s で 0.2m 平行移動しているので，

$$v=\frac{0.2}{5.0\times10^{-2}}=4.0\text{〔m/s〕}\quad\cdots\text{答}$$

振動数 f は，λ と v の **2 get!** しているので波の基本式 $\boxed{v=f\lambda}$ より，

$$\boxed{f=\frac{v}{\lambda}}=\frac{4.0}{0.8}=5.0\text{〔Hz〕}\quad\cdots\text{答}$$

(2) 各媒質点(お客さん)の動きは図12-9のように，**波形をわずかにずらして**，その間の上下の移動を追うと見える。「**振動中心**」($y=0$)を下向きに通過している $x=0.4$〔m〕答のA君が下向きに最大速度を持っている。また，「**振動中心**」($y=0$)を上向きに通過しているB君は上向きに最大速度。そして，下の「**折り返し点**」(最下点)にいるC君の振動速度は0となっている。

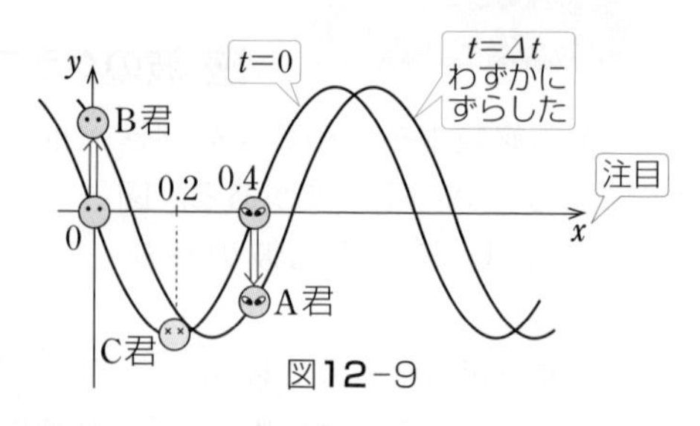

図12-9

(3) 図12-9より原点($x=0$)の媒質点(B君)の動きは，まず $t=0$ で $y=0$，その後時間とともに上へ動く。また図12-9より $x=0.2$〔m〕の媒質点(C君)の動きは，まず $t=0$ で $y=-2.0\times10^{-2}$〔m〕の最下点，その後時間とともに上へ動く。

また，(1)の結果より媒質点の振動の周期 T は，波の基本式より，

$$\boxed{T=\frac{1}{f}}=\frac{1}{5.0}=0.2\text{〔s〕}$$

これらより，求める y-t グラフは図12-10答のように描ける。

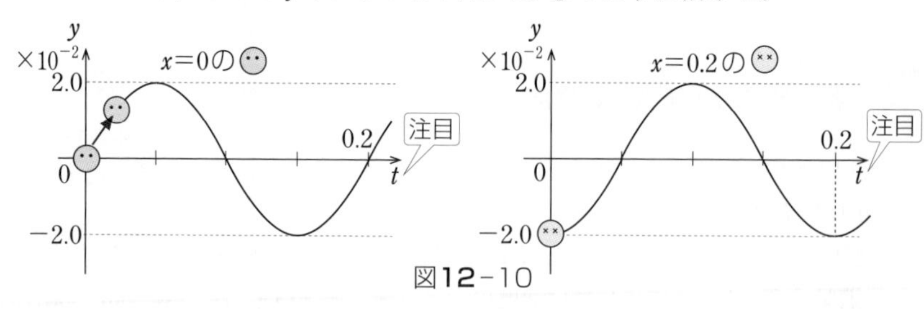

図12-10

(4) 2.1sの間に波形は，

$v\times2.1=4.0\times2.1=8.4$〔m〕

平行移動する。しかし，8.4〔m〕は長すぎてグラフに収まらない。そこで**波形は1波長分($\lambda=0.8$〔m〕)平行移動するたびに，$t=0$ のときと同じ波形**になることを考えると，結局

$8.4=\underbrace{0.8\times10+0.4}_{\text{10波長分と0.4m移動した！}}$

より，$t=2.1$〔s〕の波形は $t=0$ の波形を0.4mずらした図12-11(の破線)になる。これより $x=0.6$〔m〕の媒質点の変位は，$y=-2.0\times10^{-2}$〔m〕 …答

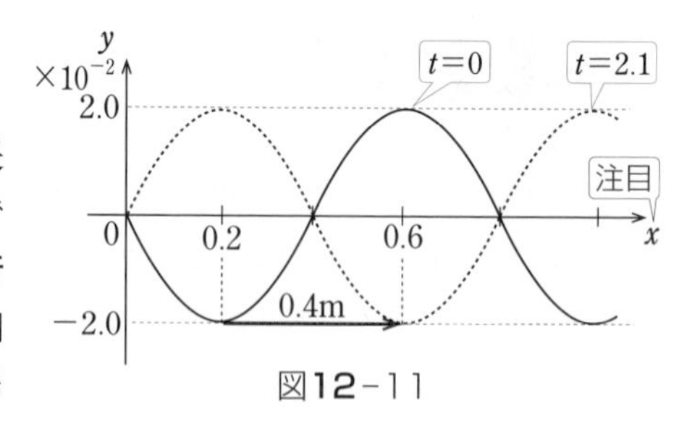

図12-11

出題パターン

43 縦波

図は x 軸上を正の向きに進むある時刻の縦波を横波で表したものである。縦波に戻して考えたとき，次のようになっている媒質の点はどれか。

(1) 媒質の振動速度が 0 の点。

(2) 右向きの速度が最大の点。

(3) 最も密な点と疎な点。

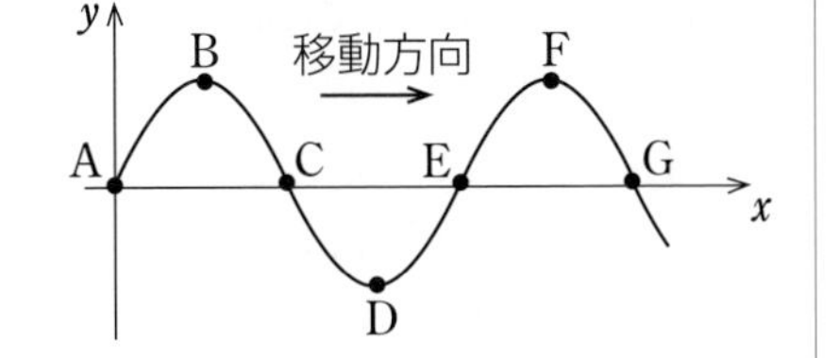

解答のポイント

$+y$ 方向(上向き)の変位を $+x$ 方向(右向き)の変位におきかえて作図する。

解法

(1) 各媒質点の動きについて問われたら，いつも図 12-12 のように今の**波形をわずかにずらして** Δt 秒後の波形を描くのがコツ。特に今，媒質の振動の速度が 0 の点はちょうど単振動の「**折り返し点**」(つまり，最高点または最下点) にいる B，D，F 答。

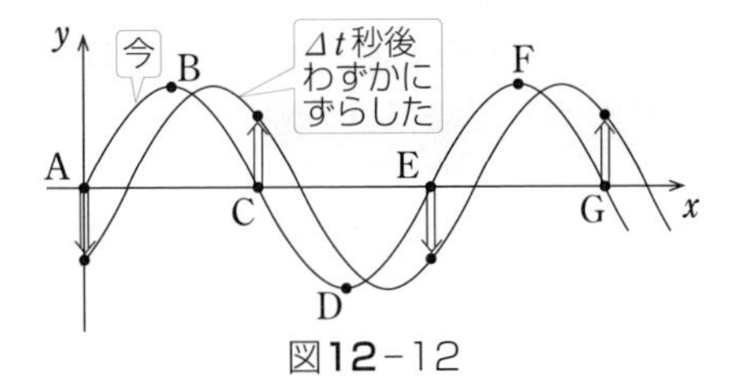

図12-12

(2) 縦波に戻して考えたときに，“右向きに最大速度の点”は横波表示においては“上向きに最大速度の点”に対応する。

よって，図 12-12 でそのような点は，ちょうど「**振動中心**」(つまり，$y=0$ の点) を上向きに通過している C，G 答。

(3) 図 12-13 のように，

上向きの変位 ⟶ 右向きの変位
下向きの変位 ⟶ 左向きの変位

に直すと，C，G 答は周囲の媒質点が集まっているので密。A，E 答からは周囲の媒質点が逃げているので疎。

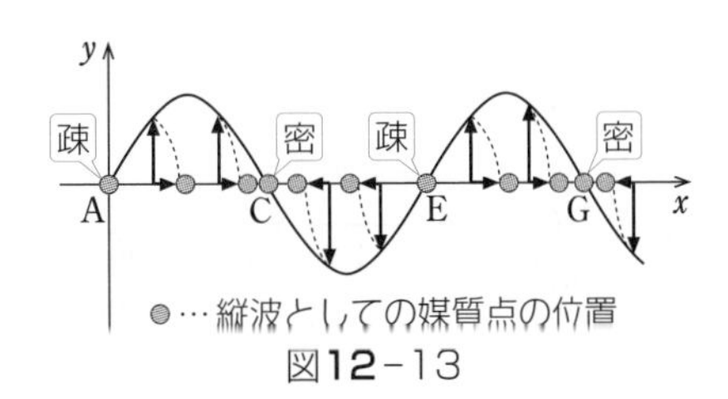

図12-13

出題パターン

44 反射波の作図

図のように正弦波の横波の **1** 波長のみを持つパルスが右方向に進んでいる。

⑴ **18cm** のところが自由端であるとする。波の速さが **5cm/s** であるとしたとき，**2.8s** 後の反射波と合成波の波形を描け。

⑵ ⑴で固定端であった場合の波形を同様に描け。

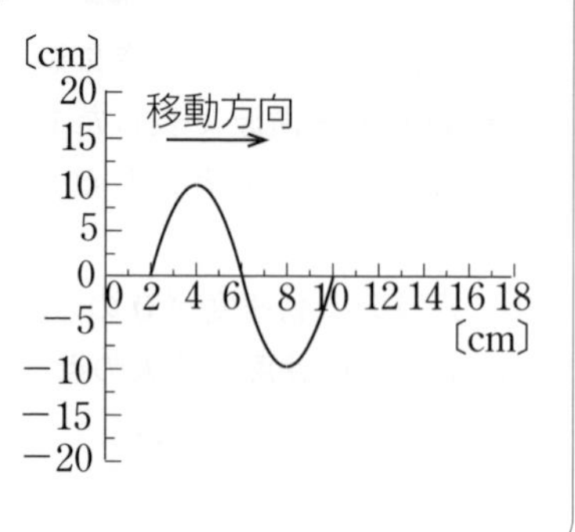

解答のポイント

パルス波は 1 波長分の長さしか持たない。反射波の **作図の手順** にしたがって，〔固定端反射〕のときだけ上下ひっくり返してから折り返すことに注意。波が重なれば合成波をつくる。実際，目に見えるのは合成波のみである。

解　法

⑴，⑵　波は 2.8×5＝14〔cm〕右へ平行移動する。⑴の答は図 12-14，⑵の答は図 12-15。

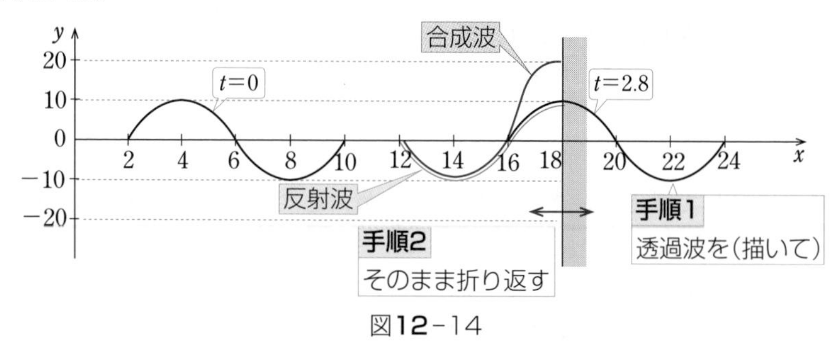

図12-14

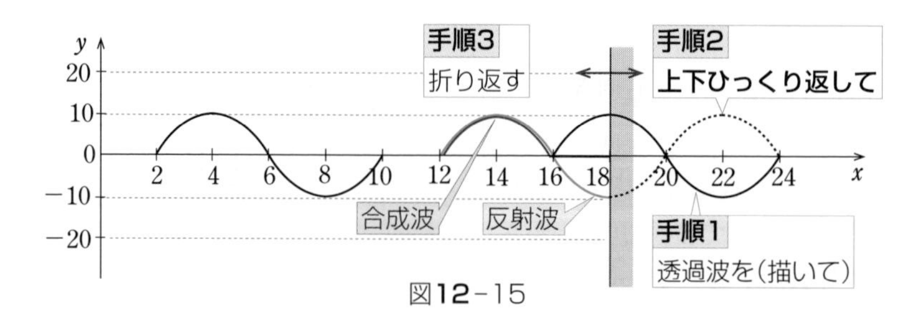

図12-15

STAGE 13 波動

波の式のつくり方 (物 理)

こうすれば波の式を自由自在につくれる

頻出出題パターン

45 波の式

ここを押さえよ！

y-x グラフから式をつくる方法ではグラフの平行移動を，y-t グラフから式をつくる方法では 波のイメージ＝「ウェーブ」より，振動が遅れてスタートするようすをイメージしたい。

問題に入る前に

❶ まずはこの手順で波のグラフを読みとり，式に表す

STAGE 12 の波のイメージ＝「ウェーブ」のたとえで，各お客さん(媒質点)が上下に単振動しているようすが y-t グラフで表せることを見た。ここでは，その単振動を次の手順によって式に表してみよう。

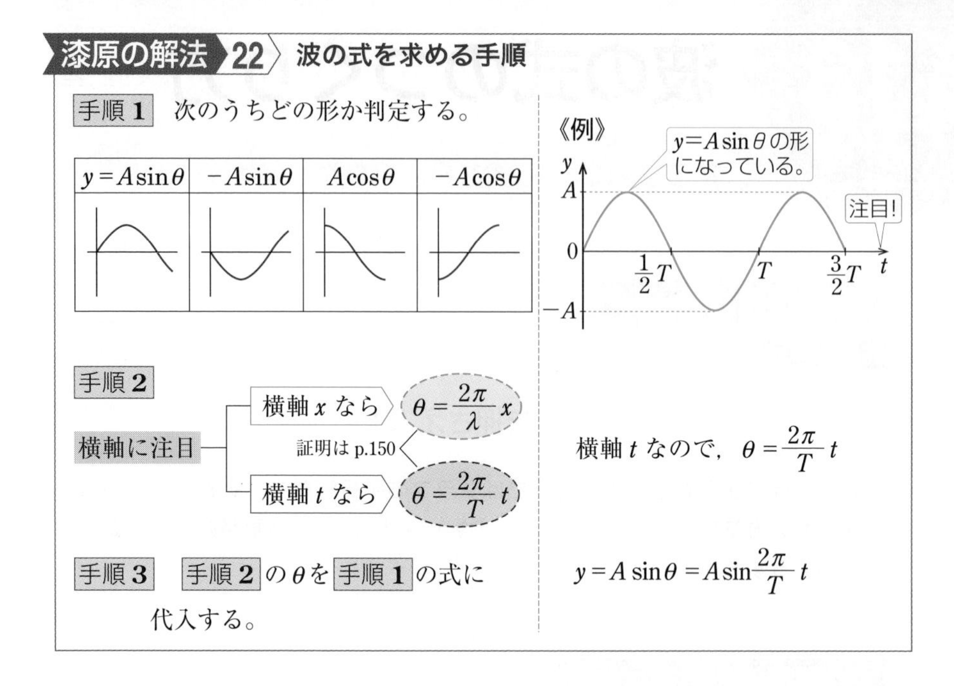

❷ 波の式のつくり方

問題に y-x グラフが与えられているとき（漆原の解法 23）と，y-t グラフが与えられているとき（漆原の解法 24）とで，2 通りある。

y-x グラフが与えられているときの，波の式のつくり方は次の通り。

漆原の解法 23 波の式のつくり方 3 ステップ（y-x グラフ）

STEP 1 与えられた時刻での y-x グラフを式にする。
⇒**波の式を求める手順**を使う。

STEP 2 一般の時刻 t での y-x グラフを**平行移動**によって図示する。
⇒ t 秒間で距離を vt だけ平行移動する。

STEP 3 一般の時刻 t での y-x グラフを式にする。

《例 1》 $+x$ 方向へ動く波の場合

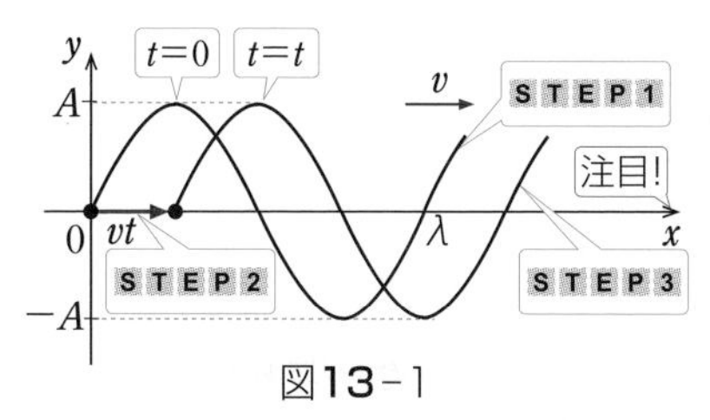

図13-1

STEP1　$t=0$ の波の式は，

$$y=A\sin\frac{2\pi}{\lambda}x \quad \cdots ①$$

STEP2　vt だけ右へ平行移動する。

STEP3　$t=t$ の波の式は，①で $x \to x-vt$ とおきかえて，

$$y=A\sin\frac{2\pi}{\lambda}(x-vt)$$

$$=A\sin\left(\frac{2\pi}{\lambda}x-\frac{2\pi}{T}t\right)$$

波の基本式 $vT=\lambda$ より

《例 2》 $-x$ 方向へ動く波の場合

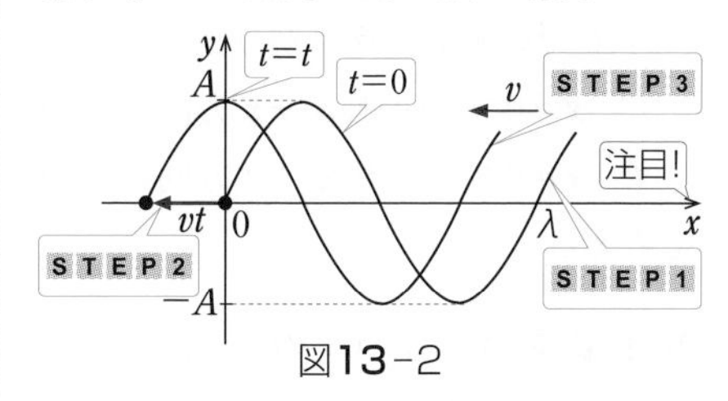

図13-2

STEP1　$t=0$ の波の式は，

$$y=A\sin\frac{2\pi}{\lambda}x \quad \cdots ②$$

STEP2　vt だけ左へ平行移動する。

STEP3　$t=t$ の波の式は，②で $x \to x+vt$ とおきかえて，

$$y=A\sin\frac{2\pi}{\lambda}(x+vt)$$

$$=A\sin\left(\frac{2\pi}{\lambda}x+\frac{2\pi}{T}t\right)$$

▶**STEP3** で vt だけ平行移動した後の式が，もとの式で

$x \to x-vt$,　　$x \to x+vt$

とおきかえればつくれることは，図 13-3 の直線の式のような簡単な例でいつでも思い出せる。

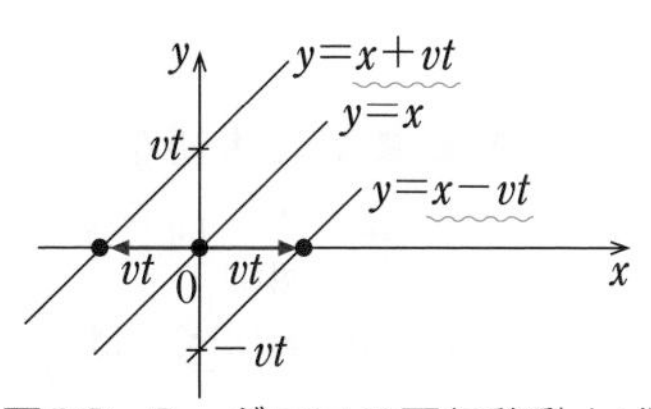

図13-3　グラフの平行移動と式

次に，y-t グラフが与えられているときの，波の式のつくり方を見てみよう。

漆原の解法 24　波の式のつくり方 3 ステップ（y-t グラフ）

STEP1　与えられた位置での y-t グラフを式にする。
⇒**波の式を求める手順**を使う。

STEP2　一般の位置 x まで**波が伝わるのに要する時間**を求める。

STEP3　一般の位置 x での y-t グラフを平行移動によって図示し，一般の位置 x での y-t グラフを式にする。

《例》

$x=0$ での y-t グラフが与えられ，

㋐　$x=0$ での振動が $+x$ 方向に伝わる場合

㋑　$x=0$ での振動が $-x$ 方向に伝わる場合

を考える。

STEP1　グラフの式は，

$$y=A\sin\frac{2\pi}{T}t \quad \cdots \text{①}$$

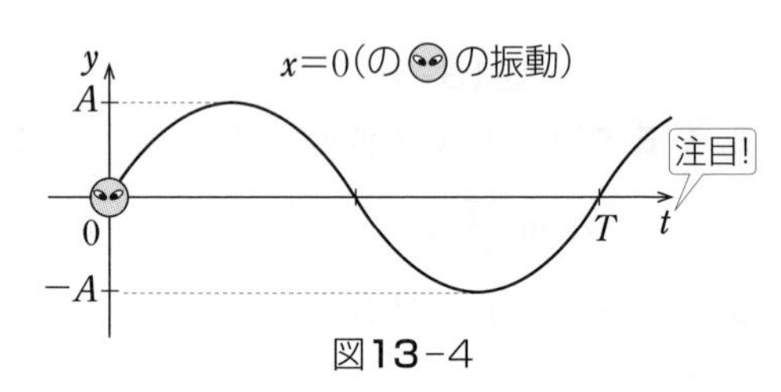

図13-4

STEP2　㋐と㋑のそれぞれの場合で位置 x に波が伝わるまでの時間は，

㋐の場合：$\dfrac{x}{v}$ 秒

㋑の場合：$\dfrac{-x}{v}$ 秒

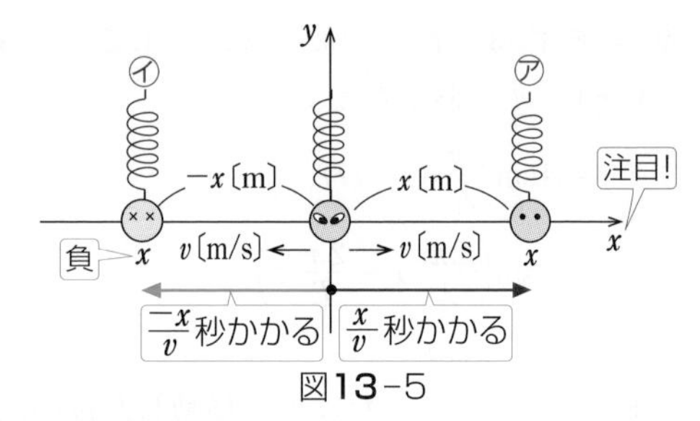

図13-5

▶**STEP2** で大切なイメージは，

$x=0$ の と全く同じ振動が，伝わるのに要する時間，つまり

㋐の場合の では $\dfrac{x}{v}$ 秒，㋑の場合の では $\dfrac{-x}{v}$ 秒

だけ遅れて始まることである。

これを y-t グラフで表すと（**STEP3** のように），グラフがそれぞれ，

㋐の場合では $\dfrac{x}{v}$ 秒，㋑の場合では $\dfrac{-x}{v}$ 秒

だけ**右へ平行移動**（遅れて）していることになる。

▶もう１つ。この y-t グラフが右へ平行移動するというのは，y-x グラフ（波形）が平行移動するのとは全く違う。y-t グラフが右へずれるというのは，あくまでも振動が遅れて始まることを意味するのだ。「**右へずらす＝遅れて始まる**」ということを押さえておこう。

STEP 3　まず，グラフを平行移動する。

㋐の場合：グラフの式は①で

$t \to t-\dfrac{x}{v}$ とおきかえて，

$$y = A\sin\frac{2\pi}{T}\left(t-\frac{x}{v}\right)$$

$$= A\sin\left(\frac{2\pi}{T}t-\frac{2\pi}{\lambda}x\right)$$

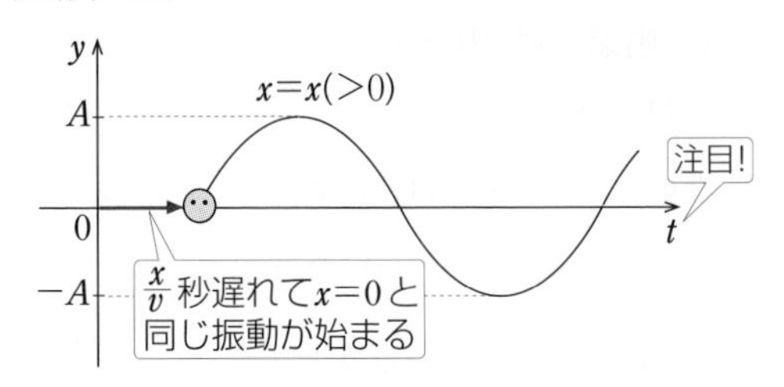

㋑の場合：グラフの式は①で

$t \to t-\dfrac{-x}{v}$ とおきかえて，

$$y = A\sin\frac{2\pi}{T}\left(t-\frac{-x}{v}\right)$$

$$= A\sin\left(\frac{2\pi}{T}t+\frac{2\pi}{\lambda}x\right)$$

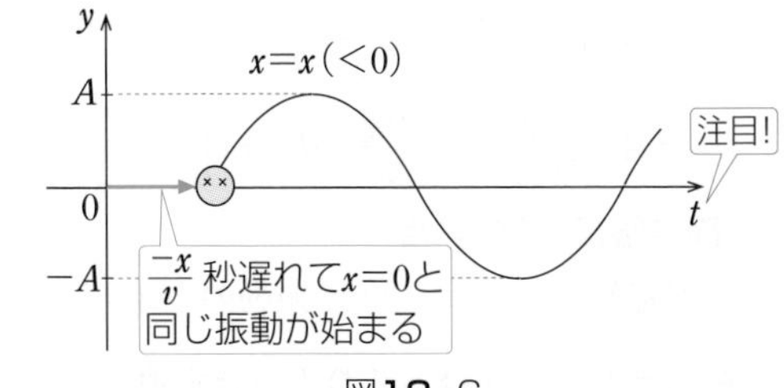

図13-6

❸ 反射波の式のつくり方

波の式のつくり方3ステップ（y-t グラフ）でしか求められないことに注意。y-x グラフが与えられているときは，$x=0$ での y-t グラフを求めておくことが必要になる。たとえば，$x=0$ での振動が $x=l$ にある壁によって，

〔自由端反射〕した場合　と，〔固定端反射〕した場合

にできる反射波の $x=x$ における振動の式を求めてみよう。ここで，$x=0$ では **STEP 1** のような y-t グラフが与えられているものとする。

STEP 1　グラフの式は，

$$y = A\sin\frac{2\pi}{T}t \quad \cdots ①$$

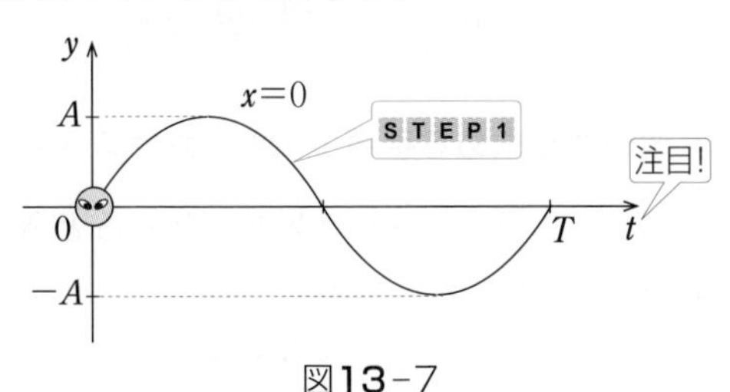

図13-7

STEP 2　反射して位置 x まで波が伝わる時間は，

$$\frac{l+(l-x)}{v} = \frac{2l-x}{v}\ (秒)$$

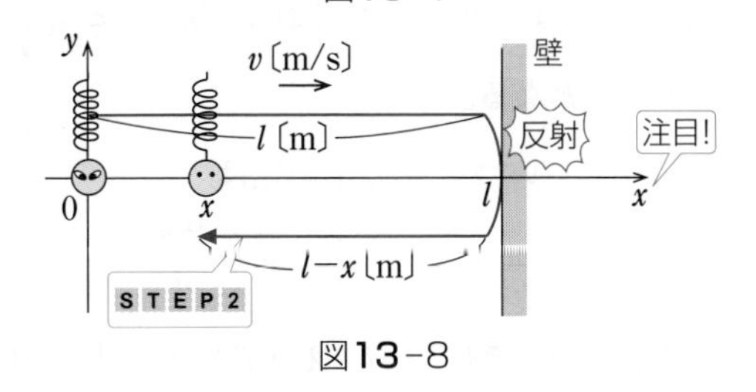

図13-8

STEP 3　ここから〔自由端反射〕，〔固定端反射〕の場合に分けて考える。

〔自由端反射〕の場合

自由端反射では，壁で(振動の上下がひっくり返らず)そのまま折り返すだけなので，$x=0$ と**同じ振動**が $\dfrac{2l-x}{v}$ 秒だけ遅れて始まる。

これより，グラフの式は①で

$t \to t-\dfrac{2l-x}{v}$ とおきかえて，

$$y=A\sin\frac{2\pi}{T}\left(t-\frac{2l-x}{v}\right)$$

$$=A\sin\left\{\frac{2\pi}{T}t-\frac{2\pi}{\lambda}(2l-x)\right\}$$

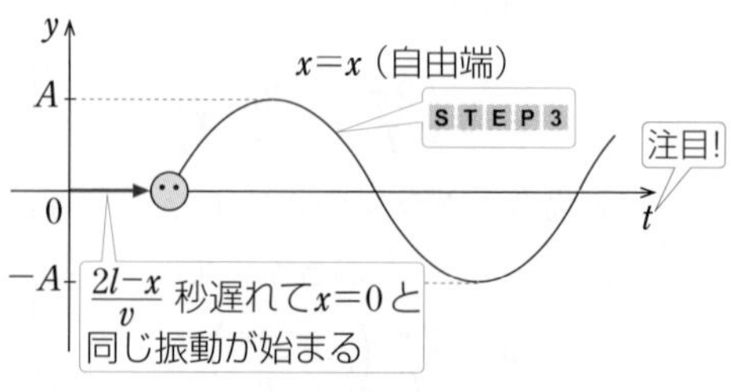

図13-9

〔固定端反射〕の場合

固定端反射では，壁で振動の上下がひっくり返ってしまうので，$x=0$ とは**ちょうど上下がひっくり返った振動**が $\dfrac{2l-x}{v}$ 秒だけ遅れて始まる。

これより，グラフの式は①で

$t \to t-\dfrac{2l-x}{v}$ とおきかえて，

また，**上下ひっくり返るので式の頭にマイナス(−)**をつけて，

$$y=-A\sin\frac{2\pi}{T}\left(t-\frac{2l-x}{v}\right)$$

$$=-A\sin\left\{\frac{2\pi}{T}t-\frac{2\pi}{\lambda}(2l-x)\right\}$$

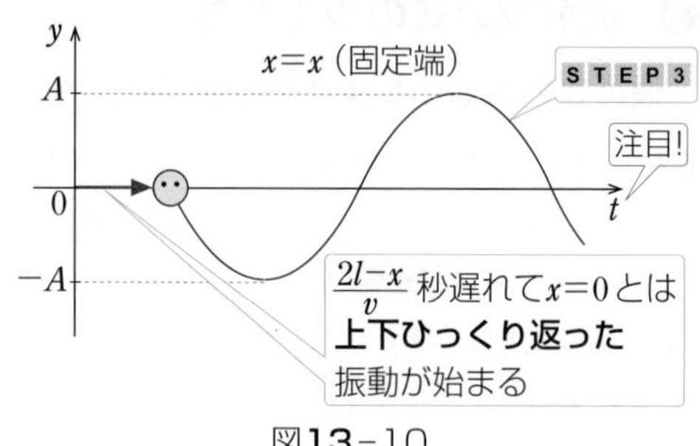

図13-10

▶波の式を求める手順(p. 146)**における $\theta=\dfrac{2\pi}{\lambda}x$，$\theta=\dfrac{2\pi}{T}t$ の証明**

図 13-11 を $y=\sin\theta$ のグラフとみるとき，3 点 A，B，C での θ の値はそれぞれ $\theta=0$，π，2π となる。

一方，実際の横軸は x なので A，B，C での x の値はそれぞれ $x=0$，$\dfrac{1}{2}\lambda$，λ となる。

よって，いつも θ と x の比は，

$$\boldsymbol{\theta : x = 2\pi : \lambda} \qquad \therefore \quad \boldsymbol{\theta=\frac{2\pi}{\lambda}x}$$

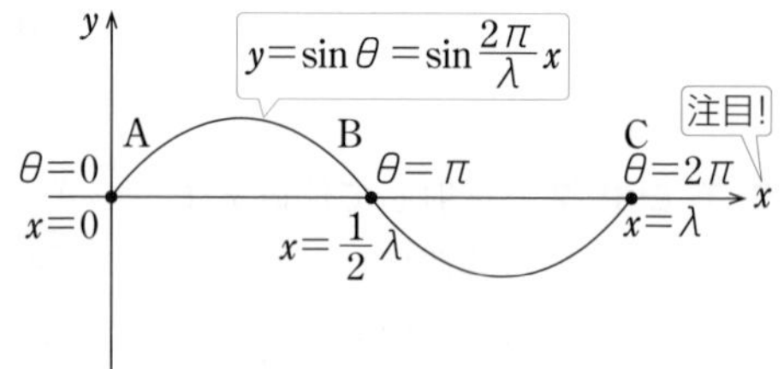

図13-11

横軸 t のときは $x\to t$，$\lambda\to T$ とすると，$\theta=\dfrac{2\pi}{T}t$ となる。

出題パターン

45 波の式

STAGE 12 の 42 (p. 141)のグラフで，$x=0.9$〔m〕の位置に固定端を置いたときの，(1)入射波　(2)反射波 の波の式を求めよ。

解答のポイント

反射波は原点での y-t グラフ(p. 142 の(3)を参照)からつくる。

解　法

(1) **波の式のつくり方 3 ステップ(y-x グラフ)**で求める。

STEP 1　図 13-12 の $t=0$ での波の式は，

$$y=-2.0\times10^{-2}\sin\left(\frac{2\pi}{0.8}x\right)$$

STEP 2　$vt=4.0t$ 平行移動。

STEP 3　時刻 t での波の式は，$x\to x-4.0t$ とおきかえて，

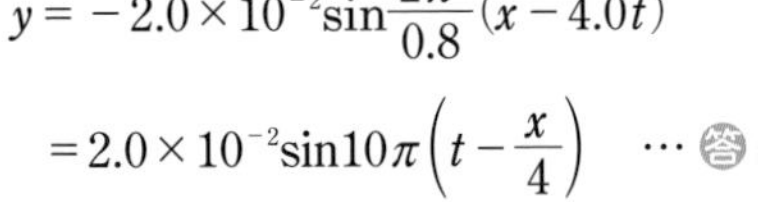

$$y=-2.0\times10^{-2}\sin\frac{2\pi}{0.8}(x-4.0t)$$

$$=2.0\times10^{-2}\sin10\pi\left(t-\frac{x}{4}\right)\quad\cdots 答$$

図13-12

(2) **波の式のつくり方 3 ステップ(y-t グラフ)**で求める。

STEP 1　原点 $x=0$ での y-t グラフは図 13-13 で，

$$y=2.0\times10^{-2}\sin\left(\frac{2\pi}{0.2}t\right)$$

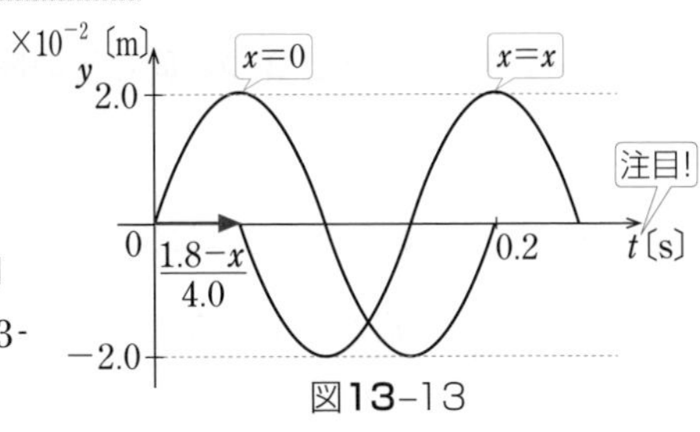

図13-13

STEP 2　$x=0$ から $x=0.9$〔m〕で反射して $x=x$ に戻るまで(図 13-14)の時間は，

$$\frac{0.9+(0.9-x)}{4.0}=\frac{1.8-x}{4.0}\ 〔s〕$$

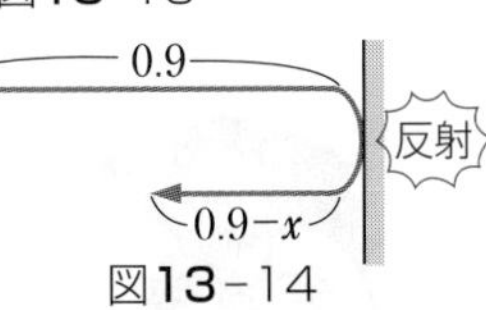

図13-14

さらに固定端反射で**上下ひっくり返る**ことも合わせて図 13-13 の反射波のグラフが描ける。

STEP 3　固定端反射した波の $x=x$ での y-t グラフの式は，

$$y=-2.0\times10^{-2}\sin\left\{\frac{2\pi}{0.2}\left(t-\frac{1.8-x}{4.0}\right)\right\}=2.0\times10^{-2}\cos10\pi\left(t+\frac{x}{4}\right)\quad\cdots 答$$

（$-$：上下ひっくり返る）（$t-\frac{1.8-x}{4.0}$：おきかえる）

ヒント！ $\sin\left(A-\frac{9}{2}\pi\right)=\sin\left(A-\frac{1}{2}\pi\right)=-\cos A$

STAGE 14 波動

弦・気柱の振動

物理基礎

「イモ」を作図すれば同じように解ける

頻出出題パターン

46 弦の振動

47 気柱の振動

ここを押さえよ！

「定在波（定常波）」＝「逆行する 2 つの波の合成波」であることをグラフによって理解しよう。また，弦や気柱の問題の解法は 1 つしかない。

問題に入る前に

❶ 定在波（定常波）とは何か

「定在波（定常波）」とは，

互いに逆向きに進む 2 つの同じ形の進行波を重ね合わせてできた合成波

である。

次ページの図 14-1 の㋐～㋓に定在波がつくられてうねる様子が，$\frac{1}{4}$ 周期ごとの「コマ送り」で描かれている。

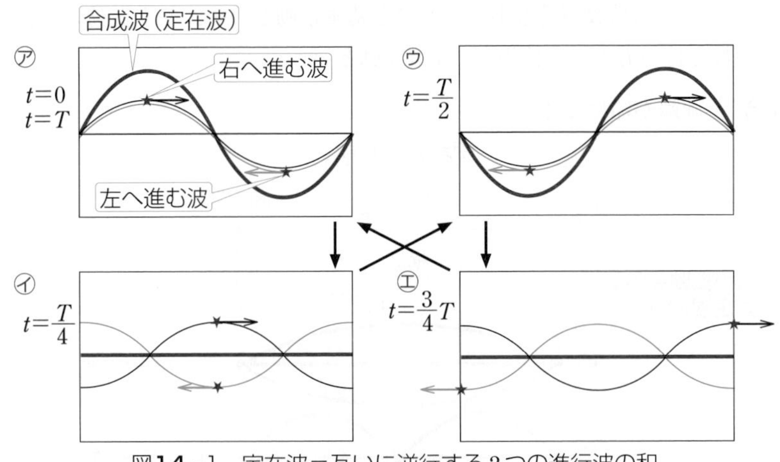

図14-1　定在波＝互いに逆行する２つの進行波の和

実際目に見えるのは，合成波(定在波)だけなので，定在波のみをまとめると図14-2のようになる。ここで大切なポイントは，定在波には，節と腹があることと，色をつけた部分がちょうど「**イモ**」のような形をしていて，その長さは，もとの進行波の**半波長分**に相当することである。図14-2でまとめると，

ポイント１

●…全く振動しない(**節**という)。

↕…最も激しく振動する(**腹**という)。

ポイント２

「イモ」の形はもとの進行波の $\frac{1}{2}$ 波長の長さを持つ(「**半波長イモ**」と呼ぶ)。

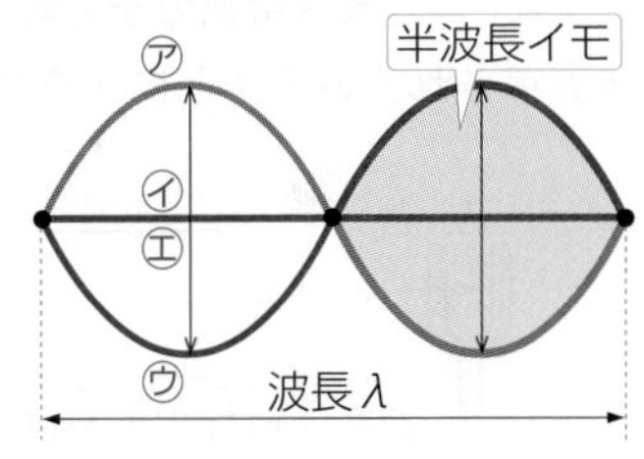

図14-2　定在波の２つのポイント

▶振動の周期はもとの進行波と全く同じ。

❷ 弦・気柱の固有振動を「イモ」でとらえる

弦や気柱におんさなどで波動を入れると，入射波と反射波という「互いに逆行する２つの同じ形の波」どうしの重なり合いによって定在波が生じる。この定在波は両端において，**固定端なら節，自由端なら腹**という条件を満たすときに安定でこの状態を共振状態(共鳴状態)といい，そのときの振動を固有振動と呼ぶ。

固有振動のうち振動数が最も小さいものを基本振動といい，基本振動の 2 倍，3 倍の振動数を持つものを 2 倍振動，3 倍振動という。

〔**弦の場合**〕…両端が節になる。

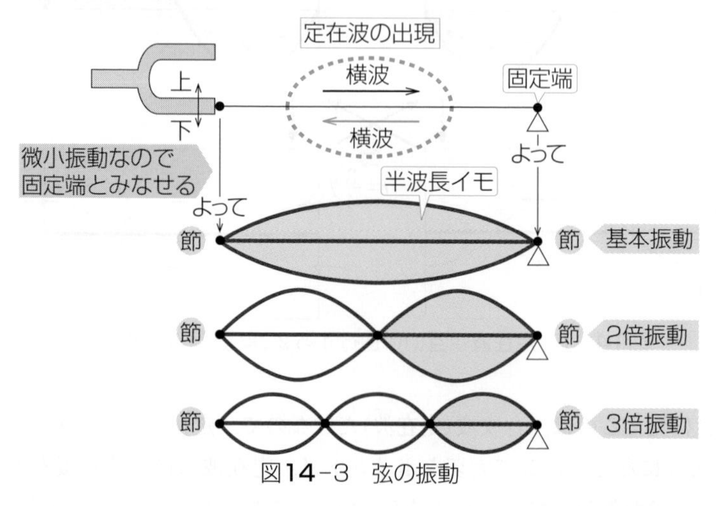

図14-3　弦の振動

〔**気柱の場合**〕…片方の端が閉じている閉管のとき閉端が節で開端が腹，両方の端が開いている開管のとき両端とも腹になる。

また，**音波＝空気分子の縦波**であり，図 14-4 のような図はその縦波が横波表示されていることに注意!!

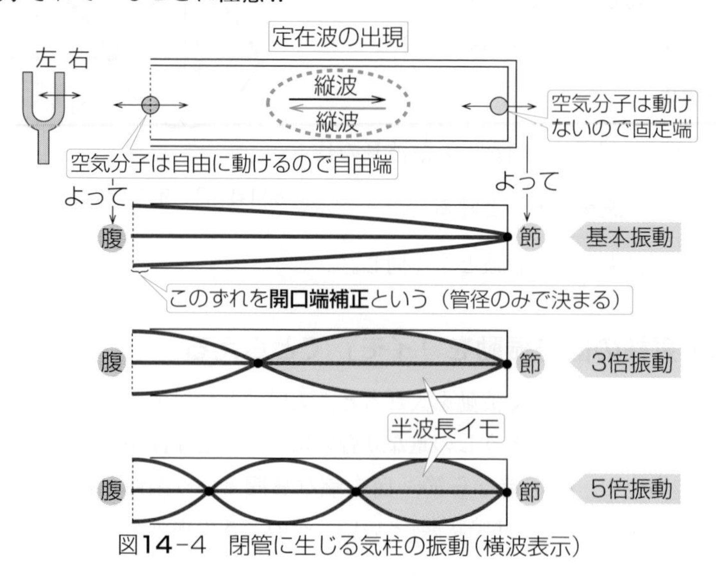

図14-4　閉管に生じる気柱の振動（横波表示）

以上が確認できたら，解法は完全にワンパターンであり，弦も気柱も同じように解けてしまう。

漆原の解法 25 弦・気柱の解法３ステップ

ＳＴＥＰ１ 定在波を図示し，波長 λ を求める。

➡「**半波長イモ**」を見つけるとわかりやすい。

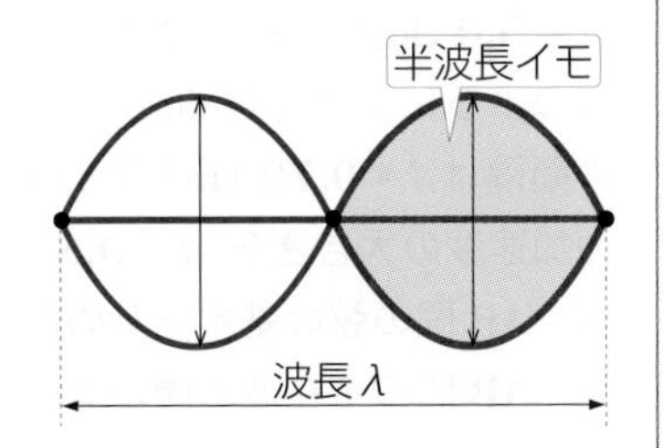

ＳＴＥＰ２ もとの進行波の速さ v を求める。

➡ 弦の種類，気温のみで決まる。

弦の場合

$$v=\sqrt{\frac{S}{\rho}}$$

S（〔N〕＝〔kg·m/s^2〕）：弦の張力

ρ（ロー）〔kg/m〕：弦の線密度（1m あたりの質量〔kg〕）

弦を強く張り（S→大），弦が細い（ρ→小）ほど，v→大となる

とイメージして覚えよう

気柱の場合　音速 $v=331.5+0.6t$〔m/s〕（気温 t：℃）

※これは空気中のときのみの式。ヘリウム中ではより速く，CO_2 中ではより遅くなる。

ＳＴＥＰ３ これで λ と v の **2 get!** したのであとは波の基本式 $\boxed{v=f\lambda}$，$\boxed{f=\frac{1}{T}}$ より，振動数 f や周期 T を求める。

出題パターン

46 弦の振動

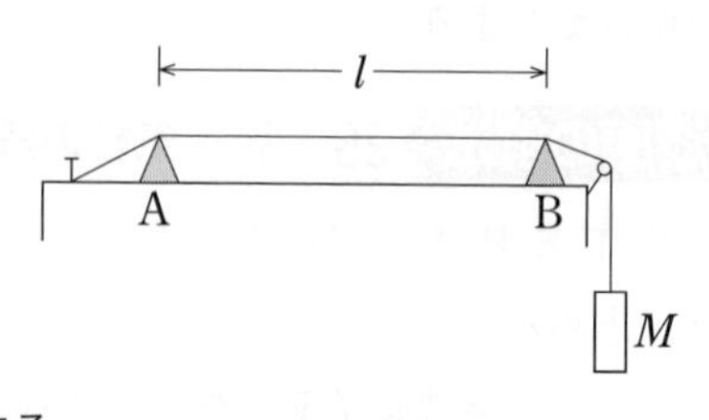

線密度 $\rho = \mathbf{0.10 \times 10^{-3}}$〔**kg/m**〕の弦の一端を固定し，他端には質量 $\boldsymbol{M} = \mathbf{5.0}$〔**kg**〕のおもりをつけて，図のようにつり下げる。こま**A**，**B**の間隔は $\boldsymbol{l} = \mathbf{0.70}$〔**m**〕である。重力加速度の大きさを $\boldsymbol{g} = \mathbf{9.8}$〔$\mathbf{m/s^2}$〕とする。

⑴ **AB** 間の弦の基本振動の振動数 $\boldsymbol{f_1}$ を求めよ。

⑵ **AB** 間の定在波の腹が **3** つのとき，弦の振動数 $\boldsymbol{f_3}$ はいくらか。

解答のポイント

弦の基本振動とは「半波長イモ」が１個の固有振動である。

解 法

⑴ **弦・気柱の解法３ステップ**で解く。

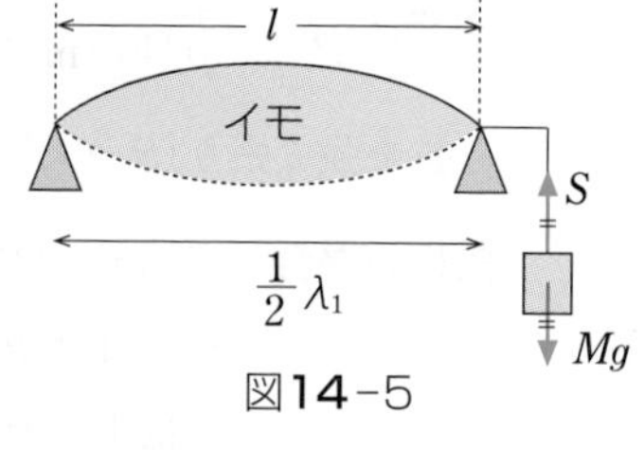

図14-5

STEP 1　基本振動の波長 λ_1 は図 14-5 より，「**半波長イモ**」$\left(\text{長さ}\ \frac{1}{2}\lambda_1\right)$ 1 個で l〔m〕なので，

$$\frac{1}{2}\lambda_1 \times 1 = l$$

$$\therefore \quad \lambda_1 = 2l = 2 \times 0.70 = 1.4 \text{〔m〕}$$

STEP 2　波の速さ $\boxed{v = \sqrt{\dfrac{S}{\rho}}} = \sqrt{\dfrac{Mg}{\rho}} = \sqrt{\dfrac{5.0 \times 9.8}{0.10 \times 10^{-3}}} = 700$〔m/s〕

STEP 3　波の基本式より，$\boxed{f_1 = \dfrac{v}{\lambda_1}} = \dfrac{700}{1.4} = 500$〔Hz〕　…答

⑵ **STEP 1**　3 倍振動の波長 λ_3 は，図 14-6 より，

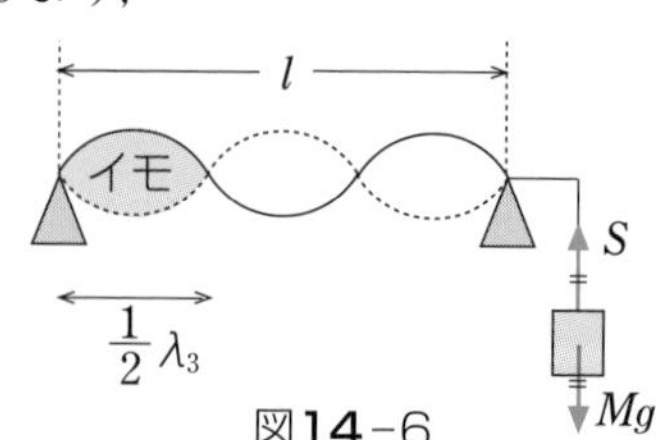

図14-6

$$\frac{1}{2}\lambda_3 \times 3 = l$$

$$\therefore \quad \lambda_3 = \frac{2}{3}l = \frac{2}{3} \times 0.70 = \frac{1.4}{3} \text{〔m〕}$$

STEP 2 は弦は不変なので⑴と全く同じで，$v = 700$〔m/s〕

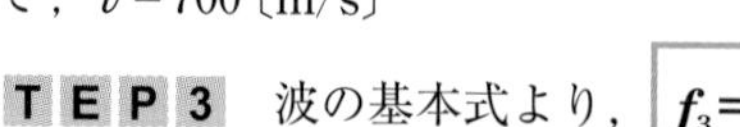

STEP 3　波の基本式より，$\boxed{f_3 = \dfrac{v}{\lambda_3}} = \dfrac{700}{1.4/3} = 1500$〔Hz〕　…答

出題パターン

47 気柱の振動

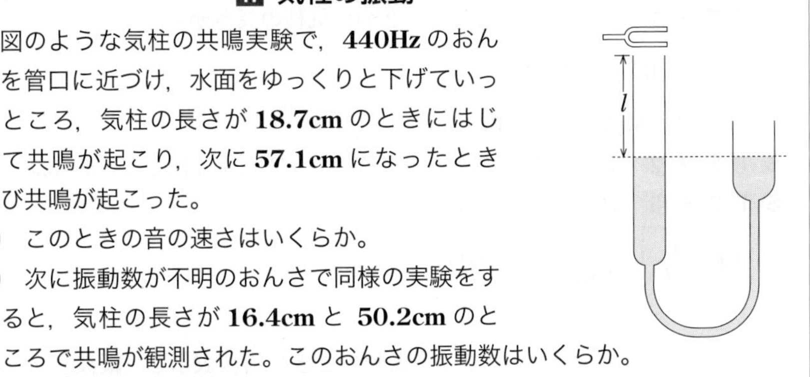

図のような気柱の共鳴実験で，**440Hz** のおんさを管口に近づけ，水面をゆっくりと下げていったところ，気柱の長さが **18.7cm** のときにはじめて共鳴が起こり，次に **57.1cm** になったとき再び共鳴が起こった。

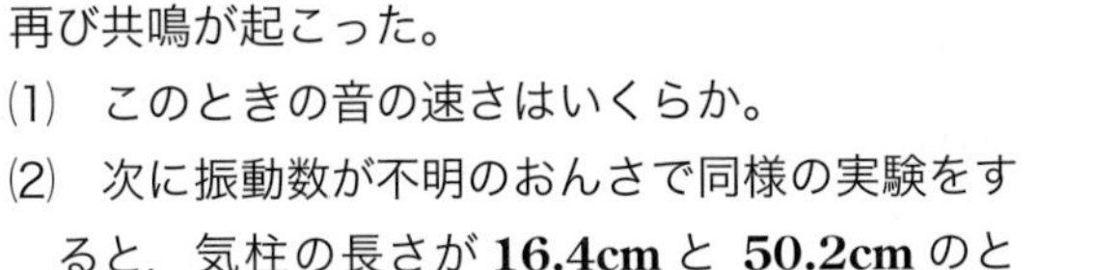

(1) このときの音の速さはいくらか。

(2) 次に振動数が不明のおんさで同様の実験をすると，気柱の長さが **16.4cm** と **50.2cm** のところで共鳴が観測された。このおんさの振動数はいくらか。

(3) (2)で気柱の長さが **50.2cm** のとき，

(ア) 空気の密度の変化が最も激しい位置

(イ) 空気の変位が最も大きい位置

の水面からの高さをすべて求めよ。

解答のポイント

気柱の定在波が管口で腹，水面で節となるときに，共鳴が起こる。

(3)では，半周期ごとの波形を縦波に戻して図示すると空気分子の動きがよくわかる。

解　法

(1) **弦・気柱の解法３ステップ**で解く。

STEP 1　波長を λ として，気柱の長さが 18.7cm のときと 57.1cm のときに共鳴が起こった図を図示すると（音波を横波表示している），図 14-7 のようになる。

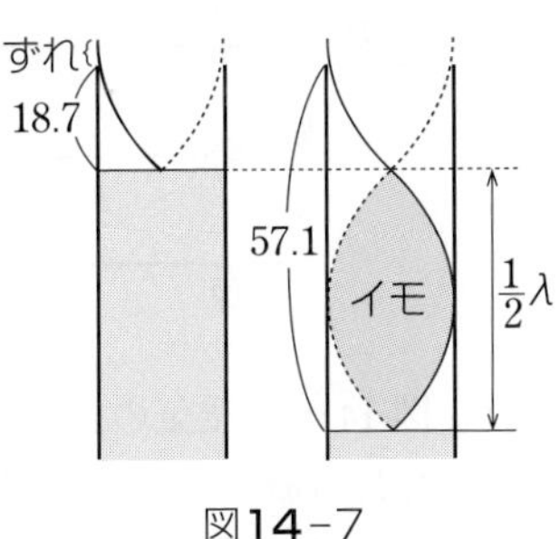

図14-7

$$\frac{1}{2}\lambda = 57.1 - 18.7 = 38.4$$

$$\therefore \quad \lambda = 76.8 \text{〔cm〕} = 0.768 \text{〔m〕}$$

STEP 2　音速を v とする。

STEP 3　波の基本式より，

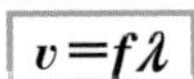

$v = f\lambda$

$$= 440 \times 0.768 \fallingdotseq 338 \text{〔m/s〕} \quad \cdots 答$$

長さの単位を〔m〕とすることに注意！

⑵　⑴と同様に**弦・気柱の解法3ステップ**で解く。

STEP 1　⑴と同じく共鳴した2つの気柱の長さから，

$$\frac{1}{2}\lambda = 50.2 - 16.4 = 33.8$$

$$\therefore \quad \lambda = 67.6\,[\mathrm{cm}] = 0.676\,[\mathrm{m}]$$

STEP 2　**音速は温度のみで決まる**ので，⑴と全く同じで，$v = 338\,[\mathrm{m/s}]$

STEP 3　波の基本式より，

$$\boxed{f = \frac{v}{\lambda}} = \frac{338}{0.676} = 500\,[\mathrm{Hz}] \quad \cdots 答$$

⑶　⑵で気柱の長さが50.2cmで3倍振動のときの横波表示を，縦波表示(p.139参照)に直して表す(**音波＝空気分子の縦波**より)。

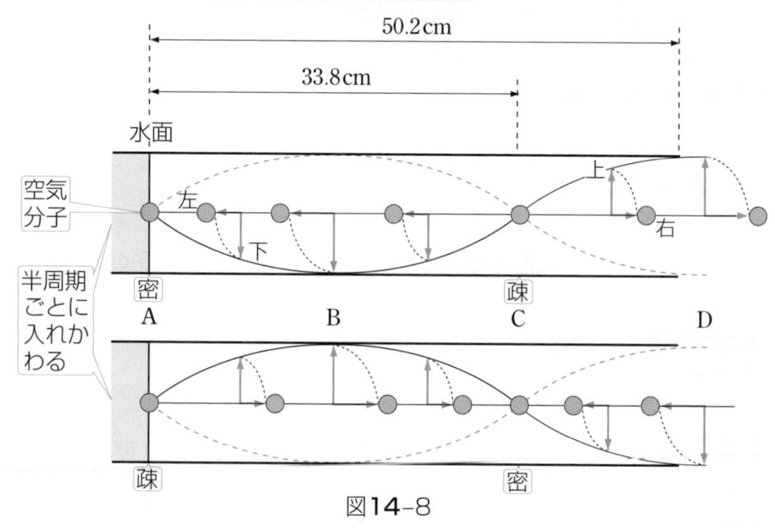

図14-8

(ア)　図14-8で空気の密度は水面からの距離が0cm(A点)，33.8cm(C点)において最も激しく変化(密から疎，疎から密へ変化)している。

よって，答は0cm，33.8cm

(イ)　図14-8で空気の変位が最も大きな点(空気分子が最も大きく動いている定在波の腹に相当)は，水面からの距離が，

$33.8 \div 2 = 16.9\,[\mathrm{cm}]$ (B点)

$33.8 + 16.9 = 50.7\,[\mathrm{cm}]$ (D点)

である。よって，答は16.9cm，50.7cm

特にD点は，開口端補正 $50.7 - 50.2 = 0.5\,[\mathrm{cm}]$ 分だけ管口よりも外側に出た位置にある。

STAGE

15

波動

ドップラー効果

物理

どんな問題も 2 つの原因を見つければ解ける

頻出出題パターン

48 振動数・波長・うなり

49 動く反射板

50 風

51 ナナメ

ここを押さえよ!

まず，波の基本式から，ドップラー効果の原因が **2** つしかないことを理解しよう。その **2** つの原因，「波長の変化」，「観測者の見る音速の変化」を問題の中から見つければ，新しい振動数が必ず求まる。

問題に入る前に

❶ ドップラー効果の 3 つの前提

ドップラー効果を理解するために前提となる 3 つの事実がある。

① 前提 **1** …**音源がいくら動いても音速は変わらない**

例えば次ページの図 15-1 のように 100 km/h で動く車の上の人から前方に 50 km/h で投げられたボールは，床から見ると 100 km/h が上乗せされて，150 km/h で飛んでいくように見える。

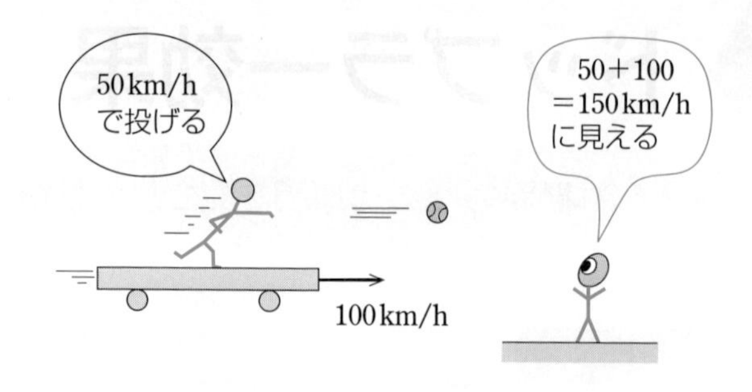

図15-1　車の速さが上乗せされる

一方，図15-2のように100m/sで動く車の上に乗せられたおんさをたたいても，そこから前方に発せられる音波の速さは100m/sが上乗せされず，もとの音速と同じままである。

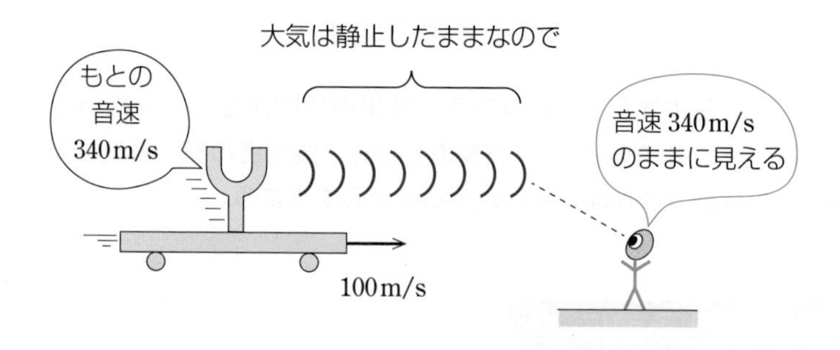

図15-2　音速はいっさい増えない

それはなぜか？　そう，いったんおんさから発せられた音波は，あとは周囲の空気(大気)によって伝えられる。その大気は，おんさがいくら動いても全く動かず静止したままである。

結局，**静止した大気の中を音が伝わることに変わりはない**のだから，音速も変わらないのである。

② 前提 **2** …**振動数 f(Hz)の音源はその動きに関係なく，必ず1秒間に f 個(波長分)の音を外へ出す**

例えば500Hzのおんさは，いくら振り回されても必ず1秒間に500個(波長分)の音を外へ出す。

③ 前提 3 …観測者が動いても受ける音波の波長を，圧縮・引き伸ばしすることはできない

例えば図 15-3 のように観測者が音波に向かってつっこんでいっても，その音波の波長は圧縮できない。それは，観測者の大きさを大気に比べてほぼ 0 とみなすので**観測者が大気をかき乱すことはない**と考えるからである。

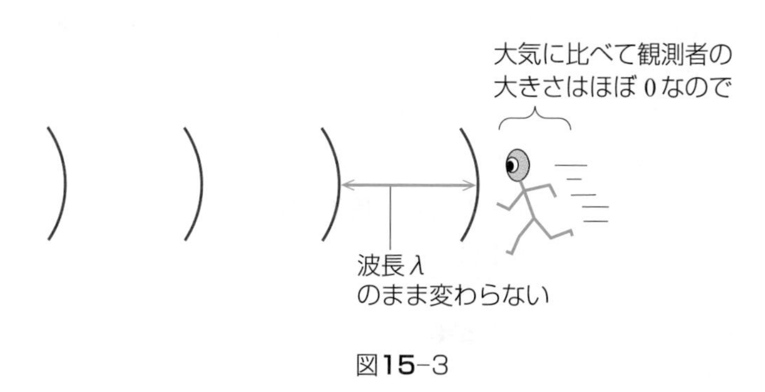

図15-3

漆原の解法 26 ドップラー効果の 3 つの前提

前提 1　音速は音源の動きとは無関係。
前提 2　音源は必ず 1 秒に f 個(波長分)の音を外へ出してくる。
前提 3　観測者が動いても波長を変化させることはできない。

❷ ドップラー効果の式の証明は試験にそのまま出る

ドップラー効果の 3 つの前提に基づいてドップラー効果の式を導出してみよう。実は，この導出過程そのものが試験ではよく問われるので自力で導けるようにしておこう。ドップラー効果の起こる原因は次ページからの①，②の 2 つしかない。

① **(波長)の変化**…動く音源からの音の発射時に起こる。(音速を c〔m/s〕とする)

(i)**音源が静止しているときは**，図 15-4(i)のように１秒間に発射された f 個（波長分）の波は c〔m〕の長さの中に入っている。

(ii)**音源が右へ速さ v〔m/s〕で動くときは**，ドップラー効果の 前提 **1** より音速は c〔m/s〕のまま変わらないので，図 15-4(ii)のように $t=1$ 秒後の音波の先端の位置☆は(i)のときと同じところまでしか達することができない。一方，ドップラー効果の 前提 **2** より１秒後のおんさと音波の先端の間の $c-v$〔m〕には，やはり f 個の波が入っている。

以上により，波長(波１個あたりの長さ)は圧縮されており

$$\lambda_1=\frac{c-v\text{〔m〕の中に}}{f\text{ 個の波が入っている}} \quad \cdots ①$$

となる。これで c と λ_1 の **2 get!** したので，新しい振動数 f_1〔Hz〕は**波の基本式**より

$$\boxed{f_1=\frac{c}{\lambda_1}}=\frac{c}{c-v}f \quad (①より)$$

となり，もとの f より高くなる。

(iii)**音源が左へ速さ v〔m/s〕で動くときは**(ii)での $c-v$ を $c+v$ へとおきかえればよいので，新しい振動数 f_2〔Hz〕は

$$f_2=\frac{c}{c+v}f$$

となり，もとの f より低くなる。

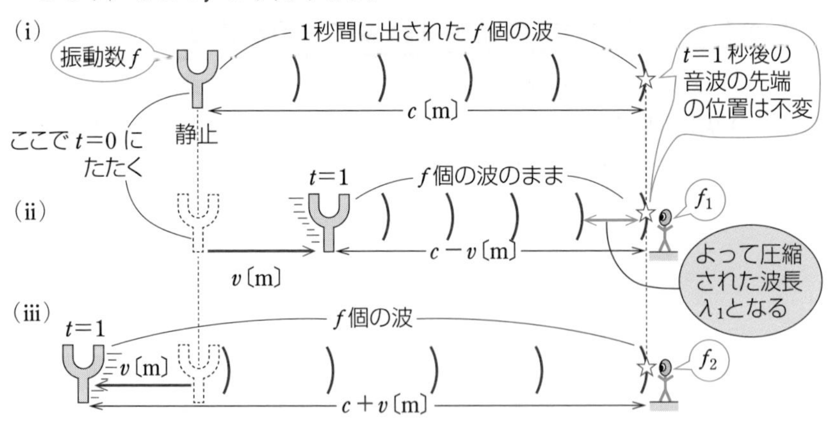

図15-4　動く音源による波長の圧縮・引き伸ばし

② **みかけの音速の変化**…動く観測者での音の受けとり時に起こる。もとの振動数を f〔Hz〕，大地に対する音速を c〔m/s〕とする。

(i)**観測者が静止しているとき**は，図 15-5(i)のように振動数 f の音波が速さ c でやってくるように見えるだけなので，その波長 λ は波の基本式より

$$\lambda = \frac{c}{f} \quad \cdots ②$$

に見える。

(ii)**観測者が音に向かって速さ u〔m/s〕でつっこみながら音を受けとるとき**は，図 15-5(ii)のように，観測者にとってのみかけの音速は(対向車がビュン！と速く見えるように) u だけ増して $c+u$〔m/s〕に見える。

一方，ドップラー効果の 前提 3 より，波長は圧縮されずもとの λ のままである。これで $c+u$ と λ の **2 get!** したので，新しい振動数 f_3 は**波の基本式**より

$$\boxed{f_3 = \frac{c+u}{\lambda}} = \frac{c+u}{c}f \quad (②より)$$

となり，もとの f より高くなる。

(iii)**観測者が音から速さ u〔m/s〕で逃げながら音を受けとるとき**は，図 15-5(iii)のように観測者にとって音速は $c-u$〔m/s〕に見える。よって(ii)の $c+u$ を $c-u$ におきかえればよいので，新しい振動数 f_4〔Hz〕は

$$f_4 = \frac{c-u}{c}f$$

となり，もとの f より低くなる。

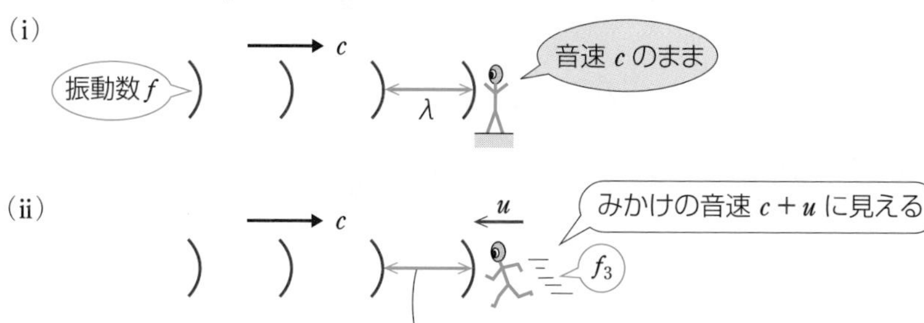

図15-5　動く観測者の見るみかけの音速の変化

❸ ドップラー効果の式は実際どうやって立てるか

漆原の解法 27 ドップラー効果の式の立て方

波の基本式 $f=\dfrac{(\text{音速 } v)}{(\text{波長 } \lambda)}$ より，

(波長)は分母，(音速)は分子 と押さえておこう！

動く音源の音の発射時	波長	引き伸ばし	分母 大きく	→ $f_{新}=\dfrac{c}{c+v}\times f_{旧}$
		圧縮	分母 小さく	→ $f_{新}=\dfrac{c}{c-v}\times f_{旧}$
動く観測者の音の受けとり時	音速	速く見える	分子 大きく	→ $f_{新}=\dfrac{c+u}{c}\times f_{旧}$
		遅く見える	分子 小さく	→ $f_{新}=\dfrac{c-u}{c}\times f_{旧}$

$f_{新}$ …新しい振動数
$f_{旧}$ …旧い振動数
c …音速
v …音源の速さ
u …観測者の速さ

式を立てる前のコツ 動く音源の音の発射点と動く観測者の受けとり点に×印を作図すると，どこで式を立てるかがわかりやすい。

《例》

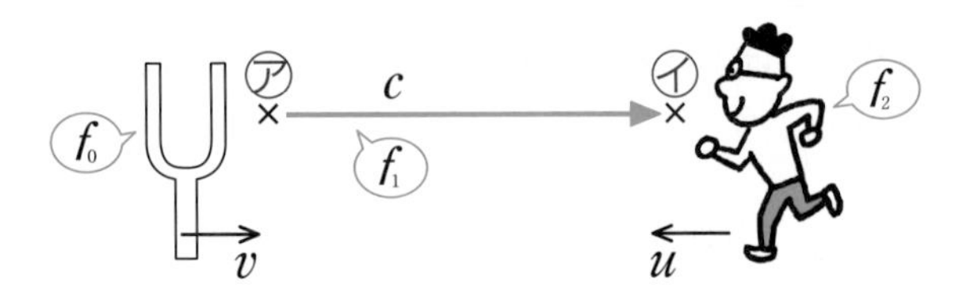

㋐ (波長)圧縮
分母小さく
$$f_1=\frac{c}{c-v}f_0 \quad \cdots \text{①}$$

㋑ (音速)速く見える
分子大きく
$$f_2=\frac{c+u}{c}f_1=\frac{c+u}{c-v}f_0 \quad (\text{①より})$$

出題パターン

48 振動数・波長・うなり

観測者O，振動数fの音を出す音源S，反射板Rが図のように一直線上に並んでいる。音速をcとする。ここでRとOが静止し，Sが正の方向に速さvで動くとき，

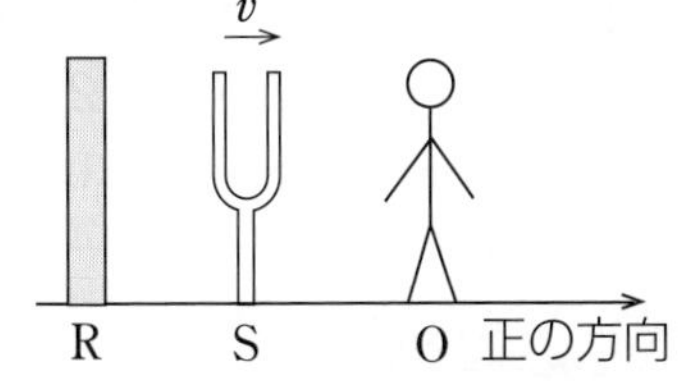

(1) 直接音の振動数f_1　(2) 反射音の振動数f_2　(3) 反射音の波長λ_2

(4) 直接音と反射音によって生じるうなりの振動数はいくらか。ただし，風はないものとする。

解答のポイント

うなりの振動数(1秒に何回強弱をくり返すか) ＝ 2つの振動数の差

解法

(1), (2) 図15-6のように，音が伝わるようすを図示する。ここでドップラー効果が起こるのは図15-6では動く音源の音の発射時の㋐と㋑で，㋐では音源が前方の音の波長を「ギュッ」と圧縮し，㋑では後方の音の波長を「ベローン」と引き伸ばしている。

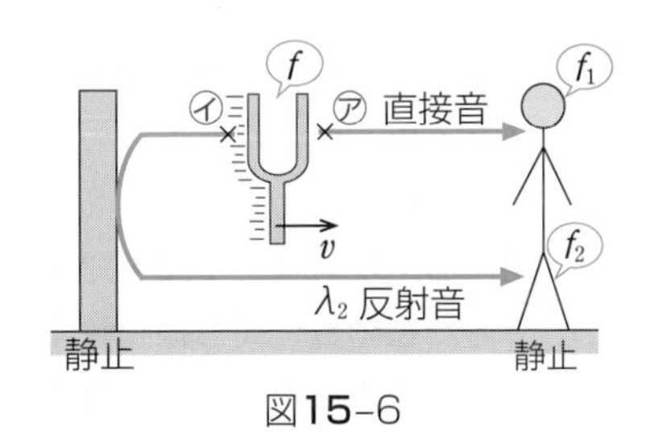

図15-6

ドップラー効果の式の立て方より，

㋐：(波長)圧縮 $f_1=\dfrac{c}{c-v}f$ …答
(分母小さく)

㋑：(波長)引き伸ばし $f_2=\dfrac{c}{c+v}f$ …答
(分母大きく)

(3) 引き伸ばされた反射音の波長λ_2については，すでにf_2とcとで**2 get!**しているので波の基本式より，

$$\boxed{\lambda_2=\frac{c}{f_2}}=\frac{c+v}{f} \quad \cdots 答$$

まず何よりも先に振動数を計算しておいて，その後に波の基本式で波長を計算するのがコツ！

(4) 図15-6で観測者はf_1とf_2というわずかに振動数の異なる音を同時に聞いているので，うなりを観測する。**うなりの振動数はf_1とf_2の差**で，

$$|f_1-f_2|=f_1-f_2=\frac{cf}{c-v}-\frac{cf}{c+v}=\frac{2cvf}{c^2-v^2} \quad \cdots 答$$

出題パターン
49 動く反射板

48 (p. 165) で **O**, **S**, **R** がともに正の方向にそれぞれ $\boldsymbol{V}$, $\boldsymbol{v}$, $\boldsymbol{u}$ で動くとき,
(1) 直接音の振動数 $\boldsymbol{f_3}$　(2) 反射音の振動数 $\boldsymbol{f_4}$
はそれぞれいくらか。ただし，風はないものとする。

解答のポイント

動く反射板は，まず反射板を観測者とみなし，次に反射板を音源とみなすという2段階に分けて考える。

解法

(1), (2) 図 15-7 のように，音が伝わるようすを図示する。ここで**動く反射板の考え方**は，次の2段階の手順で行う。

> **手順1** 反射板を仮の観測者とみなして受けとる音の振動数を出す。
> **手順2** 反射板を手順1で求めた振動数と同じ振動数で振動する仮の音源とみなす。

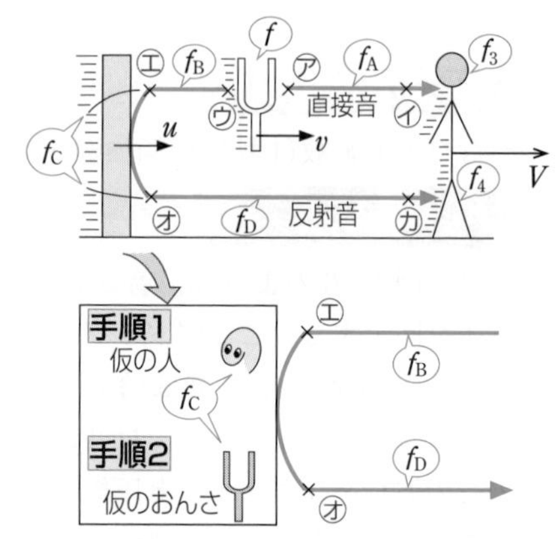

図15-7　動く反射板の考え方

ドップラー効果は図 15-7 では音の発射時のア，ウ，オ，音の受けとり時のイ，エ，カで起こり，それぞれ**ドップラー効果の式の立て方**より，

ア：(波長)圧縮 $f_A=\dfrac{c}{c-v}f$
(分母小さく)

イ：(音速)遅く見える $f_3=\dfrac{c-V}{c}f_A$
(分子小さく)

ウ：(波長)引き伸ばし $f_B=\dfrac{c}{c+v}f$
(分母大きく)

エ：(音速)速く見える $f_C=\dfrac{c+u}{c}f_B$
(分子大きく)

オ：(波長)圧縮 $f_D=\dfrac{c}{c-u}f_C$
(分母小さく)

カ：(音速)遅く見える $f_4=\dfrac{c-V}{c}f_D$
(分子小さく)

以上より，

$$f_3=\frac{c-V}{c}\cdot\frac{c}{c-v}f=\frac{c-V}{c-v}f \quad \cdots 答$$

$$f_4=\frac{c-V}{c}\cdot\frac{c}{c-u}\cdot\frac{c+u}{c}\cdot\frac{c}{c+v}f$$
$$=\frac{(c-V)(c+u)}{(c-u)(c+v)}f \quad \cdots 答$$

出題パターン
50 風

49 (p. 166)のとき，正の方向に風速 $\boldsymbol{w}$ の風が吹いていたとすれば，反射音の振動数 $\boldsymbol{f_5}$ はいくらか。

解答のポイント

風の下でのドップラー効果は，風の下での音速を用いればよい。

解　法

図 15-8 のように，音の伝わるようすを図示する。ここで**風の下でのドップラー効果のポイント**は，

> 音速 c を風の下での音速におきかえる

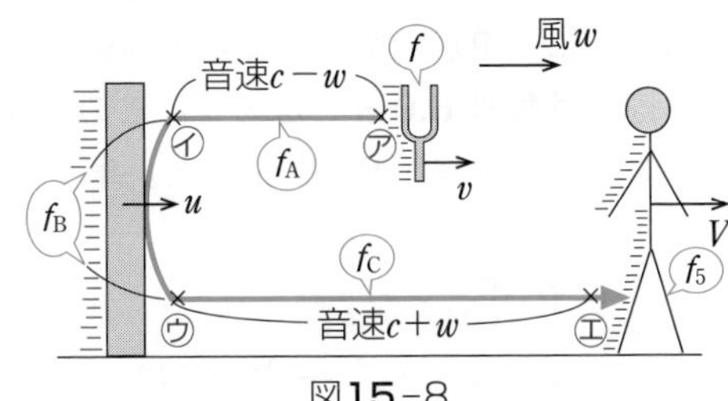

図15-8

だけ。音が風と同じ方向に伝わるとき(順風下)は，音速を $\underline{c+w}$ に，音が風と逆の方向に伝わるとき(逆風下)は，音速を $\underline{c-w}$ におきかえる。

ドップラー効果は図 15-8 では音の発射時の㋐，㋒(仮のおんさ！)，音の受けとり時の㋑(仮の人！)，㋓で起こり，それぞれ**ドップラー効果の式の立て方**より，

㋐：**(波長)**引き伸ばし(逆風下)　　$f_A=\dfrac{\underline{c-w}}{\underline{(c-w)}+v}f$
(分母大きく)

㋑：**(音速)**速く見える(逆風下)　　$f_B=\dfrac{\underline{(c-w)}+u}{\underline{c-w}}f_A$
(分子大きく)

㋒：**(波長)**圧縮(順風下)　　$f_C=\dfrac{\underline{c+w}}{\underline{(c+w)}-u}f_B$
(分母小さく)

㋓：**(音速)**遅く見える(順風下)　　$f_5=\dfrac{\underline{(c+w)}-V}{\underline{c+w}}f_C$
(分子小さく)

よって，

$$f_5=\frac{c+w-V}{c+w}\cdot\frac{c+w}{c+w-u}\cdot\frac{c-w+u}{c-w}\cdot\frac{c-w}{c-w+v}f$$

$$=\frac{(c+w-V)(c-w+u)}{(c+w-u)(c-w+v)}f \quad \cdots 答$$

出題パターン

51 ナナメ

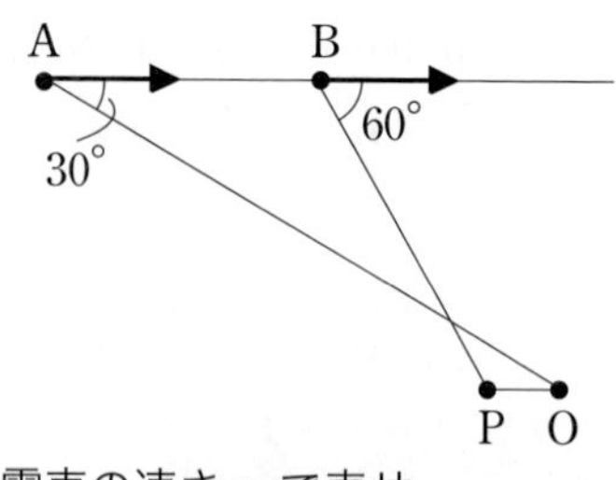

図のようにO点で止まっている車の近くを電車が毎秒**15.0m**の速さで通過した。電車はA点を通過する際に警笛を鳴らした。警笛音の振動数を**300Hz**，音速を毎秒**340.0m**とする。

(1) このときA点とO点の間の警笛音の波長Lを，音速V，警笛音の振動数f，電車の速さuで表せ。

(2) O点の車で聞いた警笛音の振動数を求めよ。

(3) 次に，車が電車とは反対の向きに走り出し，車がP点に達したとき，速さは毎秒**6.0m**となった。この瞬間，B点に達していた電車から発射された警笛音がP点に届いた。車で聞いた警笛音の振動数を求めよ。

解答のポイント

ナナメ方向のドップラー効果では，速度を分解し，ドップラー効果を起こすことのできる「音の伝わる方向の速度成分」のみ考える。

解　法

(1) 図15-9に示すように，電車の速さuを音の伝わる方向u_1と垂直方向u_2とに分解する。このうち，波長を圧縮することのできる，

音の伝わる方向の速度成分 u_1

のみを考えて，u_2は捨てる。

ここで図15-9より，

$$u_1 = u\cos 30° = \frac{\sqrt{3}}{2}u$$

となる。

図15-9

ドップラー効果は図15-9では動く音源（電車）の音の発射時の㋐で起こる。**ドップラー効果の式の立て方**より，

㋐：(波長)圧縮（分母小さく）　$f_1 = \dfrac{V}{V-u_1}f = \dfrac{V}{V-\dfrac{\sqrt{3}}{2}u}f$　… ①

よって，求める波長 L は V と f_1 の **2 get!** しているので，波の基本式より，

$$\boxed{L=\frac{V}{f_1}}=\frac{V-\frac{\sqrt{3}}{2}u}{f}\quad（①を代入）\quad\cdots\text{答}$$

(2) ①に数値を代入して，

$$f_1=\frac{340}{340-\frac{\sqrt{3}}{2}\times 15}\times 300\fallingdotseq 312〔\mathrm{Hz}〕\quad\cdots\text{答}$$

(3) 図 15-10 に示すように，電車の速さ u と車の速さ v をともに分解して，ドップラー効果を起こすことのできる，

音の伝わる方向の速度成分

のみを考える。

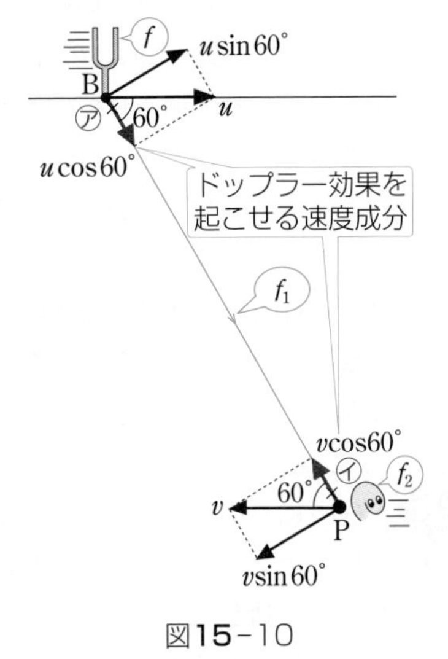

図15-10

ドップラー効果は，図 15-10 では音の発射時の㋐，音の受けとり時の㋑で起こる。

ドップラー効果の式の立て方より，

㋐：(波長)圧縮　$f_1=\frac{V}{V-u\cos 60°}f$
（分母小さく）

㋑：(音速)速く見える
（分子大きく）

$$f_2=\frac{V+v\cos 60°}{V}f_1$$

よって，

$$f_2=\frac{V+v\cos 60°}{V}\cdot\frac{V}{V-u\cos 60°}f$$

$$=\frac{V+v\cos 60°}{V-u\cos 60°}f$$

$$=\frac{340+6\cos 60°}{340-15\cos 60°}\times 300\fallingdotseq 309〔\mathrm{Hz}〕\quad\cdots\text{答}$$

共通テストへの＋α　水面波とドップラー効果　（物理）

「日常生活密着型」の共通テストでは，日常生活で多く目にすることができる水面波に関する問題が好まれる。特に，水面波の屈折・回折・干渉，そしてここで扱うドップラー効果が重要である。

まずイメージしてほしいのが，波源が動くと，前方の水面波の「波長」は「ギュッ」と圧縮されて間隔が短くつまっていること，逆に後方の「波長」は「ベローン」と引き伸ばされていることである。

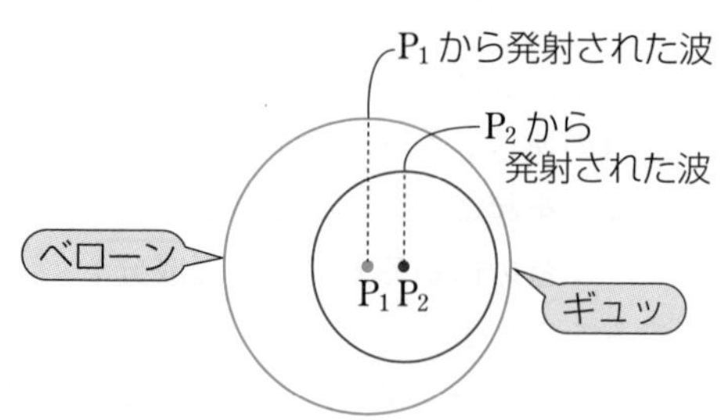

次に，右図のように，**各水面波の中心点**が，その波が発射されたときに波源があった位置となっていることを押さえよう。

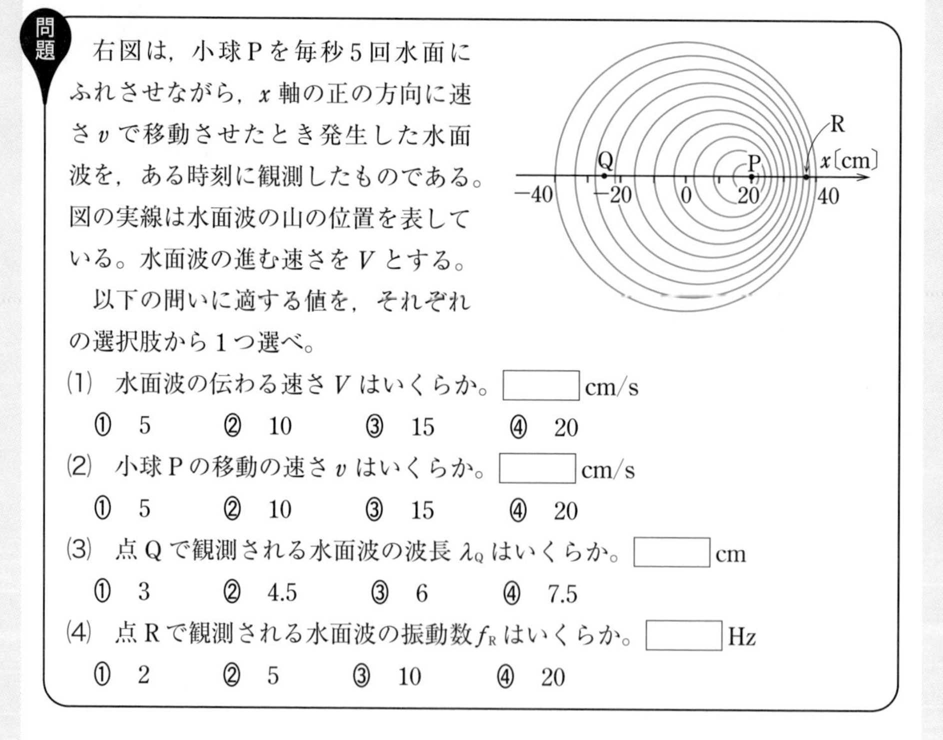

問題　右図は，小球Pを毎秒5回水面にふれさせながら，x軸の正の方向に速さvで移動させたとき発生した水面波を，ある時刻に観測したものである。図の実線は水面波の山の位置を表している。水面波の進む速さをVとする。

以下の問いに適する値を，それぞれの選択肢から1つ選べ。

(1)　水面波の伝わる速さVはいくらか。□ cm/s

①　5　　②　10　　③　15　　④　20

(2)　小球Pの移動の速さvはいくらか。□ cm/s

①　5　　②　10　　③　15　　④　20

(3)　点Qで観測される水面波の波長λ_Qはいくらか。□ cm

①　3　　②　4.5　　③　6　　④　7.5

(4)　点Rで観測される水面波の振動数f_Rはいくらか。□ Hz

①　2　　②　5　　③　10　　④　20

解　法

(1), (2)　共通テストの好む水面波の実験に関する問題だ。問題文の図を見ると，1番外側の波 C_1 の**中心**が $x=0$ の位置 P_1 に，そこから5つ内側にある波 C_2 の**中心**が $x=10$〔cm〕の位置 P_2 に，さらにそこから5つ内側にある波源の位置 P が $x=20$〔cm〕の位置にある。

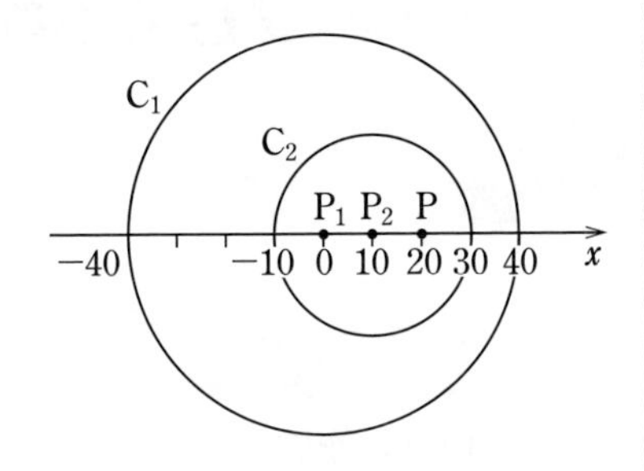

また，1秒間に $f=5$ 個の波が発生するから，これらの波の発生した時間間隔はいずれも1秒ということになる。

よって，右上図より，水面波の進む速さ V および，波源の速さ v は

$$V=\frac{C_1\text{の波は}40\text{ cm ひろがっている}}{2\text{秒で}}=20\text{〔cm/s〕}$$（答は④）

$$v=\frac{\text{波源Pは}20\text{ cm 進んでいる}}{2\text{秒で}}=10\text{〔cm/s〕}$$（答は②）

(3)　問題文の図より，波源の左方の水面波の「波長」は

$$\lambda_Q=\frac{60\text{ cm 中に}}{10\text{個の波}}=6\text{〔cm〕}$$（答は③）

と「ベローン」と引き伸ばされている。

(4)　問題文の図より，波源の右方の水面波の「波長」は

$$\lambda_R=\frac{20\text{ cm 中に}}{10\text{個の波}}=2\text{〔cm〕}$$

と「ギュッ」と圧縮されている。

ここで，V と λ_R の **2 get!** したので**波の基本式**より，点 R での振動数 f_R は

$$\boxed{f_R=\frac{V}{\lambda_R}}=\frac{20}{2}=10\text{〔Hz〕}$$（答は③）

別解　ドップラー効果の式の立て方を用いても解ける。

右図のように作図。

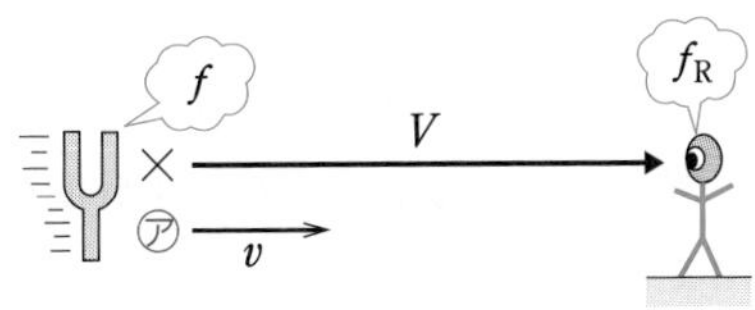

ア (波長)圧縮(分母小さく)より

$$f_R=\frac{V}{V-v}f$$

$$=\frac{20}{20-10}\times5$$

$$=10\text{〔Hz〕}$$（答は③）

STAGE 16 波動

光の屈折・レンズ

物 理

光線の作図ができれば，あとは簡単

頻出出題パターン

52 水中の物体の浮き上がり

53 光ファイバー・全反射

54 レンズのつくる像

ここを押さえよ！

光が屈折するようすを理解し，光線を正確に作図できるようにする。また，点光源の考え方により，レンズによってつくられる像を作図できるようにする。

問題に入る前に

❶ 屈折率とは何か

光の屈折でしっかりイメージしてほしいのは屈折率である。**光にとって物質中は進むのに「苦しい」場所だから，光が物質中に入ると光速は遅くなり，波長は縮んでしまう**とイメージしよう。

次ページの図 16-1 のように，その中を進む光の光速が真空中の n 分の 1，波長が n 分の 1 に縮んでしまう物質を(絶対)屈折率 n の物質と定義する。

ただしここで注意したいことは，振動数 f は物質中に入っても全く変化しないということ。これは当たり前のことである。

例えば，あるトンネルに 1 分間に車が 10 台入れば，出口からは 1 分間に 10 台出てくるはず。これと同じように，真空中から 1 秒間に f 個波が入ってくれば，物質中へ 1 秒間に同じ f 個波が出て行くはずである。

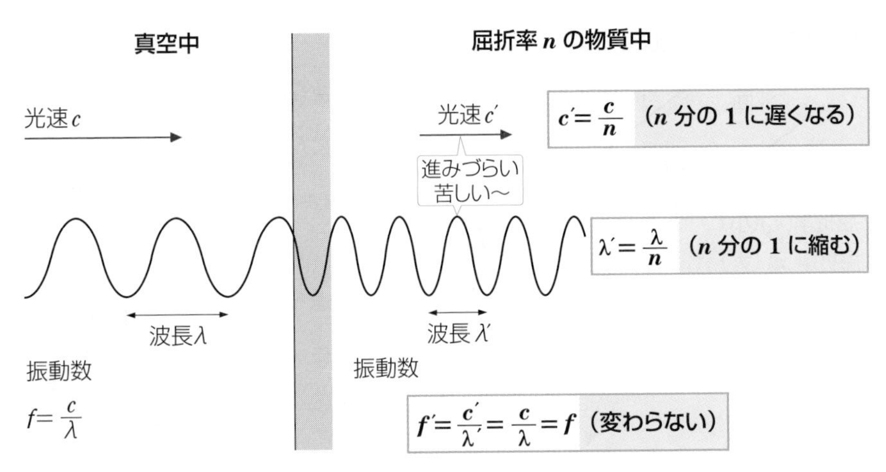

図16－1　光が屈折率 n の物質中に入ると

❷ 屈折はなぜ起こるのか

光線が異なる物質の境界面に入ると，その進行方向が折れ曲がる。次ページの図 16-2 で実線は光線の進行方向を表し，破線は波面(同じ振動状態(山や谷)の点を結んだラインで，必ず進行方向とは直交)を表す。

いま，時刻 $t=0$ で AB 上に波面があり，時刻 $t=t$ で A′B′へ波面が移動したとする。

図 16-2 で A から A′までは光速 $\frac{c}{n_2}$ で t 秒間進むので $\overline{AA'}=\frac{c}{n_2}\times t$ となる。

一方，B から B′までは光速 $\frac{c}{n_1}$ で t 秒間進むので $\overline{BB'}=\frac{c}{n_1}\times t$ となる。この AA′と BB′の長さのずれが，先の進行方向の折れ曲がり，つまり光の屈折の根本原因となっているのだ。

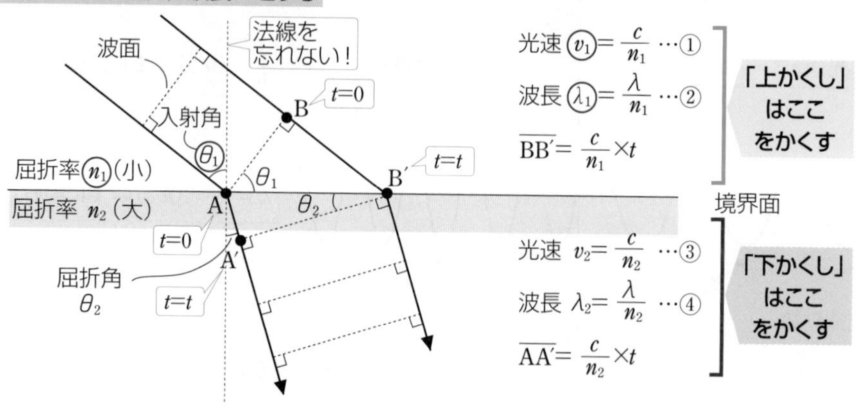

図16-2　屈折の原因

ここで，図 16-2 より，

$$\overline{\mathrm{AB'}}\sin\theta_1 = \overline{\mathrm{BB'}} = \frac{c}{n_1}t \qquad \overline{\mathrm{AB'}}\sin\theta_2 = \overline{\mathrm{AA'}} = \frac{c}{n_2}t$$

辺々割って，$\dfrac{\sin\theta_1}{\sin\theta_2} = \underbrace{\dfrac{n_2}{n_1} = \dfrac{v_1}{v_2}}_{①,\ ③より} \;\underbrace{= \dfrac{\lambda_1}{\lambda_2}}_{②,\ ④より}$　（⟹ 屈折の法則）

　この式は分母・分子をよくとり違えるので**危険**。そこで，次の積の形で覚えるのがオススメ。

漆原の解法 28　屈折の法則：「下かくしの積」＝「上かくしの積」

$$n_1\sin\theta_1 = n_2\sin\theta_2$$
$$n_1 v_1 = n_2 v_2$$
$$n_1 \lambda_1 = n_2 \lambda_2$$

（左辺：下かくしの積　右辺：上かくしの積）

覚え方のコツ　左辺は，図 16-2 で境界面より下を手でかくしたときに（「下かくし」）見える n_1 と θ_1，v_1，λ_1 の積の形になっている。
　右辺も同様。

❸　全反射のポイントとは

　次ページの図 16-3 のように，屈折率が大きい物質から，屈折率が小さい物質へ光線が入射するときには**全反射**という現象が起こる。

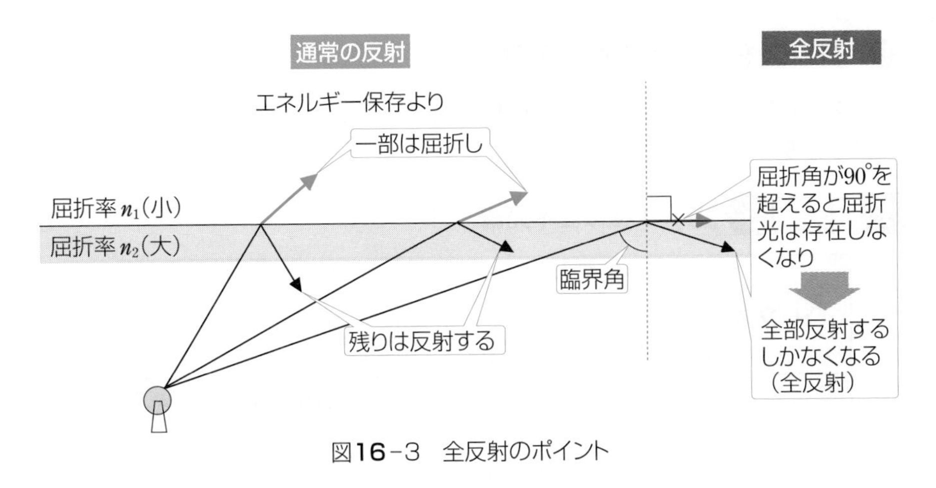

図16-3　全反射のポイント

押さえてほしいのは，入射角が大きくなるほど光が反射する割合が増え，とうとう……

屈折角が 90° になると全反射が起き始める

❹ 点光源…意外と知られていない大切な考え

すべての物体は点光源☆の集合体であり，点光源からの光を目に受けたとき，人間は点光源の位置に物体があるものと認識する(図 16-4)。

プールなどの底が実際より浅く見えるのもこの理由による(図 16-5)。意外と忘れがちなポイントであるが，レンズによってつくられる像を理解するのにも，点光源の考えは大切になる。

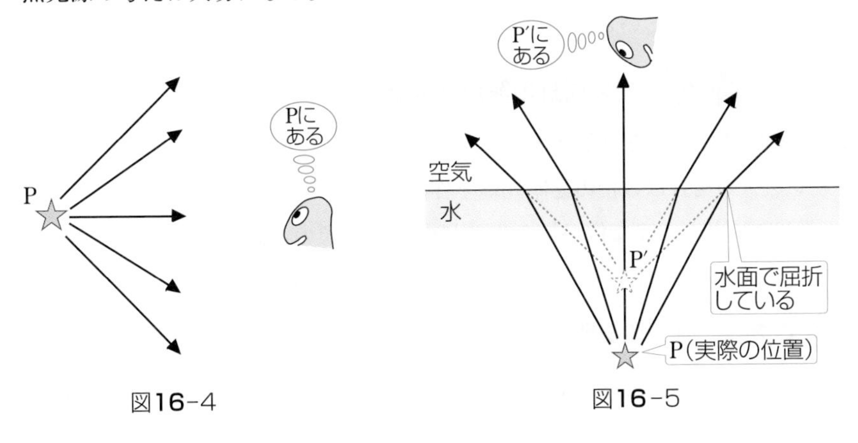

図16-4　　図16-5

❺ レンズを通る光線の作図法

レンズは次の**たった3つの光線**の作図法だけ押さえればよい。ただし，レンズは十分薄いものとする。

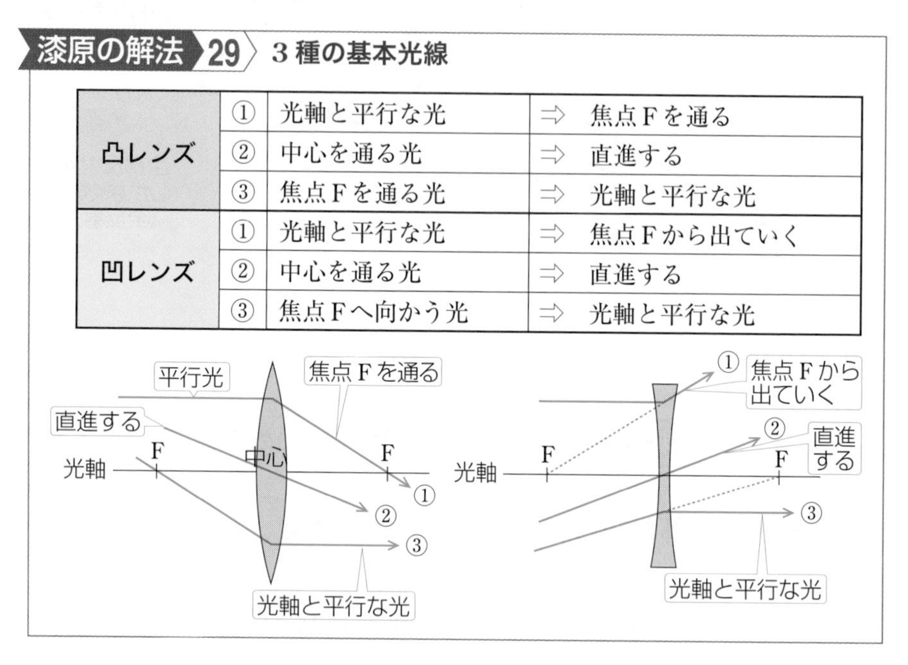

漆原の解法 29　3種の基本光線

凸レンズ	①	光軸と平行な光	⇒	焦点Fを通る
	②	中心を通る光	⇒	直進する
	③	焦点Fを通る光	⇒	光軸と平行な光
凹レンズ	①	光軸と平行な光	⇒	焦点Fから出ていく
	②	中心を通る光	⇒	直進する
	③	焦点Fへ向かう光	⇒	光軸と平行な光

❻ 光の屈折の一般的解法

光の屈折・レンズは作図が命。作図してしまえばあとはカンタンで，やることは次のように決まっている。

漆原の解法 30　光の屈折の解法3ステップ

STEP 1　**光線を作図**する。

▶レンズの場合は**3種の基本光線**を作図。

「どこにどのような像が見えるか」 ⟶点光源の位置
「全反射する条件を求めよ」 ⟶屈折角 90°
} をチェックする。

STEP 2　**屈折の法則：「下かくしの積」＝「上かくしの積」**

STEP 3　**直角三角形に注目**し，その tan や相似比などで長さの関係式を出す。

出題パターン 52 水中の物体の浮き上がり

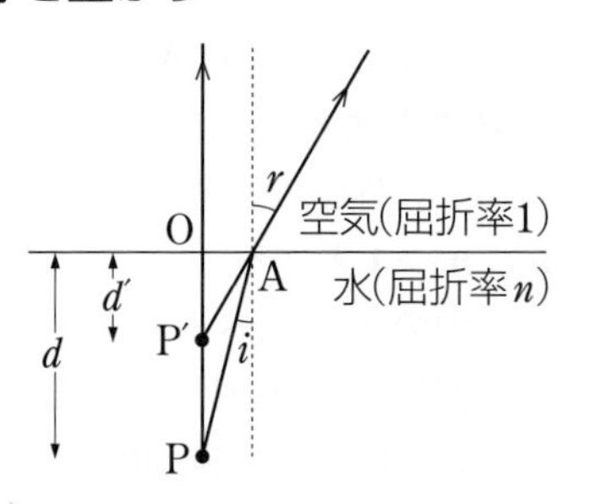

図のように，空気中から水中の物体 **P** を見ると，空気と水の境界面での光の屈折のため，物体は実際よりも浅いところにあるように見える。物体 **P** の水面からの距離を $\boldsymbol{d}$ とする。空気中で物体 **P** を **P** のほぼ真上から見るとき，物体 **P** の虚像 **P′** の水面からの深さ $\boldsymbol{d'}$ を求めよう。

ただし空気に対する水の屈折率を $\boldsymbol{n}$ とする。

(1) 図のように，点 **P** から出た光の入射角，屈折角をそれぞれ $\boldsymbol{i}$，$\boldsymbol{r}$ とするとき，$\boldsymbol{n}$，$\sin \boldsymbol{i}$，$\sin \boldsymbol{r}$ の関係を書け。

(2) $\boldsymbol{d}$，$\boldsymbol{d'}$，$\tan \boldsymbol{i}$，$\tan \boldsymbol{r}$ の関係を求めよ。

(3) $\boldsymbol{d'}$ を $\boldsymbol{d}$，$\boldsymbol{n}$ で表せ。

解答のポイント

ほぼ真上から見るので角 i，r は小さい。角 θ が小さいときは，$\cos\theta \fallingdotseq 1$，$\tan\theta \fallingdotseq \sin\theta$ のお決まりの近似を使う。

解法

(1) **光の屈折の解法3ステップ**で解く。

STEP 1 光線の作図は問題文の図の通りで，p.175の図16-5のように，上から見るとPの点光源がP′の位置にあるように見える。

STEP 2 A点での屈折の法則を書くと，

$$\underbrace{1 \cdot \sin r}_{\text{下かくしの積}} = \underbrace{n \cdot \sin i}_{\text{上かくしの積}} \quad \cdots ①\text{ 答}$$

(2) **STEP 3** **STEP 2** ですでに r と i の関係は求めてある。そして，求めたいのは d と d' の関係である。よって r と i，d と d' を含む図16-6の直角三角形OAPと直角三角形OAP′に注目して，

$$\overline{\mathrm{OA}} = d\tan i = d'\tan r \quad \cdots ②\text{ 答}$$

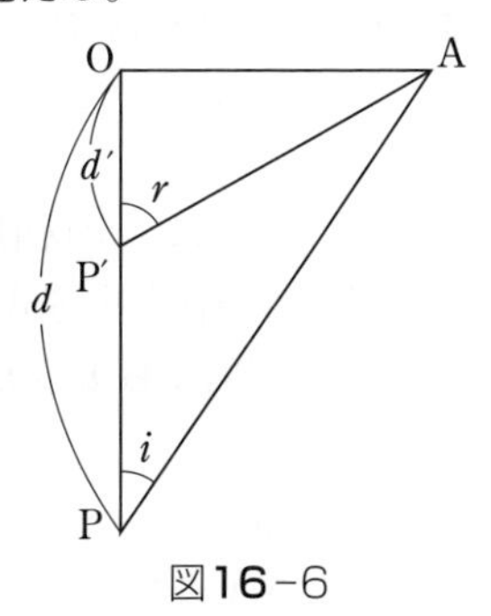

図16-6

(3) ②より $d' = \dfrac{\tan i}{\tan r}d \fallingdotseq \dfrac{\sin i}{\sin r}d = \dfrac{d}{n}$ …答

ここで近似 $\tan\theta = \dfrac{\sin\theta}{\cos\theta} \fallingdotseq \sin\theta$ と①を使った

出題パターン

53 光ファイバー・全反射

屈折率 $\boldsymbol{n_1}$ の媒質 **A** が屈折率 $\boldsymbol{n_2}$ の媒質 **B** に囲まれた光ファイバーの断面図がある。外側の空気の屈折率を **1** とし，$\boldsymbol{n_1 > n_2 > 1}$ とする。

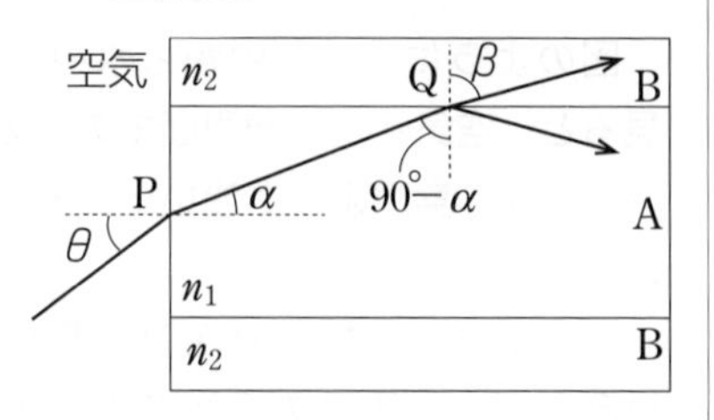

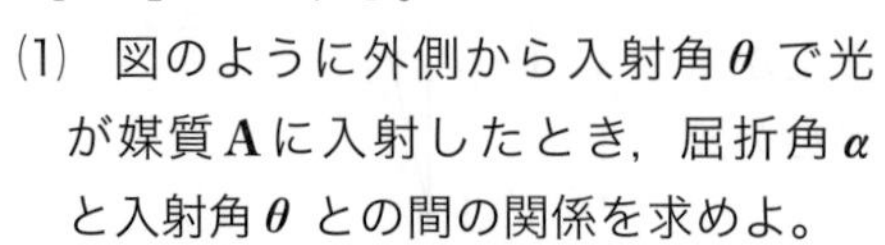

(1) 図のように外側から入射角 $\boldsymbol{\theta}$ で光が媒質 **A** に入射したとき，屈折角 $\boldsymbol{\alpha}$ と入射角 $\boldsymbol{\theta}$ との間の関係を求めよ。

(2) 媒質 **A** に入射した光は媒質 **B** との境界面で一部が反射し一部が媒質 **B** に入る。光が媒質 **B** に入るときの屈折角 $\boldsymbol{\beta}$ と角 $\boldsymbol{\alpha}$ との間の関係を求めよ。

(3) 媒質 **A** に入った光は媒質 **B** との境界面で全反射して，媒質 **B** に入らないための $\boldsymbol{\theta}$ が満たすべき条件を求めよ。

解答のポイント

全反射がちょうど起こる $\Longleftrightarrow$ 屈折角＝90°

解　法

(1) **光の屈折の解法 3 ステップ**で解く。

STEP 1　問題文の図の通り。

STEP 2　P 点での屈折の法則より，

$$\underbrace{1 \cdot \sin\theta}_{\text{右かくしの積}} = \underbrace{n_1 \cdot \sin\alpha}_{\text{左かくしの積}} \quad \cdots ① \text{答}$$

(2) Q 点での屈折の法則（入射角が $90° - \alpha$ であることに注意）より，

$$\underbrace{n_2 \cdot \sin\beta}_{\text{下かくしの積}} = \underbrace{n_1 \cdot \sin(90° - \alpha)}_{\text{上かくしの積}} = n_1\cos\alpha \quad \cdots ② \text{答}$$

(3) このように，全反射する条件を問う問題では，まず，「ギリギリちょうど全反射する条件」を等式で求めると，とっつきやすい。Q 点で，

全反射がちょうど起こるとき $\Longleftrightarrow$ 屈折角 β＝90°

より，②は，

$$n_2\sin 90° = n_1\cos\alpha \qquad \therefore \quad n_1\cos\alpha = n_2 \quad \cdots ③$$

このとき①より，

$$\sin\theta = n_1\sin\alpha = \sqrt{n_1^2 - (n_1\cos\alpha)^2} = \sqrt{n_1^2 - n_2^2} \quad (③より) \quad \cdots ④$$

ここで，④の θ よりも小さい θ であれば，より水平に近く Q 点に入射でき，必ず全反射して光は媒質 B に入らないので，求める条件は，

$$\sin\theta < \sqrt{n_1^2 - n_2^2} \quad \cdots \text{答}$$

出題パターン 54 レンズのつくる像

(1) 焦点距離 **40 cm** の凸レンズの左方 **20 cm** のところに長さ **1 cm** の物体を置くと，どこにどんな像ができるか。

(2) (1)と同じく焦点距離 **40 cm** の凹レンズの場合はどうか。

(3) 凸レンズの場合で左方 **80 cm** のところに物体を置くと，どこにどんな像ができるか。

解答のポイント

3 種の基本光線を作図し，像を見つける。

解 法

(1) **光の屈折の解法 3 ステップ**で解く。レンズなので **STEP 2** はカット！

STEP 1 図 16-7 のように物体として長さ 1 cm の矢印 PQ を考える。P には点光源☆をつける。点光源から出た光線のうち特に凸レンズの**3 種の基本光線**(①，②)を作図。

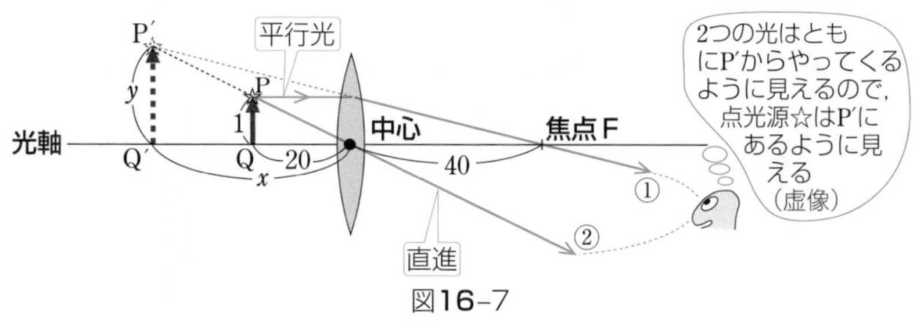

図16-7

STEP 3 図中の 2 つの直角三角形に注目して，

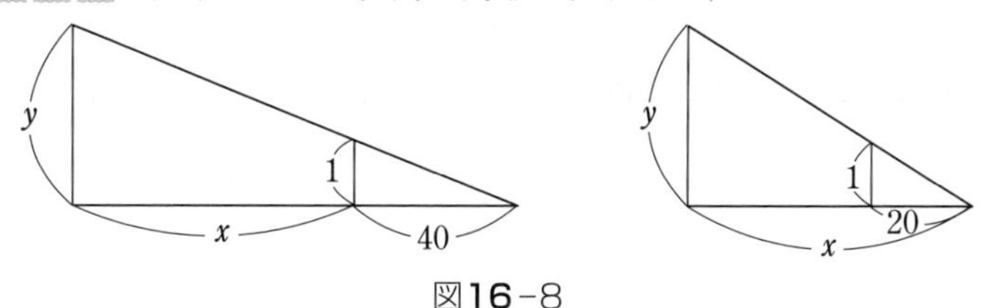

図16-8

相似比より，$\dfrac{y}{1}=\dfrac{x+40}{40}$，$\dfrac{y}{1}=\dfrac{x}{20}$　 $\dfrac{y}{1}$ を 2 通りつくる！

2 式を比べて，$\dfrac{x+40}{40}=\dfrac{x}{20}$

$\therefore$ $x=40$〔cm〕，$y=2$〔cm〕(正立虚像)　…答

(2) **STEP 1** 凹レンズの**3 種の基本光線**（①，②)を作図。

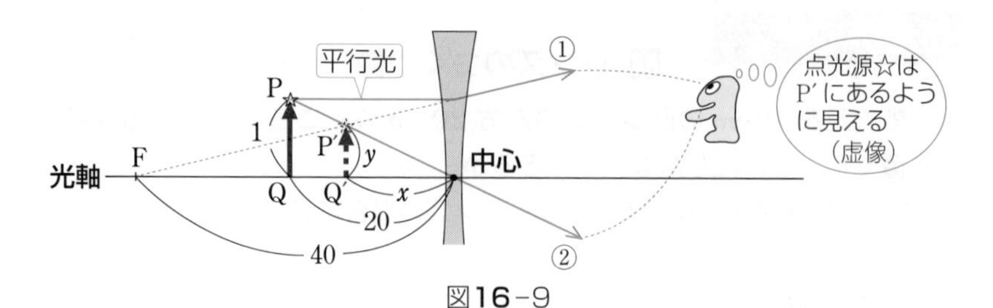

図16-9

STEP3 図中の2つの直角三角形に注目して，

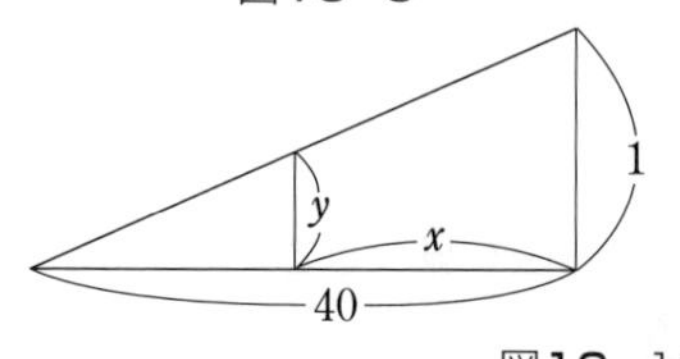

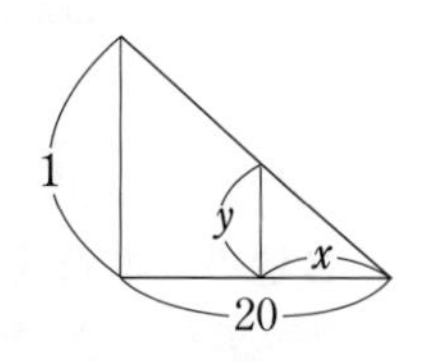

図16-10

相似比より，　$\dfrac{y}{1}=\dfrac{40-x}{40}$，$\dfrac{y}{1}=\dfrac{x}{20}$　〈$\dfrac{y}{1}$を2通りつくる！〉

2式を比べて，$\dfrac{40-x}{40}=\dfrac{x}{20}$

$\therefore\quad x=\dfrac{40}{3}\fallingdotseq 13$〔cm〕，$y=\dfrac{2}{3}\fallingdotseq 0.67$〔cm〕(正立虚像)　…答

(3)　**STEP1**　凸レンズの**3種の基本光線**（①，②，③）を作図。

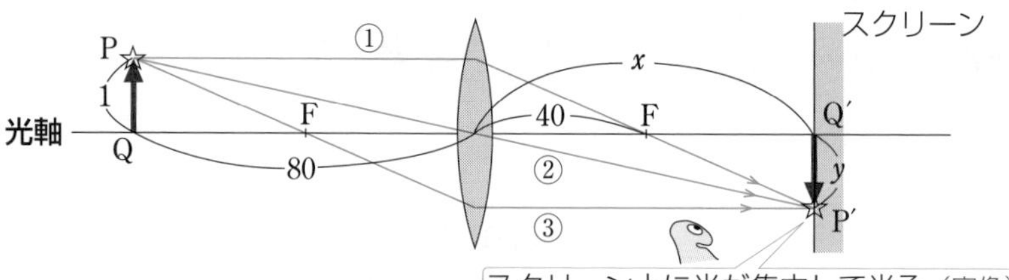

図16-11

STEP3　図中の2つの直角三角形に注目して，

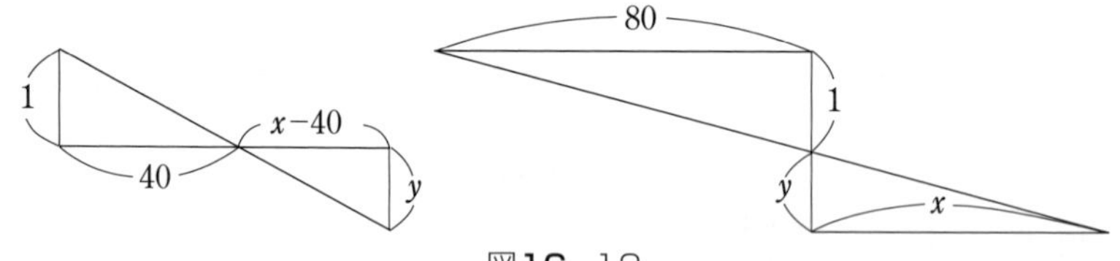

図16-12

相似比より，　$\dfrac{y}{1}=\dfrac{x-40}{40}$，$\dfrac{y}{1}=\dfrac{x}{80}$　〈$\dfrac{y}{1}$を2通りつくる！〉

2式を比べて，$\dfrac{x-40}{40}=\dfrac{x}{80}$

$\therefore\quad x=80$〔cm〕，$y=1$〔cm〕(倒立実像)　…答

特 集

共通テストへの＋α　光の３大特殊用語　（物 理）

共通テストでは「日常生活密着型」の出題が多くなる。光波分野でとりわけ多く出題されるのが，次のような**分散，散乱，偏光**である。これらの現象は日常生活において自然現象として観測されたり，光学機器の中で活用されたりしている。

POINT　光の３大特殊用語

① 分散…可視光がガラスのプリズムに入射するときに，紫に近い光ほどよく屈折し(屈折率が大きく)，赤に近い光ほどあまり屈折しない(屈折率が小さい)。

（例）虹は雨滴がプリズムとなり内側から紫青緑黄橙赤の順に並んだ色が見える。この虹色はCDや回折格子やしゃぼん玉のような，干渉による虹色とは原因が異なるので区別しておくこと。

② 散乱…可視光が大気中を通過するとき，大気中の分子(のゆらぎ)によって，紫に近い光ほどよく，その進行方向が放射的に散らされる。

（例）夕焼けの色

③ 偏光…光は電磁波の一種で横波である。自然光では，その振動方向は進行方向に対して直角となるさまざまな方向をとるが，偏光板を通ったり，反射したりすると，ある特定の方向に振動する波のみが残る。このように特定の方向のみに振動する光のことを偏光した光という。2枚の偏光板に自然光を通すとき，2枚の偏光板の偏光の向きが同じなら光は通過できるが，2枚の偏光板の偏光の向きが互いに直角なら光は通過できない。

（例）液晶画面，3Dメガネ，偏光サングラス

問題

問1　右の図は白色光が凹レンズの上側に入射したときの，屈折光の進む様子を表す。この中で最も振動数の大きな光は［ 1 ］であり，その色は［ 2 ］である。空欄に適する語句をそれぞれの選択肢の中から1つ選べ。

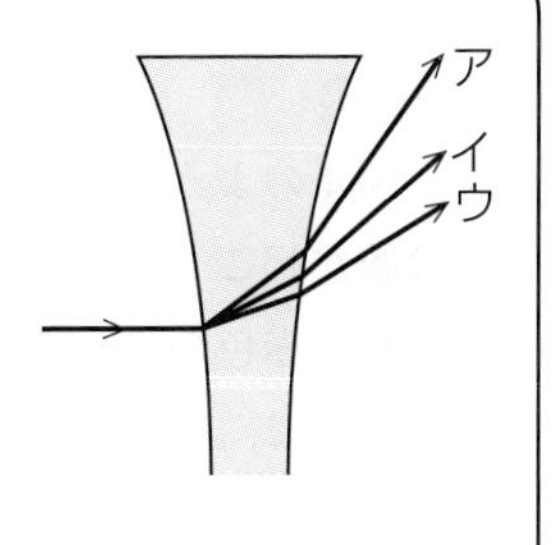

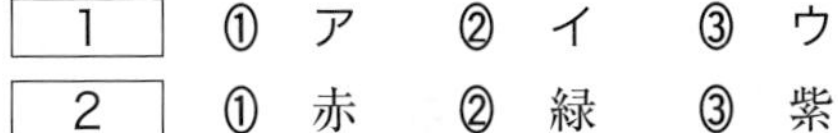

［ 1 ］　① ア　② イ　③ ウ

［ 2 ］　① 赤　② 緑　③ 紫

問2　光に関する次の各現象について，①分散，②散乱，③偏光のうち，いずれと最も関係が深いかを，それぞれ番号で答えよ。

⑴　夕方に太陽が赤く見え，昼間の空は青く見える。[3]

⑵　釣りをしている時，水面の反射光が邪魔なのでサングラスをかけると，反射光がカットされて水中の魚がよく見えた。[4]

⑶　雨があがった後，虹がきれいに見えた。[5]

解　法

問1　この現象は，プリズムによる**分散**である。**POINT**のように，**分散**では**紫色**に近い光(振動数が高く，波長の短い光)ほどよく屈折する(屈折率が大きい)ことは覚えておこう。よって図1より，求める光はアの紫色の光であることが分かる。[1] は①，[2] は③ …答

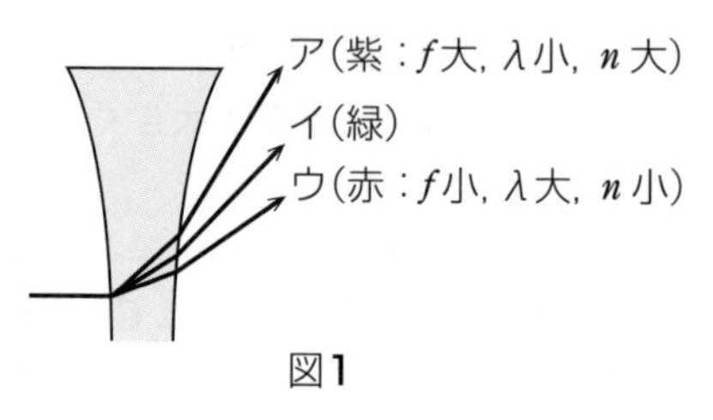

図1

問2⑴　図2のように，大気中の微粒子によって，**紫色**に近い光ほどよく**散乱**するので「夕方の人」の目には，太陽光のうち，赤色に近い光のみ残って赤く見える。これが夕焼けの原因である。一方「昼の人」の目には，上空で**散乱**された紫色に近い光がやってくるので，空は青く見える。[3] は② …答

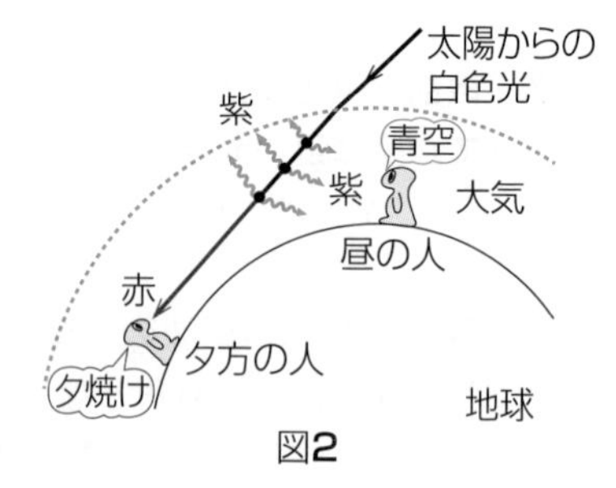

図2

⑵　図3のように，水面で反射されてきた光は水平方向に**偏光**している。これを，鉛直方向への偏光のみを通す**偏光板**(サングラス)で見るとカットされる。[4] は③ …答

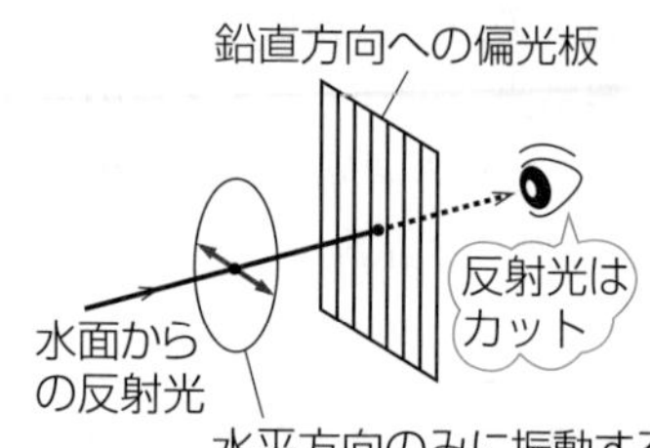

図3

⑶　図4のように，水滴が「プリズム」となって**分散**が起こり，虹色に分かれる。分かれた色のうち，赤色の光は急角度で降りてくるので空の高い側に，紫色の光はよりゆるやかな角度で降りてくるので空の低い側に見え，虹の色の並ぶ順番が決まる。[5] は① …答

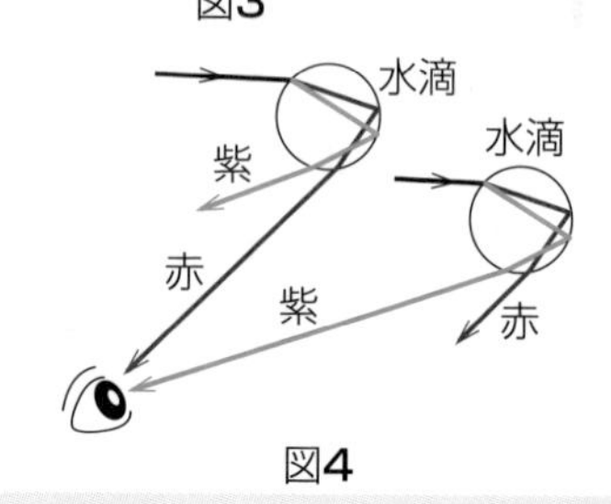

図4

STAGE 17 波動

光の干渉

（物 理）

3大原則の組合せで解く

頻出出題パターン

55 2スリット（ヤングの干渉）

56 回折格子

57 くさび状薄膜（はくまく）

58 ニュートンリング

59 平行薄膜

ここを押さえよ！

まず，干渉条件を水面波の干渉の話で理解し，結局は行路差で決まることを押さえる。そして2つのバリエーション「物質中を通る場合の光学的距離の考え方」と「固定端反射による干渉条件の逆転」を追加すれば，あらゆるタイプの干渉問題が解ける。

問題に入る前に

❶ 干渉とは何か

① **イメージ**…図17-1のように，水面の2点S_1，S_2を同じタイミングで連続的にたたいたときにできる波面を，真上から見下ろしたときのようすをイメージしよう。

もし点Pで観測し，水面が激しく振動すればS_1とS_2から出た2つの波は強めあっているといい，もし点Pで水面が全く振動しなければ2つの波は弱めあっているという。このような現象を**干渉**という。

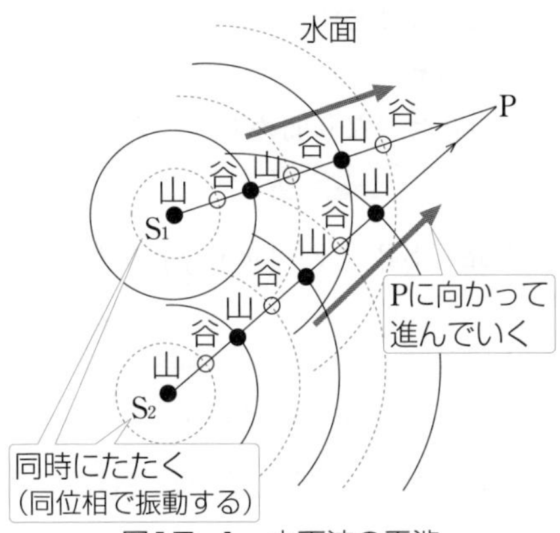

図17-1 水面波の干渉

いま，これらの波をS_1P上およびS_2P上で見ると，山●谷○の列がPへ向かって進んでいくように見える。

② **強めあい** … 図17-2でS_1P上とS_2P上に注目する。いまS_1とS_2から同時に山●が出た瞬間を考える。この瞬間に，図のS_2'に山●がいてくれさえすれば，Pに入る波は必ず

山●＋山● または 谷○＋谷○

の組合せになり強めあう。よって，

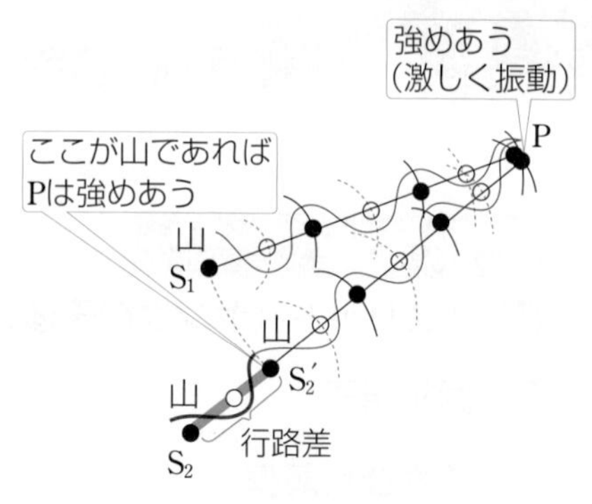

図17-2　強めあいの条件

> **強めあう条件**
>
> 行路差 $S_2P - S_1P = m \times$（波長 λ）
>
> （m は整数）

この式の意味は，図17-2で太く描いた行路差（S_1PとS_2Pの道のりの差）S_2S_2'は，S_2が山●でS_2'も山●であることから，その長さは一般に波長λ（山●から次の山●までの距離）の1倍，2倍，…などの整数倍になっていなければならないということである。

③ **弱めあい** … 図17-3でS_1とS_2から同時に山●が出た瞬間に，今度は図のS_2''に谷○がいてくれさえすれば，Pに入る波は必ず

山●＋谷○ または 谷○＋山●

の組合せになり弱めあう。よって，

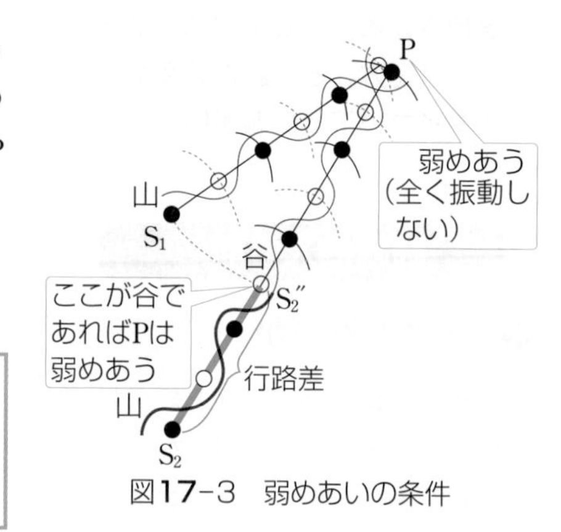

図17-3　弱めあいの条件

> **弱めあう条件**
>
> 行路差 $S_2P - S_1P = \left(m + \dfrac{1}{2}\right) \times$（波長 λ）
>
> （m は整数）

この式の意味は，図17-3で太く描いた行路差S_2S_2''は，S_2が山●でS_2''が谷○であることから，その長さは，一般に波長λの$\dfrac{1}{2}$倍，$\dfrac{3}{2}$倍，…などの$\left(整数 + \dfrac{1}{2}\right)$倍になっていなければならないということである。

以上より，

漆原の解法 31　光の干渉　3大原則：その1

$$(\text{行路差}) = \begin{cases} m\lambda & \cdots\text{強めあい} \\ \left(m+\dfrac{1}{2}\right)\lambda & \cdots\text{弱めあい} \end{cases} \quad (m\text{ は整数})$$

❷ 物質中を通る場合はどうすればよいのか

干渉して強めあうか弱めあうかは，道のりの差のみで決まることを見たが，では図17-4のように，途中で物質中を通る場合には，その部分の波長が短くなるために単純にS_1PとS_2Pの長さを比べるわけにはいかない。そこで，図17-4のように**光学的距離を考えて，すべての部分が真空中の波長になるようにする**。

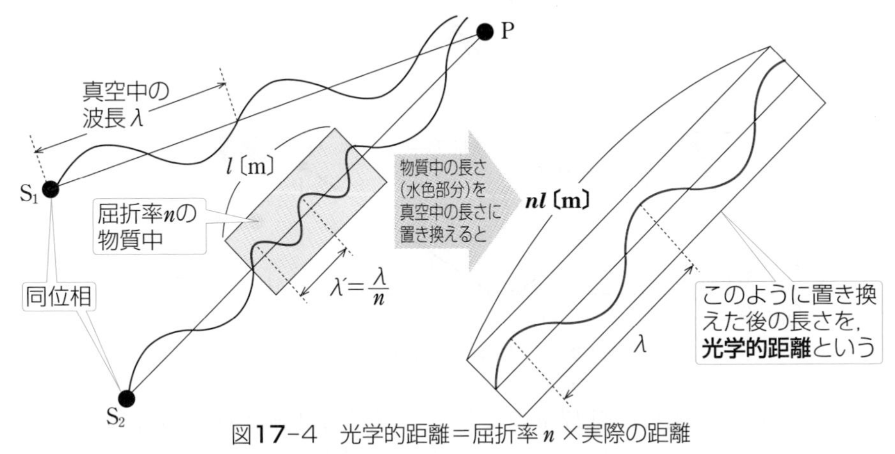

図17-4　光学的距離＝屈折率n×実際の距離

このように置き換えてしまえば，S_1PとS_2Pの長さを比べることができるようになる。干渉条件は次のようになる。

漆原の解法 32　光の干渉　3大原則：その2

$$(\text{光路差}) = (S_2P\text{ の光学的距離}) - (S_1P\text{ の光学的距離})$$

$$= \begin{cases} m\lambda & \cdots\text{強めあい} \\ \left(m+\dfrac{1}{2}\right)\lambda & \cdots\text{弱めあい} \end{cases} \quad (m\text{ は整数})$$

《注》λは物質中の波長ではなく**真空中の波長**であることに注意!!

（本書では，2つの光線の経路の差を行路差とし，物質中を通る光線に対しては光学的距離を考え，その差を光路差とした。）

❸ 固定端反射による干渉条件の逆転

光も波の一種であり反射する際には自由端反射(位相がずれない)，または固定端反射(位相が π ずれる)をする。ここでは「いつ固定端反射になるのかだけ」を次のように覚えればよい。

固定端反射 ⇨ より固い壁(端)にぶつかって反射
⇩
より屈折率の大きな壁にぶつかって反射
(光が〈イタイ！〉と叫ぶイメージ)

まず，自由端反射では図 17-5 のように，通常の干渉条件である。

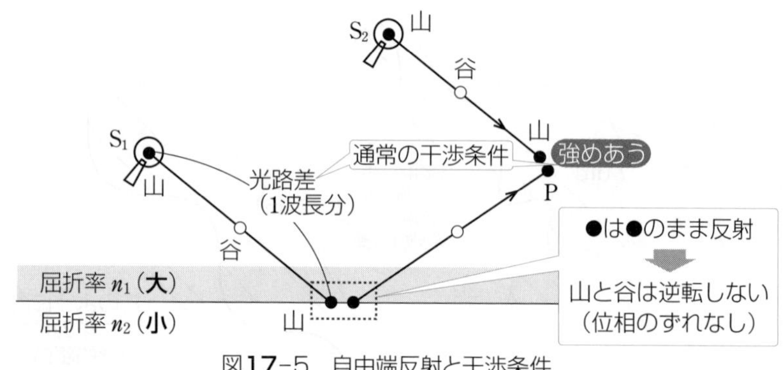

図17-5　自由端反射と干渉条件

一方，固定端反射では図 17-6 のように，光路差が 1 波長分であるにもかかわらず弱めあいになってしまう。つまり，強めあいと弱めあいの条件が逆転する。

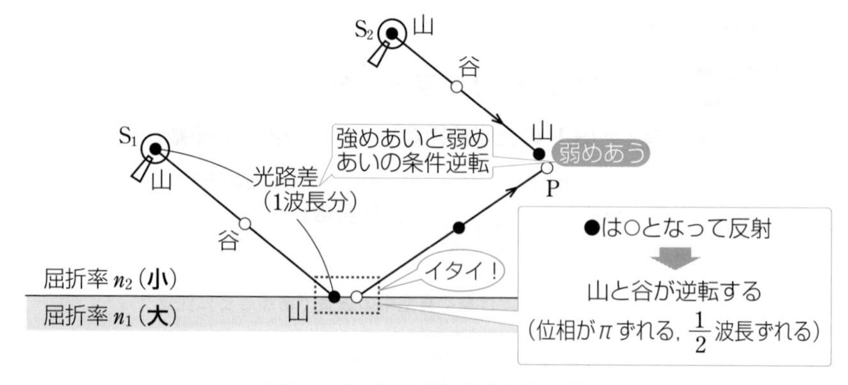

図17-6　固定端反射と干渉条件

つまり一般に，

漆原の解法 33 光の干渉　３大原則：その３

固定端反射が奇数回あると，干渉条件は逆転する。

屈折ではダメ！　偶数回ではダメ！

以上をまとめると，解法としては，

まず**２つの光線を作図**し，どこで行路差が生じているかを見つける。

そして基本的には**光の干渉　３大原則：その１**を，もし物質中を通るときは**光の干渉　３大原則：その２**を用いて，強めあい，弱めあいの条件を書く。

その際，反射があるときは**光の干渉　３大原則：その３**で，干渉条件の逆転をチェックする。

これより，干渉縞のようすや見える色について知ることができる。このように，**光の干渉の３大原則**の組合せで光の干渉の問題は解けるのだ。

出題パターン

55 2スリット（ヤングの干渉）

図a，bに示すように，1つの光源よりスリットS_0を通して出た波長λの単色光が，中心より同じ距離だけ離れた間隔dのスリットS_1，S_2を通過し，そのスリットよりLだけ離れたスクリーン上に明暗の干渉縞をつくる。ここで，dおよびスクリーン上の干渉縞の間隔は，Lおよびz方向のスリットの長さと比較して十分小さいと考えられるものとする。

スクリーン
スリット
光源
（図a）

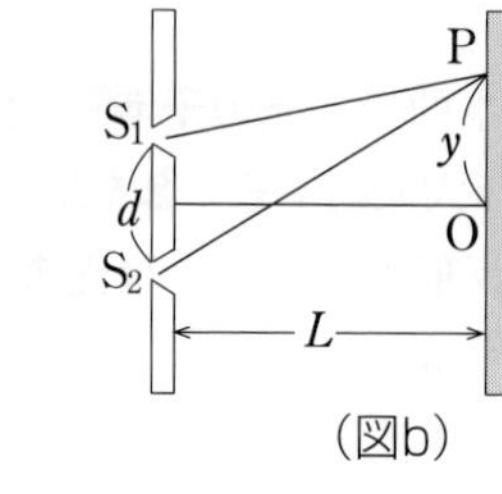

（図b）

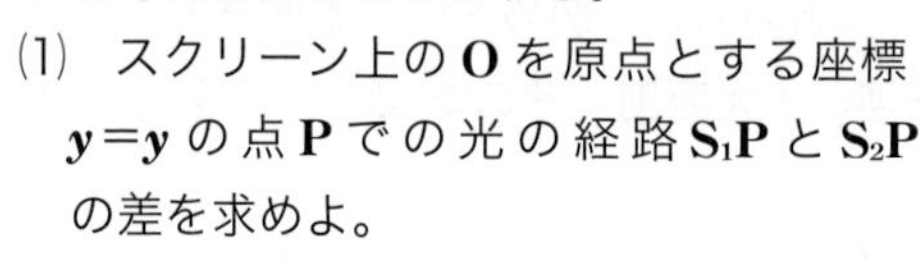

(1) スクリーン上のOを原点とする座標$y=y$の点Pでの光の経路S_1PとS_2Pの差を求めよ。

(2) 光が強めあう条件，および弱めあう条件を示せ。

(3) スクリーン上で得られる光の強弱の分布の概略を図に描け。ただし，y軸上には明線の座標を書き込むこと。

(4) 間隔$d=0.60$〔mm〕，$L=50$〔cm〕で，スクリーン上の明線の間隔が0.49mmであった。光源の波長はいくらか。

解答のポイント

行路差を求めるまでの作図から近似までの手順をマスターしよう。

解　法

(1) 図17-7でスリットS_0は**回折**（かいせつ）によってS_1，S_2に同位相の波源をつくるためのものである。いまdはLに比べて十分に小さいので((4)を見よ)，**直線S_1P，S_2Pはほぼ平行とみなせる**。S_1からS_2Pに下ろした垂線の交点をH，S_1とS_2の中点をMとすると，行路差は，

$$\overline{S_2P}-\overline{S_1P}=\overline{S_2H}=d\sin\theta$$

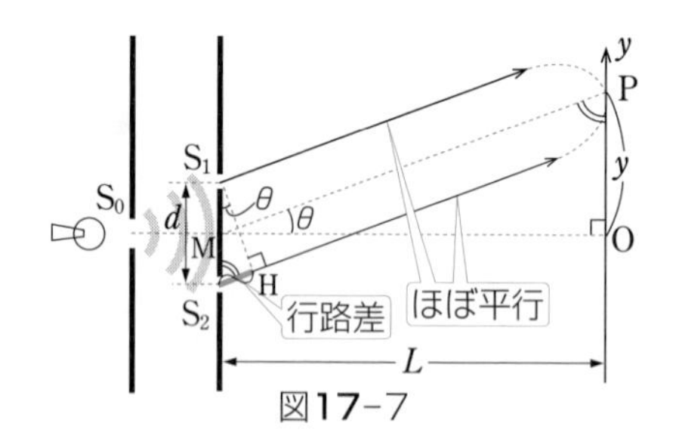

図17-7

ここで，y は L に比べて十分に小さいので（(4)を見よ）$\theta \fallingdotseq 0$ で $\cos\theta \fallingdotseq 1$ とみなせるので $\tan\theta \fallingdotseq \sin\theta$ より，

$$\overline{S_2P} - \overline{S_1P} \fallingdotseq d\tan\theta$$

また，三角形 PMO で $\tan\theta = \frac{y}{L}$ より，

$$\overline{S_2P} - \overline{S_1P} = d\frac{y}{L} \quad \cdots 答$$

（ここまでの作図や近似は，自分で何度も書いて完璧に覚えてしまおう！）

(2)　干渉条件は m を整数として**光の干渉　3大原則：その1**より，

$$行路差\ d\frac{y}{L} = \begin{cases} m\lambda & （強めあい） \\ \left(m + \frac{1}{2}\right)\lambda & （弱めあい） \end{cases} \quad \cdots 答$$

(3)　強めあって明るくなる位置は，

$$d\frac{y}{L} = m\lambda$$

$$\therefore \quad y = \frac{L\lambda}{d} \times m = 0,\ \pm\frac{L\lambda}{d},\ \pm\frac{2L\lambda}{d},\ \pm\frac{3L\lambda}{d},\ \cdots$$

mには具体例

よって，強弱の分布図は図 17-8 答のようになる。

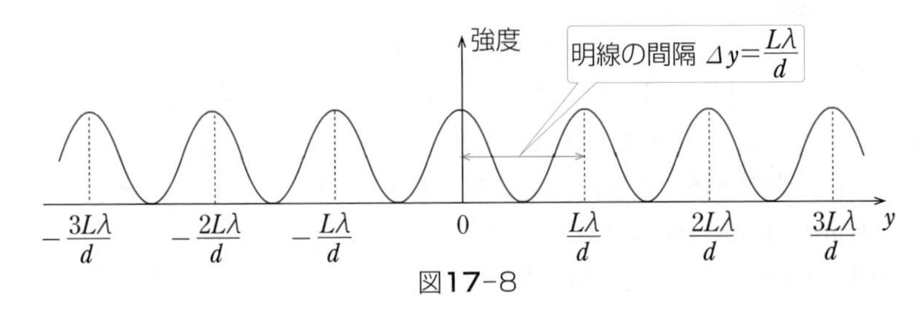

図17-8

このように光の干渉では整数 m に**具体的な数字 0，± 1，± 2，± 3 を入れてゆく**と，間隔を求めるときなどダンゼン，イメージしやすくなるのだ。ぜひ，具体的な数字を入れるクセをつけよう。

(4)　図 17-8 の明線の間隔 $\varDelta y = \frac{L\lambda}{d}$ より，

$$\lambda = \frac{d\varDelta y}{L}$$

$$= \frac{0.60 \times 10^{-3}〔\mathrm{m}〕 \times 0.49 \times 10^{-3}〔\mathrm{m}〕}{50 \times 10^{-2}〔\mathrm{m}〕}$$

$$\fallingdotseq 5.9 \times 10^{-7}〔\mathrm{m}〕 \quad \cdots 答$$

出題パターン 56 回折格子

ガラス板Rの表面にみぞ(格子線)を間隔(格子定数)d で等間隔にきざんでつくった回折格子がある。

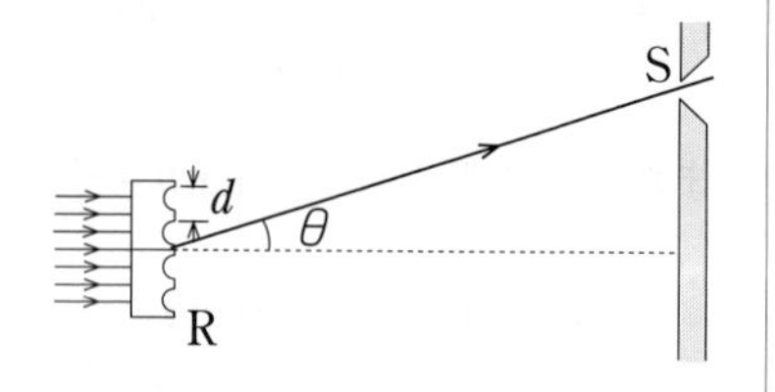

(1) 波長λ の光をガラス板Rに入射すると，スリットSのところに明線が生じるとき，間隔d，角度θ と波長λ が満たす条件式を書け。

(2) ガラス板R上に格子線が**1.0mm**あたり**250**本あり，角度$\theta=30°$ のとき，白色光をRに当てると，いくつかの波長の光がスリットSのところに明線を生じさせる。可視光(波長が 3.8×10^{-7}**m** から 7.8×10^{-7}**m** まで)の範囲内でSのところで明線を生じる光の波長を求めよ。

解答のポイント

隣り合うスリット間で強めあえば，すべてのスリット間で強めあうことができる。θ は小さいとは限らないので，$\sin\theta\fallingdotseq\theta$ の近似はしないこと。

解　法

(1) 図17-9のように各スリットで回折して広がる光のうち，特に隣り合うスリットからの光の行路差は $d\sin\theta$ となるので，明線が生じる条件は**光の干渉　3大原則：その1**より，

$d\sin\theta=m\lambda$　(m は整数)　…答

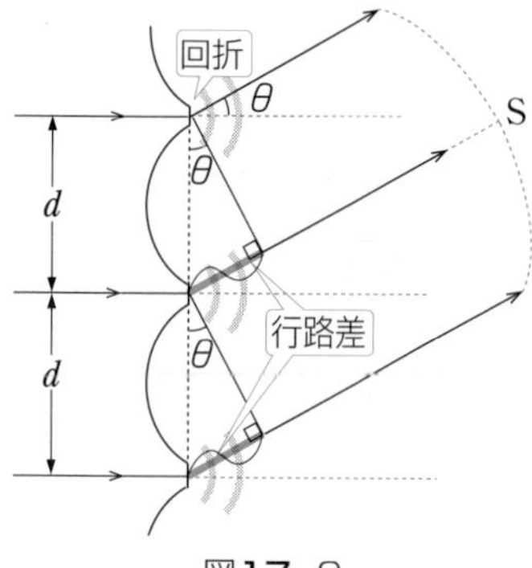

図17-9

(2) 間隔 $d=1.0\times10^{-3}$〔m〕$\div250$〔本〕

$=4.0\times10^{-6}$〔m〕

また，(1)の結果より，Sの位置に明線を生じさせることのできる波長λ の条件は，

$$\lambda=\frac{1}{m}d\sin30°=\frac{1}{m}\times4.0\times10^{-6}\times\frac{1}{2}〔\mathrm{m}〕$$

ここで，$m=1,\ 2,\ 3,\ \cdots$と代入していって計算したとき，

3.8×10^{-7}〔m〕$\leqq\lambda\leqq7.8\times10^{-7}$〔m〕

を満たすものは次の3つ。

$m=3$ のとき：$\lambda\fallingdotseq6.7\times10^{-7}$〔m〕(赤)
$m=4$ のとき：$\lambda=5.0\times10^{-7}$〔m〕(緑)　…答
$m=5$ のとき：$\lambda=4.0\times10^{-7}$〔m〕(紫)

mには**具体例**を入れてみよう

出題パターン 57 くさび状薄膜

2 枚の平行平面ガラス板が，図のように微小な角度 $\boldsymbol{\theta}$ をなすように置かれている。上方から波長 $\boldsymbol{\lambda}$ の単色光を入射し点 **A** および点 **B** で反射されてできる光の干渉を考える。

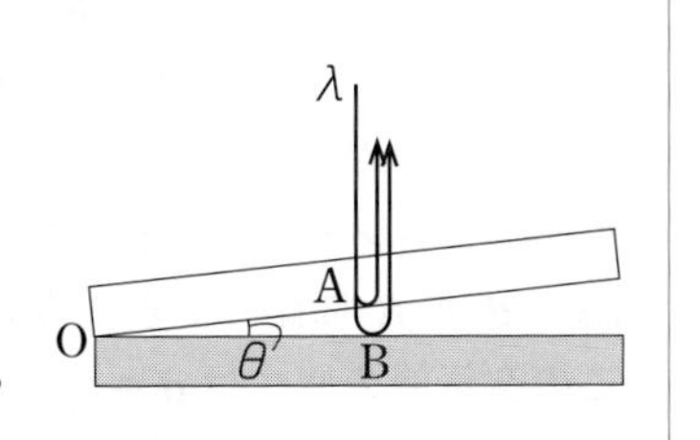

(1) 上方から見ると，明暗の縞模様が見えた。**AB** 間の距離を $\boldsymbol{d}$ として，明線と暗線の見える条件式を書け。

(2) 隣り合う暗線の間隔を求めよ。ただし，$\boldsymbol{\theta}$ が非常に小さいとき，$\tan\theta \fallingdotseq \theta$ と近似できる。

解答のポイント

(ガラスの屈折率) > (空気の屈折率)である。固定端反射(位相が π ずれる)が奇数回あると，強めあいの条件と弱めあいの条件が逆転することを忘れないこと。

解 法

(1) 図 17-10 のように行路差を作図する。

光は AB 間を往復していることに注意して，行路差は $2d$ となる。また，A での反射は自由端反射(位相のずれなし)，B での反射は固定端反射(位相のずれ π)となる。結局，固定端反射は 1 回（奇数回）で，干渉条件は逆転し，**光の干渉 3 大原則：その 1，その 3** より，

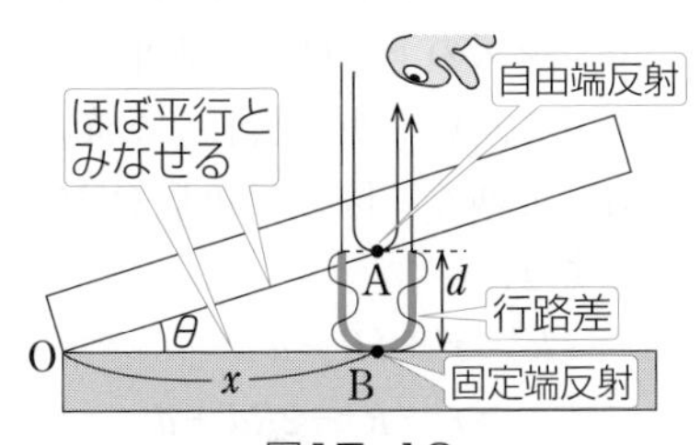

図17-10

$$2d = \begin{cases} \left(m + \dfrac{1}{2}\right)\lambda & (明線) \\ m\lambda & (暗線) \end{cases} \quad (m = 0,\ 1,\ 2,\ \cdots)$$

(明線) … 答

(暗線) … ①

(2) 図 17-10 より $\overline{\mathrm{OB}} = x$ とおくと，

$$d = x\tan\theta \fallingdotseq x\theta$$

これを①に代入して，

$$2x\theta = m\lambda$$

よって，暗線の位置 x は，**m には具体例**ということで，$m = 0,\ 1,\ 2,\ \cdots$として

$$x = \frac{m\lambda}{2\theta} = 0,\ \frac{\lambda}{2\theta},\ 2\times\frac{\lambda}{2\theta},\ \cdots$$

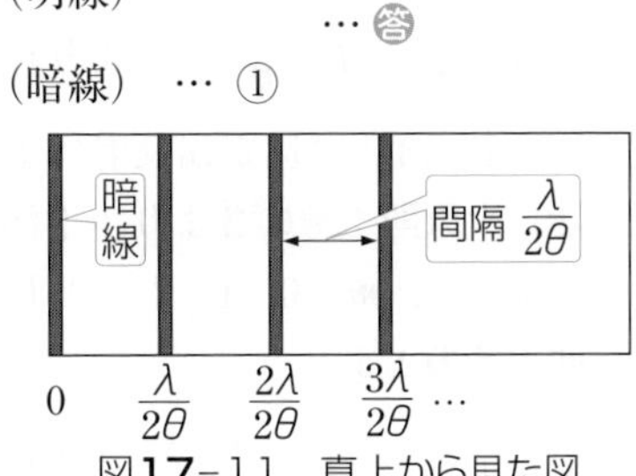

図17-11 真上から見た図

よって，暗線の間隔は $\dfrac{\lambda}{2\theta}$ 答 となる(図 17-11)。

出題パターン

58 ニュートンリング

図のように，ガラス平板の上に半径 $\boldsymbol{R}$ の大きい平凸レンズをのせ，波長 $\boldsymbol{\lambda}$ の平行光線をレンズの上から垂直に照射した。$\overline{\mathrm{AB}}=\boldsymbol{d}$ が $\boldsymbol{R}$ に比べてきわめて小さい場合，この空気層の厚さは $\boldsymbol{d}=$ [(1)] で表される。よって，A，B 両点で反射した光の干渉条件は，空気の屈折率を 1 として [(2)] となる。

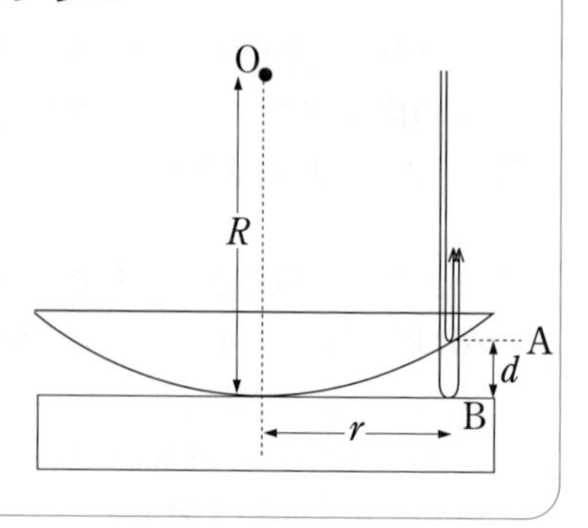

解答のポイント

固定端反射が奇数回あるときには干渉条件が逆転する。

解　法

(1)　図 17-12 で R は d に比べて十分大きいのでレンズの下面はほぼ水平とみなしてよい。よって，真上から照射した光はほぼ真上に反射してゆく。図の三角形 OHA で三平方の定理より，

$$R^2=r^2+(R-d)^2$$
$$=r^2+R^2-2Rd+d^2$$
$$\fallingdotseq r^2+R^2-2Rd \quad (d^2\text{ は十分小さく無視})$$
$$\therefore\quad d=\frac{r^2}{2R}\quad\cdots\text{①}\ \text{答}$$

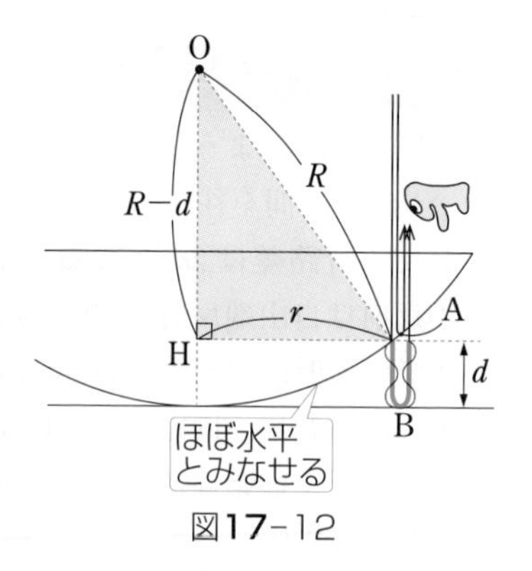

図17-12

(2)　行路差 $=2d=\dfrac{r^2}{R}$　(①より)(ここまでの作図や近似は完璧に覚えてしまおう！)

図 17-13 より固定端反射は 1 回(奇数回)で，**光の干渉 3 大原則：その 3** より，干渉条件が逆転している。

よって，$m=0,\ 1,\ 2,\cdots$ として，**光の干渉　3 大原則：その 1** より，

$$\frac{r^2}{R}=\begin{cases}\left(m+\dfrac{1}{2}\right)\lambda & (\text{強めあい})\\ m\lambda & (\text{弱めあい})\end{cases}\quad\cdots\ \text{答}$$

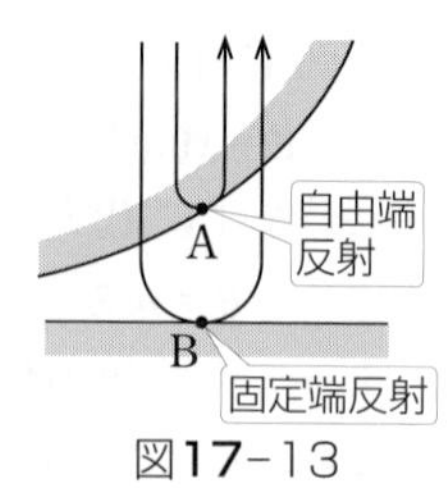

図17-13

“とことん”ニュートンリング （物 理）

ニュートンリングは，「波動」の中でも“超”がつく頻出問題。
ニュートンリングの干渉条件を求めたあとに，超頻出問題を解いてみよう。

問題 1 リングの形

出題パターン **58** で中心から m 番目($m=0,\ 1,\ 2,\ \cdots$)の明輪の半径は [(ア)] であり，m 番目の暗輪の半径は [(イ)] と表される。輪の中心には [(ウ)] ができ，明(暗)輪の間隔は中心からの距離が大きくなるほど [(エ)] なる。

解答 (ア) 明輪の半径は，

$$\frac{r^2}{R}=\left(m+\frac{1}{2}\right)\lambda$$

$$\therefore\quad r=\sqrt{\left(m+\frac{1}{2}\right)R\lambda}\quad\cdots 答$$

$$=\sqrt{\frac{1}{2}R\lambda},\ \sqrt{\frac{3}{2}R\lambda},\ \sqrt{\frac{5}{2}R\lambda},\ \cdots$$

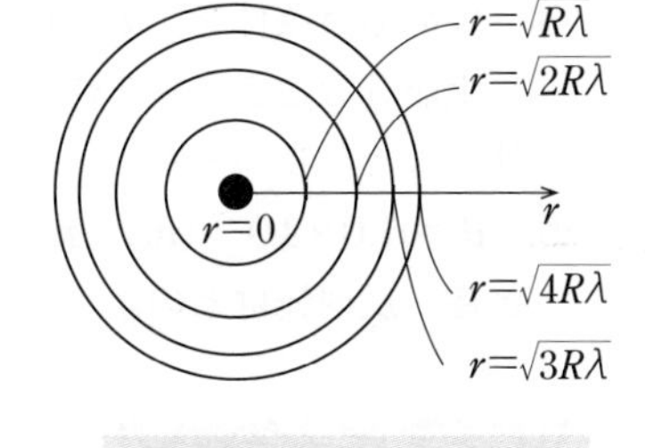

(イ) 暗輪(点)の半径は，

$$r=\sqrt{mR\lambda}\quad\cdots 答$$

$$=0\ (m=0 のとき),\ \sqrt{R\lambda},\ \sqrt{2R\lambda},\ \cdots$$

> **超頻出！**
> リングの形は上から見ると真ん中が暗く，暗線の間隔は外にいくほどせまくなる。

(ウ) よって，中心 $r=0$ には暗点答ができる。

(エ) 暗輪のようすは右上図のようになる。その間隔は外側ほどせまく答なる(明輪も同様)。

問題 2 液体挿入

出題パターン **58** でレンズとガラス板の間を屈折率 n の液体で満たすと，m 番目の暗輪の半径は [　　] となる。

解答 ガラスの屈折率を n_g として，右図のように2通り考えられるが，いずれにしても固定端反射は1回になる。よって，干渉条件は**液体中の光学的距離を考える**ことに注意して，**光の干渉 3大原則：その2，その3**より，

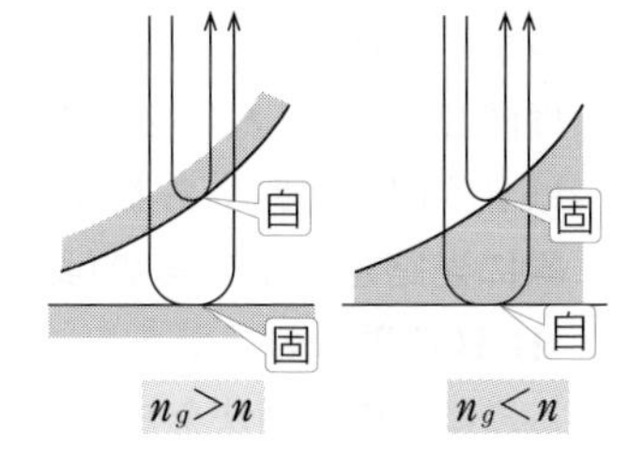

$$n\cdot\frac{r^2}{R}=m\lambda\quad(弱めあい)$$

（n：屈折率，λ：真空中の波長）

$$\therefore\quad r=\sqrt{\frac{mR\lambda}{n}}\quad\cdots 答$$

出題パターン

59 平行薄膜

図のように厚さ d のきわめて薄い平行な膜を考え，その屈折率を n，空気の屈折率を 1 とする。この膜の上面に，波長 λ の平行光線が入射し，膜の上面で屈折角 r で屈折し，下面で反射した後再び空気中へ出ていく光線と，膜の上面で反射した光線の干渉を考える。

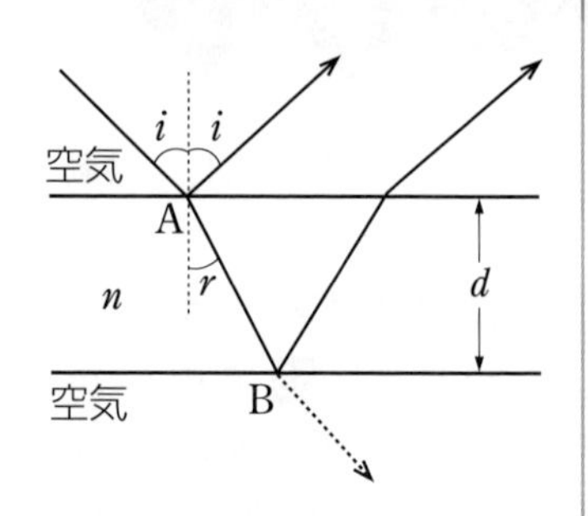

(1)　2 つの光線の光路差を d，n，r で示せ。

(2)　同じく，2 つの光線の光路差を，d，n，i で示せ。

(3)　強めあう条件を，d，n，i，λ，正の整数 m で示せ。

(4)　上記(3)のとき，膜を通過して膜の下面から出てくる光線は強めあいの条件を満たしているか，弱めあいの条件を満たしているか。

(5)　$d = 5.0 \times 10^{-7}$〔m〕，$n = 1.5$ とする。入射角 $i = 0$ で白色光を照射したとき，反射光はどのような波長の色に色づいて見えるか。

解答のポイント

同一波面(同じ振動状態の点を結んだラインで光線方向と直交)上の点どうしは必ず同位相。光路差を見つける作図をマスターしよう。また，可視光の波長の範囲　$3.8 \times 10^{-7} \sim 7.7 \times 10^{-7}$〔m〕　は覚えていてほしい。

解　法

(1)　図 17-14 のように，**点 A から下ろした垂線の交点を H とするのが最大のポイント**。点 A，H は同一波面上の点となり 2 つの光線は，点 A，H から先で位相のずれはない。つまり，目に届くまでに入っている波の数は同じになる。また，2 つの光線は点 A までは全く同じ経路である。以上から **2 つの光線に光路差が生じるのは，図 17-14 の A-B-H の部分**のみである。その長さを求めるには次の作図法を知らないと困るのだ!!

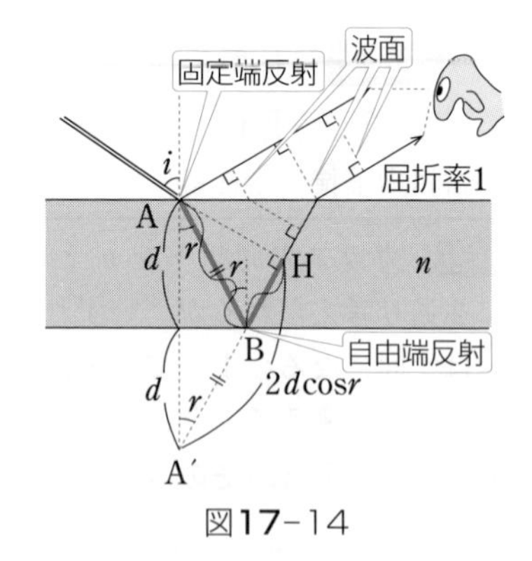

図17-14

ポイントは図 17-14 のように点 A′ をとること！

すると，

$$\overline{AB}+\overline{BH}=\overline{A'B}+\overline{BH}$$
$$=\overline{A'H}=2d\cos r$$

となる。よって，求める光路差(光学的距離の差)ΔL は，

$$\Delta L=\underset{\text{屈折率}}{n}\cdot 2d\cos r \quad \cdots ①\text{答}$$

(2) 点Aでの**屈折の法則：「下かくしの積」＝「上かくしの積」**より，

$$\underbrace{1\cdot\sin i}_{\text{下かくしの積}}=\underbrace{n\sin r}_{\text{上かくしの積}} \quad \cdots ②$$

ここで①，②より，

$$\Delta L=2d\sqrt{n^2-(n\sin r)^2}$$
$$=2d\sqrt{n^2-\sin^2 i} \quad \cdots \text{答}$$

（ここまでの作図や式変形は完璧に覚えてしまおう）

(3) 図17-14で点Aでの反射は固定端反射(位相が π ずれる)，点Bでの反射は自由端反射(位相のずれなし)で，固定端反射が計1回であるので，干渉条件は逆転している。強めあう条件は m(正の整数)＝**1**，2，3，… を使って，**光の干渉　3大原則：その2，その3**より，

$$\Delta L=2d\sqrt{n^2-\sin^2 i}=\left(m-\frac{1}{2}\right)\lambda \quad \cdots ③\text{答}$$

（注 m が**1**から始まるので，$m-\frac{1}{2}$としている。）

(4) 下面から出てくる2つの光線は図17-15のようになるが，図17-14と比べると光路差は全く同じだが，**固定端反射がなくなっている**。よって，③のときは弱めあいの条件答となっている。

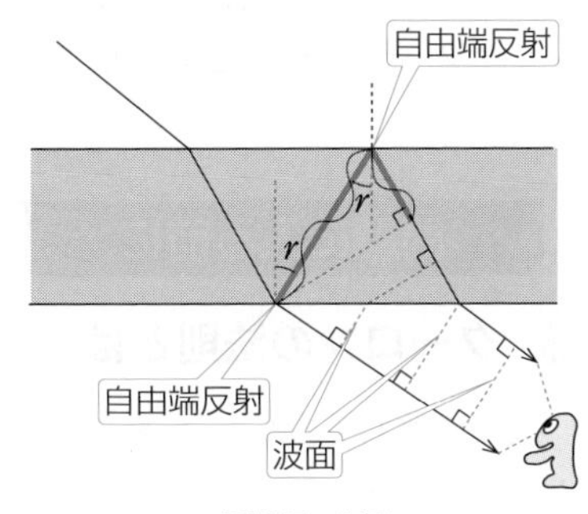

図17-15

(5) ③で $i=0$ として，

$$2dn=\left(m-\frac{1}{2}\right)\lambda$$

$$\therefore\quad \lambda=\frac{2nd}{m-\frac{1}{2}}$$

$$=\frac{2\times1.5\times5.0\times10^{-7}}{m-\frac{1}{2}}=\frac{1.5\times10^{-6}}{m-\frac{1}{2}} \quad (m=1,\ 2,\ 3,\ \cdots)$$

この波長 λ のうち，可視光の波長の範囲 3.8×10^{-7}～7.7×10^{-7}〔m〕に入っているのは，

$m=3$ のとき：$\lambda=6.0\times10^{-7}$〔m〕（だいだい）
$m=4$ のとき：$\lambda\fallingdotseq4.3\times10^{-7}$〔m〕（紫）
… 答

の2色のみで，これらの色が反射して見える。シャボン玉が色づくのもこのしくみによる。

STAGE 18 電磁気

電場と電位

物理基礎 物理

+1 クーロンを使って電場と電位を定義

頻出出題パターン

60 一様な電場 物理

61 点電荷のつくる電場 物理

62 ガウスの法則 物理

ここを押さえよ！

「電磁気は難しくてイヤ！」と言う人に限って，「電位って何」と聞くと「う～ん」と困ってしまう。要するに，「言葉の定義」を知らないだけのことなのである。電磁気攻略のカギは，いかにこの「言葉の定義」をわかりやすくイメージしながら理解しているかにある。

問題に入る前に

❶ クーロンの法則とは 物理基礎 物理

電気は難しくない。イメージしてほしいのは“プラスとプラス”または“マイナスとマイナス”の電気どうしは反発しあい，“プラスとマイナス”の電気は引きつけあうことだけである。

距離 r 離れた電気の粒(点電荷)どうしに働く力の大きさは次のように決まる。

漆原の解法 34 クーロンの法則

点電荷間に働く電気力の大きさ

$$F=k\frac{Qq}{r^2}$$

Qq：電気量の絶対値の積

r^2：距離の2乗に反比例

(クーロン定数 $k=9.0\times10^9$〔N·m²/C²〕)

《例》

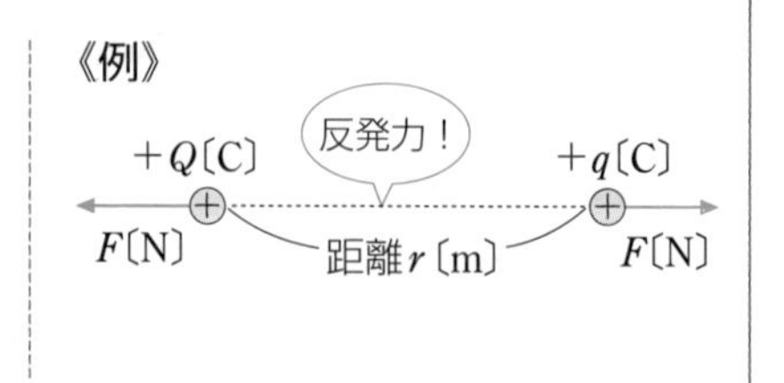

❷ 電場を「見る」には 物 理

まず電場(電界ともいう)の定義から見てみよう。

漆原の解法 35 電場の定義

電場$\vec{E}$ ([N/C]=[V/m]) … その点に置かれる+1Cの電荷が受ける$\overrightarrow{\text{電気力}}$

このイメージは次のようになる。

まず，図18-1(a)のように，ある場所に電場があるかどうか調べたいとする。そのときは(b)のように+1Cの点電荷をその場所に置いてみる。

すると……，(c)のように置いた+1Cが左向きに100Nの大きさの電気力を受けた!!

ということは……，(d)のようにそこには左向きに100N/Cの大きさの電場があることになる。

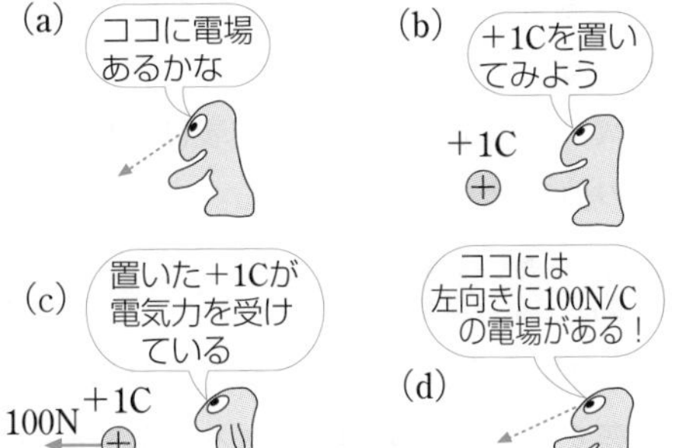

図18-1 電場を見るには

また，電場は力と同じようにベクトルなので，分解や合成ができる。ここでもう一度注意するが，**あくまでも+1Cの受ける電気力が電場**である。

❸ 電位とは高さである 物 理

電位の定義は3通りあるが，まず1番目の定義から見てみよう。

漆原の解法 36 電位の定義：No.1

電位 V ([J/C]=[V]) … その点に置かれる+1Cの電荷が感じる「高さ」

このイメージは次の重力中の物体の例と比べるとわかりやすい。

まず，次ページの図18-2(a)のように重力中で「高い」，「低い」を決めるには，重力中で物体を静かに放して，物体が重力を受けて落下してゆく方向を見て，「高い」，「低い」を決めてゆく。

全く同じように電場中で電位が「高い」，「低い」を決めるには，(b)のように電場中で+1Cを静かに放して，+1Cが電気力を受けて落下してゆく方向を見て「高い」，「低い」を決めてゆく。このようにして決めた**+1Cの感じる「高さ」を電**

位という。

これより，プラスの電気の近くに＋1C を置くと，反発力で＋1C は遠ざかる向きに「落ちて」ゆくので，プラスの電気の周りは**高電位**である。また，マイナスの電気の近くに＋1C を置くと，引力で＋1C は近づく向きに「落ちて」ゆくので，マイナスの電気の周りは**低電位**だということがわかる。

次に，電位の２番目の定義は具体的に電位の値を求める方法である。

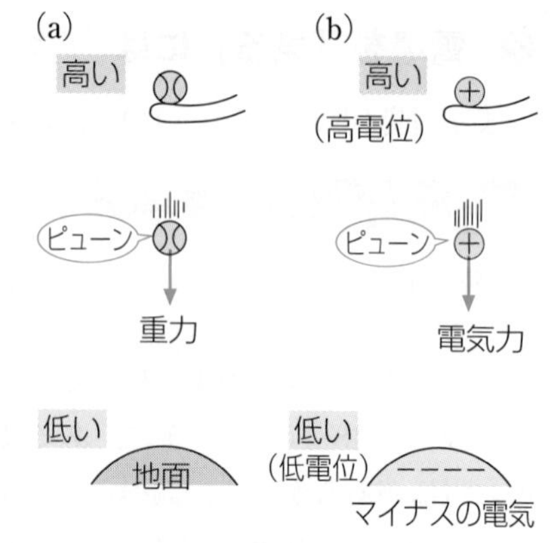

図18-2　電位とは高さだ

漆原の解法 37　電位の定義：No.2

0V の点からある点まで＋1C の電荷を電場に逆らってゆっくり運ぶのに要する仕事が V〔J〕であるとき，その点の電位を V〔V〕とする。

このイメージは次のようになる。

図 18-3(a)のようにある点の電位を調べたいときは，(b)のように 0V の点から＋1C の電荷を電場に逆らってゆっくり運んでみる。

すると……，(c)のようにその点まで運ぶのに 100J の仕事をした！

ということで……，(d)のようにその点の電位は 100V であることがわかる。もちろん運ぶのに 500J 必要なら 500V であり，10000J 必要なら 10000V である。

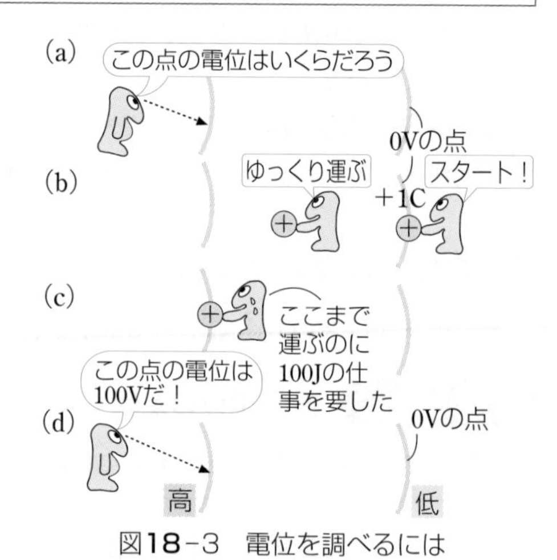

図18-3　電位を調べるには

つまり，**「高い」ほどそこまで持ち上げるのに大きな仕事を要する**のである。

最後に，電位の３番目の定義を見てみよう。この定義は位置エネルギーの考えにつながってゆく。

漆原の解法 38 電位の定義：No.3

電位 V〔V〕の点に置かれた＋1C の電荷は，V〔J〕の電気力による位置エネルギーを持つ。

このイメージは次のようになる。

図 18-4(a)のように重力中で m〔kg〕の物体をゆっくりと h〔m〕だけ持ち上げるのに要する仕事は mgh〔J〕であり，これが重力による位置エネルギーとして蓄えられる。

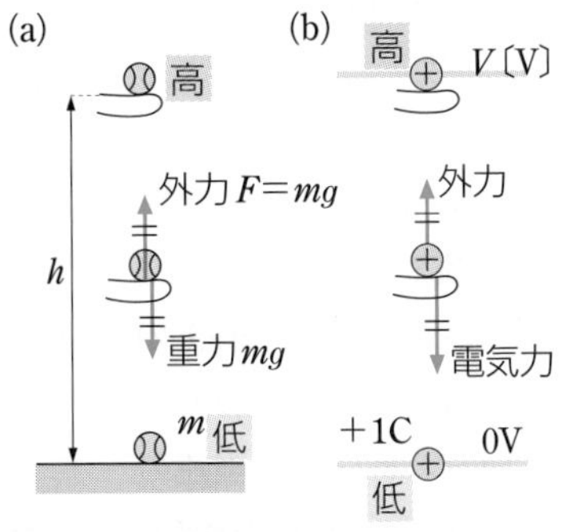

図18−4　電気力による位置エネルギー

全く同じように，(b)のように電場中で＋1C の電荷を 0V の位置から V〔V〕の位置まで電場に逆らってゆっくり持ち上げるのに要する仕事は，電位の定義：No.2 より V〔J〕で，**これが電気力による位置エネルギーとして蓄えられる。**

❹ 電場・電位で最も大切なこと （物理）

これまでの電場・電位の定義はすべて＋1C の電荷を使ってきた。ここが最も大切なことで，これを忘れたらすべてはオシマイ！

電場・電位ときたら＋1C を忘れない!!

❺ 点電荷のつくる電場と電位に応用してみよう （物理）

いままで見てきた**電場の定義**，**電位の定義：No.1，No.2，No.3**を**クーロンの法則**と組み合わせてみよう。クーロンの法則の比例定数を k とする。

図 18-5(a)のように $+Q$〔C〕と $-Q$〔C〕の点電荷からそれぞれ距離 r〔m〕の点での電場・電位はどのようになるのかを考える。

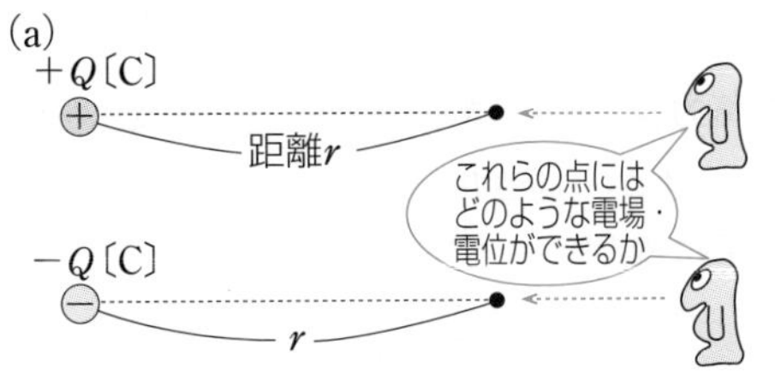

図18−5(a)　点電荷のつくる電場と電位

まず，(b)のようにそれぞれの点に **+1C を置いたとき受ける電気力が電場 $\boldsymbol{E}$ となる。** その向きは⊕と⊕の反発力，⊖と⊕の引力によって，その大きさは**クーロンの法則**で $q=1$〔C〕としたものによって決まる。

次の(c)のように電位は，$+Q$ の点電荷の周囲は高く「山」となっており，$-Q$ の点電荷の周囲は低く「谷」となっている。特に，無限遠の点つまり $r=\infty$ の点を0Vとしたときの電位 V は(d)のように **$+Q$ の周囲では正，$-Q$の周囲では負となり距離 r に反比例している**ことに注意して覚えよう。

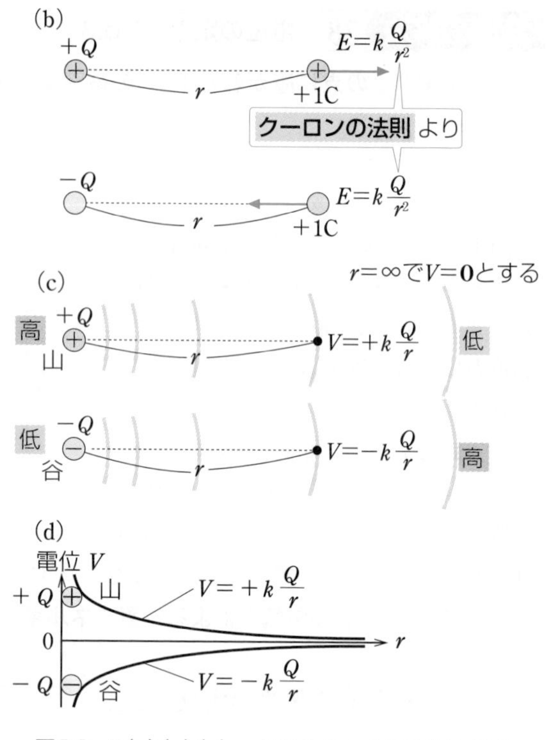

図18-5(b)(c)(d)　点電荷のつくる電場と電位

漆原の解法 39 点電荷のつくる電位の式

$$V=\pm k\frac{Q}{r}$$ 距離の1乗に反比例

《注》電場については**クーロンの法則**からすぐに導けるので覚えなくてよい

❻ 電気力線と等電位線によってビジュアル化 （物 理）

電場・電位を+1Cでしっかり定義できたら，次はそれらを電気力線，等電位線を使って図に表してみよう。ルールはとてもシンプルだ(次ページの図18-6)。

① **電気力線** … 各点での電場ベクトルをつなげていった線
　⟶ ⊕から湧き出て⊖へ流れ込む川のイメージ

② **等電位線(面)** … 電位の等しい点どうしを結んだライン
　⟶ 等高線と同じ

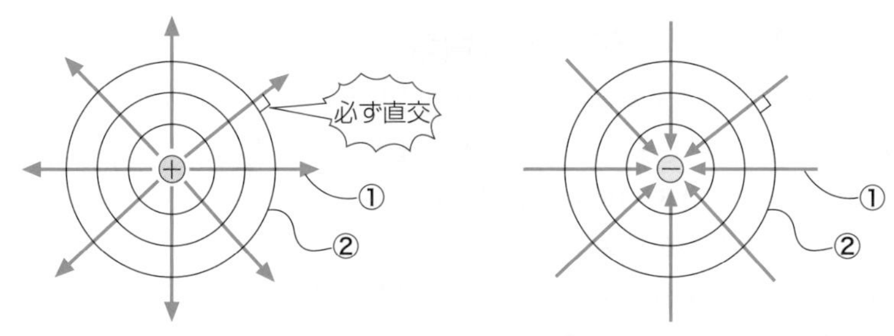

図18-6　①電気力線と②等電位線(面)

❼ 金属の静電誘導は 4 コママンガで （物　理）

金属はプラスの電気を持った陽イオンとマイナスの電気を持った自由電子からなる。自由電子は金属中を自由に動けるために，金属は次のような静電誘導という性質を持つ。図 18-7 で 1，2，3，4 の順に追って見てみよう。

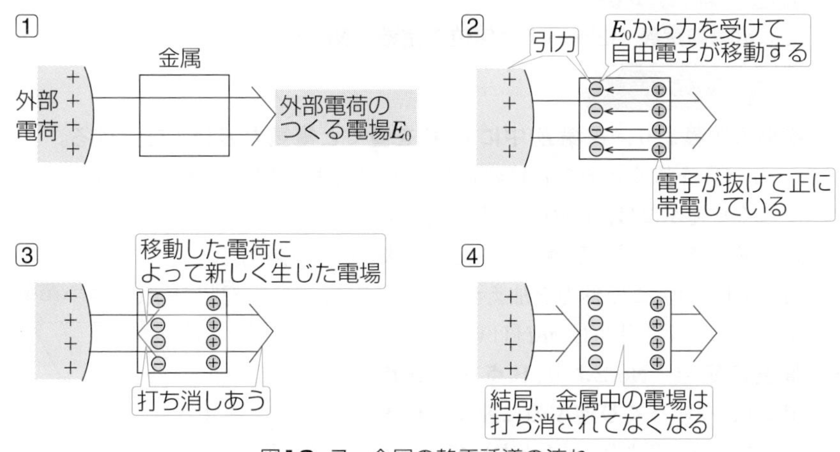

図18-7　金属の静電誘導の流れ

つまり，**金属中に電場なし ⟶ 連続している金属はどこでも等電位**

《注》この結果は静電気にのみ成り立つ。電流が流れる抵抗中や磁場中では成り立たない。

出題パターン 60 一様な電場

図のように，大きさ E〔N/C〕の一様な電場中に **3 点 A，B，C** を考える。電場の向きは **A** から **B** に向かう向きで，$\overline{AB}=\overline{BC}=\overline{CA}=l$〔m〕である。

このとき次のものを求めよ。

(1) **B** 点に電気量 q〔C〕の正の電荷を置いたときに受ける電気力の大きさ〔N〕。

(2) 電気量 q〔C〕の電荷をゆっくりと **B** 点から **A** 点に運ぶのに必要な外力のする仕事〔J〕。

(3) **B** 点に対する **A** 点の電位 V_{AB}〔V〕。

(4) **B** 点に対する **C** 点の電位 V_{CB}〔V〕。

(5) **A** 点に対する **C** 点の電位 V_{CA}〔V〕。

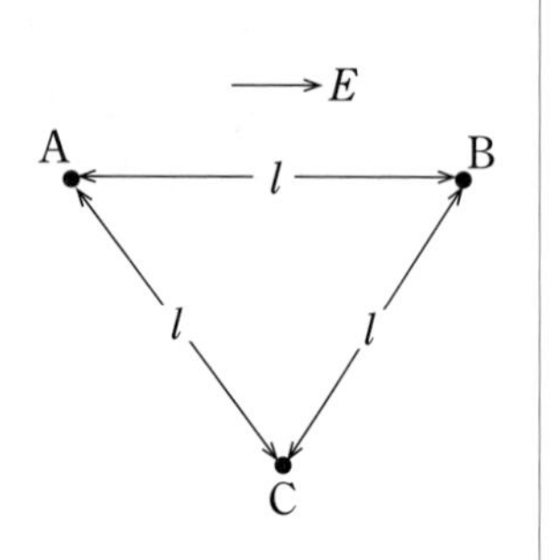

解答のポイント

(1)では**電場の定義**，(2)〜(5)では**電位の定義：No.2**を用いる。

解　法

(1) **電場の定義**より，**電場 E 中に＋1C を置くと電気力 E〔N〕を受ける**。よって，$+q$〔C〕を置くとその q 倍の qE〔N〕㊀を電場と同じ向きに受ける。

(2) ゆっくり運ぶには，(1)の電気力と同じ大きさで逆向きの外力 qE〔N〕を加える必要がある(図 18-8)。この外力を加えつつ l〔m〕動かすのに要する仕事は qEl〔J〕㊀

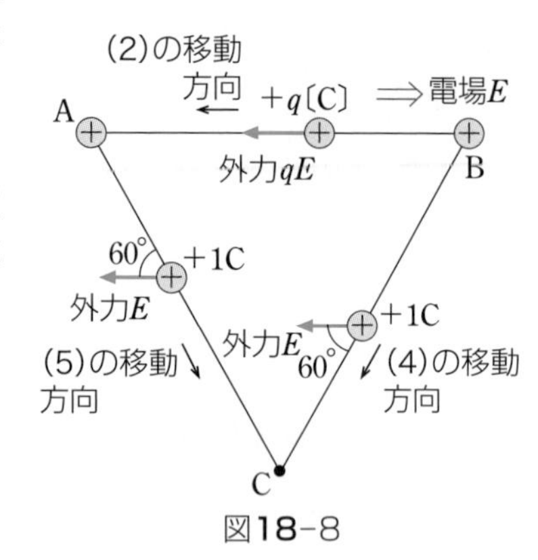

図18-8

(3) **電位の定義：No.2** より，**B 点から A 点まで＋1C をゆっくり運ぶのに要する仕事が V_{AB} なので**，(2)より $q=1$ とおいて，

$$V_{AB}=El\text{〔V〕} \quad \cdots \text{答}$$

(4) 同様に B 点から C 点まで＋1C をゆっくり運ぶのに要する仕事が求める電位で，

$$V_{CB}=\underbrace{E\cos60^\circ}_{\text{外力の B→C 成分}}\cdot\underbrace{l}_{\text{距離}}=\frac{1}{2}El\text{〔V〕} \quad \cdots \text{答}$$

(5) A 点から C 点まで＋1C をゆっくり運ぶのに要する仕事が求める電位で，

$$V_{CA}=\underbrace{-E\cos60^\circ}_{\text{外力の A→C 成分}}\cdot\underbrace{l}_{\text{距離}}=-\frac{1}{2}El\text{〔V〕} \quad \cdots \text{答}$$

出題パターン

61 点電荷のつくる電場

図のように，xy 平面内の 2 点 Q_1，Q_2 にはそれぞれ Q〔C〕の正電荷が固定されている。ただし，クーロンの法則の比例定数を k〔$N \cdot m^2/C^2$〕とする。

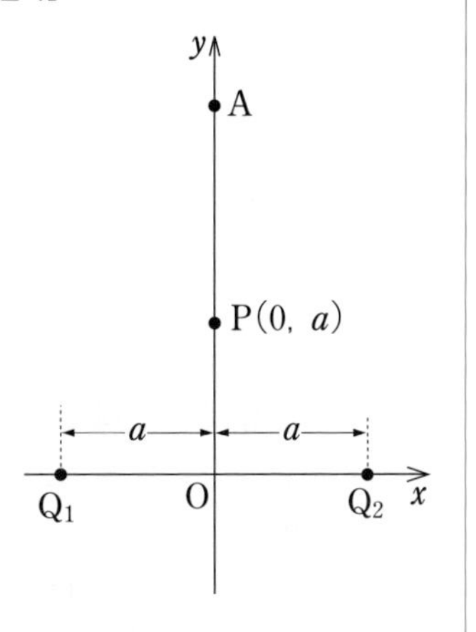

(1) 点 $P(0,\ a)$ における電場の大きさと方向を求めよ。

(2) 原点 O における電位 V_0〔V〕を求めよ。電位の基準を無限遠とする。

(3) q〔C〕の正電荷を原点 O から十分遠い（無限遠としてよい）y 軸上の点 A から点 O まで移動させるとき，外力がする仕事 W_0〔J〕はいくらか。

(4) 点 A に置かれた質量 m〔kg〕で正電荷 q〔C〕の第 3 の粒子に，点 O に向け初速 v_0〔m/s〕を与えたとする。粒子が点 O に到達するための最小の初速を求めよ。

解答のポイント

複数の点電荷がつくる電場の合成は，ベクトル和として図形的に求める。電位の合成は符号を注意した足し算で行う。点電荷のつくる電場・電位の大きさは，**点電荷からの距離 r のみで決まる**。

解　法

(1) **電場の定義**より図 18-9 のように**点 P に +1C を置いたときに，距離 $\sqrt{2}a$ だけ離れた点 Q_1，Q_2 の両方の点電荷から受ける力の合力が点 P における合成電場 $\overrightarrow{E_P}$** である。

クーロンの法則より，図 18-9 のように点 Q_1，Q_2 の点電荷から受ける電気力 $\overrightarrow{E_{P1}}$，$\overrightarrow{E_{P2}}$ の大きさはともに，

$$|\overrightarrow{E_{P1}}| = |\overrightarrow{E_{P2}}| = k\frac{Q}{(\sqrt{2}a)^2}$$

図18-9

となる。それらの合力の大きさは図の直角二等辺三角形に注意して，

$$|\overrightarrow{E_P}| = \sqrt{2} \times |\overrightarrow{E_{P1}}| = \frac{kQ}{\sqrt{2}a^2}\text{〔N/C〕}$$ （向きは $+y$ 方向）　… 答

(2) Q_1 と Q_2 にある2つの点電荷 Q からともに距離 a だけ離れた点Oにつくる合成電位 V_0〔V〕は2つの点電荷がつくる電位の足し算で**点電荷のつくる電位の式**より，

$$V_0 = \underbrace{\left(+k\frac{Q}{a}\right)}_{Q_1 \text{のQ〔C〕がつくる電位}} + \underbrace{\left(+k\frac{Q}{a}\right)}_{Q_2 \text{のQ〔C〕がつくる電位}} = \frac{2kQ}{a}〔V〕 \cdots 答$$

(3)「電気を運ぶ仕事を求めよ」ときたら**電位の定義：No.2**に入るのがいつものやり方。**電位の定義：No.2**より，**点A(電位0V)から点O(電位 V_0〔V〕)までゆっくりと＋1Cを運ぶのに要する仕事**は，

$$V_0 - 0 = V_0〔J〕$$

よって，点Aから点Oまでゆっくりと $+q$〔C〕を運ぶのに要する仕事 W_0 は，その q 倍の仕事が必要なので，

$$W_0 = qV_0 = \frac{2kqQ}{a}〔J〕 \cdots 答$$

(4)「荷電粒子の速さを求めよ」ときたら**電位の定義：No.3**に入るのが定石。**電位の定義：No.3**より**＋1Cが V_0〔V〕の位置に置かれたときに持つ電気力による位置エネルギーは V_0〔J〕**である。

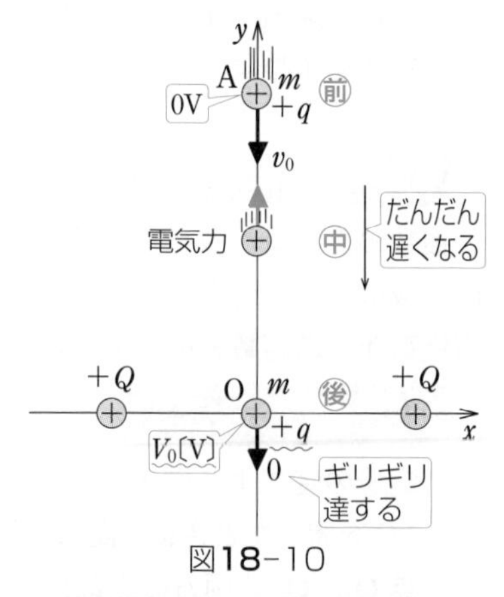

図18-10

よって，q〔C〕が V_0〔V〕の点Oの位置に置かれたときに持つ電気力による位置エネルギーは，その q 倍の qV_0〔J〕となる。また，点Aでは0Vなので電気力による位置エネルギーは持たない。いま，点Aで図18-10のように速度 v_0〔m/s〕で打ち出した $+q$〔C〕の電荷が，ギリギリ点Oに達するとき，**力学的エネルギー保存則**より(途中で受ける力は電気力であるが，電気力は重力・弾性力と同様に位置エネルギーが定義できる力なので，力学的エネルギーを変化させることはない)，

$$\underbrace{\frac{1}{2}mv_0^2}_{\text{点Aで持つ力学的エネルギー（運動エネルギーのみ）}} = \underbrace{qV_0}_{\text{点Oで持つ力学的エネルギー（電気力による位置エネルギーのみ）}}$$

$$\therefore \quad v_0 = \sqrt{\frac{2qV_0}{m}} = 2\sqrt{\frac{kqQ}{ma}}〔m/s〕 \cdots 答$$

出題パターン

62 ガウスの法則

次の **3** つの場合に，与えられた点における，電場の大きさ $\boldsymbol{E}$ を求めよ。クーロン定数を $\boldsymbol{k}$ とする。

(1) 点電荷 $+\boldsymbol{Q}$ から距離 $\boldsymbol{r}$ だけ離れた点。

(2) 半径 $\boldsymbol{a}$ の球の中に全電気量 $+\boldsymbol{Q}$〔C〕の電荷が一様な密度で入っている。その球の中心から距離 $\boldsymbol{r}(<\boldsymbol{a})$ だけ離れた点。

(3) 十分広い面積 $\boldsymbol{S}$ の板に全電気量 $+\boldsymbol{Q}$〔C〕の電荷が一様に分布している。その表面近くの点。ただし，電気力線は面に垂直に一様に出ているとしてよい。

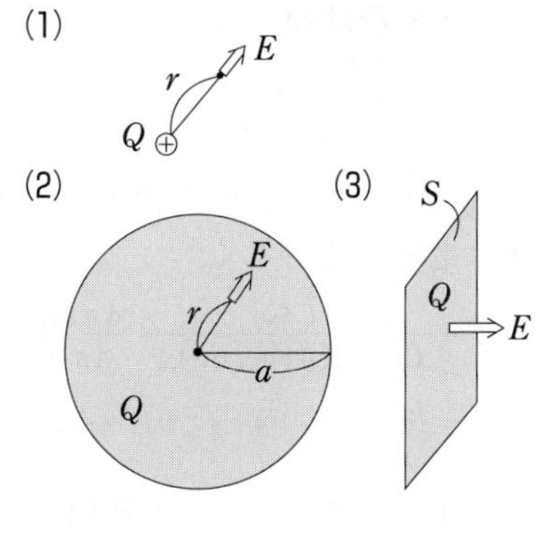

解答のポイント

点電荷のつくる電場，電位は，距離 r さえ分かれば容易に求まる。では，一般に，球面内に分布した電荷，平面上に分布した電荷のつくる電場はどうやって求めればよいのか。それは，次のガウスの法則で求めることができる。ガウスの法則とは，電気力線の本数に関する法則で，次の 2 つの原則を忠実に行えば使いこなせるようになる。

まず，図 18-11 のように閉曲面 C で，電荷を包んでみる。すると C を電荷から発生する電気力線が貫く。その本数には 2 つの約束がある。

原則 1 C を貫く総本数 N は，

$$N = 4\pi k \times (C\ \text{内の全電気量}\ Q)$$

（k：クーロン定数）

> 総本数と 1〔m²〕あたりの本数を区別することがポイント。

原則 2 C の表面 1〔m²〕あたり貫く本数＝(C の表面での電場の強さ E)

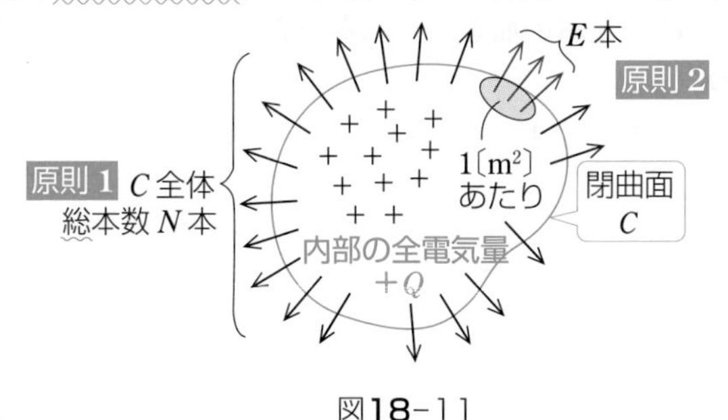

図18-11

解　法

(1)　図 18-12 で，半径 r の**球面 C 内に入っている全電気量は Q** である。

よって 原則 1 より，C を貫く総本数 N は，

$N = 4\pi k \times \boldsymbol{Q}$〔本〕

原則 2 より，C の表面 1〔m²〕あたり貫く本数は電場 E と等しく，

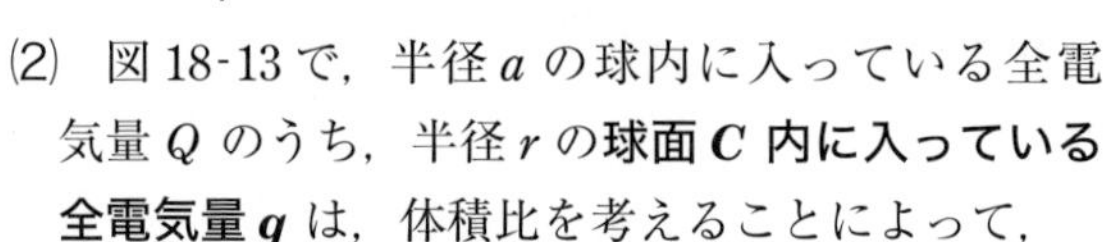

$$E = \frac{N\text{〔本〕}}{C\text{ の表面積〔m}^2\text{〕}} = \frac{4\pi kQ}{4\pi r^2}$$

$$= \frac{kQ}{r^2}$$ …答（これはクーロンの法則と同じ）

図18-12

(2)　図 18-13 で，半径 a の球内に入っている全電気量 Q のうち，半径 r の**球面 C 内に入っている全電気量 q** は，体積比を考えることによって，

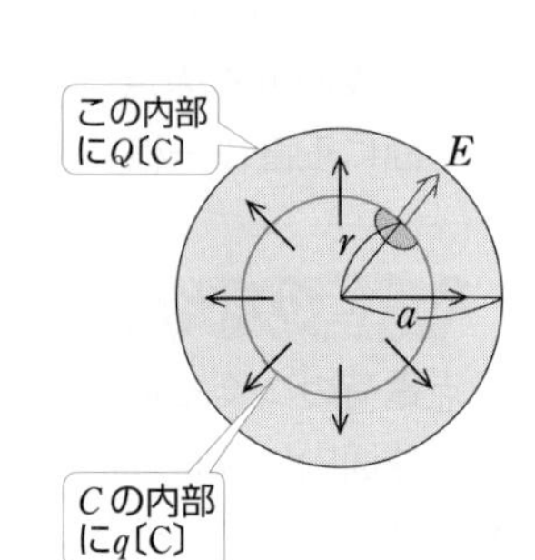

図18-13

$$q : Q = \left(\frac{4}{3}\pi r^3\right) : \left(\frac{4}{3}\pi a^3\right)$$

$$\therefore \quad q = Q \times \left(\frac{r}{a}\right)^3 \quad \cdots ①$$

よって 原則 1 より，C を貫く総本数 N は，

$N = 4\pi k \times \boldsymbol{q}$　… ②

原則 2 より，C の表面 1〔m²〕あたりを貫く本数は電場 E と等しく，

$$E = \frac{N}{4\pi r^2} = \frac{4\pi kQ\left(\frac{r}{a}\right)^3}{4\pi r^2} = \frac{kQr}{a^3}$$ …答（①，②より）

(3)　図 18-14 で，十分に板は広いので電気力線は板に垂直に出ていると考えてよい。ここで，板をぴったり包む薄い箱 C を考える。**この箱 C 内に入っている全電気量は Q** である。

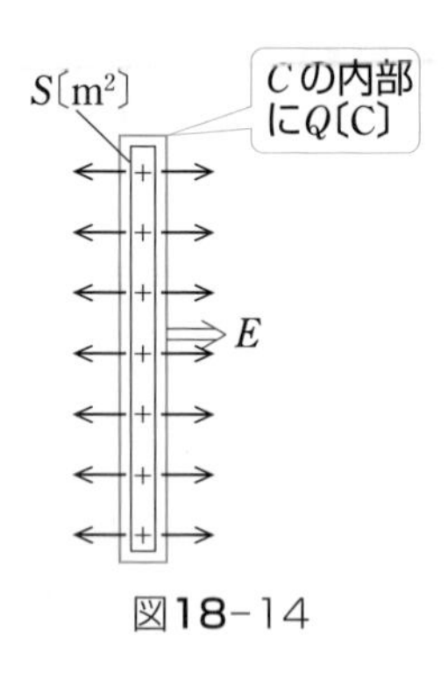

図18-14

原則 1 より，C の左右の面を貫く総本数 N は，

$N = 4\pi k \times \boldsymbol{Q}$　… ③

原則 2 より，C の表面 1〔m²〕あたりを貫く本数は電場 E と等しく，

$$E = \frac{N}{2S} = \frac{2\pi kQ}{S}$$ …答（③より）

左右の面合わせて

箔検電器の解法ルール

（物理基礎）（物　理）

箔検電器の解法の基本になるのは次の2つのみである。

ルール1　すべての物質は正の電荷を持つ原子核(陽イオン)⊕と，負の電荷を持つ電子⊖から成り立つ。

(a)　通常⊕と⊖の電気量の大きさは等しく，全体としては打ち消しあっていて，電気的に中性である。

(b)　何らかの理由で⊕が過剰(⊖が不足)となった場合「正に帯電した」という。

(c)　逆に⊖が過剰となった場合「負に帯電した」という。

実際は⊖のみ動けるのだが，考えの上では⊕も⊖も両方とも動くと考えてもよい。

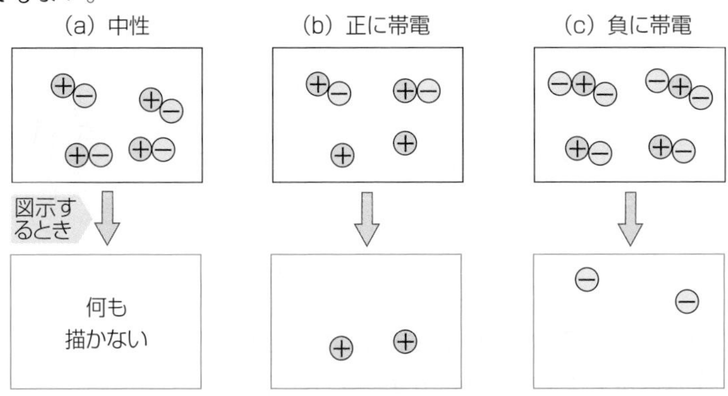

ルール2　⊕と⊕，⊖と⊖の間には反発力が，⊕と⊖の間には引力が働く。この力にしたがって⊕，⊖は移動してゆく。

以上の**超カンタンな2つのルール**を用いて次の頻出問題を解いてみよう。

問題　次の操作を順次行っていったとき，箔検電器の箔の開き方はどうなるか。ただしはじめ箔は閉じていたものとする。

(1)　箔検電器の金属円板に，負に帯電したエボナイト棒を近づける。

(2)　エボナイト棒を近づけたままで，金属円板に手を触れる。

(3)　エボナイト棒を近づけたままで，金属円板から手を遠ざける。

(4)　エボナイト棒も遠ざける。

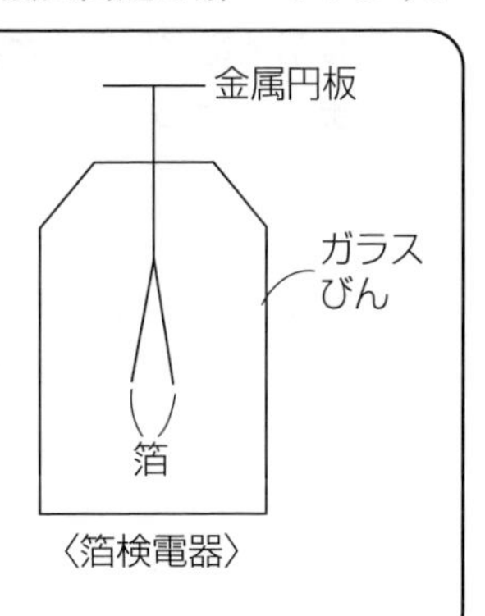

〈箔検電器〉

解 法　**読むと「箔検電器」がわかる！**

(1) 図1のように**エボナイト棒を近づけると**，その⊖によって，**金属円板の⊖が箔の方へ反発力で追いやられ，箔にたまる**。このようにして箔にたまった⊖どうしの反発力によって，箔は**開いてゆく**㊟。一方，金属円板には，エボナイト棒の⊖による引力で引きつけられた⊕が集まる。

(2) 図2のように**金属円板に手を触れると**，もともとエボナイト棒の⊖によって追いやられて箔にまで追いつめられていた⊖が手を通してもっと遠くへ逃げる脱出経路があるので，**手を通って体のほうへ逃げてしまう**。箔の電気量は0となってしまい，もはや反発力は働かないので，箔は自分自身の重みによって**閉じてしまう**㊟。一方，金属円板に集まっていた⊕は，エボナイト棒の⊖によってガッチリ引きつけられていて全く動けず変化はない。

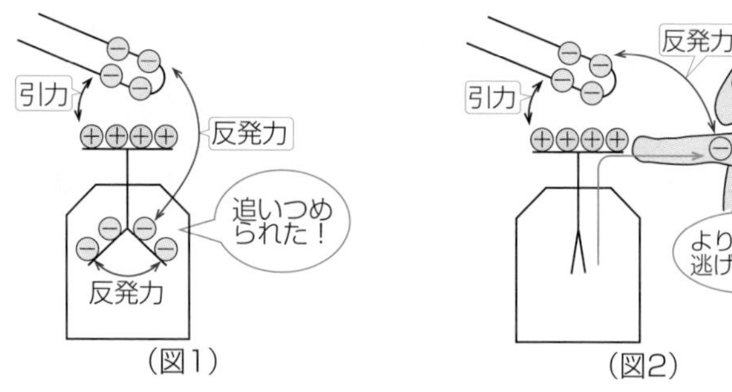

（図1）　（図2）

(3) 図3のように**金属円板から手を放しても**，金属円板の⊕はエボナイト棒の⊖に引きつけられていて全く変化はない。よって，箔も全く変化なく**閉じたまま**㊟である。

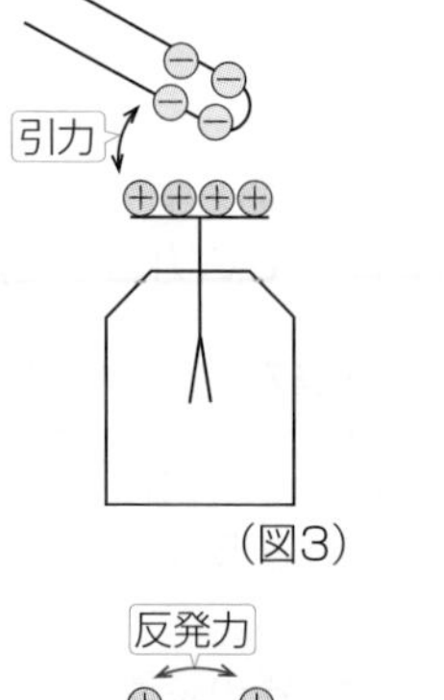

（図3）

(4) **エボナイト棒を遠ざけると**，金属円板の⊕はもはやエボナイト棒の⊖には引きつけられなくなる。今度は**箔検電器に残された⊕の自分たちの間に働く反発力によって，図4のように互いが最も離れる**ように全体にちらばってしまう。このようにして，箔にたまった⊕どうしの反発力によって，箔は**開いてゆく**㊟。（ただし，(1)に比べると箔にたまる電気量の大きさが小さくなっているので，(1)より開き方は小さい。）

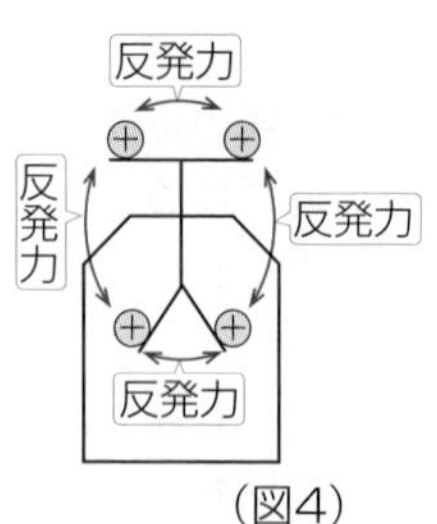

（図4）

STAGE 19 電磁気

コンデンサー

物理

どんな問題もこうすれば必ず解ける

頻出出題パターン

63 電場と電位のグラフ

64 コンデンサー回路

65 誘電体・金属板が挿入されたコンデンサー

ここを押さえよ！

コンデンサーの解き方は決まっている。コンデンサーとは電気・エネルギーを蓄える器なので，まずは，器として最も大切な容量 $\boldsymbol{C}$ を求める。次に，電位差 $\boldsymbol{V}$ を，コンデンサーの解法３ステップで求める。$\boldsymbol{C}$ と $\boldsymbol{V}$ さえわかれば，あとはコンデンサーの４大公式を使って，すべての設問に答えることができる。

問題に入る前に

❶ コンデンサーの４大公式

コンデンサーとは，2 枚の向かい合わせた極板に電池によって $\pm Q$〔C〕のペアで電気を充電し，電気，エネルギーを蓄えることができる器のような装置。

その器としての容量 C〔F（ファラド）〕は，

極板面積 S に比例し，極板間隔 d に反比例

する。次ページの公式を見てみよう。

漆原の解法 40 コンデンサーの4大公式

① **容量** $C=\dfrac{\varepsilon S}{d}$

② **電気量** $Q=CV$

③ **電場** $E=\dfrac{V}{d}$

④ **静電エネルギー** U

$$=\frac{1}{2}CV^2=\frac{1}{2}QV=\frac{1}{2}\frac{Q^2}{C}$$

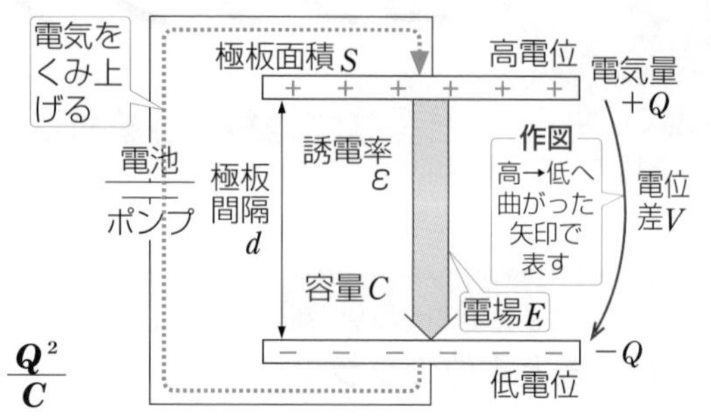

ここでのポイントはすべての公式が，与えられたコンデンサーの形(容量 C)と，あとは電位差 V さえわかれば計算できることである。つまり，

コンデンサーは V さえわかれば勝ち！

なのだ。

❷ コンデンサーの解法はワンパターンだ！

コンデンサーは電位差 V さえわかれば勝ち（Vget! すれば勝ち！）！なのであるが，その電位差を求めるには次のワンパターンの解法がある。**はじめの一歩が命**で，まず電位差 V を仮定しさえすれば，あとは機械的に解ける。

漆原の解法 41 コンデンサーの解法3ステップ

STEP 1 各コンデンサーの容量 C を求め，**電位差 V を仮定する。**

電気の流れ---▶をイメージして各極板の＋－の電気を予想する。

＋がたまり高電位の極板には $+CV$，－がたまり低電位の極板には $-CV$ と書き込む。

《例》 はじめすべてのコンデンサーの電気量＝0とする。

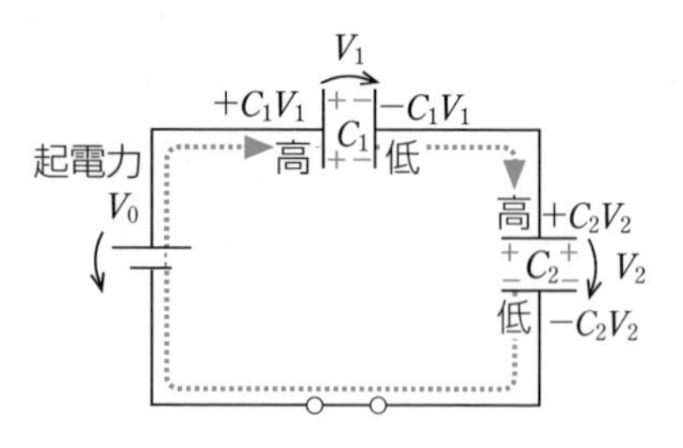

STEP 2　指で，回路1周をなぞってゆく。その間に各装置で，もし**電位が下がればプラスの符号**をつけて，もし**電位が上がればマイナスの符号**をつけて，足し合わせる。

そして，

(電圧降下の和)＝0

電位降下ともいう

の式をつくる。和＝0となるのは，1周したときにもとの電位に戻るためである。ここでは**ジェットコースター**○をイメージしてほしい。

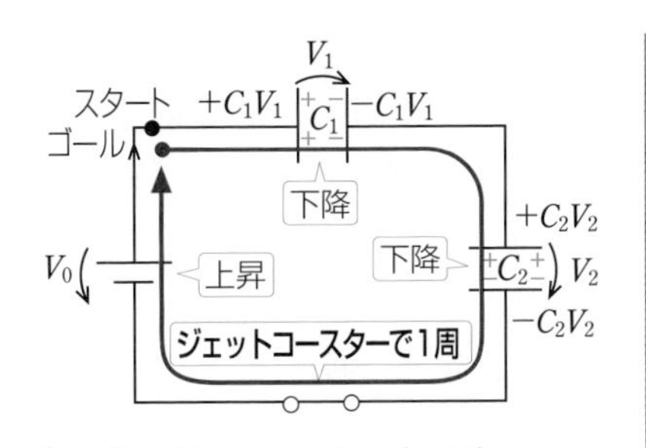

$$○：\underbrace{(+V_1)}_{C_1で下降}+\underbrace{(+V_2)}_{C_2で下降}+\underbrace{(-V_0)}_{V_0で上昇}=\underbrace{0}_{もとに戻る}$$

STEP 3　孤立した極板部分(「島」)を見つけて⬚で囲む。その部分に含まれる全ての極板についての，

(今の全電気量)＝(前の全電気量)

の式をつくる。

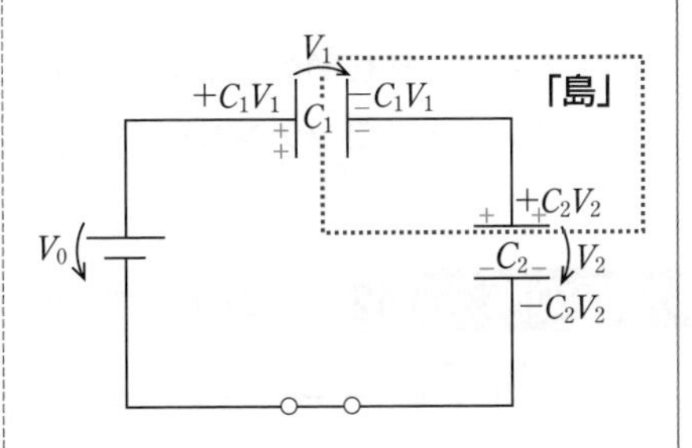

$$⬚：\underbrace{-C_1V_1+C_2V_2}_{今の全電気量}=\underbrace{0+0}_{前の全電気量}$$

$$\therefore\quad V_1=\frac{C_2}{C_1+C_2}V_0,\quad V_2=\frac{C_1}{C_1+C_2}V_0$$

以上の**STEP 2**，**STEP 3**の式を連立させて，**STEP 1**で仮定した電位差 V を求める。

V get!

❸ 電池の正しいイメージとは

電池とはその両端に，ある一定の電位差をつける装置である。どんな電流が流れていようと，または流れていまいと，また周りにどんな回路があるかにもかかわらず**常に一定の電位差を頑固(ガンコ)に保つ**。＋極の向く向きを起電力の向き，＋極のほうが－極よりどれだけ電位が高いかを起電力の大きさという。

また，図19-1のように，電池が－極から＋極へ$+Q$〔C〕の電荷を送り出すときに，その送り出された電荷の持つ位置エネルギーは，$Q\times V$〔J〕だけ上昇する。

つまり，電池は回路に

$$\boldsymbol{Q\times V}\ \text{〔J〕}$$

だけの仕事をしたことになる。

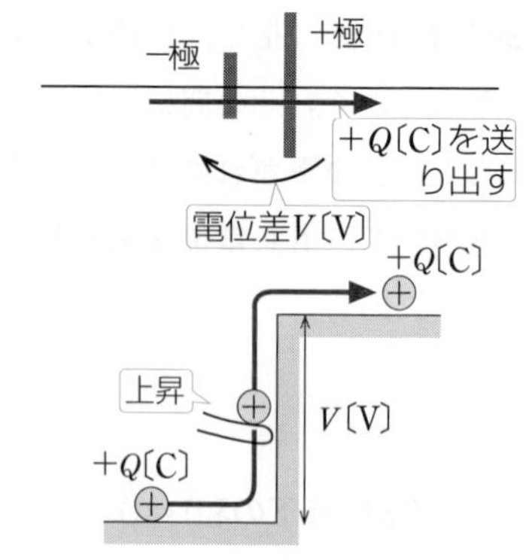

図19－1　電池とは一定の電位差をつける装置

❹ 金属板や誘電体が挿入されたコンデンサーはどう扱うか

コンデンサーでは，容量Cがわからないことには何も求まらない。極板間がすべて真空，または一様な物質で満たされている場合は $\boldsymbol{C=\dfrac{\varepsilon S}{d}}$ の公式で簡単に求まるが，**極板間の一部のみに金属や誘電体が挿入**されているときに容量を求めるには，次の**コンデンサーの分解 → 合成法**で求めるしかない。

漆原の解法 42　コンデンサーの分解 → 合成法

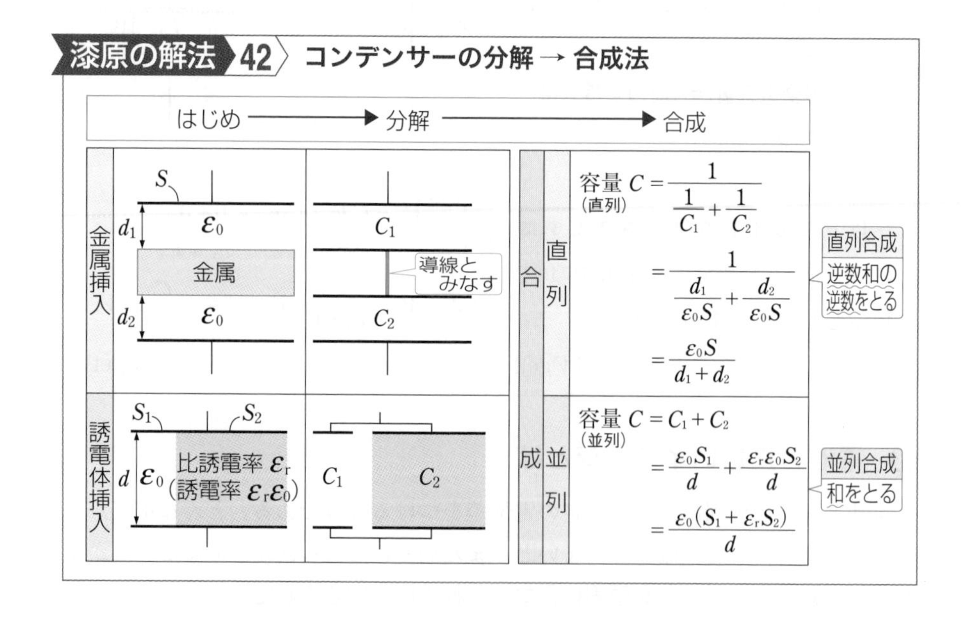

出題パターン

63 電場と電位のグラフ

図のように極板間隔lの2枚の広い極板A, Bを平行に向かい合わせ，その中央に厚さ$\frac{l}{2}$の帯電していない金属板Mを挿入し，スイッチSを閉じた。A上の1点を原点Oとし，Aに垂直にA→Bの向きにx軸をとるとき，A，B間のx軸上の各点の電場の強さおよび電位をそれぞれy軸上にとったグラフをつくれ。

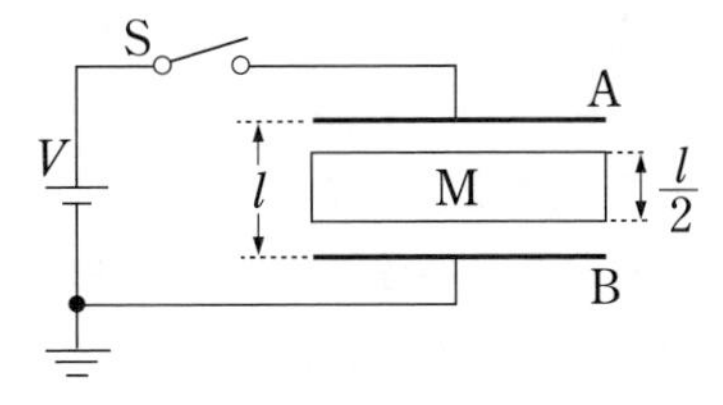

解答のポイント

コンデンサーの4大公式より，**電場＝(電位差)÷(極板間隔)**で求める。

解　法

図19-2のように**金属板Mは導線とみなせ**，AM間とBM間を2つのコンデンサーに分解できる。容量はともに等しくCとおける。

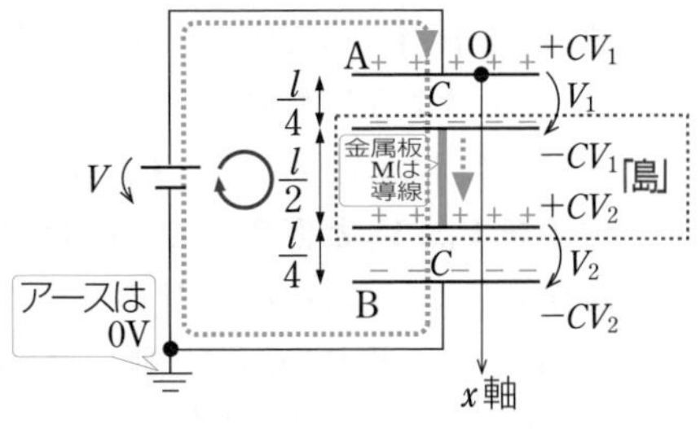

図19-2

コンデンサーの解法3ステップで，

STEP 1　V_1，V_2を仮定すると図19-2のように書ける。

STEP 2　⟲：$+V_1+V_2-V=0$　…①

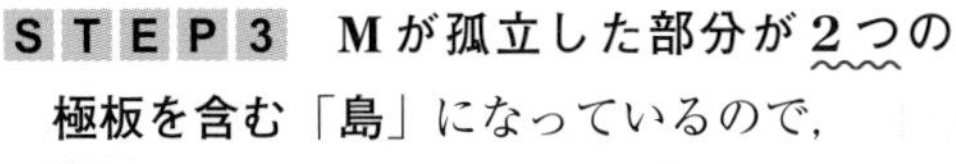

STEP 3　**Mが孤立した部分が2つの極板を含む「島」になっているので，**

⬚：$-CV_1+CV_2=0+0$　…②

図19-2のMの全電気量　はじめ

①，②より，$V_1=V_2=\frac{1}{2}V$　Vget!

また，AM間の電場E_1とBM間の電場E_2は**コンデンサーの4大公式**により，

$$E_1=\frac{V_1}{l/4}=\frac{2V}{l},\qquad E_2=\frac{V_2}{l/4}=\frac{2V}{l}$$

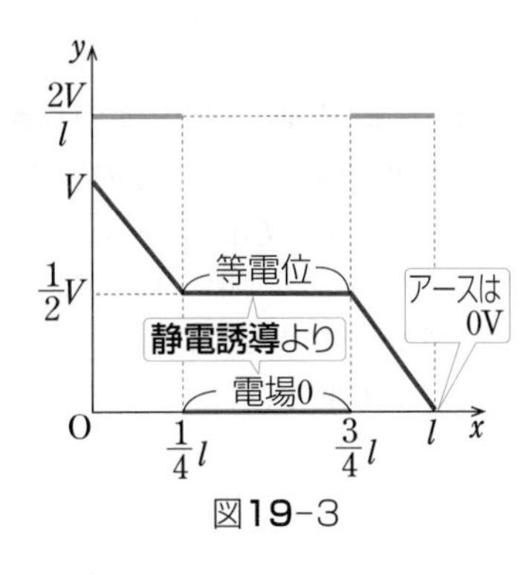

図19-3

答 は図19-3(青線が電場の強さ，赤線が電位のグラフ)。

出題パターン

64 コンデンサー回路

電気容量がそれぞれ **1.0F**，**2.0F**，**3.0F**の充電されていないコンデンサー$\mathbf{C_1}$，$\mathbf{C_2}$，$\mathbf{C_3}$を，スイッチ$\mathbf{S_1}$，$\mathbf{S_2}$とともに，図のように **15V**の電池 **E** に接続する。次の順序で$\mathbf{S_1}$，$\mathbf{S_2}$を開閉するとき，各段階における **PS** 間の電位差は何 **V** になるか。

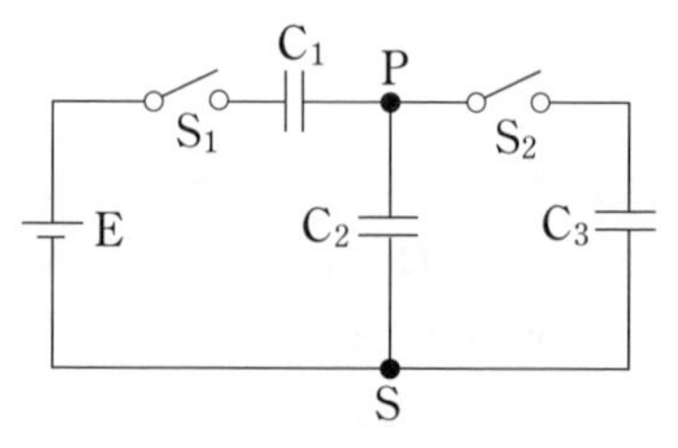

(1) $\mathbf{S_1}$を閉じる。

(2) $\mathbf{S_1}$を開き，$\mathbf{S_2}$を閉じる。

(3) $\mathbf{S_2}$を開き，$\mathbf{S_1}$を閉じる。

解答のポイント

(1)〜(3)それぞれで**コンデンサーの解法 3 ステップ**を忠実に行うだけ。

解法

(1) **STEP 1**　S_1を閉じた後，電気は図 19-4 のようにに移動し，コンデンサーC_1，C_2は充電される。**C_1，C_2の電位差をV_1，V_2と仮定**する。C_3はまだS_2が入っていないので 0 V のままである。次にそれぞれの高電位側には$+CV$，低電位側には$-CV$の電気量を書く。

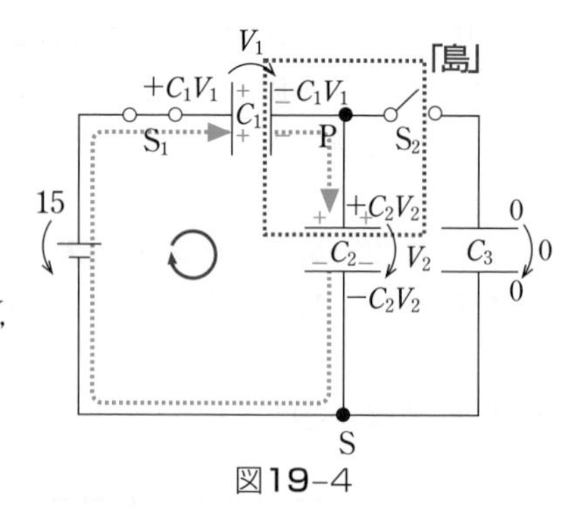

図19-4

STEP 2　閉回路 1 周で，

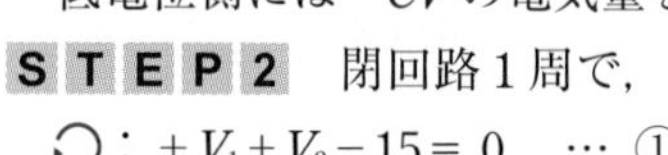

$\circlearrowright$：$+V_1+V_2-15=0$　… ①

（下降　下降　上昇　もとに戻る）

STEP 3　図 19-4 の点線で囲まれた部分「島」の中に入っている2つの極板の全電気量保存の式より，

$-C_1V_1+C_2V_2=0+0$　… ②

（図 19-4 の全電気量　はじめの全電気量）

はじめはすべてのコンデンサーは**充電されていなかった**ので，前の全電気量は 0+0

①を②に代入して，

$-C_1V_1+C_2(15-V_1)=0$

$\therefore\quad V_1=\dfrac{C_2}{C_1+C_2}\times 15=\dfrac{2.0}{1.0+2.0}\times 15=10$〔V〕

$V_2=15-V_1=15-10=5.0$〔V〕　Vget!

よって，PS 間の電位差は$V_2=5.0$〔V〕　…答

(2) **STEP 1**　S_1を開くと図19-5のように**C_1の左側の電気が孤立**するので，C_1の電気量はC_1V_1のままである。次にS_2を閉じるとC_2の電気の一部がC_3へ流れる。このときの**C_2，C_3の電位差をそれぞれV_3，V_4と仮定**し，電気量を作図する。

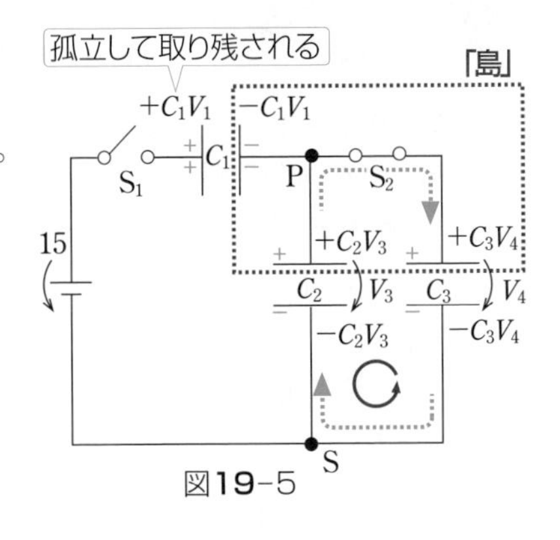

図19-5

STEP 2　⟳：$+V_3-V_4=0$　… ③

STEP 3　「島」の中に入っている3つの極板の全電気量保存の式より，

⬚：$\underbrace{-C_1V_1+C_2V_3+C_3V_4}_{\text{図19-5の全電気量}}=\underbrace{-C_1V_1+C_2V_2+0}_{\text{図19-4の全電気量}}$　… ④

③を④に代入して，V_2には(1)の結果$V_2=5.0$〔V〕を代入すると，

$$C_2V_3+C_3V_3=C_2\times 5.0$$

$$\therefore\quad V_3=\frac{C_2}{C_2+C_3}\times 5.0=\frac{2.0}{2.0+3.0}\times 5.0=2.0\text{〔V〕}$$

③より，$V_4=V_3=2.0$〔V〕　V get!

よって，PS間の電位差は$V_3=2.0$〔V〕　… 答

(3) **STEP 1**　S_2を開くと図19-6のようにC_3の上側の電気が孤立するので，C_3の電気量はC_3V_4のままである。**C_1, C_2の電位差をそれぞれV_5, V_6と仮定**し，電気量を作図(図19-6)する。

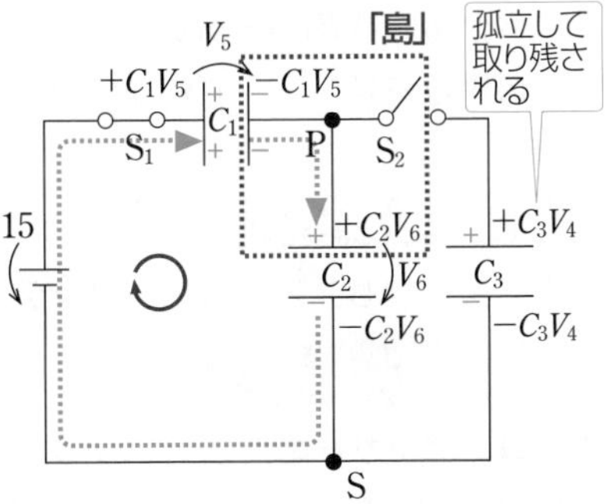

図19-6

STEP 2

⟲：$+V_5+V_6-15=0$　… ⑤

STEP 3　「島」の中に入っている2つの極板の全電気量保存の式より，

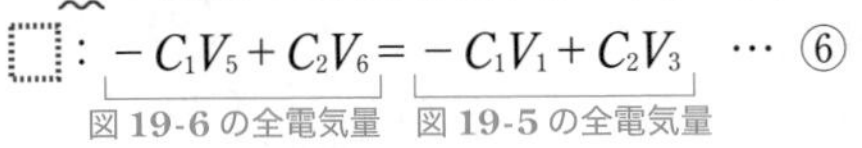

⬚：$\underbrace{-C_1V_5+C_2V_6}_{\text{図19-6の全電気量}}=\underbrace{-C_1V_1+C_2V_3}_{\text{図19-5の全電気量}}$　… ⑥

⑤を⑥に代入し，V_1，V_3に(1)，(2)の結果$V_1=10$〔V〕，$V_3=2.0$〔V〕を代入して，

$$-C_1V_5+C_2(15-V_5)=-C_1\times 10+C_2\times 2.0$$

$$\therefore\quad V_5=\frac{10C_1+13C_2}{C_1+C_2}=\frac{10\times 1.0+13\times 2.0}{1.0+2.0}=12\text{〔V〕}$$

⑤より，$V_6=15-V_5=3.0$〔V〕　V get!

よって，PS間の電位差は$V_6=3.0$〔V〕　… 答

出題パターン

65 誘電体・金属板が挿入されたコンデンサー

図 **a** の回路で，$\mathrm{C_1}$ と $\mathrm{C_2}$ は平行板コンデンサーであり，極板間が真空(空気)のときの電気容量がともに C_0〔F〕である。また，**E** は内部抵抗が無視できる起電力 E〔V〕の電池である。

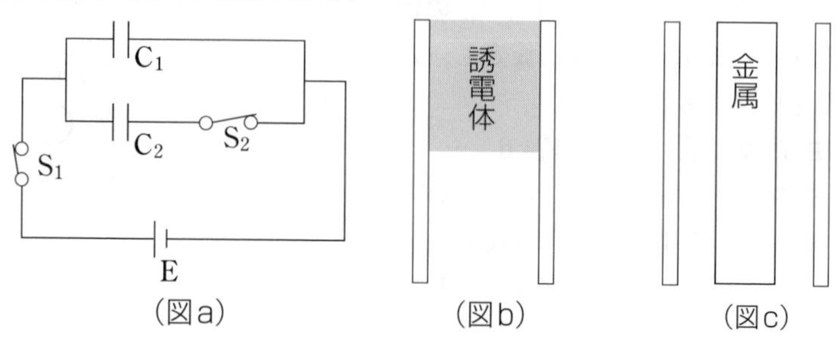

（図a）　（図b）　（図c）

(1) はじめスイッチ $\mathrm{S_1}$ と $\mathrm{S_2}$ をともに閉じたとき $\mathrm{C_1}$ に蓄えられている電気量は ＿＿＿〔C〕である。

(2) (1)の後 $\mathrm{S_2}$ を開き，$\mathrm{C_1}$ の極板間に図 **b** のように，極板間隔と同じ厚さで，比誘電率が $\varepsilon_r(\varepsilon_r>1)$ の誘電体を極板の半分の面積まで挿入した。$\mathrm{C_1}$ に蓄えられている電気量は ＿＿＿〔C〕である。

(3) (2)の後 $\mathrm{S_1}$ を開き，$\mathrm{C_2}$ の極板間に図 **c** のように，極板と同じ面積で，厚さが極板間隔の半分の金属板を中央に挿入した。このときの $\mathrm{C_2}$ の極板間の電位差は ＿＿＿〔V〕となる。

解答のポイント

まず何よりも先に，容量を**コンデンサーの分解 → 合成法**で求めよ。

解　法

(1) **コンデンサーの解法 3 ステップ**で，

STEP 1 　$\mathrm{S_1}$, $\mathrm{S_2}$ を閉じると，図19-7のように電気が移動し $\mathrm{C_1}$，$\mathrm{C_2}$ に電気がたまる。$\mathrm{C_1}$，$\mathrm{C_2}$ の V_1，V_2 を仮定する。

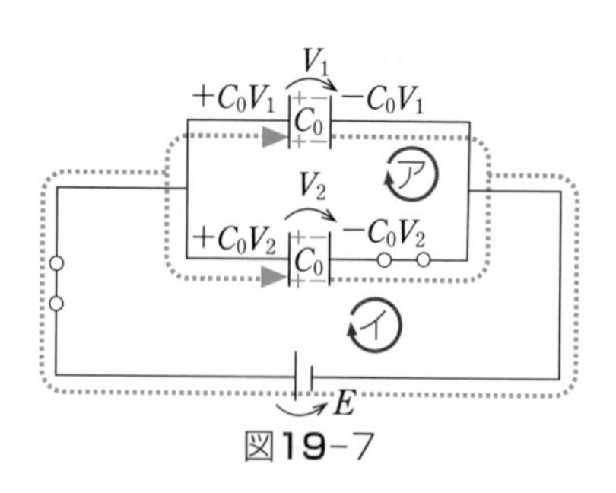

図19-7

STEP 2 　2つの閉回路を考えて，

ア：$+V_1-V_2=0$

イ：$+V_2-E=0$

$$\therefore \quad V_1=V_2=E$$ 　V get!

よって，$\mathrm{C_1}$ の電気量は，

$C_0V_1=C_0E$ 　… 答

(2) **コンデンサーの分解 → 合成法**を用いる。

$C_0=\dfrac{\varepsilon_0 S}{d}$ とすると，**誘電体**の挿入されたコンデンサーの合成容量 C_1' は図19-8より，

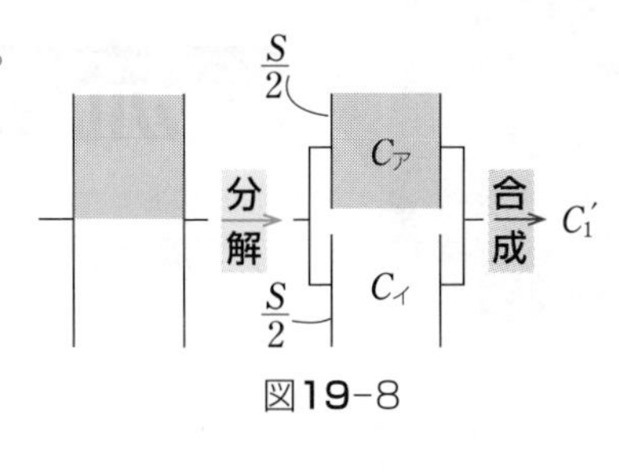

図19-8

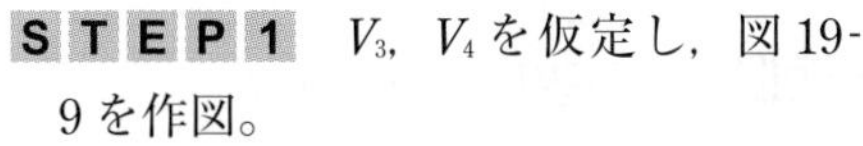

$$C_1'=\underbrace{C_ア+C_イ}_{並列は和}=\frac{\varepsilon_r\varepsilon_0 S/2}{d}+\frac{\varepsilon_0 S/2}{d}$$

$$=\frac{\varepsilon_r+1}{2}\times\frac{\varepsilon_0 S}{d}=\frac{\varepsilon_r+1}{2}C_0$$

あとは**コンデンサーの解法3ステップ**に入る。

STEP 1 V_3，V_4 を仮定し，図19-9を作図。

STEP 2 (大外回り)：$+V_3-E=0$

STEP 3 「島」の全電気量保存より，

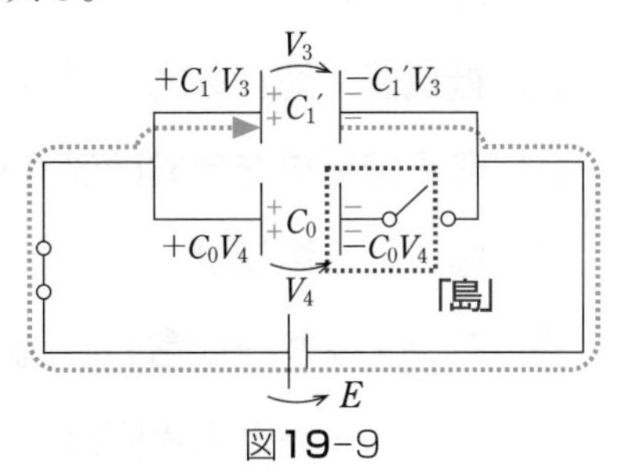

図19-9

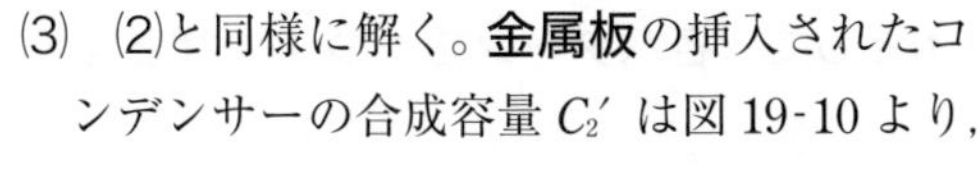

(点線枠)：$\underbrace{-C_0V_4}_{図19\text{-}9の全電気量}=\underbrace{-C_0V_2}_{図19\text{-}7の全電気量}$

$\therefore\quad V_3=E,\quad V_4=V_2=E$ Vget!

よって，C_1 の電気量は，

$$C_1'V_3=C_1'E=\frac{\varepsilon_r+1}{2}C_0E\quad\cdots 答$$

(3) (2)と同様に解く。**金属板**の挿入されたコンデンサーの合成容量 C_2' は図19-10より，

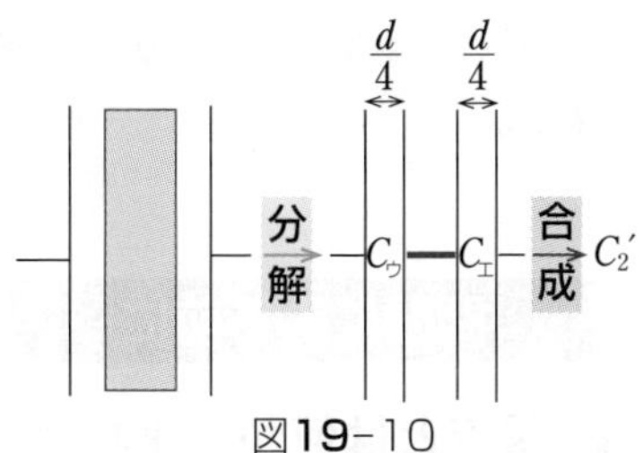

図19-10

$$C_2'=\frac{1}{\underbrace{\dfrac{1}{C_ウ}+\dfrac{1}{C_エ}}_{直列は逆数和の逆数}}=\frac{1}{\dfrac{d/4}{\varepsilon_0 S}+\dfrac{d/4}{\varepsilon_0 S}}=\frac{2\varepsilon_0 S}{d}$$

$$=2C_0$$

STEP 1 V_5，V_6 を仮定し，図19-11を作図。

STEP 2 は**閉回路がない**ので(スイッチが2つとも開いていて)できない。

STEP 3 2つの「島」を考えて，

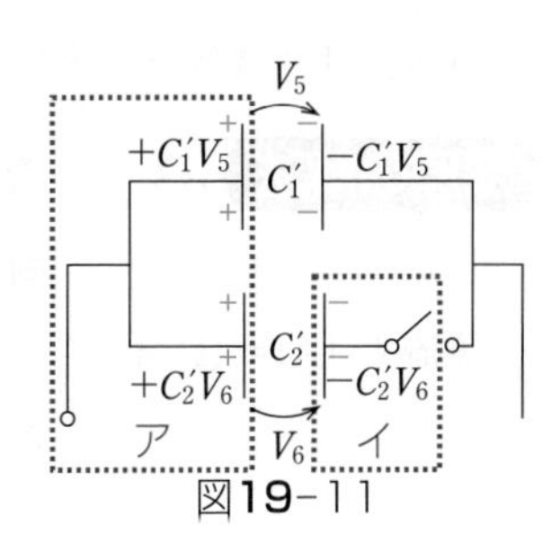

図19-11

ア：$+C_1'V_5+C_2'V_6=+C_1'V_3+C_0V_4$

イ：$\underbrace{-C_2'V_6}_{図19\text{-}11の全電気量}=\underbrace{-C_0V_4}_{図19\text{-}9の全電気量}$

$\therefore\quad V_6=\dfrac{C_0}{C_2'}V_4=\dfrac{C_0}{2C_0}E=\dfrac{1}{2}E\quad\cdots 答$

$(V_5=V_3=E)$ Vget!

STAGE 20 電磁気

直流回路

物理基礎　物　理

◯回路1周ジェットコースターに乗ろう

頻出出題パターン

66	オームの法則	物理基礎　物　理
67	抵抗値・消費電力・ブリッジ回路	物理基礎　物　理
68	非直線抵抗を含む直流回路	物　理
69	電流計・電圧計	物理基礎　物　理
70	コンデンサーを含む直流回路	物　理
71	ダイオードと交流回路	物　理

ここを押さえよ！

直流回路の解法3ステップを基本として，各パターンを**1**つ**1**つ押さえよう。

問題に入る前に

❶ 電流とは何か　物理基礎

電磁気は「言葉の定義」が命。まずは電流の定義をしっかり押さえよう。

漆原の解法 43　電流の定義

電流 $\boldsymbol{I}$（〔A〕＝〔C/s〕）
- 向　き：正の電荷の移動方向（自由電子の移動方向とは逆になる）
- 大きさ：**1**秒あたりに断面を通過する電気量〔C〕

例えば，図 20-1 のような回路で抵抗を流れる電流は右向きであるが，抵抗中では自由電子は電流と逆向き，つまり左向きに進んでいる。ちなみに抵抗中では，自由電子は図 20-1 の右のように(熱運動する)陽イオンと衝突を繰り返して進んでいくのである。ちょうど，パチンコ玉(自由電子)が釘(陽イオン)とボコボコぶつかりながら進んでゆく感じである。まさに抵抗とは電流(自由電子)を通りにくくさせるものである。

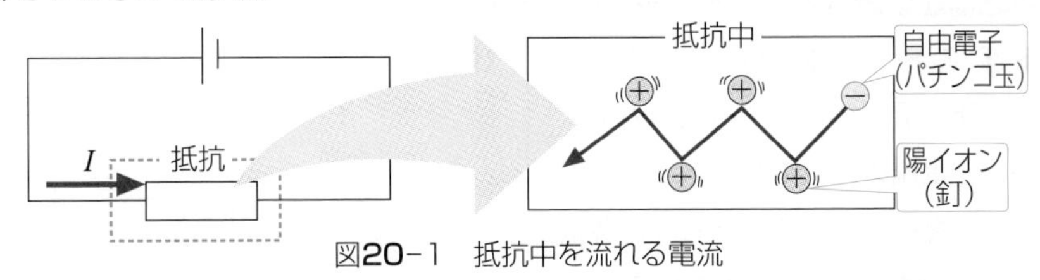

図20-1　抵抗中を流れる電流

❷ 抵抗の２大公式 (物理基礎)

抵抗とは電子にとって通りにくい部分なので，電位差 V(高低差)をつけてやらないと電流 I は流れない(オームの法則の証明は，出題パターン 66)。

漆原の解法 44 抵抗の２大公式

① **オームの法則**

$$V = IR$$

② **1秒あたり発生するジュール熱 P**
(消費電力という)

$$P = IV = I^2R = \frac{V^2}{R} \quad ([\mathrm{J/s}] = [\overset{ワット}{\mathrm{W}}])$$

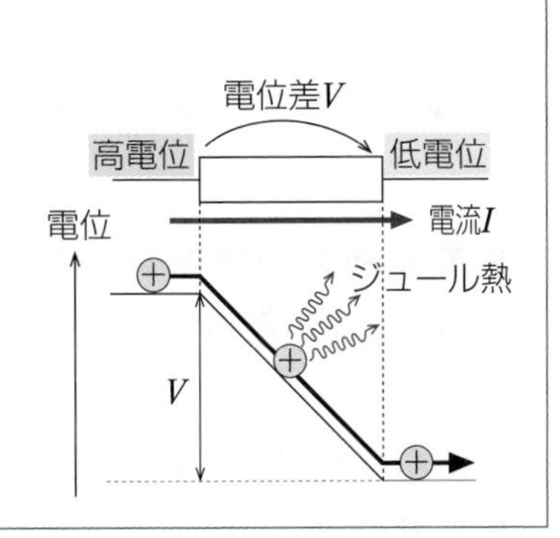

❸ 直流回路の３ステップ （物理基礎）

抵抗の２大公式は電流 I さえわかれば計算できる（I get! すれば勝ち！）が，このI を求める方法は**コンデンサーの解法３ステップ**と同様で，**はじめの一歩が命**である。

漆原の解法 45 直流回路の解法３ステップ

STEP 1　電池の＋極から出て－極へ戻っていく川の流れのように，電流の「ストリームライン」 ⟶ を描いておく。そして，各抵抗に流れている**電流 I を仮定**し，電位差 $V=IR$ を作図。

※ただし，電流 I は導線のつなぎ目の電流保存を満たすように仮定する。

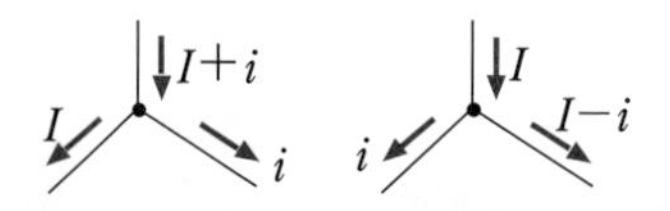

《例》

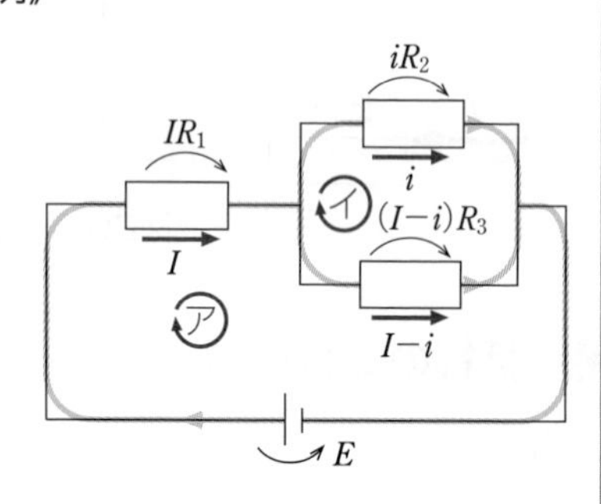

STEP 2　閉回路を１周で，

↻：(電圧降下の和)＝0

㋐：$IR_1+(I-i)R_3-E=0$

㋑：$iR_2-(I-i)R_3=0$

※コンデンサーがあるときのみ，

STEP 3　孤立した部分（「島」）で電気量保存の式をつくる。

（今回は **STEP 3** は要らない）

以上の **STEP 2**，**STEP 3** で立てた式を連立して，**STEP 1** で仮定した I，V を求める。

$$\therefore\quad I=\frac{(R_2+R_3)E}{R_1R_2+R_2R_3+R_3R_1}$$

$$\therefore\quad i=\frac{R_3E}{R_1R_2+R_2R_3+R_3R_1}$$

』I，V get!

出題パターン　そのまま出る！

66 オームの法則

導線に電圧をかけると，導線中に電場が発生する。導線中の自由電子はこの電場から電気力を受け，全体として導線中の電場とは逆向きに一定の速さ $\boldsymbol{v}$ で移動していく。つまり導線には電流が流れることになる。

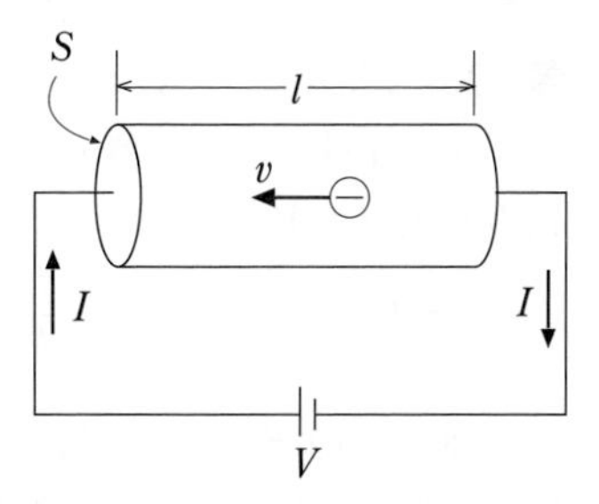

いま長さ $\boldsymbol{l}$，断面積 $\boldsymbol{S}$ の導線の両端に電圧 $\boldsymbol{V}$ をかけたところ，導線に電流 $\boldsymbol{I}$ が流れたとする。電子の電荷を $-\boldsymbol{e}$，単位体積中の電子数(電子密度)を $\boldsymbol{n}$ とすると，このときの電流 $\boldsymbol{I}$ は，平均移動速度の大きさ $\boldsymbol{v}$ の関数として，$\boldsymbol{I}=$ (1) …① と表される。一方，自由電子は，電場からの力と正イオンとの衝突による抵抗力 $\boldsymbol{kv}$ ($\boldsymbol{k}$：定数)を受けながら，一定の速さ $\boldsymbol{v}$ で移動するということから，$\boldsymbol{v}=$ (2) …②となる。②式を①式に代入して，$\boldsymbol{I}=$ (3) …③となるが，これがオームの法則を表す式にほかならない。したがって，この導線の抵抗 $\boldsymbol{R}$ および抵抗率 ρ は，それぞれ $\boldsymbol{e}$，$\boldsymbol{n}$，$\boldsymbol{k}$ を使って，$\boldsymbol{R}=$ (4)，$\rho=$ (5) と表される。

解答のポイント

そのまま試験に出るので，覚えるくらいくり返そう。

解　法

(1)　図 20-2 で，いまから 1 秒以内に断面を通過できる電子⊖は，断面のすぐ右にある断面積 S で高さ v の円柱の中に入っている電子で，その数は，

$\underbrace{vS}_{\text{円柱の体積}} \times \underbrace{n}_{\text{電子密度}}$　(個)

よって，流れる電流つまり 1 秒あたりに断面を通過できる電気量は，

$I = vSn \times \underbrace{e}_{\text{電子 1 個の電気量}} = vSne$　… ① 答

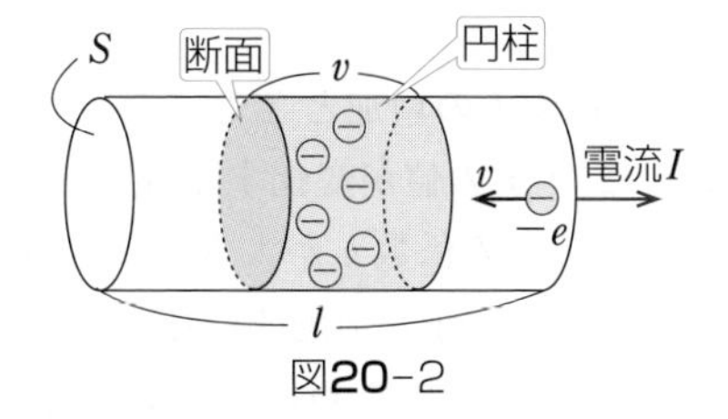

図20-2

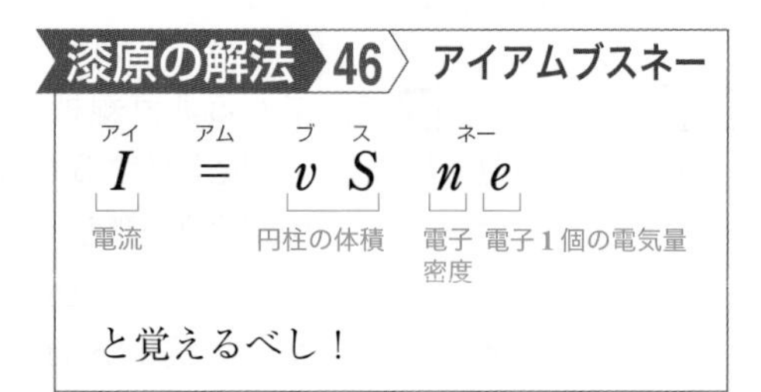

(2)　まず，図20-3のように導線中に発生する一様な電場の大きさEを求める。**電位の定義：No.2**より，「$+1$Cを電場Eに逆らって，右端から左端までの距離lを運ぶのに要する仕事が電位差V」なので，

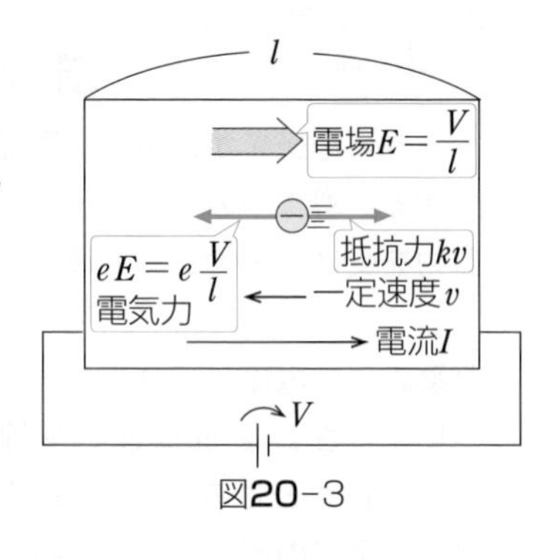

図20-3

$$\underbrace{V}_{\text{仕事}}=\underbrace{E}_{\text{力}}\times\underbrace{l}_{\text{距離}} \qquad \therefore\quad E=\frac{V}{l}$$

図20-3のように，電子はこの電場から受ける電気力と陽イオンとの衝突によって受ける抵抗力とを受けて**一定速度で動いてゆく**(電流は一定なので)。よって，**力のつりあいの式**より(一定速度は加速度0であり，力のつりあいが成り立つ)，

$$kv=e\frac{V}{l} \qquad \therefore\quad v=\frac{eV}{kl} \quad \cdots ② 答$$

(3)　②を①に代入して，

$$I=\left(\frac{eV}{kl}\right)Sne=\frac{e^2nSV}{kl} \quad \cdots ③ 答$$

(4)　③より，

$$V=I\times\left(\frac{kl}{e^2nS}\right)$$

この比例定数を抵抗値R〔Ω〕とおく

➡ オームの法則 $\boldsymbol{V=IR}$ が導けた

$$\therefore\quad R=\frac{kl}{e^2nS} \quad \cdots ④ 答$$

(5)　④より，

$$R=\left(\frac{k}{e^2n}\right)\times\frac{l}{S} \overset{\text{比例}}{\Longleftrightarrow} \frac{l}{S}$$

この比例定数を抵抗**率**ρ〔Ω・m〕とおく(抵抗値と区別せよ)

➡ 抵抗値R〔Ω〕は長さl〔m〕に比例し，断面積S〔m^2〕に反比例する

$$\therefore\quad \rho=\frac{k}{e^2n} \quad \cdots 答$$

➡ 抵抗率の式 $\boldsymbol{R=\rho\dfrac{l}{S}}$ が導けた

補足　出題パターン **68** で出てくる非直線抵抗では，電流Iの増加とともに発生するジュール熱も増加し，温度上昇するために，このρの値が変化する(電球やヒーターでは陽イオンの熱運動が激しくなり，抵抗力の係数kが大きくなりρも大きくなる。逆にダイオードでは温度上昇とともに電子が活動的になり，よく動くことができるので，抵抗率ρは小さくなる)。このためにIとVが単純に比例しなくなってしまい，オームの法則が成り立たなくなってしまう。

出題パターン

67 抵抗値・消費電力・ブリッジ回路

AB 間には断面積 **1.0mm²**，長さ **2.0m** の太さが一様な **1** 本の抵抗線が張られており，その抵抗値は $\boldsymbol{R}=\mathbf{1.2\times10^{2}}$〔Ω〕である。**AC** 間には，**AB** 間に張った抵抗線と同じものを用意し，これを長さ **1.0m** の点で **2** つ折りにして接続してある。**BC** 間は未知の抵抗で，その抵抗値を $\boldsymbol{R_2}$〔Ω〕とする。Ⓖは検流計で，その端子の一方はスイッチ **S** を通して **C** 点に接続され，もう一方の端子は **AB** 間に張られた抵抗線の任意の点に接続できるようになっている。電池 **E** の起電力は **10V** である。

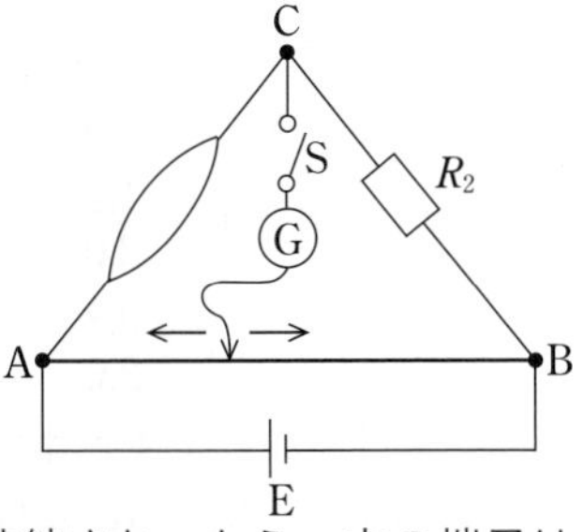

⑴　**AC** 間の抵抗線の抵抗値 $\boldsymbol{R_1}$〔Ω〕を求めよ。

⑵　スイッチ **S** を閉じて，検流計の端子を **AB** 間の抵抗線に接触させながら動かしたところ，**A** 点から **1.2m** の点 **D** で検流計のふれが **0** になった。

　㋐　**BC** 間の抵抗値 $\boldsymbol{R_2}$〔Ω〕を求めよ。

　㋑　ここで，**AD** 間の抵抗を $\boldsymbol{R_3}$，**BD** 間の抵抗を $\boldsymbol{R_4}$ とするとき，最も電力を消費する抵抗は，$\boldsymbol{R_1}$，$\boldsymbol{R_2}$，$\boldsymbol{R_3}$，$\boldsymbol{R_4}$ のうちどれか。また，この抵抗で消費される電力〔**W**〕を求めよ。

解答のポイント

抵抗 R〔Ω〕は抵抗線の長さ l〔m〕に比例し，断面積 S〔m²〕に反比例する。

抵抗 R に電流 i が流れるとき，1 秒あたり i^2R のジュール熱が発生する。これを消費電力という。

解　法

⑴　AC 間の抵抗線は AB 間の抵抗線の**半分の長さで，2 倍の断面積を持つ**ので，AC 間の抵抗値 R_1 は AB 間の抵抗値 R の $\frac{1}{4}$ 倍となる。よって，

$$R_1=\frac{1}{4}R=1.2\times10^{2}\times\frac{1}{4}=3.0\times10\ 〔\Omega〕\quad\cdots 答$$

別解　抵抗率 ρ の式　$R=\rho\frac{l}{S}$　を用いると，

AB 間の抵抗　$1.2\times10^{2}=\rho\times\frac{2.0〔\mathrm{m}〕}{1.0\times10^{-6}〔\mathrm{m^2}〕}$

AC 間の抵抗　$R_1=\rho\times\frac{1.0〔\mathrm{m}〕}{2.0\times10^{-6}〔\mathrm{m^2}〕}$　　∴　$R_1=3.0\times10〔\Omega〕$

(2) (ア) **直流回路の解法３ステップ**で解く。

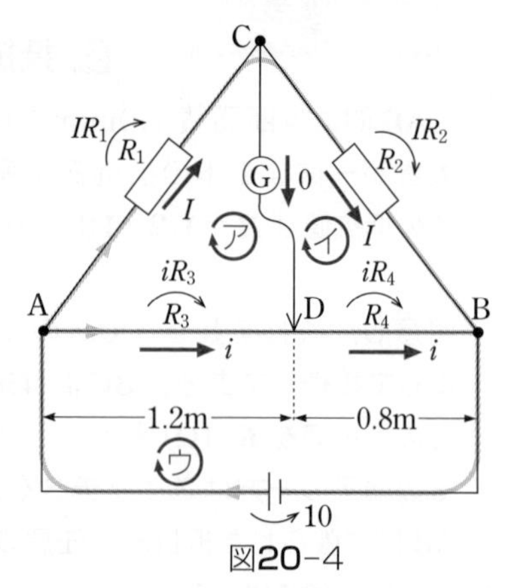

図20-4

STEP 1　抵抗値はその長さに比例するので，AD間，DB間の抵抗値をそれぞれR_3，R_4とすると，

$$R_3 = 1.2\times10^2\times\frac{1.2}{2.0} = 7.2\times10〔\Omega〕$$

$$R_4 = 1.2\times10^2\times\frac{0.8}{2.0} = 4.8\times10〔\Omega〕$$

とおける。いま**検流計Ⓖに電流が流れないので，R_1とR_2には共通の電流Iを仮定する。同様にR_3，R_4にも共通の電流iを仮定する**。そしてオームの法則により，各抵抗に生じる電位差を図20-4のように作図する。

ちなみに，ABCDからなる回路の部分をブリッジ(橋)回路という。ちょうどCDの部分が「橋」に相当する。

STEP 2　回路1周に沿った　(電圧降下の和)=0　の式を立てると，

ア　：$+IR_1 - iR_3 = 0$　　… ①

イ　：$+IR_2 - iR_4 = 0$　　… ②

ウ　：$+iR_3 + iR_4 - 10 = 0$　… ③

大外回り：$+IR_1 + IR_2 - 10 = 0$　… ④

STEP 3　コンデンサーが無いので不要！

①より$IR_1 = iR_3$，②より$IR_2 = iR_4$となる。辺々割って，

└→ ブリッジ回路でよく出る式変形

$$\frac{R_1}{R_2} = \frac{R_3}{R_4} \qquad \therefore \quad R_2 = \frac{R_4}{R_3}R_1 = \frac{4.8\times10}{7.2\times10}\times3.0\times10 = 2.0\times10〔\Omega〕 \quad \cdots 答$$

(イ) ③より，$i = \dfrac{10}{R_3+R_4} = \dfrac{10}{(7.2+4.8)\times10} = \dfrac{1}{12}$〔A〕

④より，$I = \dfrac{10}{R_1+R_2} = \dfrac{10}{(3.0+2.0)\times10} = \dfrac{1}{5}$〔A〕 ♪ I get!

よって，R_1，R_2，R_3，R_4での消費電力P_1，P_2，P_3，P_4は，

$$P_1 = I^2R_1 = \left(\frac{1}{5}\right)^2\times3.0\times10 = 1.2$$

$$P_2 = I^2R_2 = \left(\frac{1}{5}\right)^2\times2.0\times10 = 0.8$$

$$P_3 = i^2R_3 = \left(\frac{1}{12}\right)^2\times7.2\times10 = 0.5$$

$$P_4 = i^2R_4 = \left(\frac{1}{12}\right)^2\times4.8\times10 \fallingdotseq 0.3$$

答はR_1で最大消費電力1.2〔W〕

出題パターン

68 非直線抵抗を含む直流回路

図 **a** のような特性を持つ電球 **L** といずれも **100Ω** の抵抗 $\mathbf{R_1}$, $\mathbf{R_2}$ と **100V** の電源 **E** およびスイッチ **S** を用いて，図 **b** の回路をつくった。

(1) スイッチ **S** が開いているとき，電球の消費電力はいくらか。

(2) 次にスイッチ **S** を閉じる。このとき電球を流れる電流はいくらか。

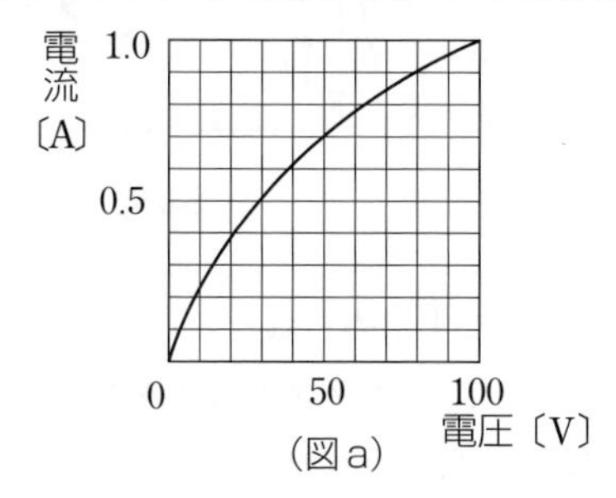

（図a）

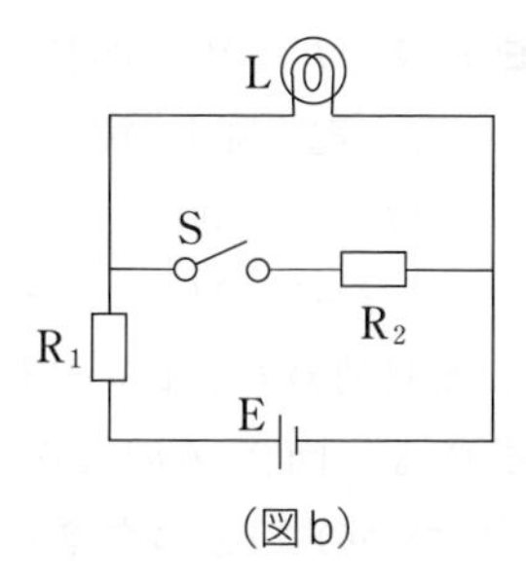

（図b）

解答のポイント

電流と電圧が素直に比例しない非直線抵抗では，**独特な解法手順**がある。

漆原の解法 47 非直線抵抗の解法 3 ステップ

STEP 1 **まず何よりも先に**，非直線抵抗に流れる電流 I，かかる電圧 V を未知数として仮定する。

▶これらの2つの未知数を求めるには，式を2つ立てて解く必要がある。

STEP 2 回路の式を書き，I と V の関係式を求める。これで1つの式は求まった！

↻：$V+IR-E=0$
→1つめの式

この式さえ求まれば勝ち！

STEP 3 I と V の関係式を I-V グラフ上に図示し，**特性曲線との交点** $(V_0,\ I_0)$ を求める。

▶これが **STEP 1** の未知数の答え!!

《例》

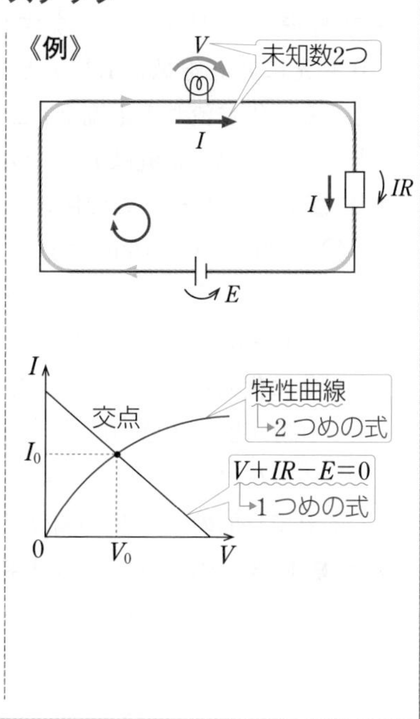

解　法

(1)　**非直線抵抗の解法3ステップ**で解く。

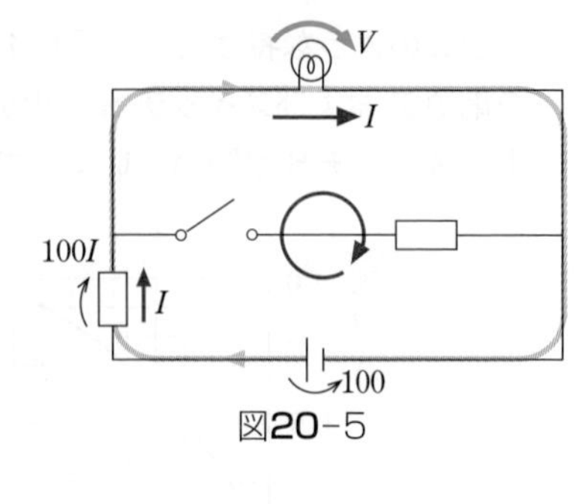

図20-5

STEP 1　図20-5のように，まず何よりも先に非直線抵抗Lに I と V を与える（未知数2つ仮定）。

STEP 2　I と V の関係式は図20-5において，（電圧降下の和）= 0で求める。

⟳：$100I + V - 100 = 0$

∴　$I = 1 - 0.01V$　…　①

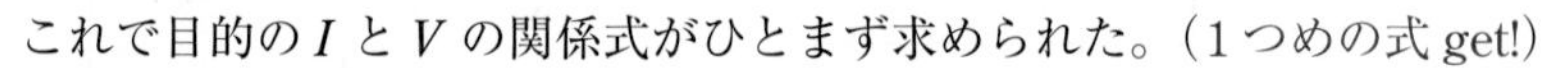

これで目的の I と V の関係式がひとまず求められた。（1つめの式 get!）

STEP 3　図20-6のように，与えられたグラフ上に①を作図して，**特性曲線（2つめの式）との交点**を求めると，交点 P_1 から，

$V = 40$〔V〕，$I = 0.6$〔A〕

電球での消費電力 P は，

$\boxed{P = IV} = 0.6 \times 40 = 24$〔W〕　… 答

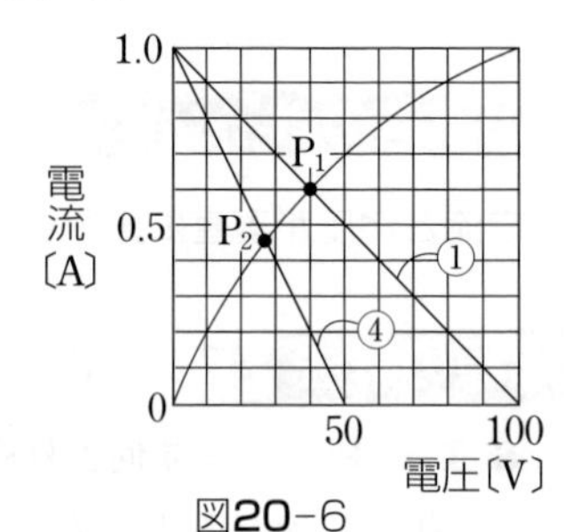

図20-6

(2)　(1)と同様に解く。

STEP 1　図20-7で，まず何よりも先に非直線抵抗Lに I と V を与える。R_2 に流れる電流を i とすると，R_1 に流れる電流は $I + i$ となる。

STEP 2　I と V の関係式は，

㋐：$100(I + i) + 100i - 100 = 0$

…　②

㋑：$V - 100i = 0$　…　③

③を②に代入して，i を消して，

$100I + 2V - 100 = 0$

∴　$I = 1 - 0.02V$　…　④

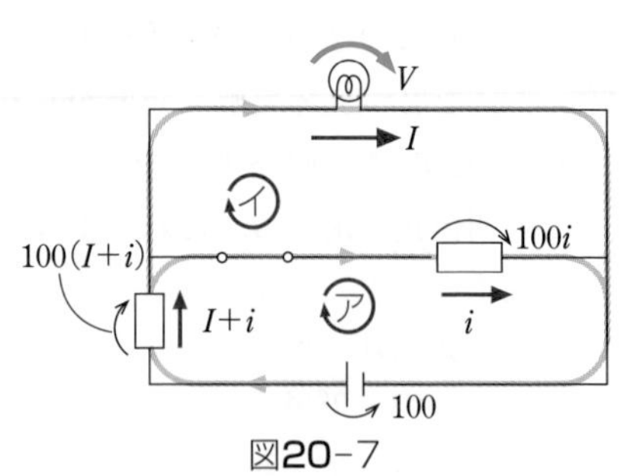

図20-7

これで目的の I と V の関係式が求められた。（1つめの式 get!）

STEP 3　図20-6で，④と**特性曲線（2つめの式）との交点** P_2 より，

$V \fallingdotseq 27$〔V〕，$I \fallingdotseq 0.46$〔A〕　… 答（④に代入して成り立つかどうか確認！）

出題パターン

そのまま出る！

69 電流計・電圧計

電流計Ⓐ，電圧計Ⓥ，電池 **E** を使い，ある抵抗 **R** の抵抗値 $\boldsymbol{R}$ を **2** つの方法で測定する。電流計と電圧計の内部抵抗は，それぞれ r_A，r_V であり，電池の内部抵抗は無視できるものとする。

図 **1** のような回路で，Ⓐの読み I_1 とⓋの読み V_1 から，**R** の抵抗値を $\dfrac{V_1}{I_1}$ であると考える方法を，方法 **1** とする。このとき，Ⓥを流れる電流の大きさは [(1)] であり，**R** を流れる電流の大きさは [(2)] である。したがって，$\dfrac{V_1}{I_1}$＝[(3)] であり，この値は真の値 $\boldsymbol{R}$ より [(4)] なる。この方法で精度の良い測定を行うためには，[(5)] を使わなければならない。

図 **2** のような回路で，Ⓐの読み I_2 とⓋの読み V_2 から，**R** の抵抗値を $\dfrac{V_2}{I_2}$ であると考える方法を，方法 **2** とする。このとき，Ⓐと **R** には同じ大きさの電流が流れるので，$\dfrac{V_2}{I_2}$＝[(6)] であり，この値は真の値 $\boldsymbol{R}$ より [(7)] なる。したがって，この方法で精度の良い測定を行うためには，[(8)] を使わなければならない。

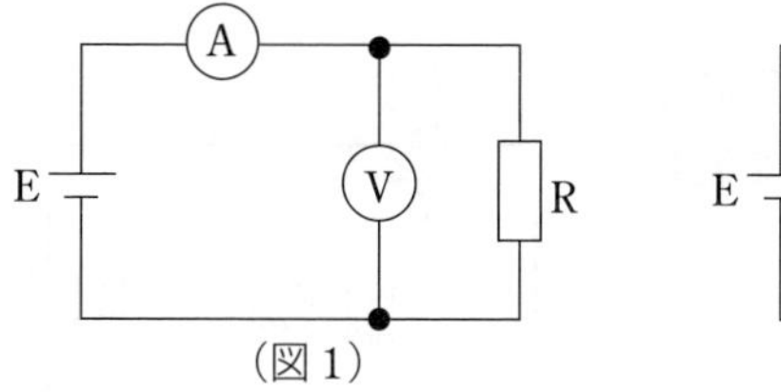

（図 1）

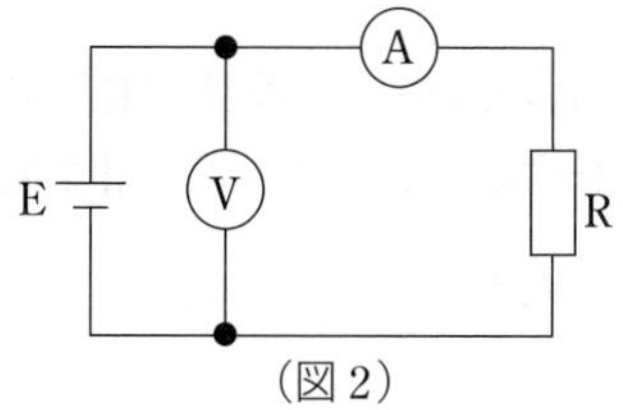

（図 2）

解答のポイント

「電流計」，「電圧計」と聞くと，「何やらギッシリと電気部品のつまった得体の知れない装置」と感じてしまうかもしれない。しかし実際には，単純に「一種の抵抗」であると考えてよい。そしてその「抵抗」に流れる電流を表示できるのが「電流計」，その「抵抗」にかかる電圧を表示できるのが「電圧計」となる。

本問では，図 1，図 2 の 2 通りの接続の方法で，抵抗 R の抵抗値を，電流計，電圧計の読みを用いて測定していく。そして，その測定に伴う誤差を分析するのが最終目標である。

漆原の解法 48 電流計・電圧計の作図法

電流計・電圧計は要するに**一種の抵抗**と考えてよい。

電流計：内部抵抗 r_A に流れる電流 I を測定。作図ではまず電流 I を書き，そして電圧 Ir_A を書く。

電圧計：内部抵抗 r_V の両端の電位差 V を測定。作図ではまず電圧 V を書き，そして電流 $\dfrac{V}{r_V}$ を書く。

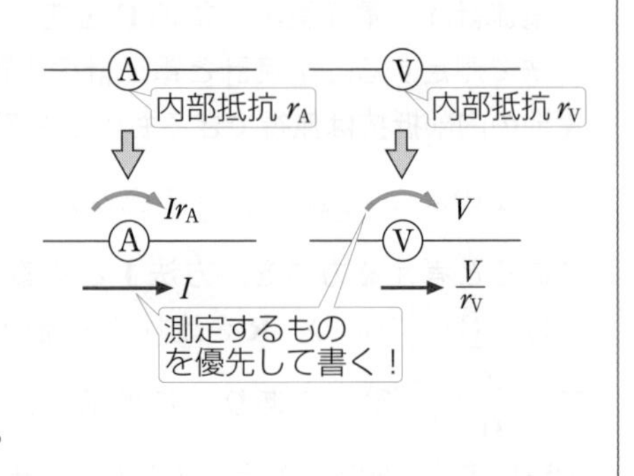

解　法

ここでは**2つの抵抗値**をしっかり区別しておこう。1つめは抵抗の「真の値」で本当の抵抗値 R のことである。そしてもう1つは抵抗の「測定値」でこれは**電圧計の読み V を電流計の読み I で割ったもの**で，必ず「真の値」と「測定値」の間にはずれ(誤差)がある。

(1)　図20-8の回路に**電流計・電圧計の作図法**をする。ここで，電圧計を流れる電流の大きさは $\dfrac{V_1}{r_V}$ …答

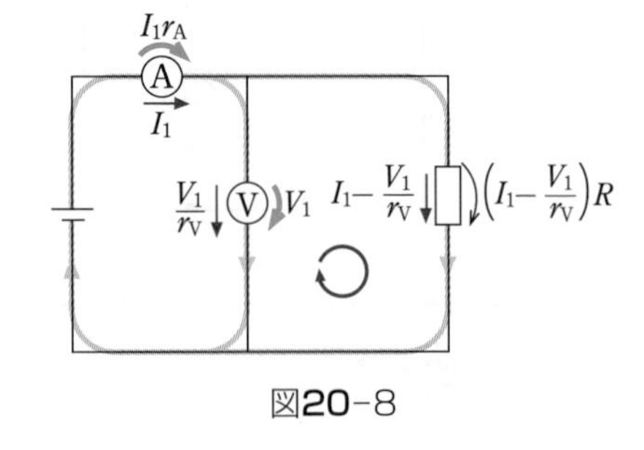

図20-8

(2)　R には，I_1 から $\dfrac{V_1}{r_V}$ を引いた電流が流れるので，$I_1-\dfrac{V_1}{r_V}$ …答

(3)，(4)　○：$\left(I_1-\dfrac{V_1}{r_V}\right)R-V_1=0$

よって，「測定値」$\dfrac{V_1}{I_1}=\dfrac{R}{1+\dfrac{R}{r_V}}$ …答　(これは「真の値」R より小さい答。)

(5)　誤差の原因は，電流計が電圧計に流れる電流 $\frac{V_1}{r_V}$ まで含めて測ってしまっていることにある。よって，より誤差を小さくするには，この $\frac{V_1}{r_V}$ を小さくするような「内部抵抗 r_V がより大きな電圧計」㊀を使えばよい。

(6), (7)　図 20-9 の回路に**電流計・電圧計の作図法**をする。

　↻：$I_2r_A + I_2R - V_2 = 0$

よって，「測定値」$\frac{V_2}{I_2} = R + r_A$　… ㊀

（これは「真の値」R より大きい㊀。）

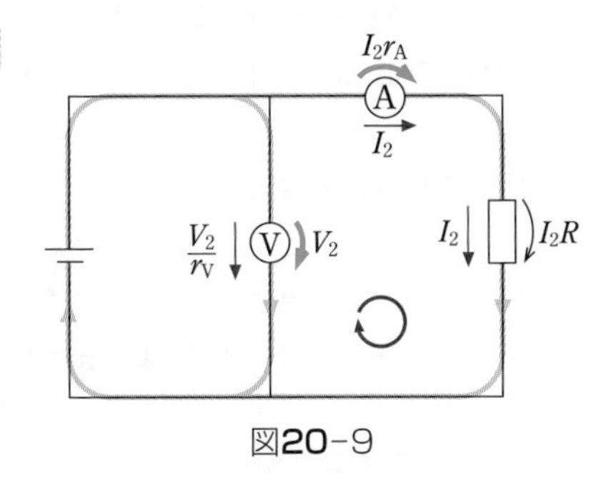

図20-9

(8)　誤差の原因は，電圧計が，電流計の内部抵抗にかかる電圧 I_2r_A まで含めて測ってしまっていることにある。よって，より誤差を小さくするには，この I_2r_A を小さくするような「内部抵抗 r_A がより小さな電流計」㊀を使えばよい。

本問は，「電流計，電圧計の誤差の問題」として共通テストなどの実験系の問題で頻出で，**そのまま出る**ので，作図まで含めて自力で導けるようにしておこう。

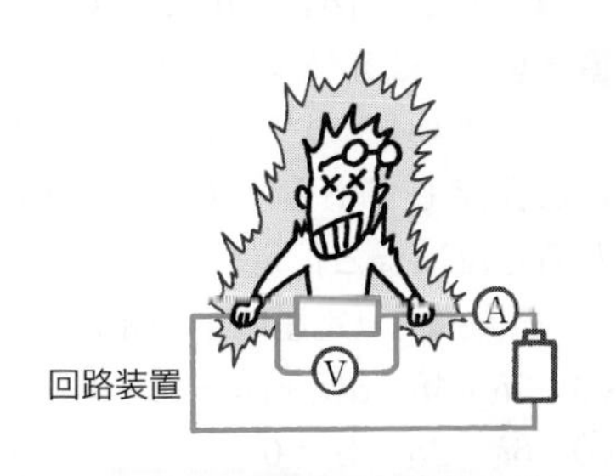

出題パターン　70 コンデンサーを含む直流回路

E は起電力 18V の電池，R_1，R_2，R_3，R_4 はそれぞれ抵抗値が 2Ω，4Ω，3Ω，6Ω の抵抗，また，C_1，C_2，C_3 は電気容量がそれぞれ 1F，3F，1F のコンデンサーである。はじめスイッチ S_1，S_2 は開いており，各コンデンサーの電気量は 0 であったとする。

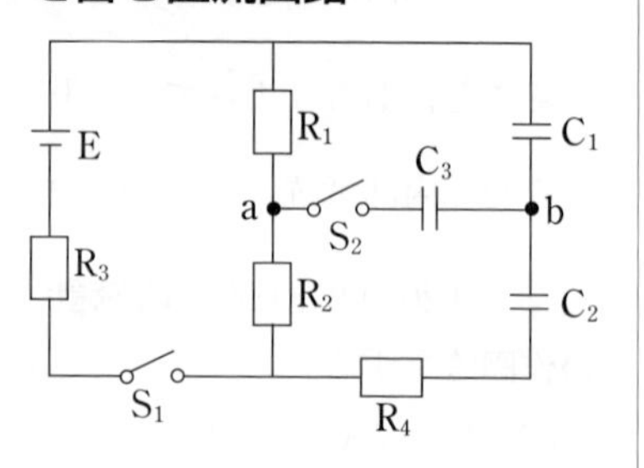

(1) S_1 を閉じた直後に，抵抗 R_4 を流れる電流はいくらか。
(2) S_1 を閉じて十分時間後，a 点に対する b 点の電位はいくらか。
(3) S_2 も閉じて十分時間後，a 点に対する b 点の電位はいくらか。

解答のポイント

コンデンサーを含む回路においては，①**スイッチ操作直後**（直後型）と②**十分時間後**（十分型）のコンデンサーの状態をイメージすることが大切。

漆原の解法 49　直後型

① スイッチ操作直後

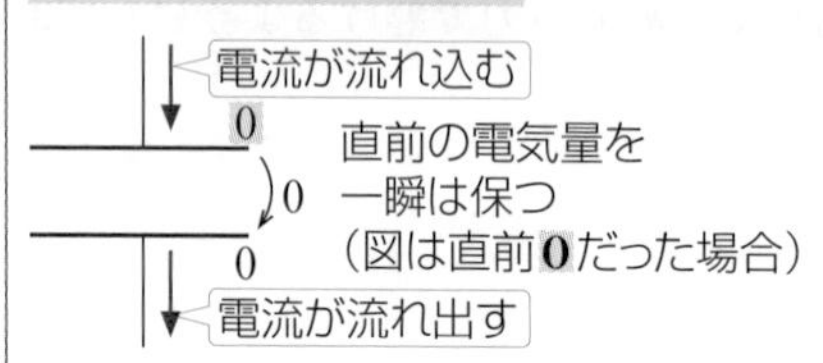

電気量が変わるヒマなし

漆原の解法 50　十分型

② 十分時間後

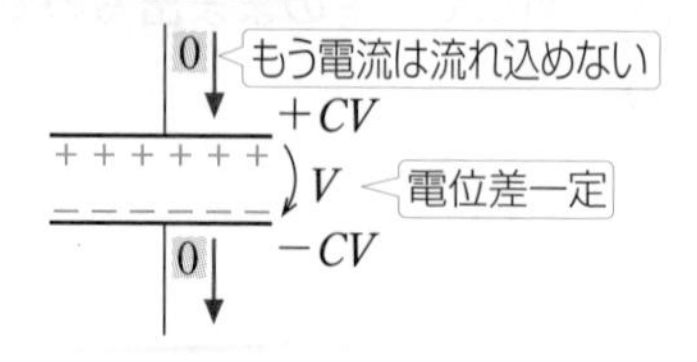

これ以上何の変化も起こらない

解　法

(1) **直流回路の解法 3 ステップ**で解く。

STEP 1　図20 - 10で，C_1 と C_2 は**直後型**（C_3 は S_2 が切れているので考えなくてよい）なので，**流れ込む電流を i_2 と仮定**してある。また，R_1, R_2 に流れる電流は i_1 と仮定した。

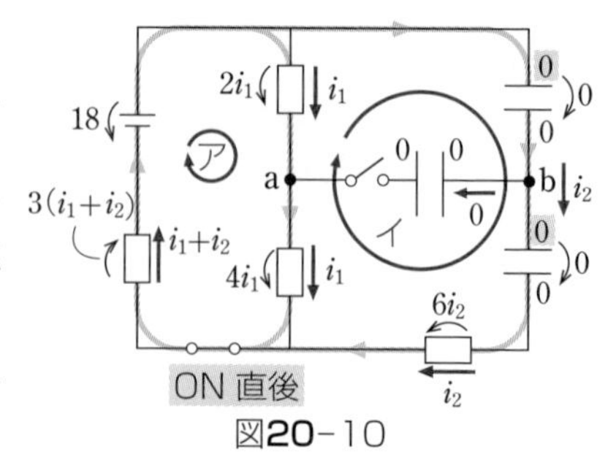

図20−10

STEP 2　（電圧降下の和）＝0 より，

㋐：$2i_1+4i_1+3(i_1+i_2)-18=0$　… ①

㋑：$6i_2-2i_1-4i_1=0$　… ②

②より $i_1=i_2$ のため，これを①に代入して，

$$2i_1+4i_1+3(i_1+i_1)-18=0 \qquad \therefore \quad i_1=i_2=1.5〔\mathrm{A}〕$$ …答　*I* get!

(2)　(1)と同様に解く。

STEP 1　図 20-11 で C_1 と C_2 は十分型になったので，**電位差を V_1，V_2 と仮定し，R_4 に流れる電流は 0 となる。**R_1 ～ R_3 には共通の電流 i_3 を仮定。

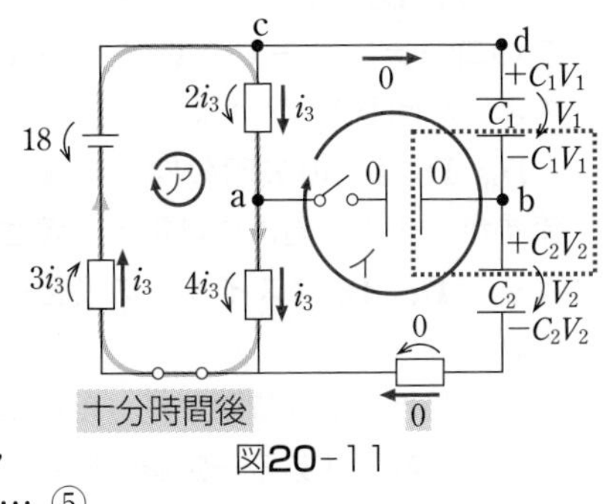

図20-11

STEP 2　(電圧降下の和)＝0 より，

㋐：$2i_3+4i_3+3i_3-18=0$　… ③

㋑：$V_1+V_2-4i_3-2i_3=0$　… ④

STEP 3　「島」の全電気量保存より，

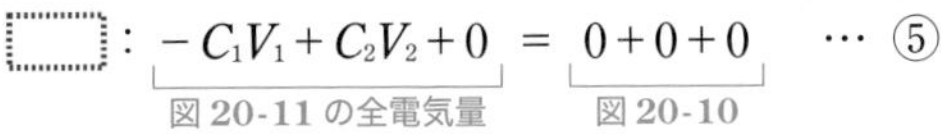

⬚：$\underbrace{-C_1V_1+C_2V_2+0}_{\text{図 20-11 の全電気量}} = \underbrace{0+0+0}_{\text{図 20-10}}$　… ⑤

③より，$i_3=2〔\mathrm{A}〕$　… ⑥　*I* get!

⑥を④に代入して $V_2=12-V_1$，これと C_1, C_2 の値を⑤に代入して，

$$-V_1+3(12-V_1)=0$$

$$\therefore \quad V_1=9〔\mathrm{V}〕,\ V_2=3〔\mathrm{V}〕$$ *V* get!

よって，a 点に対する b 点の電位 V_{ba} は，図 20-12 より (c 点，d 点は図 20-11 参照)，

$$V_{ba}=2i_3-V_1=2\times2-9=-5〔\mathrm{V}〕$$ …答

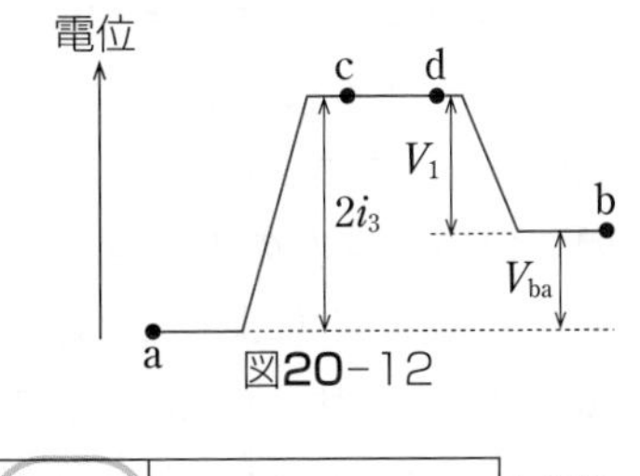

図20-12

(3)　(1)，(2)と同様に解く (図 20-13 参照)。

STEP 1　C_1，C_2，C_3 すべて十分型なので，**電位差を V_3，V_4，V_5 と仮定し，R_4 に流れる電流は 0 となる。**

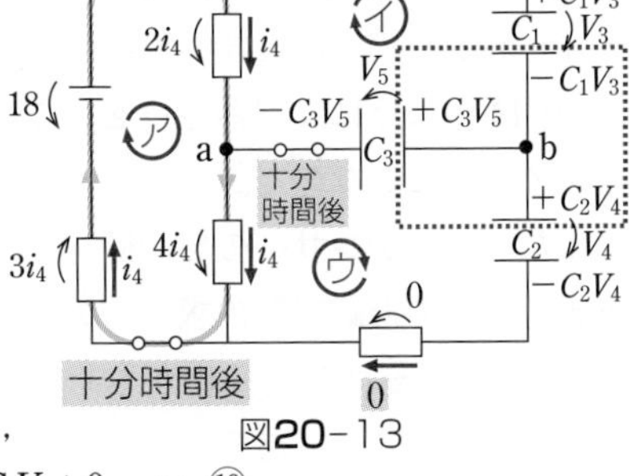

図20-13

STEP 2　(電圧降下の和)＝0 より，

㋐：$2i_4+4i_4+3i_4-18=0$　… ⑦

㋑：$V_3+V_5-2i_4=0$　… ⑧

㋒：$V_4-4i_4-V_5=0$　… ⑨

STEP 3　「島」の全電気量保存より，

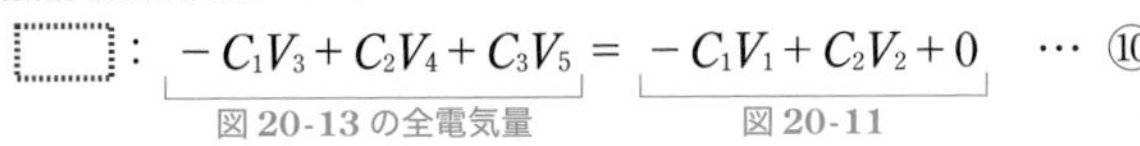

⬚：$\underbrace{-C_1V_3+C_2V_4+C_3V_5}_{\text{図 20-13 の全電気量}} = \underbrace{-C_1V_1+C_2V_2+0}_{\text{図 20-11}}$　… ⑩

⑦より $i_4=2〔\mathrm{A}〕$　… ⑪　*I* get!

⑪を⑧，⑨に代入して $V_3=4-V_5$，$V_4=V_5+8$，これと(2)の⑤，また，C_1，C_2，C_3 の値を⑩に代入して，a 点に対する b 点の電位 $V_{ba}=V_5$ は，

$$-(4-V_5)+3(V_5+8)+V_5=0 \qquad \therefore \quad V_5=-4〔\mathrm{V}〕$$ …答　*V* get!

出題パターン

71 ダイオードと交流回路

最大電圧が E の交流電源 Ee，ダイオード D_1，D_2 および，電気容量がともに C のコンデンサー C_1，C_2 を使って，図のような回路を組んだ。

D_1，D_2 は図の矢印の向きには電流を流すが，その逆向きには電流を流さない。よって D_1，D_2 はスイッチの役目を果たす。

このとき，十分時間が経った後に，C_2 にかかる電圧はある一定値に収束する。その値を求めよ。

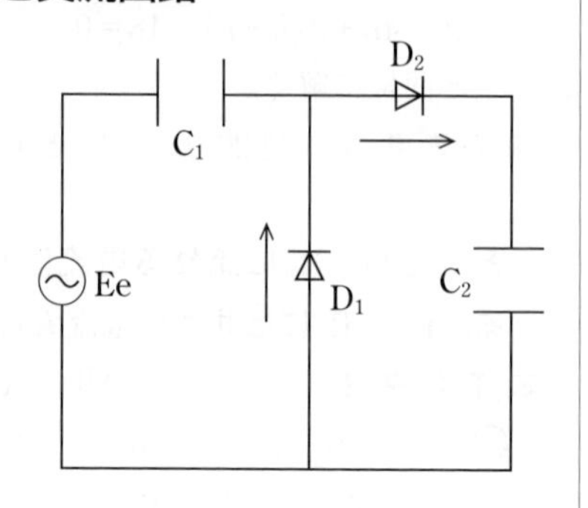

\解答のポイント/

「ダイオード」，「交流」と聞くと，「どこから手をつけて良いかわからない」という声を聞く。しかし，本問においては次のような「置き換え」をすることによって，超シンプルなコンデンサー回路に帰着できるのだ。そのポイントとは，理想的ダイオードと交流電源を含む問題では，図 20-14 のように，場合分けをして考えていくことなのだ。

また，コンデンサーの無限回スイッチ操作での最終状態の求め方のコツは，「もうそれ以上変化がない」状態をつくることである。

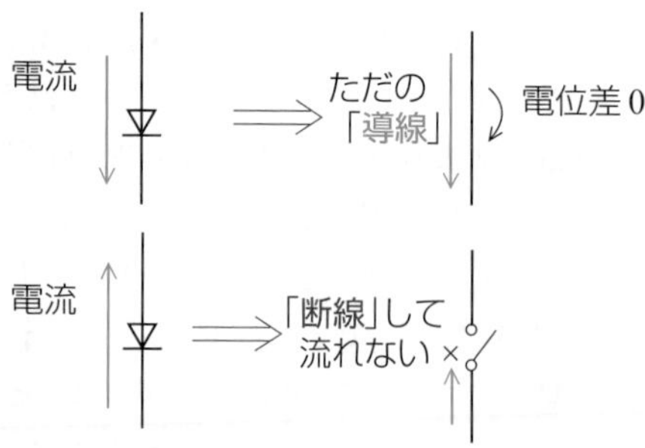

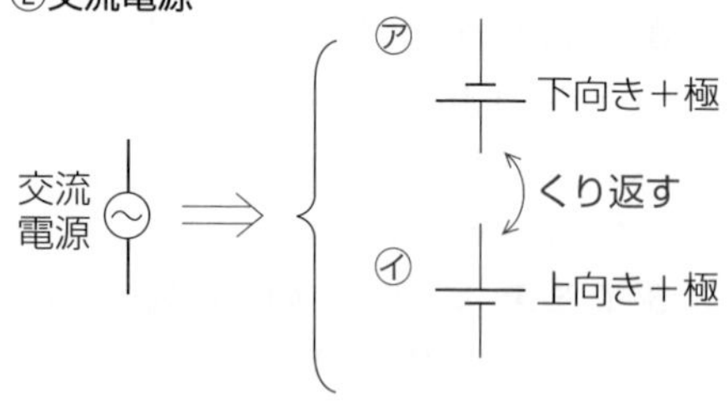

図20-14

解　法

まず，電源 Ee が㋐下向きの起電力を持っているときには，次ページの図 20-15 のように D_1 は「導線」，D_2 は「断線」となる。

逆に，電源 Ee が㋑上向きの起電力を持っているときには，図 20-16 のように

D_1 は「断線」，D_2 は「導線」となる。

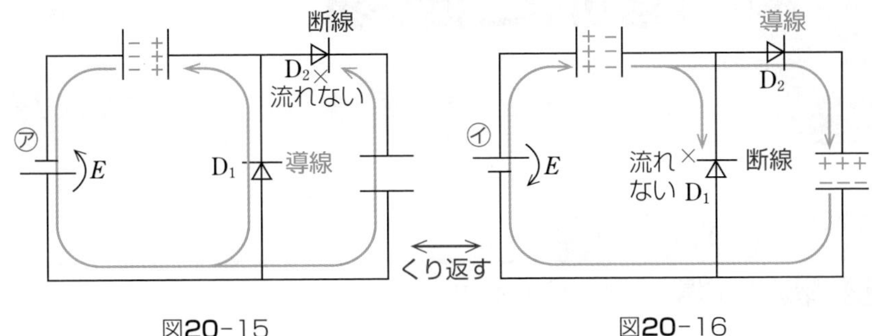

図20-15　　図20-16

ちなみに，D_1，D_2 の両方が「導線」となることはあり得ない。なぜなら，例えば，図 20-17 のようにコンデンサー C_2 の両極板が D_1，D_2 という「導線」によってつながってしまい，C_2 の電位差が 0 になる。これは，D_2 が「導線」となり C_2 に電流が流入し，C_2 に電位差が生じるということと矛盾してしまうからである。

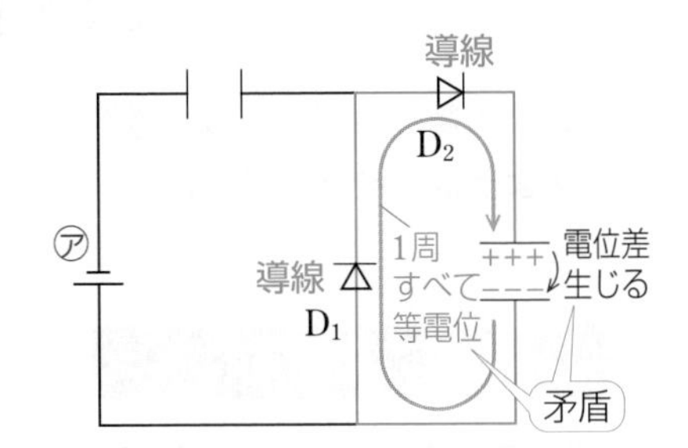

図20-17

ここで，図 20-15，図 20-16 を十分な回数くり返していくと，だんだん，C_1，C_2 の電気量がある一定値に近づいていく。**最終的には，図 20-15 と図 20-16 とでもはや，C_1，C_2 の電荷分布は変わらない**と考えられる。よって，それぞれ，図 20-18，図 20-19 のように，C_1 には E〔V〕，C_2 には $2E$〔V〕… 答の電位差が生じるのが最終状態と考えられる。

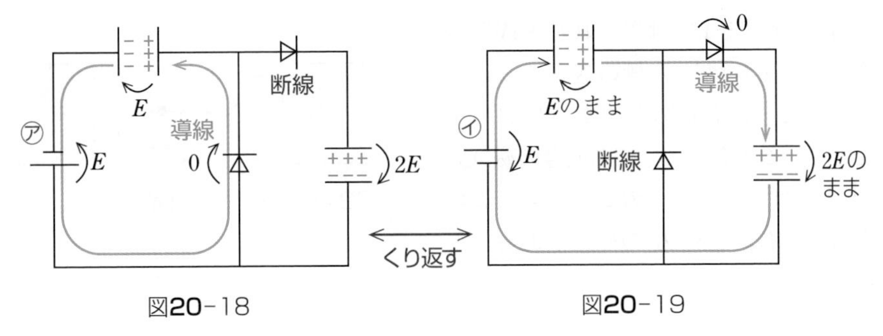

図20-18　　図20-19

STAGE 21 電磁気

電流と磁場

物理基礎　物理

「右手のグー」と「右手のパー」ですべて解決する

頻出出題パターン

72 電流と磁場 物理基礎　物理

ここを押さえよ！

電流が周囲にどのような磁場をつくるのかを**右手のグー**で，磁場が電流にどのような力を与えるのかを**右手のパー**でまとめる。

問題に入る前に

❶ 磁場と磁束密度とは何か　物理

磁場(磁界ともいう)の定義は**電場の定義**とよく似ている。

漆原の解法 51 磁場の定義

磁場 $\vec{H}$ ([N/Wb]=[A/m])…その点に置かれる＋1Wb(ウェーバ)の磁極が受ける磁気力
(単位強さのN極のみの磁石)

例えば図21-1では置かれた＋1Wb(N極のみの磁石)が，左側のN極からは反発力を受け，右側のS極からは引力を受けて，その合力として右向きの磁気力 $\vec{H}$ を受けている。このことから，この空間には右向きに $\vec{H}$ の磁場があることがわかる。

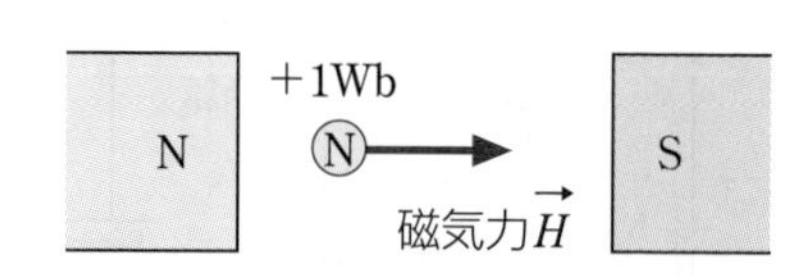

図21-1　磁場は＋1Wbで"見える"

次に，磁束密度 $\vec{B}$ は磁場 $\vec{H}$ と比例する量で，磁束線(砂鉄を磁石の周りにパラパラとまくと見える「すじ」をイメージ)の密度を表している。

漆原の解法 52 磁束密度の定義

磁束密度　$\vec{B}$(〔Wb/m²〕=〔T〕(テスラ))$=\mu\vec{H}$

比例定数 μ〔N/A²〕を透磁率といい，周囲を満たす物質で決まる。
(例)　鉄の透磁率 μ は，真空の約200〜300倍

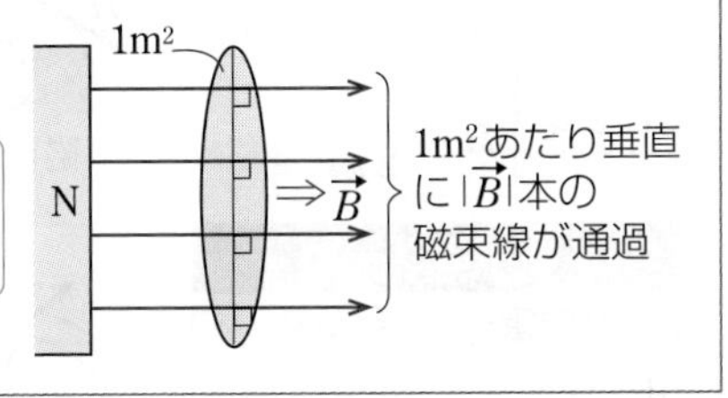

❷ 電流と磁場にはどんな関係があるか　(物理基礎)(物　理)

この分野は結局，次の2ポイントにまとめられる。

- 電流(動く電荷)は周囲に磁場 $\vec{H}$ をつくる
- 磁場($\vec{B}$)はその中の電流(動く電荷)に磁気力(ローレンツ力)を与える

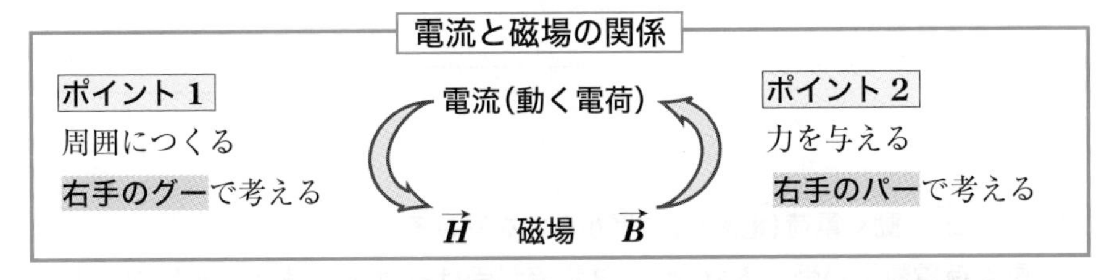

電流が流れている……「あっ！　周りに磁場ができているぞ！」
また，
電流が磁場中を流れている……「おっ！　力を受けているぞ！」
と，条件反射的に思い浮かべるようにしてほしい。

ポイント1　**電流は周囲に磁場をつくる**

入試に出るのは次ページに示した3タイプである。どれも**右手のグー①，②，③**で磁場の向きを決められる。

漆原の解法 53 右手のグー①，②，③

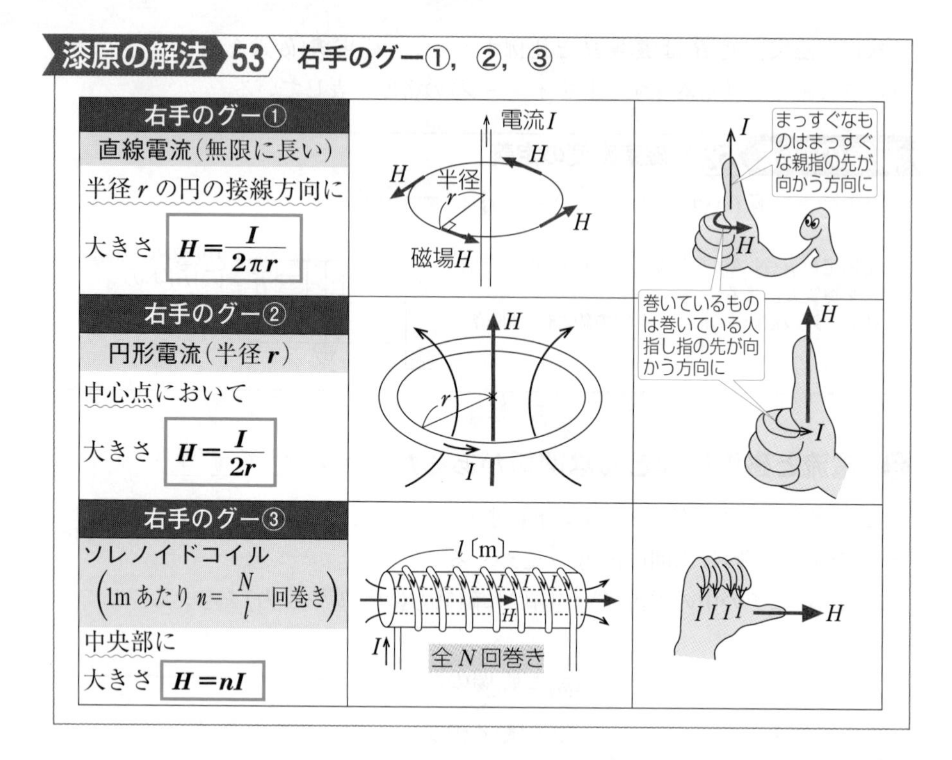

ポイント2　**動く電荷(電流)は磁場から力を受ける**

①動く荷電粒子が受ける力 と，**②電流が受ける力** の2タイプを区別しよう。それぞれの磁束密度 B の方向，電荷の速度 v や電流 I の方向，受ける力 F の方向はすべて**右手のパー①，②**でまとめられる。

漆原の解法 54 右手のパー①，②

右手のパー① … **動く荷電粒子が受ける力**

手のひらでまっすぐ押す（プッシュする）方向にローレンツ力を受ける。

ローレンツ力 $\boldsymbol{F = qvB}$

▶特に $\vec{v}$ と $\vec{B}$ が平行のときはローレンツ力を受けない。また，$\vec{v}$ と $\vec{B}$ が直交していないときは $\vec{v}$ を分解して $\vec{B}$ と直交する成分のみを考える。

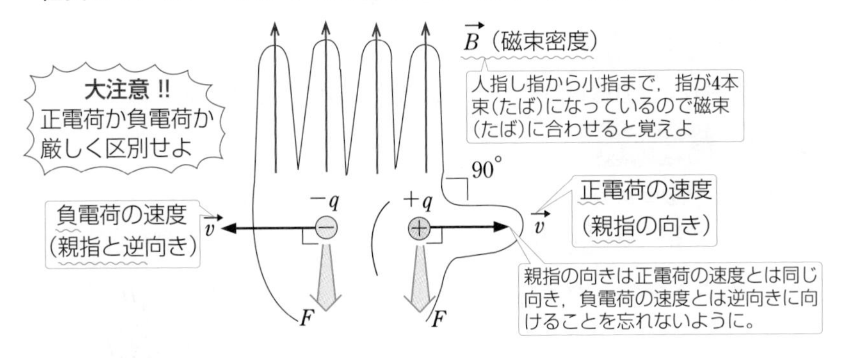

右手のパー② … **電流が受ける力**

手のひらでまっすぐ押す方向に電磁力を受ける。

電磁力 $\boldsymbol{F = IBl}$

▶ここで，上の式 $F = IBl$ を簡単に説明する。1つの電子が受けるローレンツ力は evB。長さ l の導線中には，全部で lSn 個の電子がいる。よって，全電子から受けるローレンツ力の和は，

$$F = evB \times lSn = vSne \times Bl = IBl$$

アイアムブスネー $I = vSne$ より

$\vec{B}$（束は束に合わせる）

自由電子の密度 n〔個/m³〕

90°

平均速度 v $-e$

電流 $I = vSne$

F

導線の長さ l〔m〕

断面積 S〔m²〕

出題パターン

72 電流と磁場

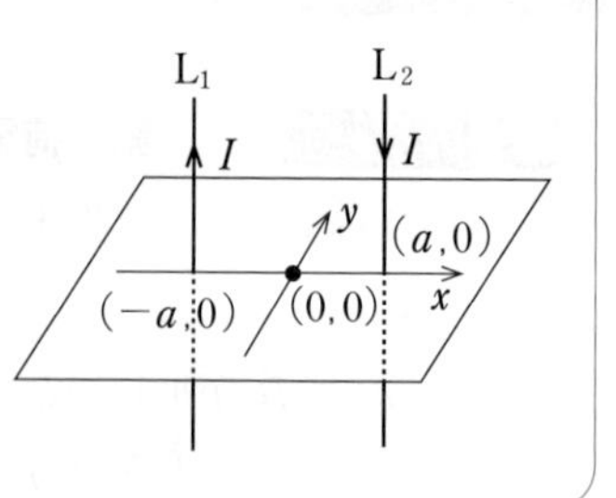

⑴ 導線 $\mathbf{L_1}$，$\mathbf{L_2}$ を流れる電流 $\boldsymbol{I}$ が次の各点につくる磁場の強さを求めよ。

㋐ 原点$(\mathbf{0},\ \mathbf{0})$

㋑ 点$(\mathbf{0},\ \boldsymbol{a})$

⑵ $\mathbf{L_2}$ の単位長さに働く力の大きさと向きを求めよ。ただし，真空の透磁率を μ_0とする。

\解答のポイント/

右手のグー①より直線電流のつくる磁場は円の接線方向に向かう。

解　法

⑴ **右手のグー①**を使って L_1，L_2 がつくる磁場の向きを決める。

㋐ 図 21-2 のように L_1，L_2 がつくる磁場を $\vec{H_1}$，$\vec{H_2}$ とすると，$\boxed{H = \dfrac{I}{2\pi r}}$ より，

$$|\vec{H_1}| = |\vec{H_2}| = \frac{I}{2\pi a}$$

磁場はベクトルなので，$\vec{H_1}$ と $\vec{H_2}$ のベクトルの和を $\vec{H}$ とすると，図 21-2 より，

$$|\vec{H}| = |\vec{H_1}| + |\vec{H_2}| = \frac{I}{\pi a} \quad \cdots 答$$

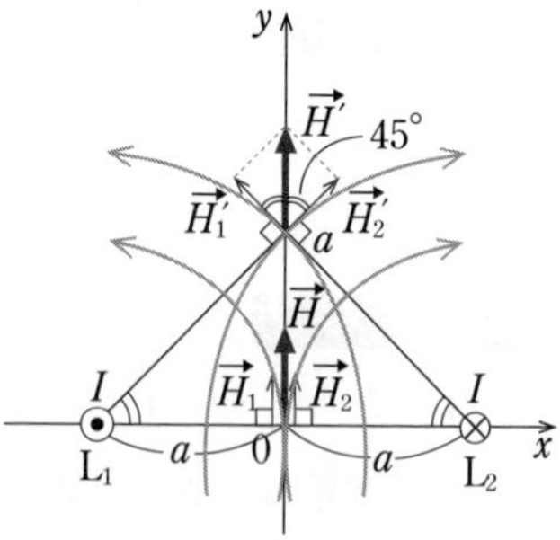

図21-2

㋑ ㋐と同様にして，

$$|\vec{H'}| = |\vec{H_1'} + \vec{H_2'}| = \sqrt{2} \times |\vec{H_1'}| = \sqrt{2} \times \frac{I}{2\pi(\sqrt{2}a)} = \frac{I}{2\pi a} \quad \cdots 答$$

⑵ まず，L_1 が L_2 の位置につくる磁場の向きは，**右手のグー①**により図 21-3 の向きで，その大きさは，$|\vec{H_{12}}| = \dfrac{I}{2\pi(2a)}$ である。

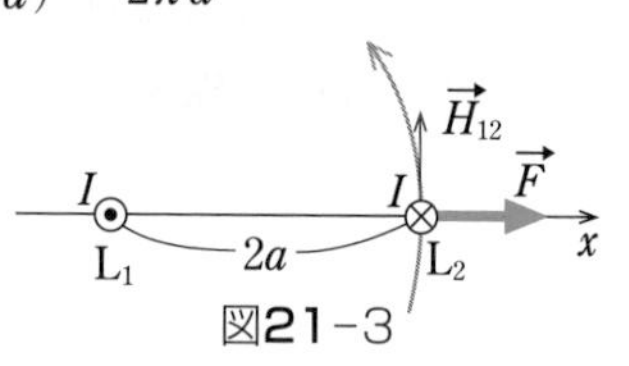

図21-3

次に**右手のパー②**により，$\vec{H_{12}}$ から L_2 の 1m あたりが受ける力 $\vec{F}$ は図 21-3 のように，人指し指から小指までの 4 本の指の束を $\vec{H_{12}}$ の向きにあて，親指の向きを L_2 の電流（表→裏）の向きにあてたとき，手のひらでまっすぐ押す方向，すなわち $+x$ 方向 答になる。

また，$\vec{F}$ の大きさは $\boxed{F = IBl}$ より，

$$|\vec{F}| = I \cdot \mu_0 |\vec{H_{12}}| \cdot 1 = \frac{\mu_0 I^2}{4\pi a} \quad \cdots 答$$

STAGE 22 電磁気

電磁誘導

物理基礎 物理

起電力→電流→電流が受ける力の順

頻出出題パターン

- 73 磁束を切る導体棒 物理
- 74 磁束を切るコイル 物理
- 75 変化する磁束密度 物理基礎 物理
- 76 回転コイル 物理

ここを押さえよ！

「磁束線を切って進む棒」と「中を貫く磁束が変化するコイル」には起電力が発生する。その起電力の向きと大きさをきちんと求められるようにすること。起電力の作図さえしてしまえば勝ちで，その後の解法手順は決まっている。

問題に入る前に

❶ 磁束Φとは本数のことである 物理

磁束密度 B =「1 m² あたりを貫く磁束線の本数」を思い出してほしい。

漆原の解法 55 磁束の定義

磁束 Φ（ファイ）〔Wb〕… ある面を貫く磁束線の総本数

$$\Phi = BS$$

（B：1 m²あたりの本数）

電磁気のジョーシキ記号

ここで，これからよく使う「向きを表す記号」についてまとめておこう。

⊗…紙面表から裏へ向かう向き

プラスのネジがこの本に刺さっている。そして，そのネジが進む向きとイメージ。

◉…紙面裏から表へ向かう向き

目玉が見ている，つまり向こうから見られている向きとイメージ。

❷ 磁束線を切って進む棒は「電池」になる（物　理）

電磁誘導という言葉を聞くと何やら難しいと感じてしまうが，電磁誘導とは，要するに本来電池ではないものが，一種の「電池」に化けてしまうことである。

ここで「電池」の定義について基本に戻ろう。電池とは一種のポンプであり，電位の低い－極から高い＋極へ電気を汲み上げる装置であった。特に起電力 V〔V〕の電池というのは，**電位の定義：No. 2**(p. 198)より，＋1C を－極から＋極へ持ち上げる際に V〔J〕の仕事をすることができる装置であるといえる。

実はこれから見るように，磁束線を横切って進む導体棒も，ローレンツ力の働きによって，電池と同じ働きをするものとみなせるのだ。

次の例でこれを見てみよう。ポイントは＋1C がどのような力を受けて，どのように仕事をされるかである。

次ページの図 22-1の左図のように，導体棒 XY が上向きの磁束線を切るようにして速さ v で右へ進むとき，**棒の上に＋1C を乗せてみる**。すると，この＋1C は棒と同じ速度 v で磁場中を右へ動くので，**右手のパー①**(p. 237)により，図 22-1 で X から Y へ向かう向きのローレンツ力 $1 \cdot vB$〔N〕を受ける。このローレンツ力によって，X から Y まで距離 l〔m〕運ばれるときに＋1C は，

$$\underbrace{1 \cdot vB}_{\text{力}} \times \underbrace{l}_{\text{距離}} = vBl \text{〔J〕}$$

だけの仕事をされることになる。

一方，起電力 V〔V〕の電池とは，「**－極から＋極へ，＋1C を持ち上げる際に V〔J〕の仕事をすることができる装置**」であるから，棒は図 22-1 の右図のような起電力

$$V = vBl \text{〔V〕}$$

の電池と同等とみなせる。

これはローレンツ力を原動力とする電池であるので，本書では**ローレンツ力電池**と呼ぶ。

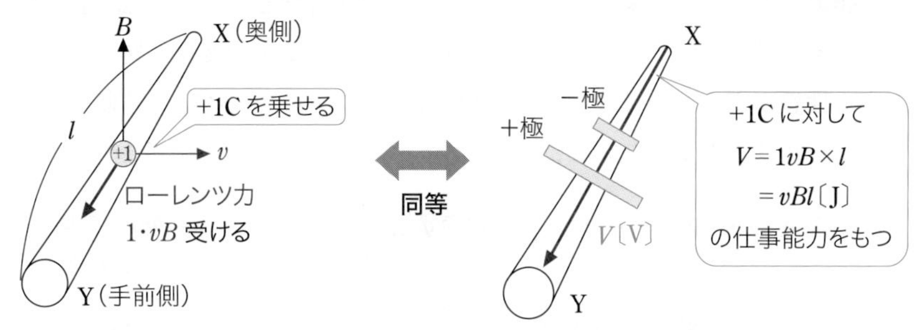

図22−1　ローレンツ力を原動力とする電池

漆原の解法 56　ローレンツ力電池

① **起電力の向きの決め方**

導体棒の上に＋1C を乗せたとき，**右手のパー①**（p. 237）で受けるローレンツ力の向きが，起電力の向きとなる。

② **起電力の大きさ V〔V〕の決め方**

①のローレンツ力によって，棒に沿って，＋1C を運んだときに，ローレンツ力がする仕事（＝力×距離）が起電力の大きさ V となる。

《例》

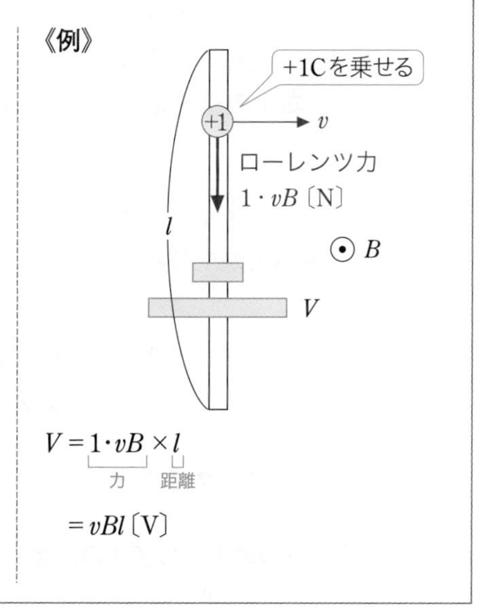

$V = 1 \cdot vB \times l$

$= vBl$〔V〕

❸ レンツ＆ファラデーの法則はこう使え！　（物理基礎）（物　理）

電磁誘導，つまり「電池」が発生する現象は，磁束を切る棒「ローレンツ力電池」だけに起きるわけではない。

次ページのように，「貫く磁束が変化するコイル」にも起電力（「電池」）が発生することがわかっている。

漆原の解法 57 レンツ&ファラデーの法則

① **起電力の向き…磁束Φの変化を妨げようとする向き(レンツの法則)**

コイル(閉回路)には，次のように自分を貫く磁束Φの変化を妨げようとする性質がある。あくまでも“変化”を妨げるのであって，“磁束そのもの”を妨げるのではないことに注意。

1 磁束Φが変化すると…

2 その変化を妨げる向きの磁場Hを発生させようとする。

3 そのために…図の向きの電流Iを流そうとする。(ここで**右手のグー②**を使う。)

4 よって，コイルには図の向きの起電力が生じる。

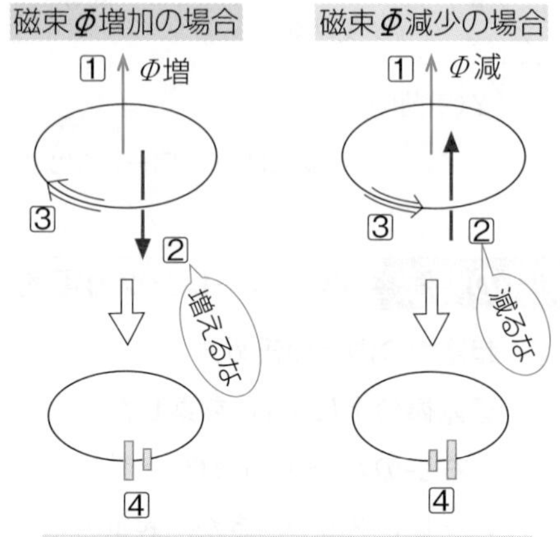

以上の1～4をテンポよく行えるようにしよう！

② **起電力の大きさ(ファラデーの法則)**

これも次のように，とてもシンプルに決まることがわかっている。

起電力の大きさ$|V|$
‖
1秒あたりの磁束Φの変化の大きさ
‖
Φ-tグラフの傾きの大きさ
‖

$$\left|\frac{d\Phi}{dt}\right|$$

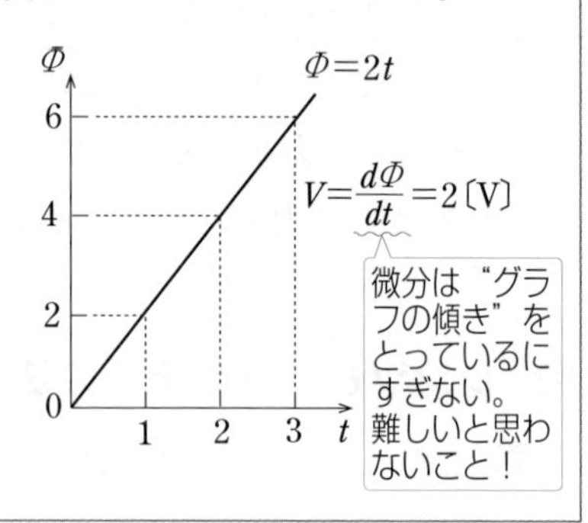

❹ 誘導起電力問題の攻め方は決まっている （物 理）

誘導起電力問題〔(例)導体棒が磁束を切ったり，コイルを貫く磁束が変化し起電力が発生する問題など〕は，次の㊀起→電→力の順に攻めるしかないのだ。

漆原の解法 58 誘導起電力問題の解法

誘導起電力問題だから 起 → 電 → 力 の順で解く！

起 発生する起電力を求める

ローレンツ力電池，**レンツ&ファラデーの法則**のいずれかを使い，起電力を求める。

▶注意したいのは，決して両方を同時に使ってはいけないこと。ダブルカウントになる!!

使い分けは，特に指示のないときは次のように考えてしまうとよい。

- 磁束密度 B が時間変化しない ⟶ **ローレンツ力電池**が楽。
- それ以外 ⟶ **レンツ&ファラデーの法則**しかない。

電 電流を求める

起電力を図示したら，あとはふつうの電気回路の問題として考え，流れる電流を求める。

力 電流が磁場から受ける力を求める

電流を求めたら，その電流が磁場から受ける力を**右手のパー②**で求める。力を作図したら，あとは次のように，力学の問題になる。

- 静止または一定速度のとき ⟶ 力のつりあいの式
- 加速度があるとき ⟶ 運動方程式
- エネルギーの収支の式も使える

(乾電池のした仕事)[収入①] ＋ (外力のした仕事)[収入②] ＝ (発生したジュール熱)[支出] ＋ (エネルギーの増加分)[貯金の増加]

出題パターン

73 磁束を切る導体棒

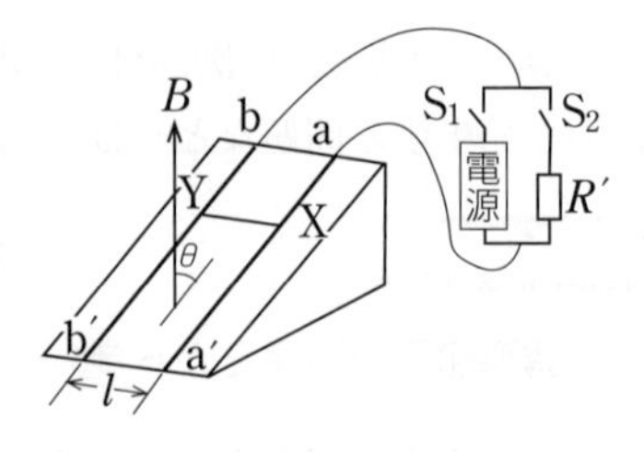

鉛直上向きに磁束密度$\boldsymbol{B}$〔T＝N/(A·m)〕の一様な磁場がある。磁場と$\boldsymbol{\theta}$〔rad〕の角をなす斜面上に，**2**本の長い直線導体**aa′**，**bb′**が平行に間隔$\boldsymbol{l}$〔m〕だけ離れて置かれている。長さ$\boldsymbol{l}$〔m〕，質量$\boldsymbol{m}$〔kg〕，抵抗値$\boldsymbol{R}$〔Ω〕の金属棒の両端**X**，**Y**が，それぞれ導体**aa′**，**bb′**に接し，導体と常に直角を保ちながら，なめらかに動くものとする。また，導体の上端部**a**，**b**にはスイッチS_1，S_2，電源，抵抗値$\boldsymbol{R'}$〔Ω〕の抵抗がつながれている。重力加速度の大きさを$\boldsymbol{g}$〔m/s^2〕とする。

〔Ⅰ〕 はじめにS_1を閉じた。電源の電圧を$\boldsymbol{E}$〔V〕にして，金属棒を支える手を静かに放したところ，金属棒は動かなかった。

(1) 金属棒が磁場から受ける力の大きさ$\boldsymbol{F}$〔N〕を$\boldsymbol{E}$を含む式で表せ。

(2) 金属棒に働く力のつりあいの条件により$\boldsymbol{E}$を$\boldsymbol{g}$を含む式で表せ。また**a**から見て**b**の電位は高いか低いか。

〔Ⅱ〕 次に，S_1を開き，S_2を閉じて十分時間がたったところ，金属棒は速さ$\boldsymbol{u}$〔m/s〕の等速運動をした。

(3) 回路に生じる誘導起電力の大きさ$\boldsymbol{V}$〔V〕を$\boldsymbol{u}$を含む式で表せ。また金属棒を流れる電流の向きは**X→Y**，**Y→X**のいずれか。

(4) $\boldsymbol{u}$を$\boldsymbol{g}$を含む式で表せ。

(5) 等速運動をする金属棒に対し，重力のする仕事率$\boldsymbol{P}$〔W〕はいくらか。

(6) このとき，回路全体の抵抗で**1**秒間に発生するジュール熱$\boldsymbol{Q}$〔J〕はいくらか。

解答のポイント

誘導起電力問題の解法で(起)→(電)→(力)の順に攻める。(起)では**ローレンツ力電池**により発生する起電力を求める。(電)では，**ローレンツ力電池**を含んだ回路の問題として電流$\vec{I}$を求める。(力)ではその電流$\vec{I}$が磁場から受ける電磁力を作図して導体棒の力学の問題として解く。

ただし，電流$\vec{I}$の向きが不明であったり，与えられていないときは，まず先に(力)に入って電磁力の向きを考え，その向きから電流$\vec{I}$の向きを推定しよう。

((2)を見よ。)

解　法

〔Ⅰ〕 (1) **誘導起電力問題の解法**で解く。

起 棒は動かないので，発生する起電力は 0。

電 図 22-2 のように電流の大きさを I と仮定する（その向きは(2)で確かめる）。

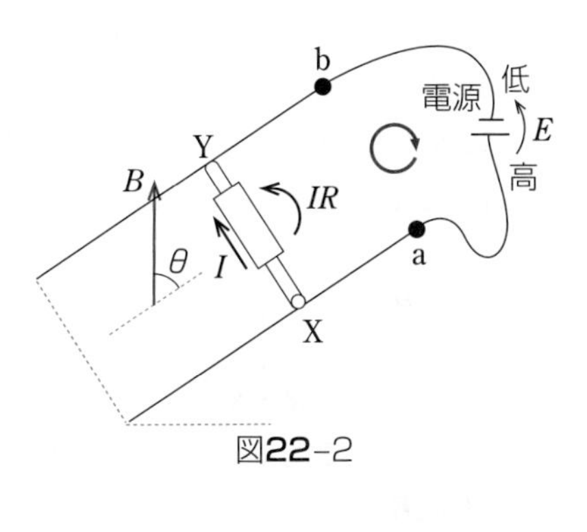

図22-2

$\circlearrowright$: $\underbrace{+IR}_{\text{下降}}\ \underbrace{-E}_{\text{上昇}} = \underbrace{0}_{\text{もとに戻る}}$　　∴　$I = \dfrac{E}{R}$

力 この棒を流れる電流 I が磁場から受ける力の大きさ F は，

$$\boxed{F = IBl} = \frac{E}{R}Bl \text{〔N〕} \quad \cdots \text{答}$$

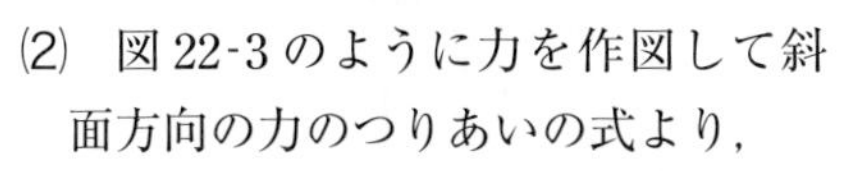

(2) 図 22-3 のように力を作図して斜面方向の力のつりあいの式より，

$$F\sin\theta = mg\cos\theta$$

$$\therefore \quad \frac{E}{R}Bl\sin\theta = mg\cos\theta$$

よって，$E = \dfrac{mgR}{Bl\tan\theta}$〔V〕　　… 答

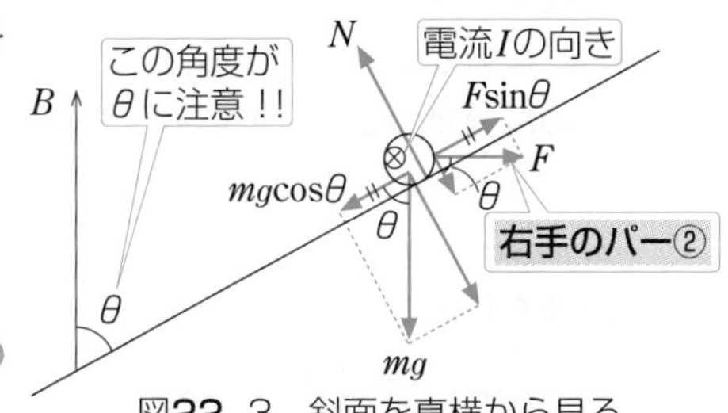

図22-3　斜面を真横から見る

ここで確認したいのは，電流 I の流れる向きは X→Y の向きでなくてはいけないこと。もし Y→X の向きに流れていたら，力 F の向きが逆になってしまい，重力とつりあうことができないからである。よって，a から見て b の電位は低く 答 なければならない。

〔Ⅱ〕 (3) **誘導起電力問題の解法**で解く。

起 棒が速さ u で斜面を下りるとき，図 22-4 のように**ローレンツ力電池**の考え方により，**棒の上に乗せた＋1C は磁場と垂直方向には $u\sin\theta$ の速度で動く**ので，X→Y の向きに $1\cdot u\sin\theta\cdot B$ のローレンツ力を受ける。このローレンツ力が＋1C にする仕事は，

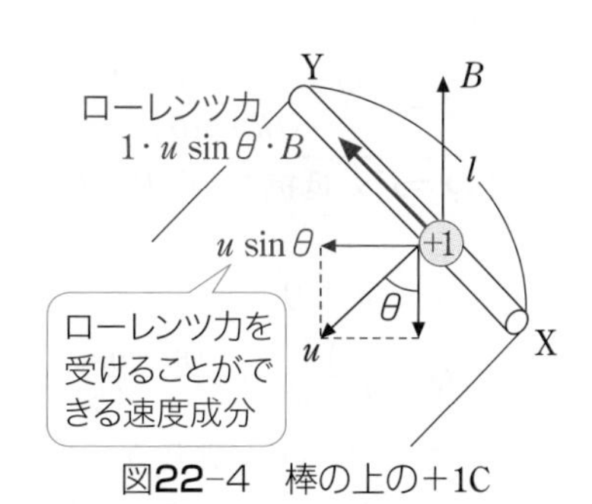

図22-4　棒の上の＋1C

$$\underbrace{1\cdot u\sin\theta\cdot B}_{\text{力}} \times \underbrace{l}_{\text{距離}}$$

これが発生する起電力の大きさ V と等しいので，

$V = uBl\ \sin\theta$〔V〕 … ① 答

電 誘導起電力の方向は前ページの図22-4のローレンツ力の向きと同じX→Yの向き。よって，図22-5のように電流はX→Y 答 の向きに流れる。

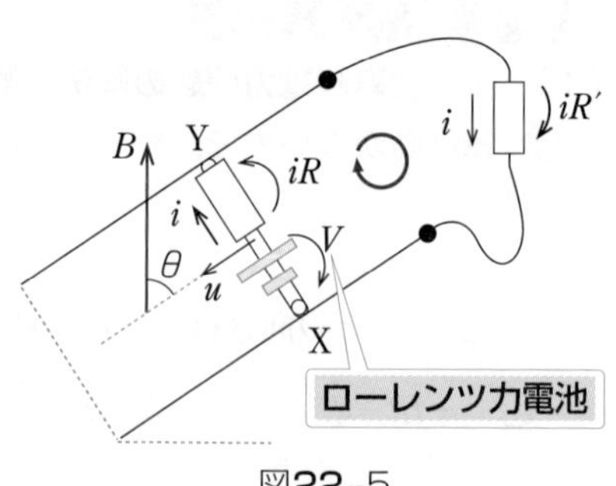

図22-5

(4) 図22-5で流れる電流を i と仮定すると，

○：$iR + iR' - V = 0$

$$\therefore \quad i = \frac{V}{R + R'} \quad \cdots ②$$

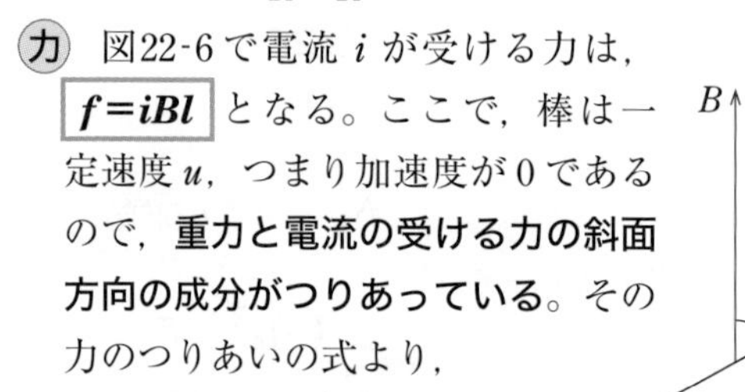

力 図22-6で電流 i が受ける力は，**$f = iBl$** となる。ここで，棒は一定速度 u，つまり加速度が0であるので，**重力と電流の受ける力の斜面方向の成分がつりあっている**。その力のつりあいの式より，

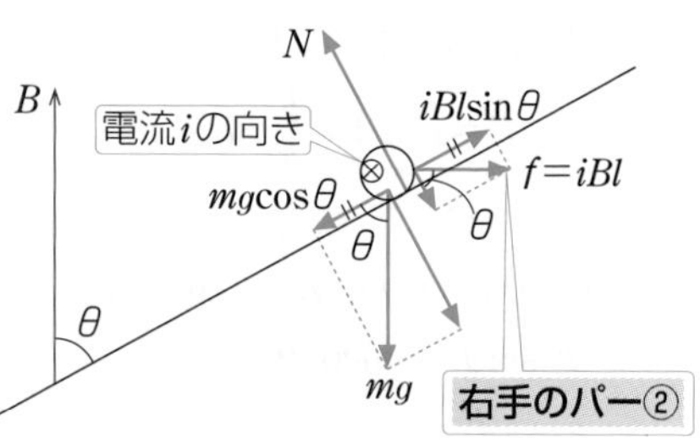

図22-6 斜面を真横から見る

$mg\cos\theta = iBl\sin\theta$

①，②を代入して，

$$mg\cos\theta = \frac{uBl\sin\theta}{R + R'}Bl\ \sin\theta$$

$$\therefore \quad u = \frac{mg(R + R')\cos\theta}{(Bl\sin\theta)^2} \text{〔m/s〕} \quad \cdots ③ \text{ 答}$$

(5) $P = mg\cos\theta \times u$

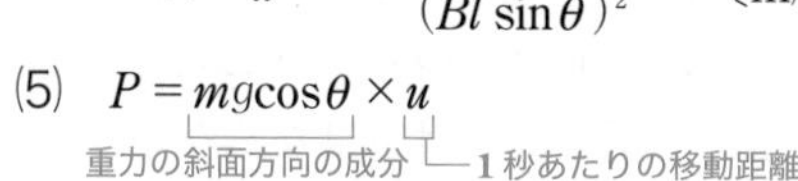

③を代入して，

$$P = \frac{(mg\cos\theta)^2(R + R')}{(Bl\ \sin\theta)^2} \text{〔W〕} \quad \cdots \text{答}$$

(6) **$Q = i^2 \times$ 抵抗** $= i^2(R + R')$
直列!!

①，②，③より，

$$Q = \frac{V^2}{R + R'} = \frac{(mg\cos\theta)^2(R + R')}{(Bl\sin\theta)^2} \text{（〔J/s〕=〔W〕）} \quad \cdots \text{答}$$

ここで $P = Q$ が成り立っており，重力がした仕事(貯金の減少分)が電磁誘導により電気エネルギーに変換されて，抵抗でジュール熱として放出(支出)されていることがわかる(このことは記述問題としてよく出題される)。

出題パターン 74 磁束を切るコイル

図で $0 \leqq x \leqq L$〔m〕の領域に紙面裏から表に向かう向きに磁束密度 B〔T〕の一様な磁場があり，それ以外の領域では磁束密度は 0 T である。この磁場中を 1 辺の長さ $a(<L)$〔m〕，全抵抗 R〔Ω〕の正方形のコイルを，x 方向に一定の速度 v〔m/s〕で移動させる。

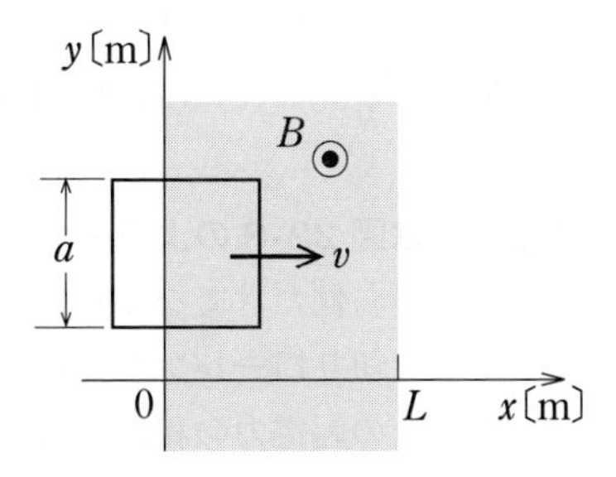

ここで，コイルの右端が $x=0$ から $x=L+a$ の点に達するまでのコイルに流れる電流 I〔A〕を，横軸をコイルの右端の位置 x として，グラフに描け。反時計まわりに流れる電流を正とする。

また，コイルを一定速度で移動させるために必要な力 F〔N〕を，横軸をコイルの右端の位置 x としてグラフに描け。ただし右向きの力を正とする。

解答のポイント

コイルの 4 つの辺のうち，y 軸と平行な辺は磁束を切るので**ローレンツ力電池**とみなす。**誘導起電力問題の解法**で(起)→(電)→(力)の順に解く。

解 法

㋐：$0 \leqq x < a$，㋑：$a \leqq x < L$，㋒：$L \leqq x \leqq L+a$ の 3 つの領域に分ける。それぞれの場合について**誘導起電力問題の解法**で解く。

㋐のときは図 22-7 のようになる。

(起) **コイルの右辺に置いた＋1C** は $-y$ 向きに大きさ $1 \cdot vB$ のローレンツ力を受けつつ，距離 a 運ばれるので，起電力の大きさは，$1 \cdot vB \times a$

よって，$-vBa$〔V〕（反時計まわり正）

＋極の向く向きが時計まわりなので負！

(電) 流れる電流の大きさを I とすると，

↻：$IR - vBa = 0$

コイル全体

$\therefore \quad -I = -\dfrac{vBa}{R}$〔A〕（反時計まわり正）

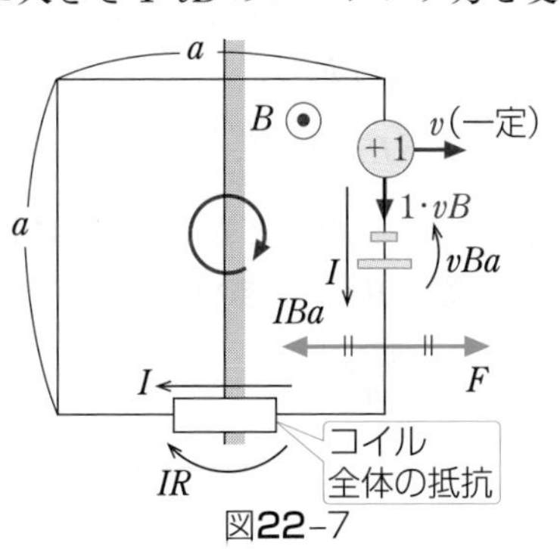

図22-7

(力) 電流が受ける力は**右手のパー②**より左向きで大きさは，

$$IBa = \frac{(Ba)^2 v}{R} \text{〔N〕}$$

コイルを一定速度で動かし続けるには，**この力とつりあうだけの外力 $\boldsymbol{F}$ を右向きに加えなければならない**。外力 F は，

$$F = \frac{(Ba)^2 v}{R} \text{〔N〕（右向き正）}$$

㋑のときは図 22-8 のようになる。

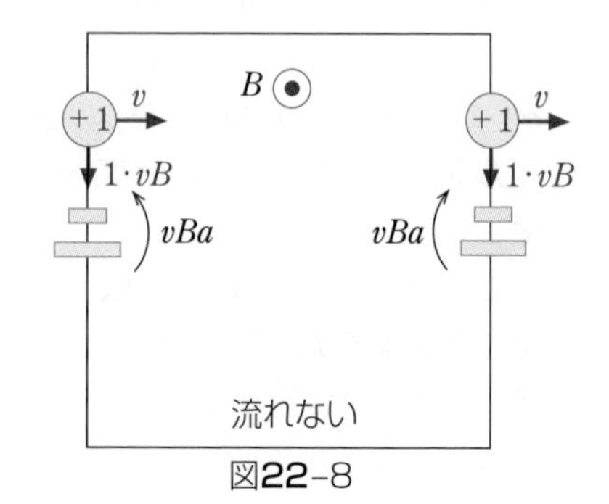

図22-8

㊝ コイルの右側だけでなく左側の辺までもが磁束を切り**ローレンツ力電池**となるが，それらの起電力の和は，反時計まわりを正として，

$$\underbrace{vBa}_{\text{左側の辺の起電力}} + \underbrace{(-vBa)}_{\text{右側の辺の起電力}} = 0$$

㊞ 起電力が 0 なので，電流も 0 。

㊟ 電流が 0 なので，一定速度で動かし続けるのに要する外力も 0 。

㋒のときは図 22-9 のようになる。

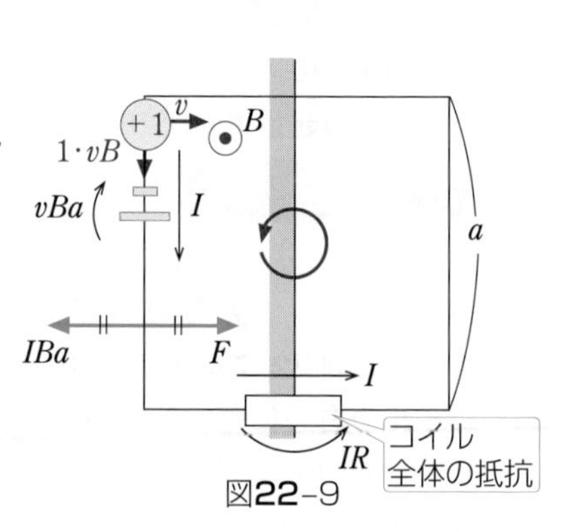

図22-9

㊝ コイルの左側の辺のみが磁束を切り**ローレンツ力電池**となる。その起電力は，

vBa〔V〕（反時計まわり正）

㊞ 流れる電流の大きさを I とすると，

↺：$IR - vBa = 0$

$$\therefore \quad I = \frac{vBa}{R} \text{〔A〕（反時計まわり正）}$$

㊟ コイルを一定速度で動かし続けるのに要する外力 F は，

$$F = IBa = \frac{(Ba)^2 v}{R} \text{〔N〕（右向き正）}$$

以上の㋐〜㋒をまとめてグラフに描く。㊎は図 22-10。

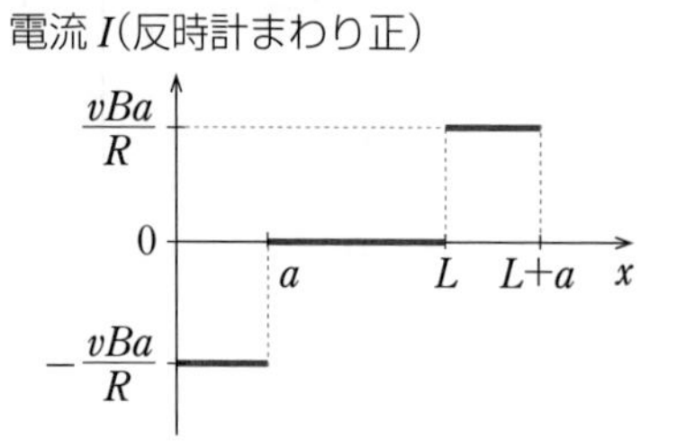

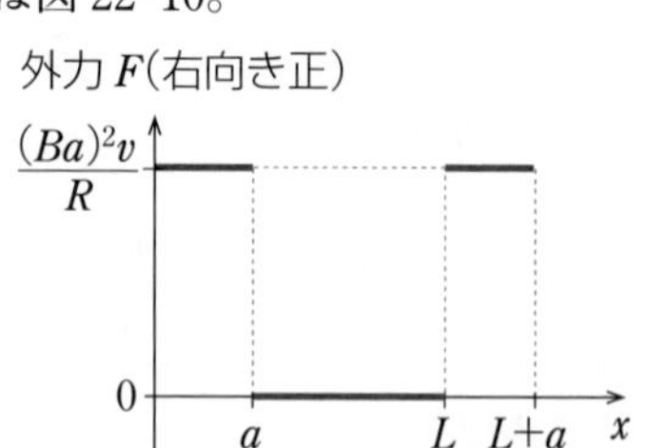

図22-10

出題パターン 75 変化する磁束密度

図 **b** のように磁束を変化させたとき，時刻 $\boldsymbol{0<t<t_2}$ の間に図 **a** のコイルに流れる電流 $\boldsymbol{I}$ を求めよ。ただし，コイルの抵抗値を $\boldsymbol{R}$ とする。

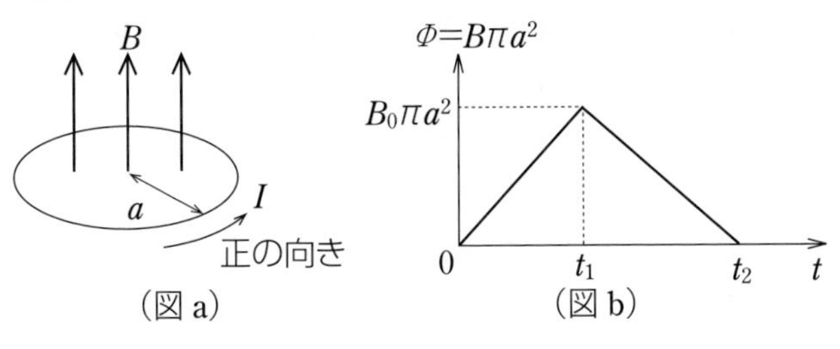

（図 a）　（図 b）

\解答のポイント/

本問ではコイルは固定されており，磁束密度のみが時間変化するので**レンツ＆ファラデーの法則**を用いて起電力を求める。正の向きに注意。

解　法

誘導起電力問題の解法で解く。

㋐ **$0<t<t_1$ のとき（図 22-11）**

起　上向きの磁束 $\boldsymbol{\Phi}$ が増すのを妨げる向きに図のような起電力 V_1 が生じる。その大きさは，ファラデーの法則より，

$$|V_1| = (\Phi\text{-}t \text{ グラフの傾きの大きさ}) = \frac{B_0\pi a^2}{t_1}$$

電　○：$iR - |V_1| = 0$

$$\therefore\quad I = -i = -\frac{|V_1|}{R} = -\frac{B_0\pi a^2}{Rt_1}\quad \cdots 答$$

㋑ **$t_1 \leqq t < t_2$ のとき（図 22-12）**

起　上向きの磁束 $\boldsymbol{\Phi}$ が減るのを妨げる向きに図のような起電力 V_2 が生じる。その大きさは，ファラデーの法則より，

$$|V_2| = (\Phi\text{-}t \text{ グラフの傾きの大きさ}) = \frac{B_0\pi a^2}{t_2 - t_1}$$

電　○：$iR - |V_2| = 0$

$$\therefore\quad I = i = \frac{|V_2|}{R} = \frac{B_0\pi a^2}{R(t_2-t_1)}\quad \cdots 答$$

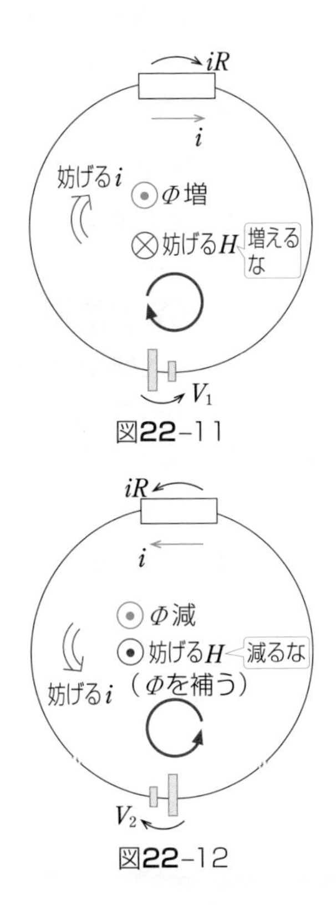

図22-11

図22-12

出題パターン

76 回転コイル

磁束密度 B〔T〕の一様な磁場中で，磁場に垂直な軸のまわりを1巻きのコイル ABCD（AB＝a〔m〕，BC＝b〔m〕）が，図に示す向きに一定の角速度 ω〔rad/s〕で回転している。また，図のように x，y，z 軸を定める。

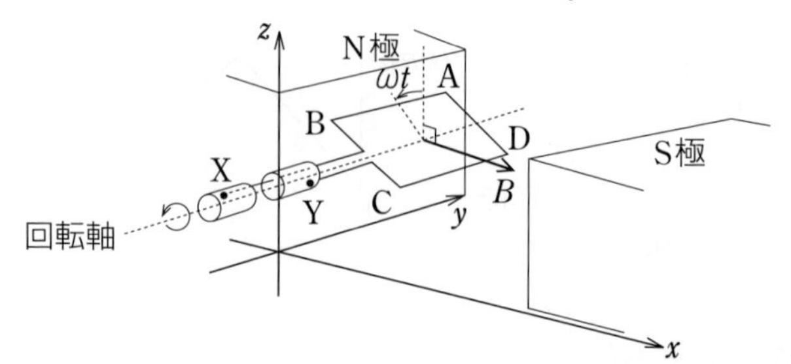

(1) 時刻 $t=0$〔s〕のコイル面は磁場に垂直で，辺 AB が図の上側にあった。時刻 t〔s〕のコイル面 ABCD を貫く磁束 Φ〔Wb〕を求めよ。

(2) 端子 XY の交流起電力 $V\,(=V_X-V_Y)$〔V〕を求めよ。ただし，交流起電力は，端子 X の電位 V_X〔V〕が端子 Y の電位 V_Y〔V〕より高いときを正とする。

(3) この交流起電力の周波数 f〔Hz〕を求めよ。

(4) 端子 XY の間に抵抗値 R〔Ω〕の抵抗をつないだ。この抵抗を流れる電流 I〔A〕のグラフを時刻 $t=0$〔s〕から時刻 $t=\dfrac{2\pi}{\omega}$〔s〕について描け。ただし，抵抗を端子 X から端子 Y 向きに流れる電流を正とする。

解答のポイント

一般に**レンツ＆ファラデーの法則**では磁束 Φ が増えるとき，または，減るときのどちらか一方で起電力を作図すれば，他方のときも同じ作図でよい。このとき正の向きに注意せよ。

本問のように磁束 Φ が時間 t の関数として $\cos\omega t$ や $\sin\omega t$ のように表されるとき，誘導起電力の大きさは，$V=\left|\dfrac{d\Phi}{dt}\right|$ を用いて，t で微分して求める。

(1)，(2)では $\omega t<\dfrac{\pi}{2}$ のときで考えているが，このとき求められる磁束 Φ や起電力 V は一般の時刻 t のときも成り立つことがわかる。(4)では，このことを利用している。

解　法

(1)　$\omega t < \dfrac{\pi}{2}$ のときで考える。

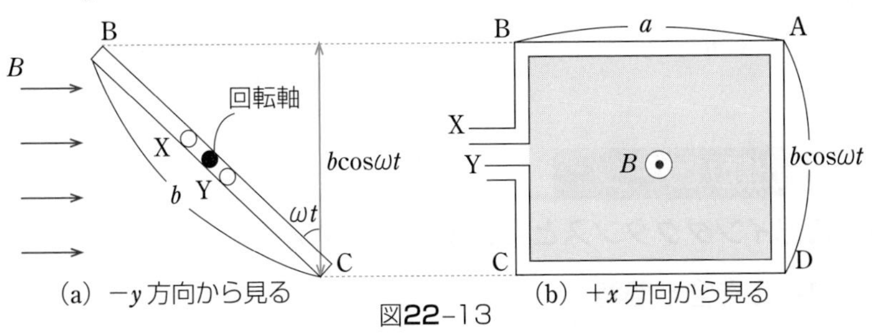

(a) $-y$ 方向から見る　　(b) $+x$ 方向から見る

図22-13

図 22-13(b)よりコイル面 ABCD を垂直に貫く磁束 Φ は，

$$\boxed{\Phi = BS} = B \cdot ab\cos\omega t = Bab\cos\omega t \text{〔Wb〕}$$ … 答

(2)　**誘導起電力問題の解法**で解く。

起　(1)と同じ $\omega t < \dfrac{\pi}{2}$ のときで考える。図 22-14 のようにコイル面を $+x$ 方向に貫く磁束 Φ が減少するのを妨げる(同じ向きの磁場を補おうとする)向きに起電力 V が生じる。

図22-14　$+x$ 方向から見る

$$\boxed{V = \left|\frac{d\Phi}{dt}\right|} = -\frac{d\Phi}{dt}$$

Φ は減少すなわち $\dfrac{d\Phi}{dt} < 0$ なので

ここで $\Phi = Bab\cos\omega t$ を t で微分すると($\cos\omega t$ の微分は $-\omega\sin\omega t$),

$$\frac{d\Phi}{dt} = -Bab\,\omega\sin\omega t$$

$$\therefore \quad V = -(-Bab\,\omega\sin\omega t) = Bab\,\omega\sin\omega t \text{〔V〕}$$ … 答

(3)　周波数 $f = \dfrac{\omega}{2\pi}$〔Hz〕 … 答

(4) 電　抵抗(コイルではない!!　注意せよ!!)をXからYの向きに流れる電流を I とすると，図 22-14 より，

↻ : $IR - V = 0$

$$\therefore \quad I = \frac{V}{R} = \frac{Bab\,\omega}{R}\sin\omega t \text{〔A〕}$$

答は図 22-15。

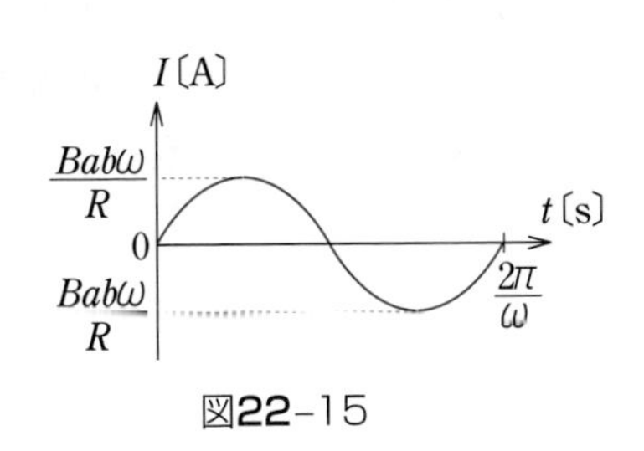

図22-15

STAGE 23 電磁気

コイルの性質

(物　理)

コイルは自分を流れる電流の変化を妨げようとする

頻出出題パターン

77 自己インダクタンスと相互インダクタンス

78 コイルを含む回路

79 LC 電気振動回路

ここを押さえよ！

コイルの性質＝「自分を流れる電流の変化を妨げる」から，コイルを含む回路でスイッチ ON した後の時間変化と，LC 電気振動の 2 大問題を押さえよう。

問題に入る前に

❶ コイルとは何か

コイルは自分を流れる電流が変化すると，その電流がコイル内につくる磁場も変化させるので，**レンツ＆ファラデーの法則**で電池に化けて誘導起電力を発生させる。その向きは変化の原因である電流の変化を妨げる向きで，その大きさは磁場が電流に比例するので，1 秒あたりの電流の変化に比例する。その比例定数のことを自己インダクタンス L〔H（ヘンリー）〕という。

実際の解法（問題を解くとき）は，コイルに次のように

電流の変化を妨げる電池

を作図するだけなのだ。

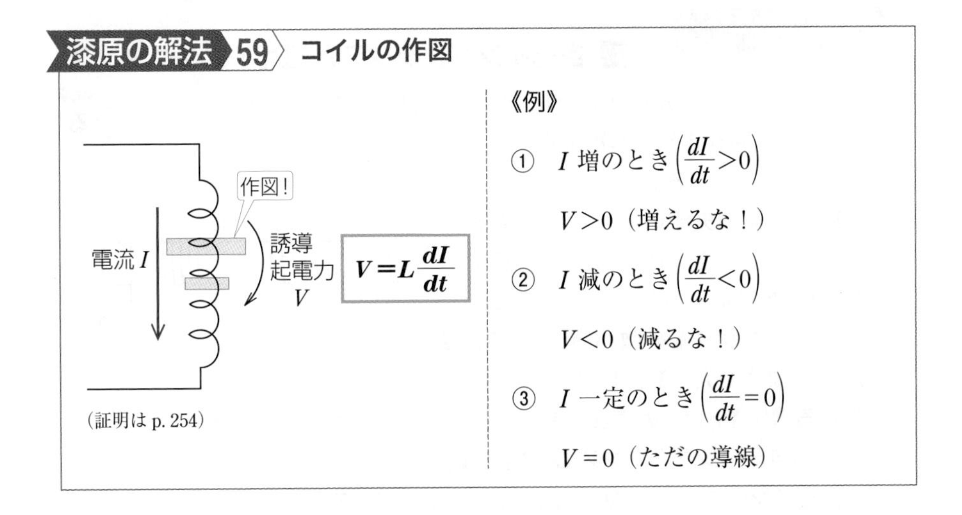

❷ コイルを流れる電流は決して不連続変化することはない

コイルは自分を流れる電流 I が変化するのを嫌う。その変化の中でも，不連続変化（例えば $I=0$〔A〕だった電流が，突然 $I=5$〔A〕に変化するようなこと）は絶対に許さない。その理由は，もし万が一不連続変化を許せば，I-t グラフの傾き，すなわち $\dfrac{dI}{dt}$ が∞（無限大）となって発生する起電力が $V=L\dfrac{dI}{dt}=\infty$〔V〕となり，これは現実にはありえない電圧となるからだ。

よって，コイルの電流 I はスイッチ操作の直後であったとしても，

その直前の電流を一瞬は保つ

しかないのだ。

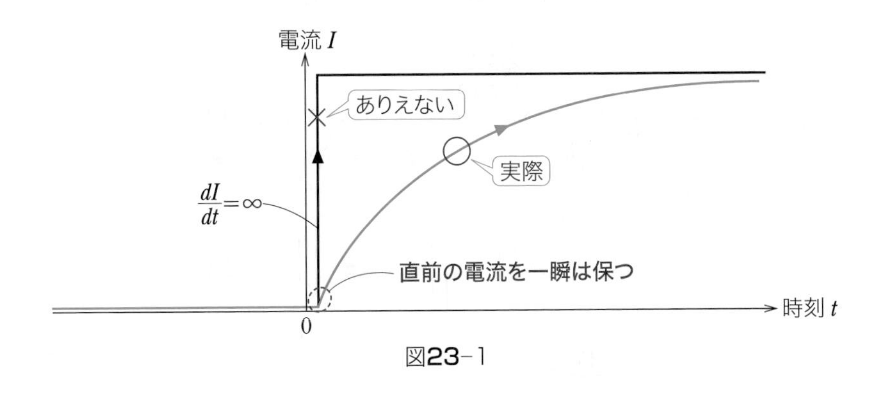

図23-1

出題パターン

77 自己インダクタンスと相互インダクタンス

そのまま出る！

図のように，鉄しん(断面積 $\boldsymbol{S}$，透磁率 μ)に **1** 次コイル $\mathbf{L_1}$(長さ $\boldsymbol{l}$，$\boldsymbol{N_1}$ 回巻き)と **2** 次コイル $\mathbf{L_2}$($\boldsymbol{N_2}$ 回巻き)が巻いてある。

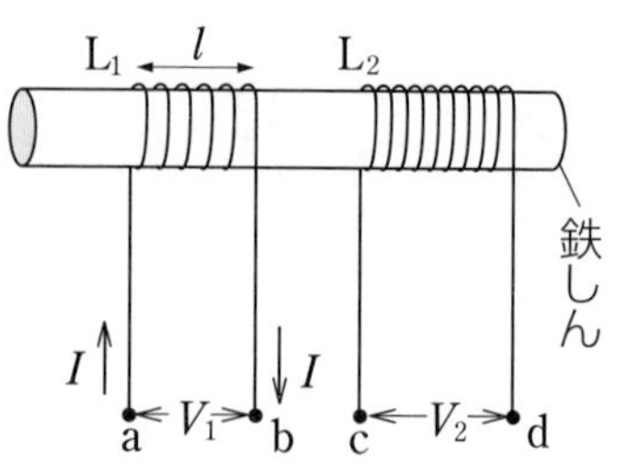

(1) $\mathbf{L_1}$ に，図の矢印の向きに電流 $\boldsymbol{I}$ を流した。このとき，鉄しん内に生じている磁束 $\boldsymbol{\Phi}$ はいくらか。

(2) 次に，この電流を微小時間 Δt に $\Delta \boldsymbol{I}$ だけ増加させた。$\mathbf{L_1}$，$\mathbf{L_2}$ の両端子間に生じる電圧 $\boldsymbol{V_1}$，$\boldsymbol{V_2}$ の大きさを示せ。

(3) $\mathbf{L_1}$ の自己インダクタンス $\boldsymbol{L}$，$\mathbf{L_1}$ と $\mathbf{L_2}$ の相互インダクタンス $\boldsymbol{M}$ を μ，$\boldsymbol{l}$，$\boldsymbol{S}$，$\boldsymbol{N_1}$，$\boldsymbol{N_2}$ で示せ。

解答のポイント

自己インダクタンスの式 $V=L\dfrac{dI}{dt}$ と，相互インダクタンスの式 $V=M\dfrac{dI}{dt}$ を導く**頻出問題**。

インダクタンスを導く過程は，今までやってきた基本の組合せにすぎない。また，その過程は**そのまま出る**ので覚えるまでくり返そう。

解　法

まず，図 23-2 のように 1 次コイル L_1 に流れる電流 I を増やしたときに回路に起こる変化を，次のように1～5のストーリーで追ってゆこう。ここでよく，「1と4の電流はどちらが勝るのですか？」という質問を受ける。1がなければ4は生じないので，**1の方が必ず勝る**ということを押さえてほしい。

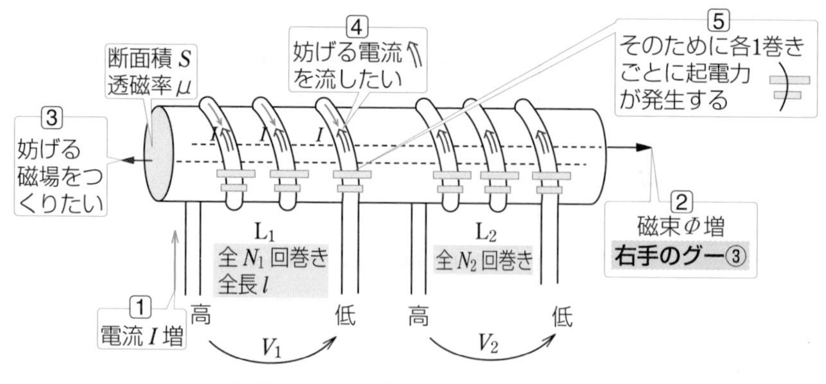

図23-2　インダクタンスの 5 ステップ

(1) $\boxed{\Phi = BS}$

$= \mu H \times S$　　←磁束密度 $B =$ (透磁率 μ) × (磁場 H) より

$= \mu \dfrac{N_1}{l} I \times S$　　←ソレノイドコイルのつくる磁場 H = (1m あたりの巻き数) × (電流 I) より

$= \underbrace{\left(\dfrac{\mu N_1 S}{l}\right)}_{\text{定数}} \times I$ … ①

$= \left(\dfrac{\mu N_1 S}{l}\right) I$ … 答

(2) コイル1巻きあたりに発生する起電力 v は，①を t で微分すると (ここで①は (定数) × I の形をしていることに注意!! (定数) はそのまま残り，電流 I だけが微分される。(例) $3t^2$ を t で微分すると $3 \times 2t$)，

$$\boxed{v = \frac{d\Phi}{dt}} = \underbrace{\left(\frac{\mu N_1 S}{l}\right)}_{\text{定数}} \times \frac{dI}{dt} \quad \cdots ②$$

これはあくまでも1巻きあたりに生じる起電力である。コイル L_1 の全体に生じる起電力 V_1 は全部で N_1 回巻きであり，各1巻きあたりに生じている起電力どうしは，前ページの図 23-2 のように**互いに直列つなぎ**なので，全体の起電力 V_1 は

$V_1 = N_1 \times v$

であり，ここに②を代入して，

$$V_1 = \left(\frac{\mu N_1^2 S}{l}\right)\frac{dI}{dt} (\cdots ③) = \left(\frac{\mu N_1^2 S}{l}\right)\frac{\Delta I}{\Delta t} \quad \cdots 答$$

同様にコイル L_2 の全体に生じる起電力 V_2 は，N_2 回巻きなので，

$$V_2 = N_2 \times v = \left(\frac{\mu N_1 N_2 S}{l}\right)\frac{dI}{dt} (\cdots ④) = \left(\frac{\mu N_1 N_2 S}{l}\right)\frac{\Delta I}{\Delta t} \quad \cdots 答$$

(3) L_1 の自己インダクタンス L は，$\boxed{V_1 = L\dfrac{dI}{dt}}$ と③を比べて，

$L = \dfrac{\mu N_1^2 S}{l}$ … 答

同様に L_1 と L_2 の相互インダクタンス M は，$\boxed{V_2 = M\dfrac{dI}{dt}}$ と④を比べて，

$M = \dfrac{\mu N_1 N_2 S}{l}$ … 答

ちなみに③と④を比べると**電圧の比**は，

$V_1 : V_2 = N_1 : N_2$

となっており，**巻き数の比**と等しくなっている。

アダプター (変圧器) はこの原理を利用して電圧を変化させる装置である。

出題パターン　78 コイルを含む回路

図 **a** で，**R** は **200Ω** の抵抗，**L** はコイル，**E** は電池で，**R** 以外の抵抗は無視できる。スイッチ **S** を閉じたら，流れる電流 $\boldsymbol{I}$ が図 **b** のように変化した。**E** の起電力 $\boldsymbol{E}$ と **L** の自己インダクタンス $\boldsymbol{L}$ を求めよ。

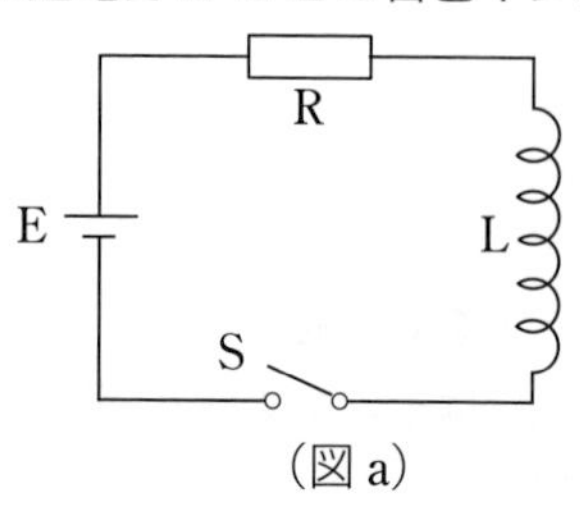

（図 a）

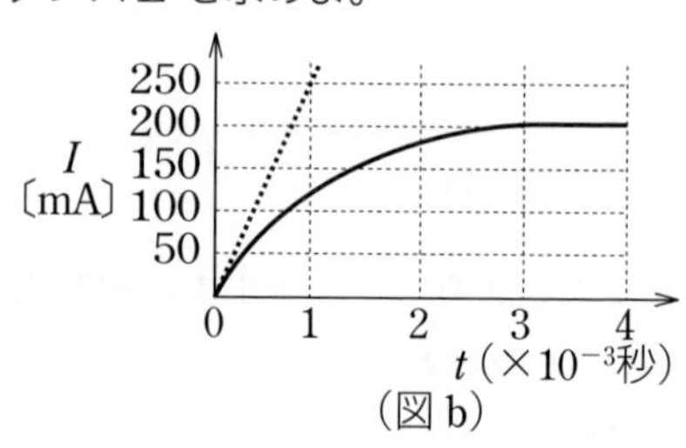

（図 b）

解答のポイント

コイルを流れる電流は決して不連続変化（0 だったものが突然 3A 流れたり）することはなく，**必ず直前の電流を一瞬は保とうとする。**

解　法

㋐：$t=0$ 直後，㋑：$t=4$〔s〕に分けて**コイルの作図**をする。

㋐では図 23-3（左）のように，コイルは突然流れ込んでくる電流を妨げようと起電力　$L\dfrac{dI}{dt}=L\times\dfrac{250\times10^{-3}}{1\times10^{-3}}=250L$〔V〕　を発生させ，**それまでの電流 $\boldsymbol{I=0}$ を一瞬保つ**。ここで，

（$\frac{dI}{dt}$：I-t グラフの傾き（グラフの点線の傾き））

↻：$250L-E=0$　… ①

㋑では図 23-3（右）のように一定電流となってしまい，コイルにはそれを妨げるような起電力は生じない。ここで，

↻：$200\times10^{-3}\times200-E=0$　… ②

①，②より，$E=40$〔V〕，$L=0.16$〔H〕　… 答

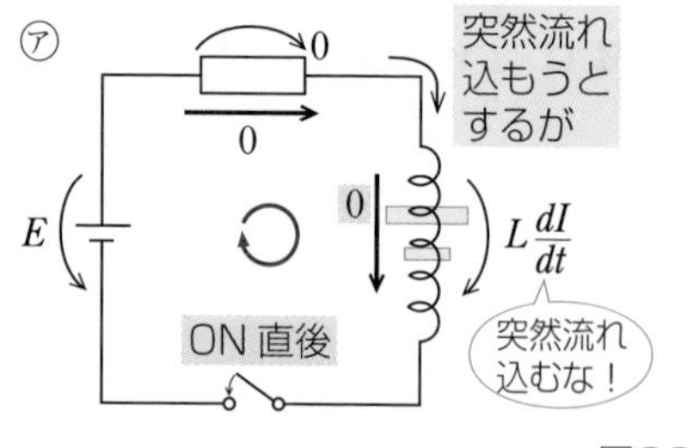

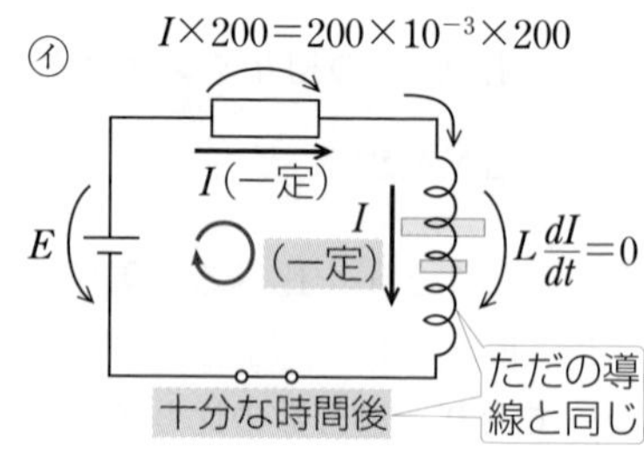

図23-3

そのまま出る！

出題パターン

79 LC 電気振動回路

図で **E** は起電力 E の電池，**C** は電気容量 C のコンデンサー，**L** は自己インダクタンス L のコイルで，$\mathbf{S_1}$，$\mathbf{S_2}$ はスイッチである。$\mathbf{S_1}$，$\mathbf{S_2}$ を開いたはじめの状態ではコンデンサー **C** には電荷はないものとする。

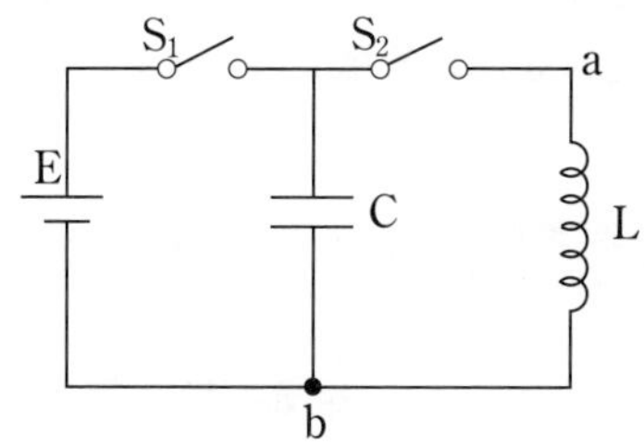

〔Ⅰ〕 $\mathbf{S_2}$ を開いた状態で $\mathbf{S_1}$ を閉じる。時間が十分にたった後を考える。

(1) コンデンサー **C** に蓄えられた電気量 Q_0 を求めよ。

(2) このとき **C** に蓄えられた静電エネルギーを求めよ。

〔Ⅱ〕 次に上の状態のまま，$\mathbf{S_1}$ を開いた後 $\mathbf{S_2}$ を閉じる。$\mathbf{S_2}$ を閉じた瞬間の時刻を $t=0$ とする。

(3) コンデンサー **C** の **b** 点側の電気量 q が時間 t とともにどのように変化するか。グラフを描け。

(4) 電流の最大値を求めよ。

(5) コイル **L** を流れる電流 i が時間 t とともにどのように変化するか。グラフを描け。ただし，電流 i は **a** から **b** の向きを正とする。また i を t の関数として表せ。

解答のポイント

電気振動は**3つの絵**と**対応表**により，対応する“ばね振り子(単振動)”におきかえてイメージ。そのまま出るので対応をしっかり覚えよう。

解　法

〔Ⅰ〕 (1) S_1 を閉じて十分時間がたつと(図 23-4)，

↻：$V-E=0$ 　∴ $V=E$ 　V get！

よって，電気量は $\boxed{Q=CV}$ より，

$Q_0=CV=CE$ … ① 答

(2) 静電エネルギーは $\boxed{U=\frac{1}{2}CV^2}$ より，

$\frac{1}{2}CV^2=\frac{1}{2}CE^2$ … 答

十分な時間後

図23-4

〔Ⅱ〕の問題に入る前に，電気振動の問題の解法に役立つ**3つの絵**と**対応表**について考える。振動といえば，今までにやったことのある唯一の振動“単振動”を思いつくはず。その中でも，水平ばね振り子の振動と電気振動が対応するので，

その対応をイメージしながら問題を解けるようになろう。

まず，電気振動の問題では必ず次の**3つの絵**を描くようにする。コイルはいつも**自分を流れる電流の変化を「イヤ！」と妨げている**ことに注目。

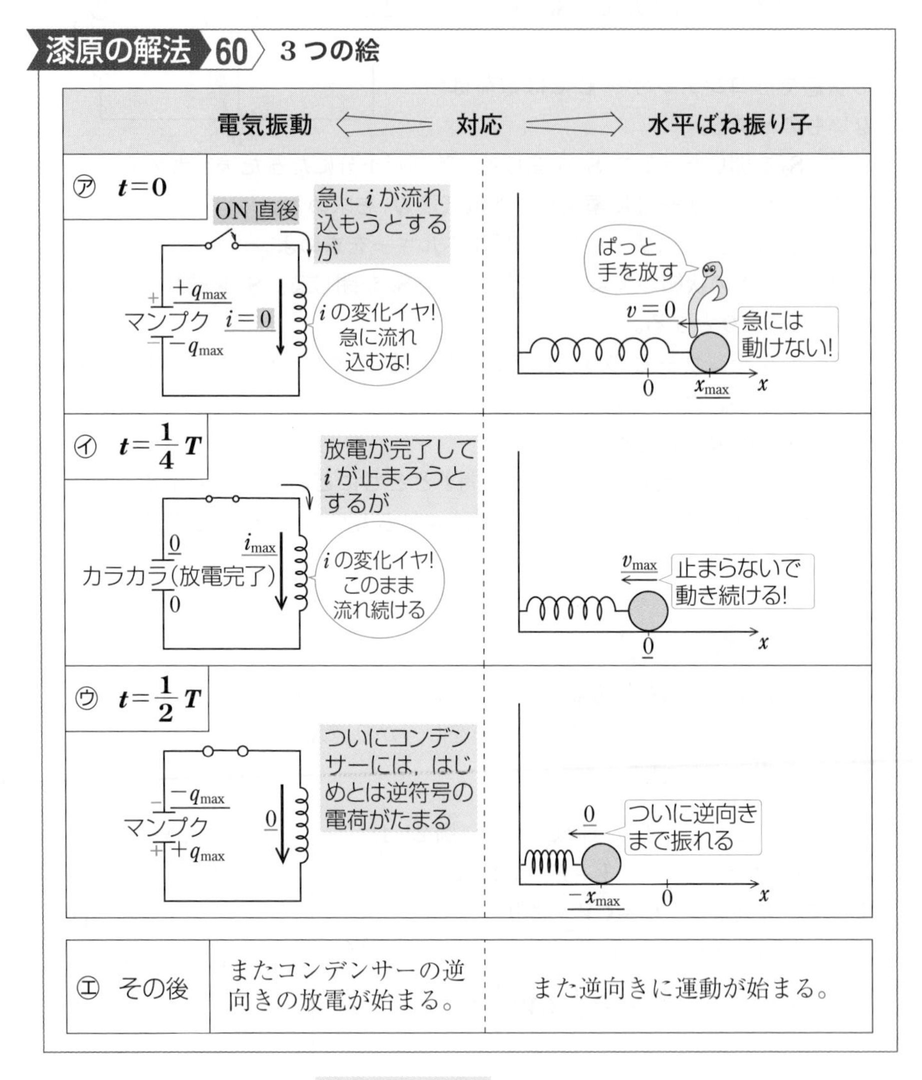

以上より，対応関係 $i \Leftrightarrow v$，$q \Leftrightarrow x$ がわかる。

《注》 ㋑から振動が始まるときもある。

さらに詳しく対応関係を式で考えてみよう。

図 23-5 で，**電流の定義**より，

コンデンサーから流れ出す電流 i	=	コンデンサーの電気量の１秒あたりの減少分

$$i = -\frac{dq}{dt} \quad \cdots ②$$

（$-$：減少分）

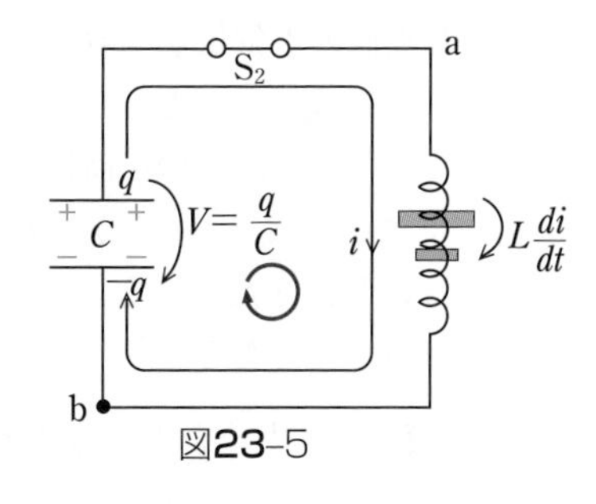

図23–5

また，**コイルの作図**をして，

$$\circlearrowleft : L\frac{di}{dt} - \frac{q}{C} = 0 \quad \cdots ③$$

③に②を代入して，

$$-L\frac{d^2q}{dt^2} - \frac{q}{C} = 0 \qquad \therefore \quad L\frac{d^2q}{dt^2} = -\frac{1}{C} \times \underline{q}$$

この式と水平ばね振り子の運動方程式　$m\frac{d^2x}{dt^2} = -k \times \underline{x}$

とを比べて，次の**対応表**を得る。

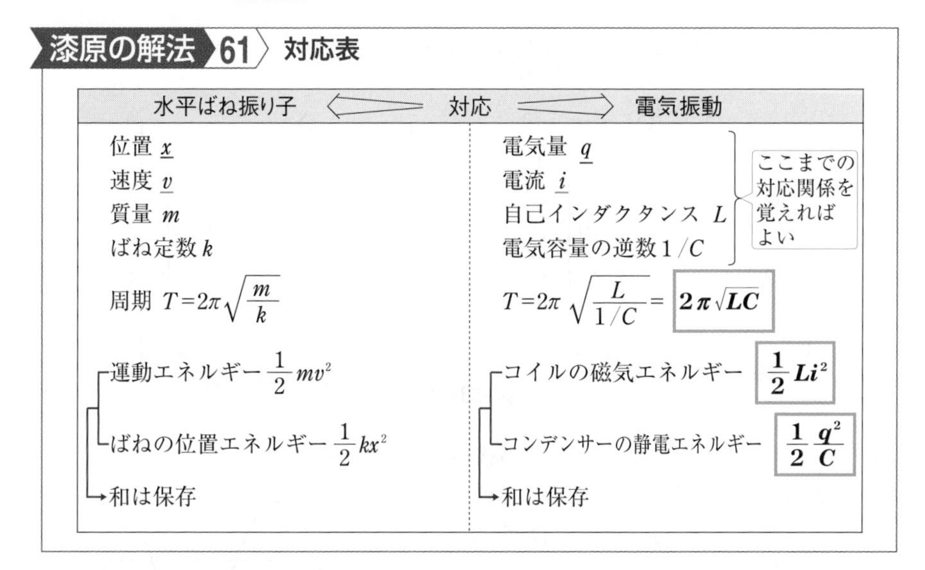

漆原の解法 61　対応表

水平ばね振り子	⟸ 対応 ⟹ 電気振動
位置 $\underline{x}$	電気量 $\underline{q}$
速度 $\underline{v}$	電流 $\underline{i}$
質量 m	自己インダクタンス L
ばね定数 k	電気容量の逆数 $1/C$
周期 $T=2\pi\sqrt{\frac{m}{k}}$	$T=2\pi\sqrt{\frac{L}{1/C}} = \boxed{2\pi\sqrt{LC}}$
運動エネルギー $\frac{1}{2}mv^2$	コイルの磁気エネルギー $\boxed{\frac{1}{2}Li^2}$
ばねの位置エネルギー $\frac{1}{2}kx^2$	コンデンサーの静電エネルギー $\boxed{\frac{1}{2}\frac{q^2}{C}}$
和は保存	和は保存

（電気量～電気容量の逆数：ここまでの対応関係を覚えればよい）

この表は上から４つまで覚えれば残りはすべて導ける。そのうち $\underline{x}$ と $\underline{q}$，$\underline{v}$ と $\underline{i}$ の対応は**３つの絵**によって押さえる。

また，m と L の対応は「m → 大ほど v は変化しにくく，L→大ほど i は変化しにくい」ということでイメージして覚えよう。

k と $\frac{1}{C}$ の対応は「k → 大ほどすぐ $x \to 0$ に戻ろうとし，$\frac{1}{C}$→ 大つまり C → 小ほどすぐ $q \to 0$ になってしまう」ということを押さえると忘れない。

〔Ⅱ〕 ⑶ p. 257 の図 23-4 でコンデンサー C の b 点側の電気量が $t=0$ で,

$-q=-Q_0=-CE$ （①より）

であったことと，その後時間とともに 0 に近づくこと，また周期が $\boxed{T=2\pi\sqrt{LC}}$ であることに注意すると，q-t グラフは図 23-6㊎のようになる。

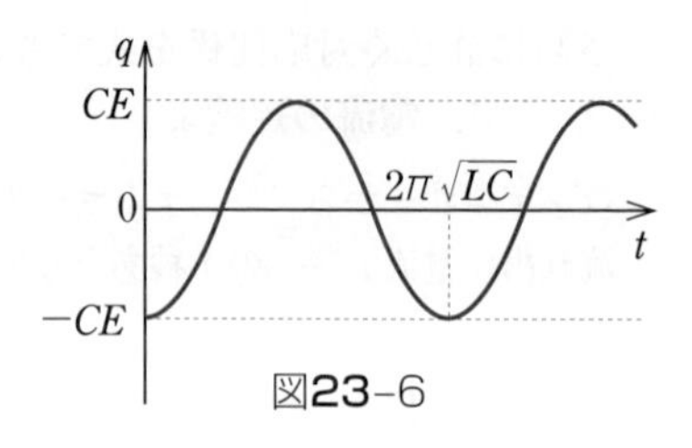

図23-6

⑷ 「電流 i の最大値を求めること」は対応するばね振り子では，「速さ v の最大値を求めること」と同じであり，エネルギー保存で求めてゆけばよいことがわかる。図 23-7 で，**力学的エネルギー保存則**より，コイルの磁気エネルギー $\frac{1}{2}Li^2$ と，コンデンサーの静電エネルギー $\frac{1}{2}\frac{Q^2}{C}$ の和が保存されるので,

$$\underbrace{\frac{1}{2}L\cdot 0^2+\frac{1}{2}\frac{Q_0{}^2}{C}}_{前}=\underbrace{\frac{1}{2}Li_{max}{}^2+\frac{1}{2}\frac{0^2}{C}}_{後}$$

$$\therefore\quad i_{max}=\frac{Q_0}{\sqrt{LC}}=\frac{CE}{\sqrt{LC}}=\sqrt{\frac{C}{L}}E\ （①より）\quad\cdots㊎$$

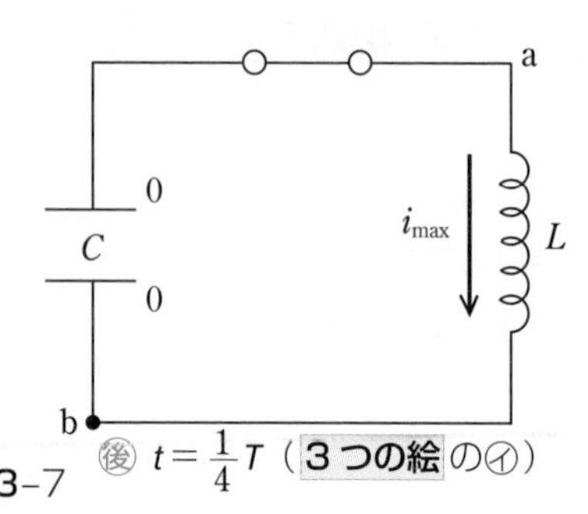

㊒ $t=0$（**3 つの絵**の㋐）　㊊ $t=\frac{1}{4}T$（**3 つの絵**の㋑）

図23-7

⑸ $t=0$ で $i=0$ であることと，その後時間とともに正の向きの電流が増してゆくことに注意すると，i-t グラフは図 23-8㊎のようになる。

このグラフの式は,

$$i=\underbrace{\sqrt{\frac{C}{L}}E}_{i_{max}\text{が振幅}}\sin\underbrace{\left(\frac{2\pi}{T}t\right)}_{\text{横軸 }t\text{ (p.146 参照)より}}$$

$$=\sqrt{\frac{C}{L}}E\sin\left(\frac{t}{\sqrt{LC}}\right)\quad\cdots㊎$$

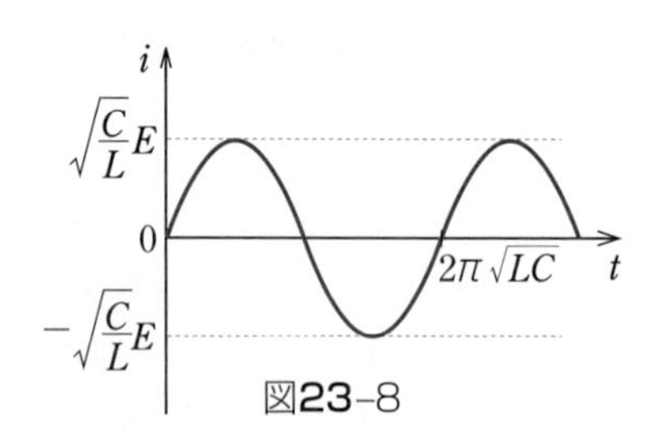

図23-8

STAGE
24
電磁気

交流回路

物理

電流・電圧の振幅の関係と位相のずれがすべて

頻出出題パターン

80 直列回路

81 並列回路

ここを押さえよ！

抵抗 **R**，コイル **L**，コンデンサー **C** に流れる電流 $\boldsymbol{i}$ と加わる電圧 $\boldsymbol{v}$ の振幅の関係と，位相のずれの関係を「自分を流れる電流の変化を妨げようとするコイル」と「電流が流れ込み，電気が蓄えられるコンデンサー」のイメージによってまとめよう。

問題に入る前に

❶ まずは交流の用語に慣れよう

交流はやたらと sin や cos が出てきて，わけがわからないという人が多い。それはおそらく **交流の用語** に不慣れなためではないだろうか。例として，回路に流れる電流 i と電圧 v が時間 t の関数として，

$$
\begin{cases}
\text{電流 } i = I\sin(2\pi ft) = I\sin\omega t \\
\text{電圧 } v = V\sin(\omega t + \theta)
\end{cases}
$$

となっているとしよう。準備はいいかな？

このとき，i や v のことを時刻 t における **瞬時値(瞬間値)** という。

また，I や V のことを **振幅(最大値)**，振幅を $\sqrt{2}$ で割った値 $\dfrac{I}{\sqrt{2}}$ や $\dfrac{V}{\sqrt{2}}$ のことを **実効値** という。

さらに，f を **周波数**，また $\omega = 2\pi f$ を **角周波数** と呼ぶ。

いまの例では，電圧 v の位相(三角関数の角度部分)は電流 i よりも θ だけ大きいが，この θ のことを **位相のずれ** といい，このことを

電圧 v のほうが電流 i よりも位相が θ だけ進んでいる

という。

数は多いが交流攻略には不可欠なので，以上の用語には慣れてほしい。また，解法上特に大切なのは**振幅**と**位相のずれ**を押さえることである。次からそれを見ていこう。

❷ R，L，C の性質の違いをイメージしよう

ここでは交流電圧 $v = V\sin\omega t$ を，抵抗 R，コイル L，コンデンサー C に加えたときに流れる電流 i を求めて比較してみよう。

① **抵抗 R**(抵抗値 R)に交流電圧 $v = V\sin\omega t$ を加える。

図 24-1 においてオームの法則より，

$$\text{電流}\ \boxed{i = \frac{v}{R}} = \frac{V}{R}\sin\omega t$$

ここで，式の〰〰部分より，v も i も $\sin\omega t$ の形をしていることに注意して，電圧 v と電流 i の時間変化のグラフ(図 24-2)を描いてみると，

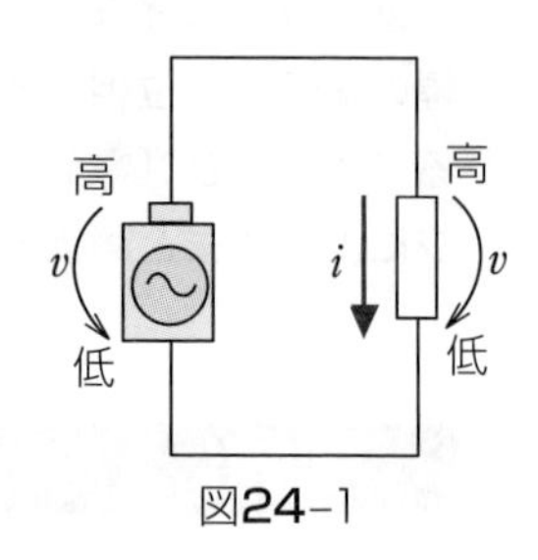

図24-1

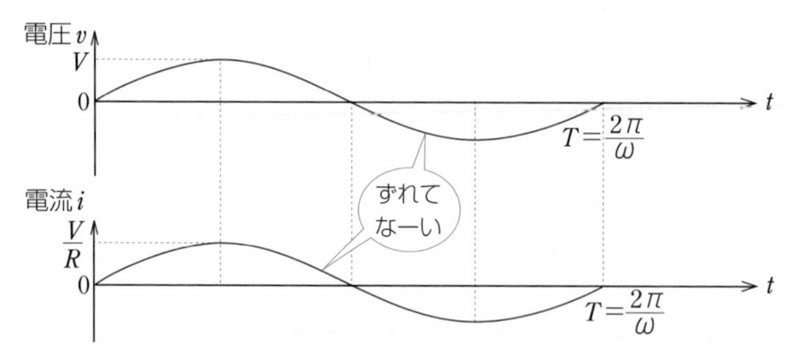

図24-2　抵抗に流れる交流

抵抗の場合 **電流 i と電圧 v は同位相(位相のずれなし)**

② **コイルL**(自己インダクタンス L)に交流電圧 $v=V\sin\omega t$ を加える。

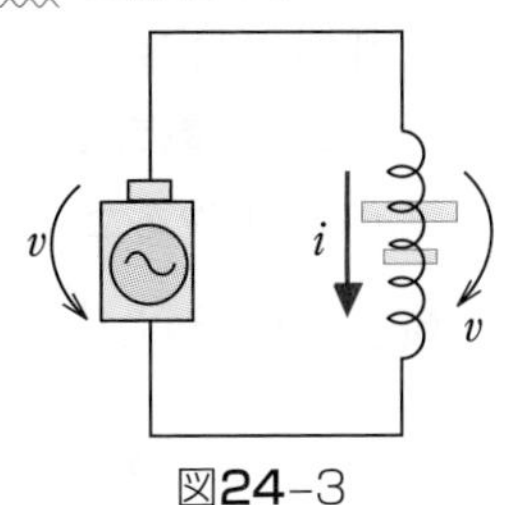

図24-3

図 24-3 において**コイルの作図**より,

電圧 $\boxed{\boldsymbol{v=L\frac{di}{dt}}}=V\sin\omega t$

ここで, $\dfrac{d(-\cos\omega t)}{dt}=\omega\sin\omega t$ より上の式を満たすことができる i は次の形のときで,

電流 $i=\dfrac{V}{\omega L}(-\cos\omega t)=\dfrac{V}{\omega L}\sin\left(\omega t-\dfrac{\pi}{2}\right)$

電流の振幅

振幅のツボ 1	ωL→大ほどコイルの電流の振幅は小さくなる。 なぜなら, ωL→大ほど電流を妨げる起電力が大きく生じてしまうから。

次に〰〰に注意して v-t グラフと i-t グラフ(図 24-4)を比べてみる。

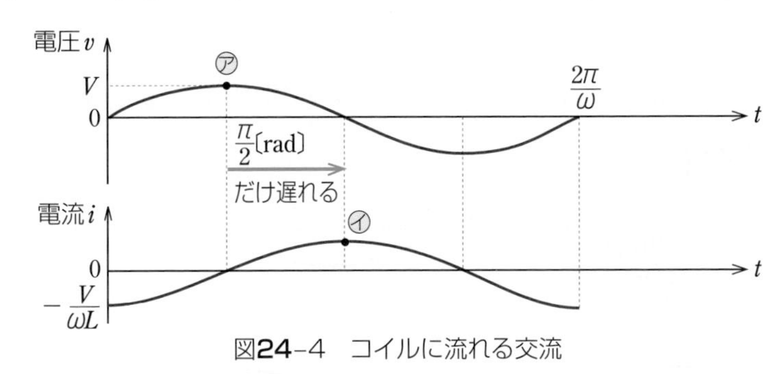

図24-4 コイルに流れる交流

コイルの場合 $\boxed{\text{電流 } \boldsymbol{i} \text{ は電圧 } \boldsymbol{v} \text{ よりも } \boldsymbol{\frac{\pi}{2}} \text{ だけ位相が遅れている}}$

ずれのイメージ 1	㋐“まず”コイルに誘導起電力(電圧 v)が生じて, ㋑“やがて”誘導起電力がなくなってから電流 i が流れる。

③　**コンデンサー C**（電気容量 C）に交流電圧 $v=V\sin\omega t$ を加える。

図 24-5 において　$\boxed{q=Cv}=CV\sin\omega t$

ここで，**電流の定義**よりコンデンサーに流れ込む電流 i は，1秒あたりの q の増加，つまり q-t グラフの傾き，すなわち $\dfrac{dq}{dt}$ に等しいので，$\boxed{i=\dfrac{dq}{dt}}$

ここに上の q を代入して $\left(\dfrac{d\sin\omega t}{dt}=\omega\cos\omega t\text{ より}\right)$，

$$\text{電流 } i=\omega CV\cos\omega t$$

$$=\underbrace{\omega CV}_{\text{電流の振幅}}\sin\left(\omega t+\frac{\pi}{2}\right)$$

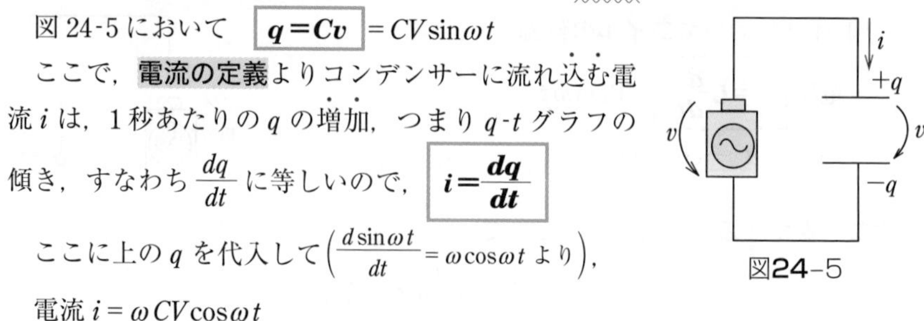

図24-5

振幅のツボ 2	ωC→大ほどコンデンサーの電流の振幅は大きくなる。 なぜなら， ωC→大ほどコンデンサーの電気量は激しく変化し，電気が多量に出入りするから。

次に〰〰に注意して v-t グラフと i-t グラフ（図 24-6）を比べてみる。

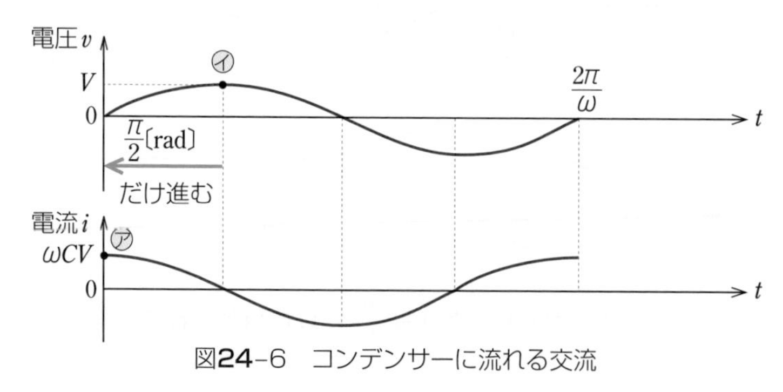

図24-6　コンデンサーに流れる交流

コンデンサーの場合　**電流 i は電圧 v よりも $\dfrac{\pi}{2}$ だけ進んでいる**

ずれのイメージ 2	㋐ “まず” コンデンサーは電流 i を流し込んで， ㋑ “やがて” 電荷がたまり，電位差 v を生じる。

以上の結果を表にまとめる。交流ではコイルLとコンデンサーCだけに注意すれば十分である(抵抗はオームの法則だけでOK!!)。結局，解法上大切なのは，sinやcosよりもここで扱った電流と電圧の振幅の関係と，位相のずれをそれぞれのツボとイメージで押さえることだけで，それが交流攻略のすべてなのだ。

漆原の解法 62 コイル・コンデンサーと交流の表

	(電流振幅)と(電圧振幅)の関係	位相のずれ
コイルL	(電流振幅) = (電圧振幅) × $\frac{1}{\omega L}$ ⟶ **振幅のツボ1**	電流は電圧よりも $\frac{\pi}{2}$だけ遅れる ⟶ **ずれのイメージ1**
コンデンサーC	(電流振幅) = (電圧振幅) × ωC ⟶ **振幅のツボ2**	電流は電圧よりも $\frac{\pi}{2}$だけ進む ⟶ **ずれのイメージ2**

▶ ωL はコイルのリアクタンス，$\frac{1}{\omega C}$ はコンデンサーのリアクタンスといい，ともに抵抗での抵抗値 R に相当するものである。

❸ 交流回路の解法手順

まず，回路が直列か並列か見分けよう。そして次の解法で交流はOK！

漆原の解法 63 交流の解法3ステップ

直列のとき

STEP 1 共通の電流 i を仮定する。

STEP 2 **コイル・コンデンサーと交流の表**を見て，各部分の電圧を求める。

STEP 3 各部分の電圧を足して，全体の電圧を求める。

並列のとき

STEP 1 共通の電圧 V を仮定する。

STEP 2 **コイル・コンデンサーと交流の表**を見て，各部分の電流を求める。

STEP 3 各部分の電流を足して，全体の電流を求める。

出題パターン **80** 直列回路

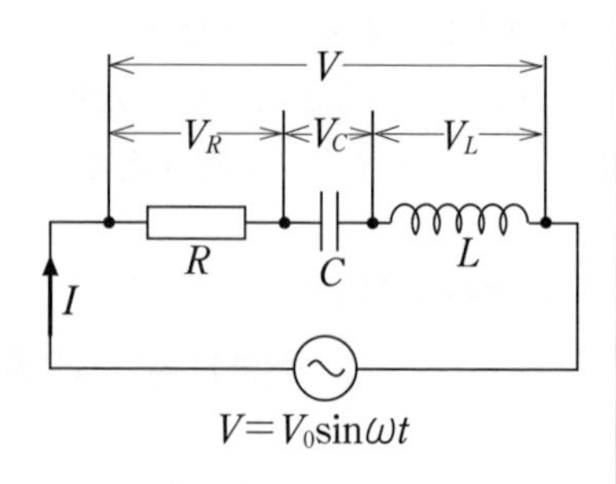

回路に交流電圧 $\boldsymbol{V=V_0\sin\omega t}$ を加えた。抵抗，コンデンサー，コイルの両端の電圧をそれぞれ $\boldsymbol{V_R}$，$\boldsymbol{V_C}$，$\boldsymbol{V_L}$ とし，電源の両端の電圧を $\boldsymbol{V}$ とする。

(1) 電流 $\boldsymbol{I}$ を $\boldsymbol{I=I_0\sin(\omega t-\phi)}$ として，$\boldsymbol{V_R}$，$\boldsymbol{V_C}$，$\boldsymbol{V_L}$ を求めよ。

(2) $\boldsymbol{I_0}$ と $\tan\phi$ を $\boldsymbol{V_0}$，$\boldsymbol{R}$，$\boldsymbol{C}$，$\boldsymbol{L}$，ω を使って表せ。

(3) 回路のインピーダンス $\boldsymbol{Z}$ を求めよ。

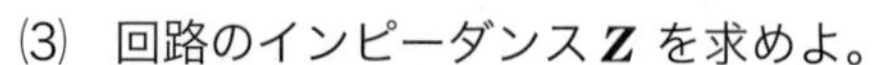

(4) インピーダンス $\boldsymbol{Z}$ が最小となる角周波数を求めよ。

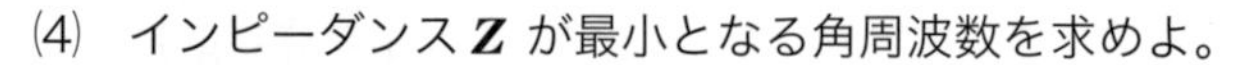

解答のポイント

直列回路なので，まず共通の電流 I を仮定し，各部分の電圧を求めてゆく。インピーダンスを自力で導けるようになるまで何回もくり返し解こう。

解　法

(1) **交流の解法3ステップ**で解く。

STEP 1 共通の電流は $I=I_0\sin(\omega t-\phi)$ と与えられている。

STEP 2 各部分の電圧を求めてゆく。まず抵抗 R では単純でオームの法則より，

$$\boxed{V_R=IR}=I_0R\sin(\omega t-\phi)\quad\cdots 答$$

次に，コンデンサーでは**コイル・コンデンサーと交流の表**より，

$$(電圧振幅)=(電流振幅\ I_0)\times\frac{1}{\omega C}$$

となることと，また電圧の位相は電流の位相より $\frac{\pi}{2}$ だけ遅れることより，

$$V_C=\underbrace{\frac{1}{\omega C}I_0}_{振幅}\sin\left(\omega t-\phi\underbrace{-\frac{\pi}{2}}_{遅れる}\right)=-\frac{I_0}{\omega C}\cos(\omega t-\phi)\quad\cdots 答$$

最後に，コイルでは**コイル・コンデンサーと交流の表**より，

$$(電圧振幅)=(電流振幅\ I_0)\times\omega L$$

となることと，電圧の位相は電流の位相より $\frac{\pi}{2}$ だけ進むことより，

$$V_L=\underbrace{\omega LI_0}_{振幅}\sin\left(\omega t-\phi\underbrace{+\frac{\pi}{2}}_{進む}\right)=\omega LI_0\cos(\omega t-\phi)\quad\cdots 答$$

(2) **STEP 3** 全体の電圧 V は**直列なので各電圧の和**であり，

$$V = V_R + V_C + V_L$$
$$= I_0\left\{R\sin(\omega t-\phi)+\left(\omega L-\frac{1}{\omega C}\right)\cos(\omega t-\phi)\right\}$$

三角関数の合成公式

$$A\sin\theta + B\cos\theta = \sqrt{A^2+B^2}\sin(\theta+\delta) \quad \left(\text{ただし，} \tan\delta = \frac{B}{A}\right)$$

この式は**交流必須**の式。ぜひ使えるようにしよう

$$V = I_0\sqrt{R^2+\left(\omega L-\frac{1}{\omega C}\right)^2}\sin(\omega t-\phi+\delta) \quad \left(\text{ただし,} \tan\delta = \frac{\omega L-\frac{1}{\omega C}}{R}\right)$$

この式を電源電圧の式 $V = V_0\sin\omega t$ と比べて，

$$V_0 = I_0\sqrt{R^2+\left(\omega L-\frac{1}{\omega C}\right)^2}, \quad \phi=\delta$$

$$\therefore \quad I_0 = \frac{V_0}{\sqrt{R^2+\left(\omega L-\frac{1}{\omega C}\right)^2}} \quad \cdots ① \text{答}$$

$$\tan\phi = \tan\delta = \frac{\omega L-\frac{1}{\omega C}}{R} \quad \cdots \text{答}$$

(3) インピーダンス Z とは回路全体の合成抵抗に相当する量で，

$$\boldsymbol{Z} = \frac{(\text{全体の電圧の実効値（振幅}\div\sqrt{2}))}{(\text{全体の電流の実効値（振幅}\div\sqrt{2}))}$$

ここでも**振幅**が大事！

いまの場合は，

$$Z = \frac{V_0\div\sqrt{2}}{I_0\div\sqrt{2}} = \frac{V_0}{I_0} = \sqrt{R^2+\left(\omega L-\frac{1}{\omega C}\right)^2} \quad (①\text{より}) \quad \cdots \text{答}$$

ここまで何度もくり返そう

(4) ω を変化させていったときインピーダンス Z が最小となるのは，(3)の結果より，

$$\omega L-\frac{1}{\omega C}=0 \text{ のときで，} \quad \omega = \frac{1}{\sqrt{LC}} \quad \cdots \text{答}$$

周期は $T = \frac{2\pi}{\omega} = 2\pi\sqrt{LC}$
これは電気振動と同じ

このときのインピーダンスは $Z=R$ となる。つまり，ちょうどコンデンサーとコイルの電圧どうしは打ち消し合って和は0となっており，電源の電圧はそのまますべて抵抗にかかっており，回路には最大の電流が流れている。この状態を**共振**という。この回路はある特定の周波数の電流のみよく流すのでラジオなどのチャンネルに用いられている。

出題パターン

81 並列回路

図で R は抵抗値，L はコイルの自己インダクタンス，C はコンデンサーの電気容量，r は起電力 E の直流電源の内部抵抗値，Vは交流電源の起電力で，$V=V_0 \sin\omega t$，S はスイッチを示す。

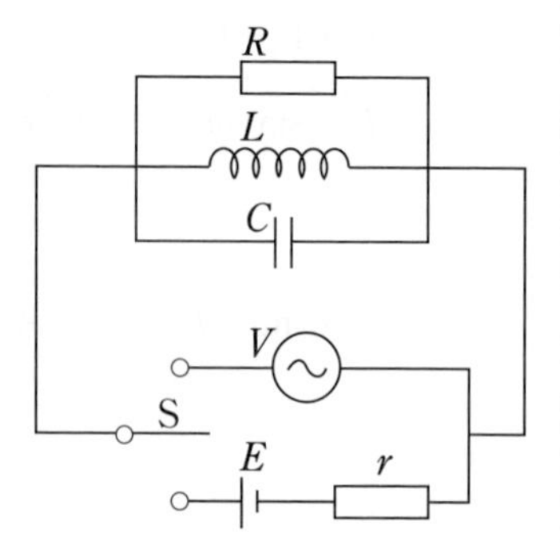

はじめ S は開いている。S が直流電源に接続されて十分時間がたったとき，S を流れる電流値は [(1)] になる。

次に S を開き，十分時間がたってから交流電源に接続すると，抵抗，コイルおよびコンデンサーを流れる電流（瞬時値）はそれぞれ [(2)]，[(3)]，[(4)] になる。このとき S を流れる電流はこれらの総和であるから，その実効値は [(5)] で，したがってこの回路のインピーダンスは [(6)] である。

また，この電源が定電圧電源（V_0 が一定）のとき，電流の実効値は ω が [(7)] のとき最小となる。

解答のポイント

並列回路なので，まず共通の電圧を仮定し，そして各部分の電流を求める。

解法

(1) S を閉じて十分時間がたつと，**コイルに流れる電流は一定値 I_1 になるので，コイルに発生する起電力は 0** となる。よって，それと並列につながるコンデンサーに生じる電位差も 0 となっている（これはあくまでも，十分時間がたった後の話であり，もちろん途中ではコンデンサーに電気量が蓄えられていた期間もあった）。

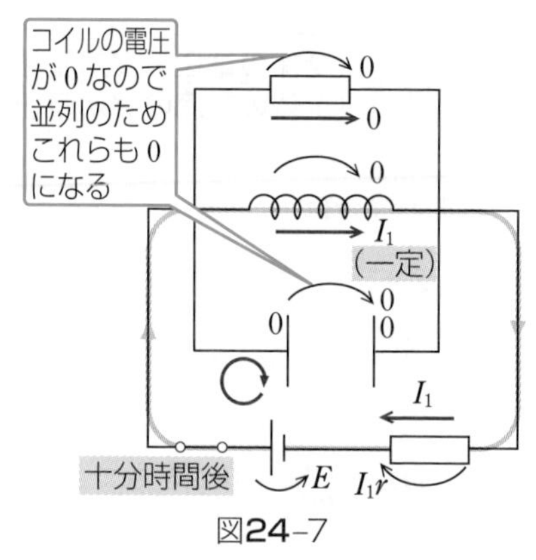

図24-7

また，同様に，コイルと並列になっている抵抗 R の電位差も 0 となる。よって，図 24-7 のように，コイルのみに電流は流れている。

↻：$I_1r-E=0$

$$\therefore\quad I_1=\frac{E}{r} \quad \cdots 答$$

(2), (3), (4) **交流の解法３ステップ**で解く。

STEP 1 共通の電圧は $V=V_0\sin\omega t$ と与えられている。

STEP 2 R, L, C を流れる電流を I_R, I_L, I_C とおくと，抵抗ではオームの法則より，

$$I_R=\frac{V_0}{R}\sin\omega t \quad \cdots 答$$

コイルでは**コイル・コンデンサーと交流の表**より，I_L の振幅は V の振幅の $\frac{1}{\omega L}$ 倍となり，I_L の位相は V の位相より $\frac{\pi}{2}$ だけ遅れるので，

$$I_L=\underbrace{\frac{V_0}{\omega L}}_{振幅}\sin\left(\omega t\underbrace{-\frac{\pi}{2}}_{遅れる}\right)=-\frac{V_0}{\omega L}\cos\omega t \quad \cdots 答$$

コンデンサーでは I_C の振幅は V の振幅の ωC 倍となり，I_C の位相は V の位相より $\frac{\pi}{2}$ だけ進むので，

$$I_C=\underbrace{\omega CV_0}_{振幅}\sin\left(\omega t\underbrace{+\frac{\pi}{2}}_{進む}\right)=\omega CV_0\cos\omega t \quad \cdots 答$$

(5) **STEP 3** **並列接続**なので電流の和は $I=I_R+I_L+I_C$ となり，

$$I=V_0\left\{\frac{1}{R}\sin\omega t+\left(\omega C-\frac{1}{\omega L}\right)\cos\omega t\right\}$$

$$=V_0\underbrace{\sqrt{\left(\frac{1}{R}\right)^2+\left(\omega C-\frac{1}{\omega L}\right)^2}}_{振幅}\sin(\omega t+\delta) \quad \left(ただし，\tan\delta=\frac{\omega C-\frac{1}{\omega L}}{1/R}\right)$$

p. 267 の合成公式より

よって，I の実効値（＝振幅 $\div\sqrt{2}$）は，

$$\frac{V_0}{\sqrt{2}}\sqrt{\left(\frac{1}{R}\right)^2+\left(\omega C-\frac{1}{\omega L}\right)^2} \quad \cdots ①答$$

(6) 回路のインピーダンスを Z とすると，

$$\boxed{Z=\frac{全体の電圧の実効値}{全体の電流の実効値}}=\frac{V_0\div\sqrt{2}}{\frac{V_0}{\sqrt{2}}\sqrt{\left(\frac{1}{R}\right)^2+\left(\omega C-\frac{1}{\omega L}\right)^2}}$$

$$=\frac{1}{\sqrt{\left(\frac{1}{R}\right)^2+\left(\omega C-\frac{1}{\omega L}\right)^2}} \quad \cdots 答$$

ここまで自力で導けるようにくり返そう

(7) ω を変化させていったときに①が最小になるのは，

$$\omega C-\frac{1}{\omega L}=0 のときで \omega=\frac{1}{\sqrt{LC}} \quad \cdots 答$$

周期は $T=\frac{2\pi}{\omega}=2\pi\sqrt{LC}$
これは電気振動と同じ

この回路は，ある特定の周波数の電流のみ流しにくいという性質を持つ。

STAGE 25 電磁気

荷電粒子の運動

物理

荷電粒子が受ける力から，力学の基本運動に結びつける

頻出出題パターン

82 一様な電場中での放物運動

83 磁場中での等速円運動

84 磁場中でのらせん運動

85 電気力とローレンツ力のつりあい

86 ホール効果

87 ミリカンの実験

ここを押さえよ！

一様な電場中では一定の力を受けて等加速度運動を，磁場中では初速度の向きに応じて，円運動，らせん運動するしくみを理解しよう。

問題に入る前に

この分野は，電磁気と力学の融合分野である。まず荷電粒子を見出すまでは電磁気，次にその力を受けてどのような運動をするかという分析は力学となる。まずは電磁気の「言葉の定義」をおさらいしよう。

電場の定義

その点に置かれる＋1Ｃが受ける$\overrightarrow{\text{電気力}}$

電位の定義：No.1

その点に置かれる＋1Ｃの感じる「高さ」

電位の定義：No.2

0Ｖの点からその点まで＋1Ｃをゆっくり運ぶのに要する仕事

電位の定義：No.3

その点に置かれる＋1 C の持つ電気力による位置エネルギー

右手のパー①

電荷 q の正，負によって，その速度ベクトル $\vec{v}$ を親指と同じ向き，または逆向きに向けることに注意しよう。このとき電荷の受けるローレンツ力は，「手のひらでまっすぐ押す向き」に働き，大きさは **qvB** となる(図 25-1)。

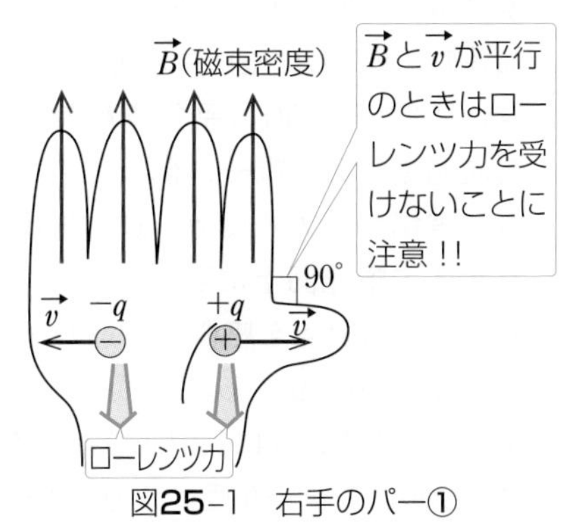

図25-1　右手のパー①

特に，$\vec{v}$ と $\vec{B}$ が斜め方向となる場合は注意。

例えば，$\vec{v}$ と $\vec{B}$ のなす角が θ のときには，図 25-2 のように v を分解して $\vec{B}$ と並行な成分の $v\cos\theta$ と，垂直な成分の $v\sin\theta$ とに分ける。

そして，$v\cos\theta$ は無視して $v\sin\theta$ のみを見て，**右手のパー①**を使うと，ローレンツ力の大きさは **$qv\sin\theta B$** となる。

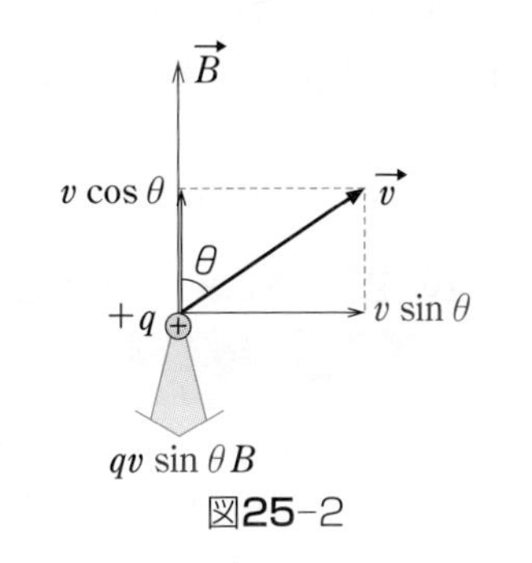

図25-2

次に，力学の運動の分析であるが，基本は次の 3 つのみ。

① 物体が受ける力がない，または，つりあっていて（合力）=0 となる方向
　⟶ その方向には，**静止**または**等速度運動**

② 物体が受ける力が，常に一定の向きと大きさを保つ方向
　⟶ その方向には，**等加速度運動**

③ 物体が受ける力が，常に速度と直角で一定の大きさである
　⟶ その力を向心力とする（その力の向く先に中心点をもつ）**等速円運動**

出題パターン

82 一様な電場中での放物運動

質量 m〔kg〕, 電荷 $-e$〔C〕, 初速度 0〔m/s〕の電子を電圧 V_0〔V〕で加速し，間隔 d〔m〕, 長さ L〔m〕, 電極間電圧 V〔V〕の平行電極板間を通過させる。電子は極板間の一様な電場から力を受け，進行方向を変えて蛍光面上に到達する。電極左端の入射点を座標の原点 O とし，x, y 軸を立てる。

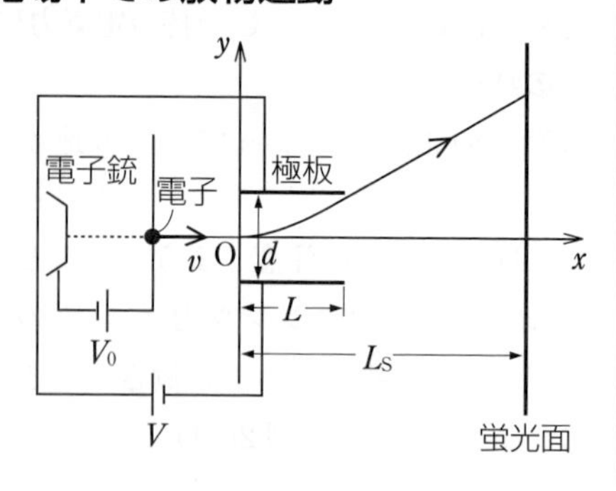

(1) 平行電極板間に入射するときの電子の速さ v〔m/s〕はいくらか。

(2) 極板間で電子が受ける力の大きさ F〔N〕はいくらか。

(3) 電極の右端($x=L$)の位置における電子の y 座標を求めよ。

(4) 蛍光面上に到達したときの電子の y 座標を求めよ。

解答のポイント

電位の定義：No.3, **電位の定義：No.2**に戻って考える。

解 法

(1) 図 25-3 のように，電子銃は**一種のコンデンサー**とみなせる。電子は電気力によって加速される。電子銃の右側の電位を 0 V, 左側の電位を $-V_0$〔V〕とおく。

電位の定義：No.3より，「$+1$C を $-V_0$〔V〕の位置に置いたときに持つ電気力による位置エネルギーは $-V_0$〔J〕」である。よって，電気量 $-e$〔C〕の電子が $-V_0$〔V〕の位置にあるときに持つ電気力による位置エネルギーは，$(-e)\times(-V_0)$〔J〕であることに注意して，**力学的エネルギー保存則**より，

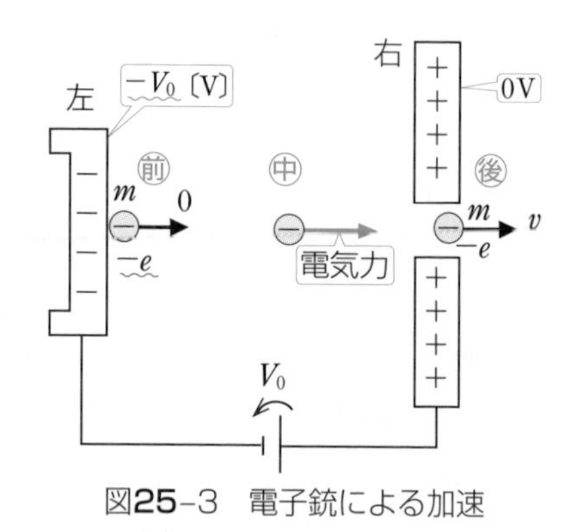

図25-3 電子銃による加速

$$\underbrace{(-e)(-V_0)}_{前}=\underbrace{\frac{1}{2}mv^2}_{後} \qquad \therefore \quad v=\sqrt{\frac{2eV_0}{m}}\text{〔m/s〕} \quad \cdots ① 答$$

(2) 図25-4のように上下の極板からなるコンデンサー中には，下向きに一様な電場Eが発生していると仮定する。**電位の定義：No.2**より「$+1$ Cを下の極板から上の極板まで，Eに逆らってゆっくり運ぶのに要する仕事はV〔J〕」である。また，この仕事Vは定義より，（力E）×（距離d）とも書けるので，

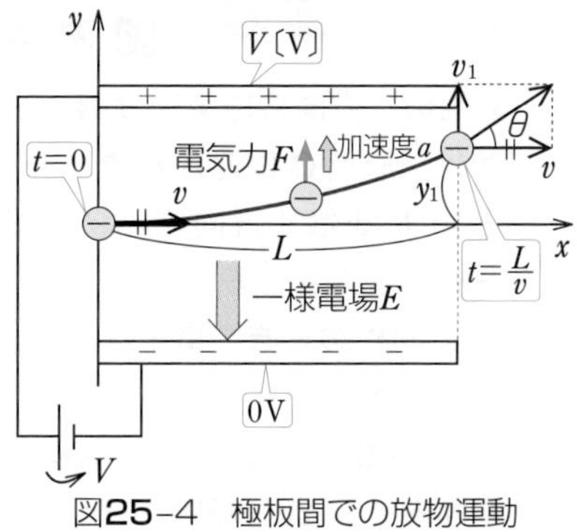

図25-4　極板間での放物運動

$$V = Ed \qquad \therefore \quad E = \frac{V}{d}$$

この下向きの一様な電場中で，電子が上向きに受ける電気力Fは，

$$F = eE = e\frac{V}{d} \text{〔N〕} \quad \cdots \text{答}$$

(3) 電子はx方向には力を受けないので速さvの等速度運動をする。y方向には一定の電気力Fを受けて等加速度運動をする（このx，y方向の運動を組み合わせると，極板間では**放物運動**することがわかる）。そのy方向の加速度をaとすると，運動方程式は，

$$ma = F \qquad \therefore \quad a = \frac{F}{m} = \frac{eV}{md} \text{〔m/s}^2\text{〕}$$

x方向では速さvの等速度運動なので，$x=0$から$x=L$までの電子の運動時間は$\frac{L}{v}$〔s〕となる（図25-4）。ここで，時刻$t=\frac{L}{v}$でのy方向の速度v_1とy座標y_1は**等加速度運動の公式**より，

$$v_1 = a \cdot \frac{L}{v} = \frac{eVL}{mdv}$$

$$y_1 = \frac{1}{2}a\left(\frac{L}{v}\right)^2 = \frac{1}{2} \cdot \frac{eV}{md}\left(\frac{L}{v}\right)^2$$

$$= \frac{L^2V}{4dV_0} \text{〔m〕（①より）} \quad \cdots \text{答}$$

(4) 求めるy座標y_2は図25-5より，

$$y_2 = y_1 + (L_S - L)\tan\theta$$

$$= y_1 + (L_S - L)\frac{v_1}{v}$$

$$= y_1 + (L_S - L)\frac{eVL}{mdv^2}$$

$$= \frac{VL}{2dV_0}\left(L_S - \frac{L}{2}\right) \text{（①より）} \quad \cdots \text{答}$$

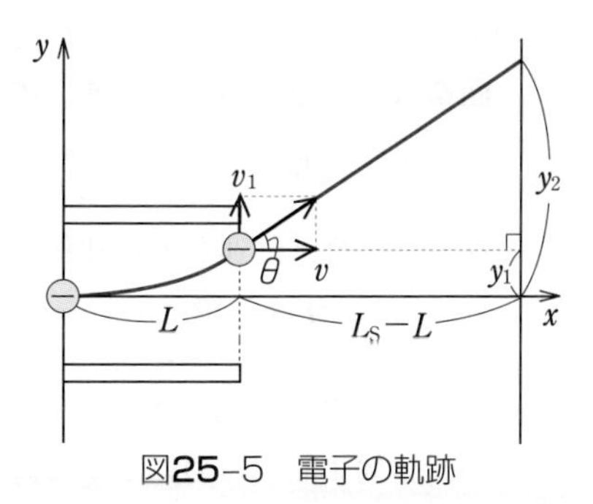

図25-5　電子の軌跡

出題パターン

83 磁場中での等速円運動

x 軸の正方向に磁束密度 B の一様な磁場をかけ，原点 O に速さ v で，xy 平面内で x 軸と角 θ をなす方向に，電子(質量 m，電荷 $-e$)を進入させる。

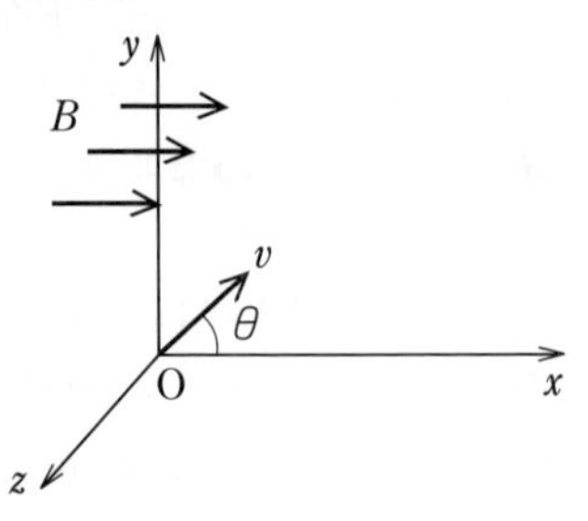

(1) $\theta = 0^\circ$ のとき，電子はどのような運動をするか。

(2) $\theta = 90^\circ$ のとき，電子は磁場に垂直な yz 平面内で等速円運動をする。この電子の円運動の半径および周期を求めよ。

解答のポイント

右手のパー①でローレンツ力を作図する。ローレンツ力を受けると，どのようにして等速円運動するのかをイメージできるようにすること。

解法

(1) **速度と磁場が平行**なのでローレンツ力を受けず，等速直線運動(答)をする。

(2) 図 25-6 のように $+x$ 方向から見る。

㋐の位置から入射した電子はローレンツ力を受け，㋑の位置まで曲がってゆくが，その間にローレンツ力は移動方向と必ず直交するので仕事をしない。よって，運動エネルギーは変化せず電子の速さは一定。

同様に㋑の位置から㋒の位置まで等速でカーブしてゆく。以後，同様の運動をくり返すと，結局，電子は**等速円運動**をすることになる。

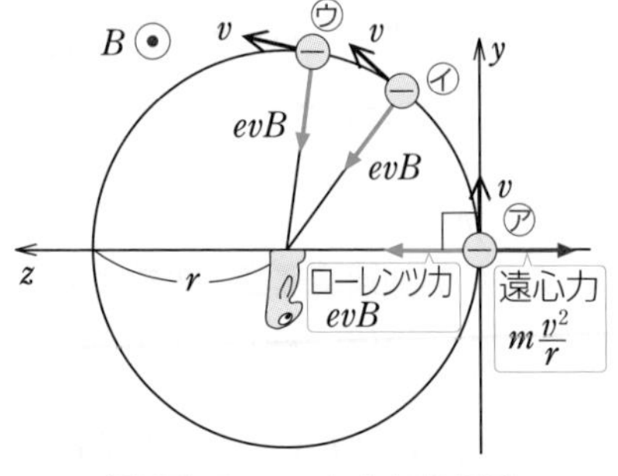

図25-6　$+x$方向から見る

回る人から見た力のつりあいの式は，

$$m\frac{v^2}{r} = evB \qquad \therefore \quad r = \frac{mv}{eB} \quad \cdots ①\ (答)$$

となり，半径 r は速さ v に比例する。また，周期 T は，

$$\boxed{T = \frac{2\pi r}{v}} = \frac{2\pi m}{eB} \quad \cdots ②\ (答)$$

となり，速さ v によらない。(例えば，v が 2 倍になると半径 r も 2 倍になるため，結局 1 周回るのにかかる時間は変わらないのだ。)

出題パターン

84 磁場中でのらせん運動

83 (p. 274) の問題において $0° < \theta < 90°$ のとき,

(1) 電子はどのような運動をするか。

(2) 電子は点 **O** を出てから再び x 軸上の点 **P** を通る。点 **O** から点 **P** へ至るまでの時間, および **OP** 間の距離を求めよ。

解答のポイント

初速度を x 方向と平行, 垂直に完全に分けて考える。

解 法

(1) 図 25-7 のように初速度を x 方向に対して平行(ア)と垂直(イ)に**完全に分けた**運動を考える。

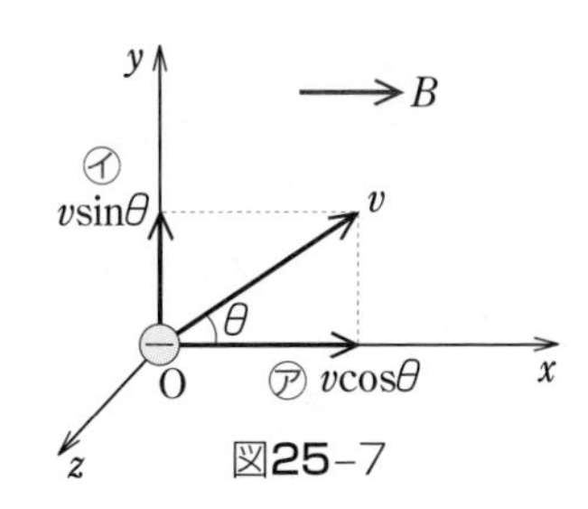

図25-7

もし, 電子がアの初速度で入ってきたとすると, 83 の(1)と同じく速度と磁場が平行なので, ローレンツ力を受けずに速さ $v\cos\theta$ の等速度運動をする。

一方, もし電子がイの初速度で入ってきたとすると, 83 の(2)と同じくローレンツ力を受けて速さ $v\sin\theta$ の等速円運動をする。その半径 r は 83 の(2)の①式で $v \to v\sin\theta$ としたもので,

$$r = \frac{mv\sin\theta}{eB}$$

また, 周期は 83 の(2)の②式より速さによらないので, 今回も周期は全く同じで,

$$T = \frac{2\pi m}{eB}$$

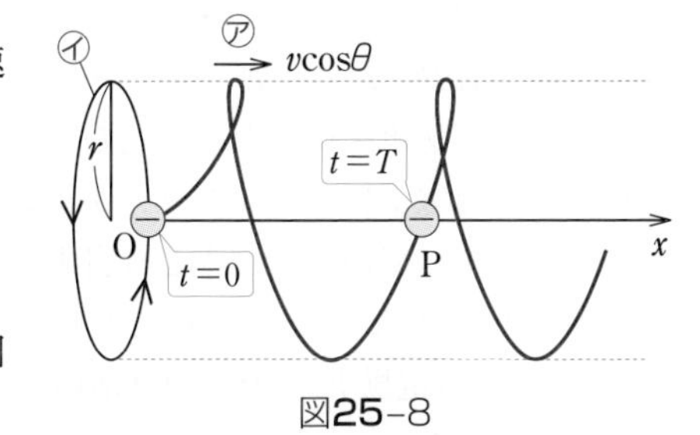

図25-8

以上のア, イを組み合わせると, 図 25-8 のような**らせん運動**答になる。

(2) 図 25-8 のように, 点 O から点 P までの間に電子はイの**円運動でちょうど 1 回転**している。よって点 O から点 P に至るまでの時間 t は円運動の 1 周期で,

$$t = T = \frac{2\pi m}{eB} \quad \cdots 答$$

その間に電子がアの等速度運動をして, x 方向に進む距離 $\overline{\mathrm{OP}}$ は,

$$\overline{\mathrm{OP}} = v\cos\theta \times T = \frac{2\pi mv\cos\theta}{eB} \quad \cdots 答$$

出題パターン

85 電気力とローレンツ力のつりあい

(1)　83 (p. 274)の(2)の問題においてさらに電場を加えることによって，電子を $+y$ 方向に直進させるには，どのような電場を加えればよいか。

(2)　長さ l の導体棒が，速さ v で磁束密度 B の磁場を垂直に切りながら進むとき，発生する起電力の大きさが vBl であることを示せ。(p. 241 を見よ。)

解答のポイント

(1)では①～④のストーリーを追ってゆく。(2)では，ローレンツ力によって導体中の自由電子が移動した結果，電場が発生している。

解　法

(1)　①～④の順に考える(図 25-9)。

①　まずはじめに電子はローレンツ力を受けている。

②　この電子を $+y$ 方向に直進させるにはローレンツ力とつりあうだけの電気力が必要である。

③　よって，加えるべき電場 E の向きは $+z$ 方向㊟となる。

④　力のつりあいの式より，

$$eE = evB \qquad \therefore \quad E = vB \quad \cdots 答$$

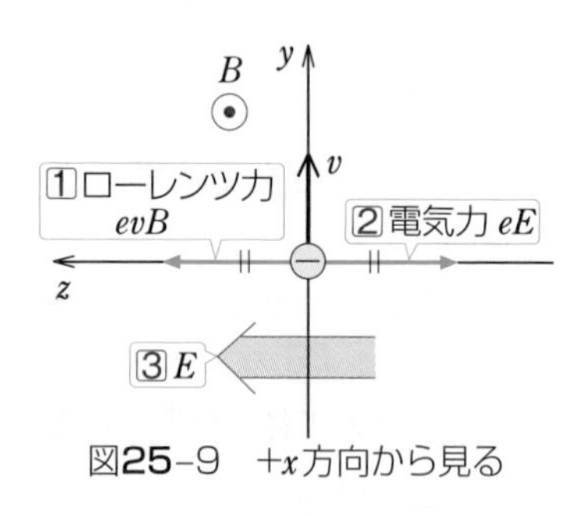

図25-9　$+x$ 方向から見る

(2)　導体棒が磁束を切りながら進むと導体棒中の自由電子にローレンツ力が働いて一端に集まってゆき，とうとう自由電子が移動しなくなった後を考える(図 25-10)。生じる電場 E は力のつりあいより，

$$eE = evB \qquad \therefore \quad E = vB$$

電位の定義：No.2より，+1 C を図 25-10 で電場 E に逆らって 0 V(上)から V〔V〕(下)まで l〔m〕運ぶのに要する仕事は電位差 V と等しく，

$$V = \underbrace{E}_{力} \times \underbrace{l}_{距離} \qquad \therefore \quad V = vB \times l = vBl \quad \cdots 答$$

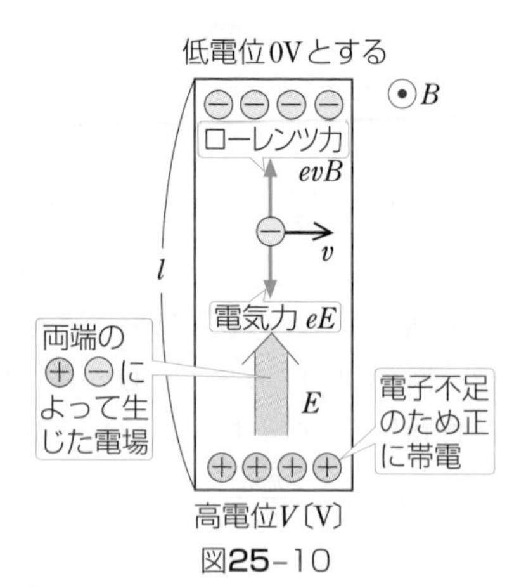

図25-10

出題パターン

そのまま出る！

86 ホール効果

右図のような幅$\boldsymbol{a}$，高さ$\boldsymbol{b}$，長さ$\boldsymbol{c}$の直方体の物体があり，図に示した方向に$\boldsymbol{x}$，$\boldsymbol{y}$，$\boldsymbol{z}$軸をとる。

いま，この物体に，$\boldsymbol{x}$軸の正の向きに大きさ$\boldsymbol{I}$の電流を流し，$\boldsymbol{y}$軸の正の向きに磁束密度$\boldsymbol{B}$の一様な磁場をかける。

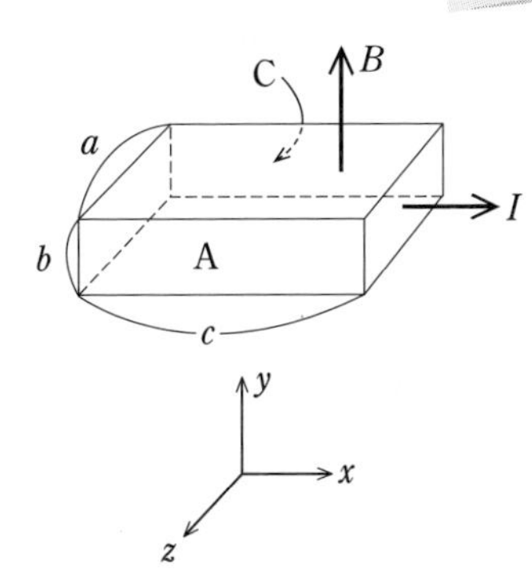

(1) この物体が**n**型半導体のとき，電子の電気量を$-\boldsymbol{e}$，電子数密度を$\boldsymbol{n}$として電子の平均移動速度の大きさ$\boldsymbol{v}$を求めよ。

(2) この物体が**p**型半導体のときと，**n**型半導体のときそれぞれのときに，側面**A**，**C**のどちらがローレンツ力によって正に帯電し，高電位になるかを答えよ。

(3) この物体が**n**型半導体であるとして，**A**に対する**C**の電位$\boldsymbol{V}$を$\boldsymbol{a}$，$\boldsymbol{b}$，$\boldsymbol{c}$，$\boldsymbol{I}$，$\boldsymbol{B}$，$\boldsymbol{n}$，$\boldsymbol{e}$のうち必要なものを使って表せ。

解答のポイント

シリコン(4価)やゲルマニウム(4価)の結晶中に，リン(5価)やアルミニウム(3価)などの不純物を混入すると，余った電子(リンのとき)や，電子が不足して正に帯電した孔(正孔)(アルミニウムのとき)が結晶中に生じ，電気の運び手(キャリア)になる。このようにして，わずかに電気を流す物質を半導体という。

ホール効果で測れる3つのものは，半導体中のキャリアの，㋐**種類**〔正孔(p型半導体という)か，電子(n型半導体という)か〕，㋑**密度**$\boldsymbol{n}$，㋒**速さ**$\boldsymbol{v}$の3つである。

pはポジティブ＝正だから正孔，nはネガティブ＝負だから電子　と覚えよう。

解　法

(1) $I = vSne$（p.221で導いた）の式で，
アイアム ブ ス ネー

図25-11より

$S=ab$ より，$I=vabne$

$\therefore\quad v=\dfrac{I}{abne}$ ……① 答

よって，キャリアの速さv㋒がわかった。

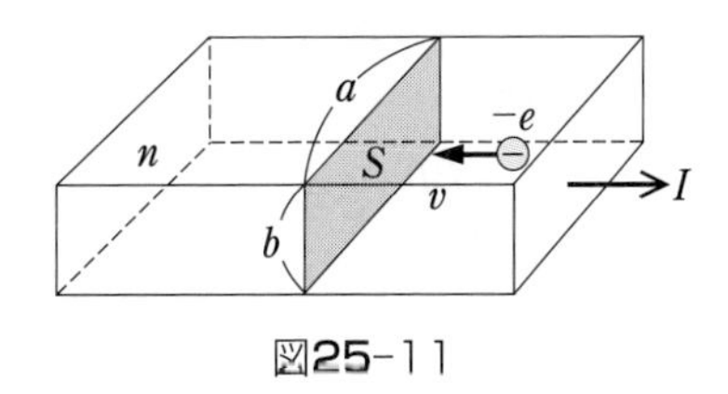

図25-11

(2) 図 25-12 のように，$+y$ 方向から見て比較する。

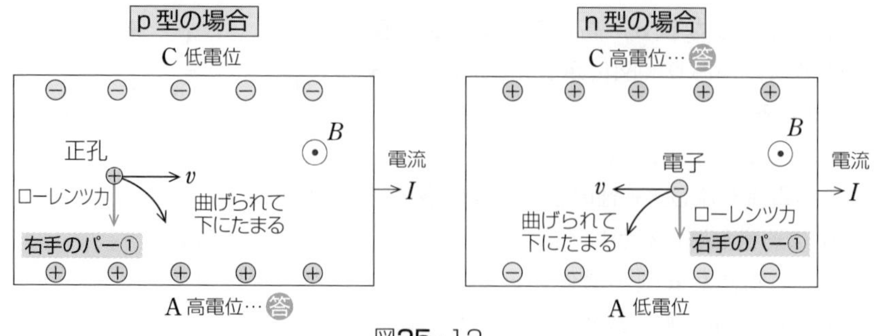

図25-12

よって，AC の電位差でキャリアの種類㋐がわかる。

(3) n 型のときに，十分時間がたつと図 25-13 のように上面には⊕，下面には⊖がたまり，下向きに**⊕⊖のつくる電場 E が発生する**。そして，その電場から受ける力 eE と，ローレンツ力 evB がつりあって電子は直進できるようになる。その力のつりあいの式は，

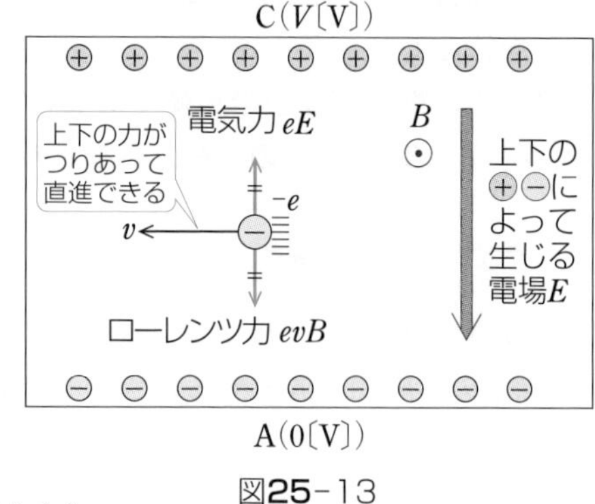

図25-13

$$eE = evB$$

$$\therefore\quad E = vB = \frac{BI}{abne} \quad \cdots ②\ (①より)$$

ここで，低電位側の A を 0〔V〕として高電位側の C を V〔V〕とする。

電位の定義：No.2より，V は +1〔C〕の点電荷を電場 E に逆らって A から C まで運ぶのに要する仕事と等しいので，

$$V = \underset{力}{E} \times \underset{距離}{a} = \frac{BI}{bne}\ (②より) \cdots 答$$

よって，

$n = \dfrac{BI}{eVb}$ とキャリアの密度 n㋑がわかる。

ここまでの流れは，試験にそのまま出るので，何も見ないで自力で㋐㋑㋒が求まる理由を説明できるようにしよう！

出題パターン

87 ミリカンの実験

微粒子が空気中を運動するときの抵抗力 $\boldsymbol{f}$ は，微粒子の速さに比例し，比例定数を $\boldsymbol{k}$ として，$\boldsymbol{f=kv}$ と書ける。重力加速度の大きさを $\boldsymbol{g}$ とする。

(1) 質量 $\boldsymbol{m}$ の微粒子が一定の速さ $\boldsymbol{v_1}$ で落下するとき，$\boldsymbol{v_1}$ はいくらか。

(2) (1)の微粒子に正の電荷 $\boldsymbol{q}$ を与え，図の装置で間隔 $\boldsymbol{D}$ の電極間に電圧 $\boldsymbol{V}$ を加え，一定の速さ $\boldsymbol{v_2}$ で上昇させた。このときの $\boldsymbol{v_2}$ はいくらか。

(3) (1)，(2)より，電荷 $\boldsymbol{q}$ を $\boldsymbol{k}$，$\boldsymbol{V}$，$\boldsymbol{D}$，$\boldsymbol{v_1}$，$\boldsymbol{v_2}$ を使って表せ。

(4) **3** つの異なる電荷を与えた微粒子を用いた実験結果を，表にした。ここでは，$\boldsymbol{V=3.0\times10^2}$〔V〕のときの $\boldsymbol{v_1}$〔m/s〕と $\boldsymbol{v_2}$〔m/s〕が示してある。ただし，$\boldsymbol{D=1.0\times10^{-2}}$〔m〕で，$\boldsymbol{k=3.0\times10^{-10}}$〔N·s/m〕，$\boldsymbol{g=9.8}$〔m/s^2〕とする。電気素量（電気量の最小単位）$\boldsymbol{e}$〔C〕の値を推定せよ。ただし，$\boldsymbol{q<10e}$ とする。

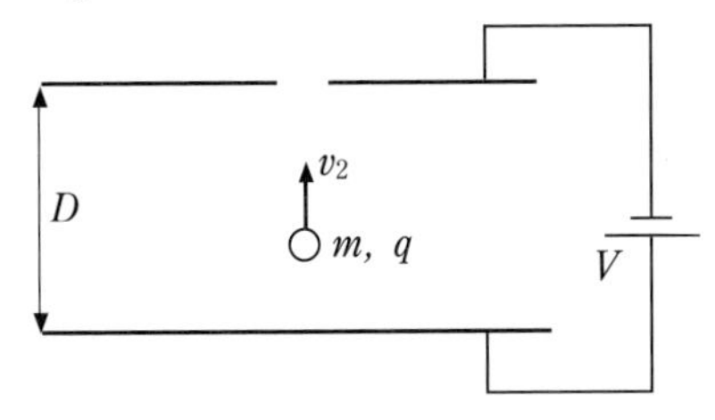

電荷〔C〕	v_1〔m/s〕	v_2〔m/s〕
$q=q_1$	3.0×10^{-5}	1.5×10^{-5}
$q=q_2$	3.0×10^{-5}	4.5×10^{-5}
$q=q_3$	3.0×10^{-5}	6.0×10^{-5}

\解答のポイント/

空気抵抗力の向きは，速度とは逆向きとなる。一定速度のときは加速度 0 で，力のつりあいの式が成り立つ。(4)では，$q=n\times e$（n は自然数）かつ $q<10e$ として，q の値を推定していく。

解　法

(1) 図 25-14 で，一定速度より力のつりあいの式が成り立つので，

$$kv_1=mg \quad \cdots ①$$

$$\therefore \quad v_1=\frac{mg}{k} \quad \cdots 答$$

kv_1
v_1（一定）
m
mg

図25-14

これを，空気抵抗を受ける物体の**終端速度**という。

(2) まず，次ページの図 25-15 のように，極板間に上向きに生じる電場の大きさ E を求める。

電位の定義：No.2より，V は「$+1$〔C〕の点電荷を電場 E に逆らって，上の極板から下の極板まで，D〔m〕運ぶのに要する仕事」に等しいので，

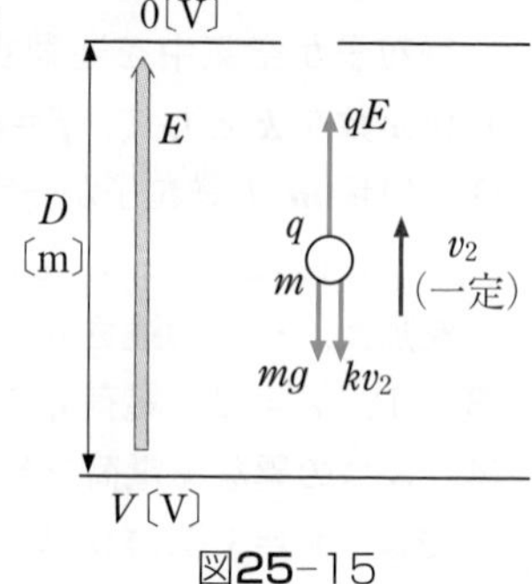

図25-15

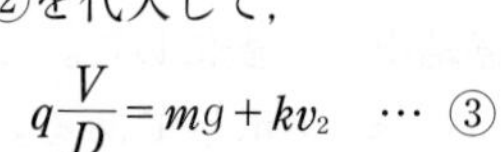

$$V = E \times D \qquad \therefore \quad E = \frac{V}{D} \quad \cdots ②$$

一定速度より，力のつりあいの式から，

$$qE = mg + kv_2$$

②を代入して，

$$q\frac{V}{D} = mg + kv_2 \quad \cdots ③$$

$$\therefore \quad v_2 = \frac{1}{kD}(qV - mgD) \quad \cdots \text{答}$$

(3) ①，③より mg を消去して，

$$q\frac{V}{D} = kv_1 + kv_2$$

$$\therefore \quad q = \frac{kD}{V}(v_1 + v_2) \quad \cdots ④\ \text{答}$$

(4) ④に各数値を代入して，

$$q = \frac{3.0\times10^{-10}\times1.0\times10^{-2}}{3.0\times10^{2}}(v_1 + v_2)$$

$$= 1.0\times10^{-14}(v_1 + v_2)$$

よって，

$$q_1 = 1.0\times10^{-14}\times(3.0+1.5)\times10^{-5} = 4.5\times10^{-19}\text{〔C〕}$$

$$q_2 = 1.0\times10^{-14}\times(3.0+4.5)\times10^{-5} = 7.5\times10^{-19}\text{〔C〕}$$

$$q_3 = 1.0\times10^{-14}\times(3.0+6.0)\times10^{-5} = 9.0\times10^{-19}\text{〔C〕}$$

また，

$$q_2 - q_1 = 3.0\times10^{-19}\text{〔C〕}$$

$$q_3 - q_2 = 1.5\times10^{-19}\text{〔C〕}$$

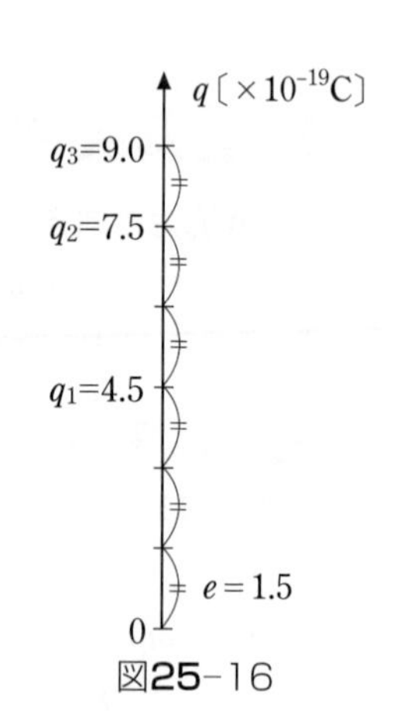

図25-16

も考えると，図 25-16 のように，

$$e = 1.5\times10^{-19}\text{〔C〕} \quad \cdots \text{答}$$

と推定できる。

（$q < 10e$ より，$e = 0.75\times10^{-19}$ や $e = 0.5\times10^{-19}$ は不可。）

STAGE
26 光子と電子波
原子

（物理）

新しいことは光子と電子波のみ，あとは今までの復習

頻出出題パターン

88 光電効果

89 コンプトン効果

90 電子線回折

91 原子モデル

92 原子の発光スペクトル

93 連続 X 線の最短波長

ここを押さえよ！

新しいことは，光子の運動量とエネルギー，電子波の波長のみである。

問題に入る前に

❶ 古典物理学の 3 つの常識

実は，今までの力学・熱力学・波動・電磁気学は，物理界では「古典物理学」と呼ばれ，主に 19 世紀までに法則が確立された分野である。

この「古典物理学」では，次の 3 つの事柄が不動の常識とされてきた。

(1) 光は，波である（回折・干渉するので → p. 188）。

(2) 電子は，粒である（1 個 1 個数えられるので → p. 279）。

(3) 質量は，消えたり生じたりすることはできない（100g の氷は，溶かして水にしても 100g のはず）。

しかし，この 3 つの常識は原子レベルの世界では通用しないことが，20 世紀に入ってわかってきたのだ。

❷ 光子とは何か

20世紀に入って，光電効果やコンプトン効果の実験などから，それまで波としての性質を持つと思われていた光が，以下のような粒子(光子)の性質も持つことがわかった。
→もちろん波の性質も持っている

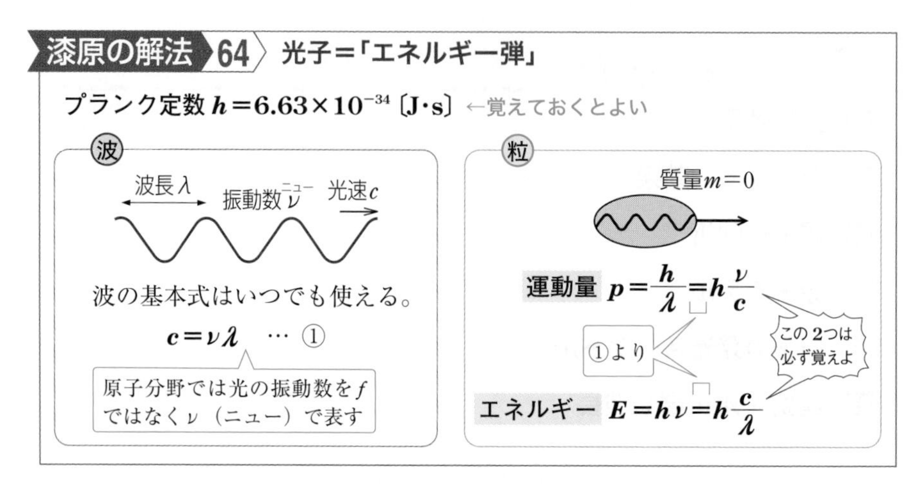

ただし，ふつうの粒子と違い，光子は質量 $m=0$ なので，$p \neq mc$，$E \neq \frac{1}{2}mc^2$ となることに注意しよう。

運動量 p や，エネルギー E の形を覚えるときに，**p や E は振動数 ν に比例し，波長 λ に反比例している**ことを押さえるとよい。赤外線(ν 小 λ 大)では日焼けせず，紫外線(ν 大 λ 小)では日焼けしてしまうことを思い出してほしい。紫外線の方がより強力な「エネルギー弾」(モノを弾き飛ばすことができる**エネルギーのカタマリ**)なのである。

この光子の考えによって「光の強度」を定義する。試験に頻出だが，意外と盲点になっているので，しっかり押さえておこう。

光の強度 P(〔J/(s·m²)〕＝〔W/m²〕)… 1m² に1秒間に入射する光のエネルギー

$$P = \begin{pmatrix} 1\,\text{m}^2 \text{に1秒あたりに} \\ \text{入射する光子数}\ n_\text{p} \end{pmatrix} \times \begin{pmatrix} \text{光子1個あたりの} \\ \text{エネルギー}\ h\nu \end{pmatrix}$$

❸ 電子波とは何か

それまで波の性質を持つと思われていた光が，粒子の性質も持つことがわかった。全く同様に，電子線回折などの実験によって，それまで粒子の性質を持つと思われていた電子が，波(電子波)の性質も持つことがわかった。また，電子に限らず，すべての粒子が同じように波(物質波)ともみなせることがわかった。

（波(電子波)の性質も → もちろん粒子の性質も持つ）

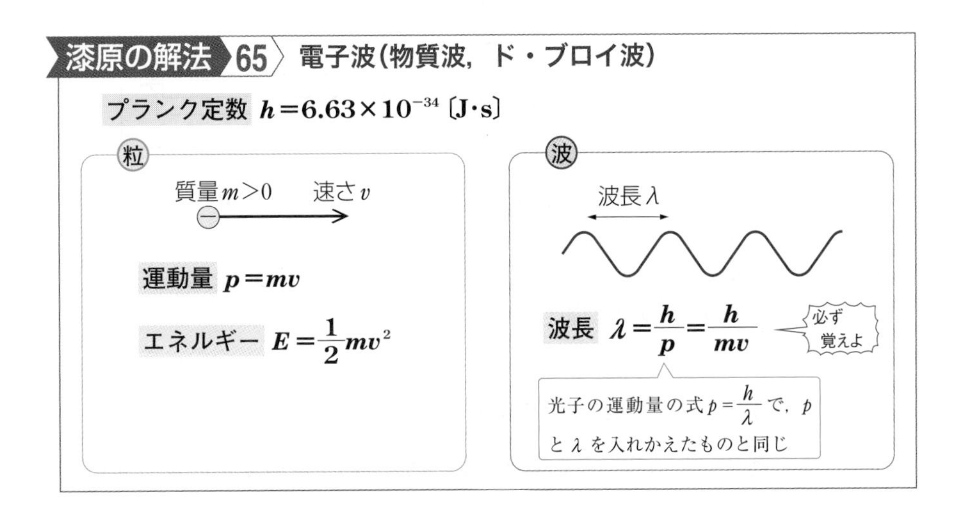

❹ いったい波なのか粒子なのか

例えばある人が会社では社長で，家では子供の父親であるとしよう。

その人が「あなたは社長なのか，それとも父親なのか」と聞かれたら，もちろん「両方ともだ」と答えるだろう。全く同様に，光や電子も，もともと波と粒子の両方の性質を兼ね備えている。ただし，その人が会社では社長の顔，家では父親の顔をするのと同じで，光や電子も，回折・干渉実験をすると波の性質を，衝突実験をすると粒子の性質を見せるのである。

出題パターン

そのまま出る！

88 光電効果

図のような実験装置がある。電極 **A** に単色光を照射し，電極 **A** に対する電極 **B** の電位 V を変化させ，流れる電流（光電流 I）を測る。プランク定数を h とする。

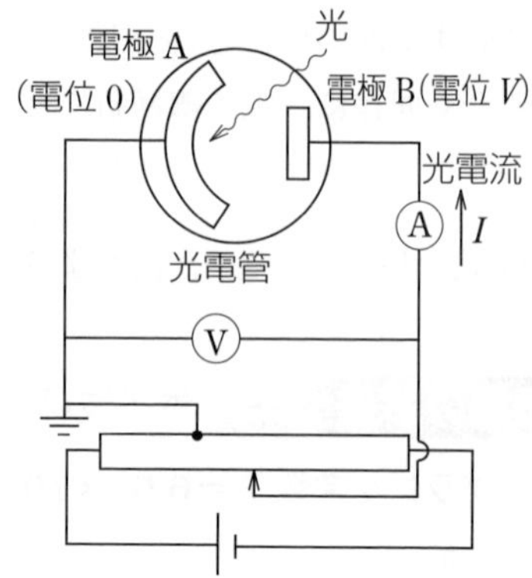

(1)　光の振動数 ν，電極 **A** の金属の仕事関数 W，電極 **A** の表面から飛び出した電子（光電子）の最大運動エネルギー $\frac{1}{2}mv_{\max}{}^2$ の間に成り立つ関係式を記せ。

(2)　光の振動数が ν_0（限界振動数）より小さくなると，光電子が飛び出さなくなった。このとき ν_0 と W の関係式を記せ。

(3)　**B** の電位 V をいろいろ変えていったときの光電流 I の変化のおおよそのようすを I-V グラフに描け。

(4)　ちょうど $V=-V_{\rm C}$ としたとき光電流が $I=0$ となった。このときの $V_{\rm C}$（阻止電圧）と(1)の $\frac{1}{2}mv_{\max}{}^2$ との関係式を記せ。

(5)　光の振動数 ν をいろいろと変えていったときの $V_{\rm C}$ の変化のようすを $V_{\rm C}$-ν グラフに描け。

(6)　(3)において，次の場合の I-V グラフの変化のようすを簡単に述べよ。

　(i)　光の強度のみを大きくした場合

　(ii)　光の振動数 ν のみを大きくした場合

解答のポイント

ストーリーは長いが，入試にそのまま出るので**光電効果の 3 大基本式**を 1 つ 1 つイメージして理解し，自力で導き出せるようになること。

(1)，(2)　仕事関数の定義をしっかり押さえる。

(3)，(4)　電極 A，B からなる一種のコンデンサー間の電子の運動を考える。

(5)，(6)　グラフの持つ物理的な意味を理解する。

解　法

(1)　金属中の電子は金属内部に「束縛」されている。つまり，電子は勝手に金属内部から「脱出」することは許されず，**必ずある一定以上のエネルギーを支払わなければ，金属表面上に出ることができない**。このエネルギーのことを仕事関

数 W といい，金属によって決まった値を持つ。(〈例〉 ナトリウム：2.28〔eV〕，銅：6.34〔eV〕など)

特に，光子が運んできたエネルギーによって電子が金属から飛び出してくることを光電効果という。

ここで図 26-1 のように，仕事関数 W(100 万円)の電極 A に，エネルギー $h\nu$ (120 万円)の光子が入ってきたとする。電子は光子からもらった $h\nu$ (120 万円)のうち，**最低でも W(100 万円)を脱出するのに支払わねばならない**ので，飛び出したときに残っている運動エネルギーは，最も多いときでも，

$$\frac{1}{2}mv_{\max}{}^2 = h\nu - W$$

(20万円)　(120万円)　(100万円)

までしかない。この式を変形すると**光電効果の 3 大基本式：No.1**… ① 答 が求まる。

図26-1

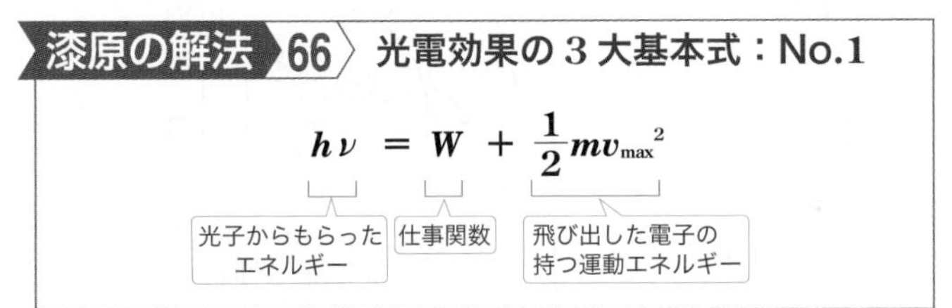

漆原の解法 66 光電効果の 3 大基本式：No.1

$$h\nu = W + \frac{1}{2}mv_{\max}{}^2$$

(2) 図 26-2 のように，光の振動数を低くしていって，とうとう光子のエネルギーが $h\nu_0$(100 万円)となり，仕事関数 W (100 万円)と同じになってしまうときを考える。電子は**光子からもらった $h\nu_0$ (100 万円)のすべてを，脱出するのに支払わねばならない**ので，飛び出したときに残っている運動エネルギーは 0 となり，ギリギリ飛び出すことになる(これより小さい振動数の光では飛び出せない)。このときの光の振動数 ν_0 を限界振

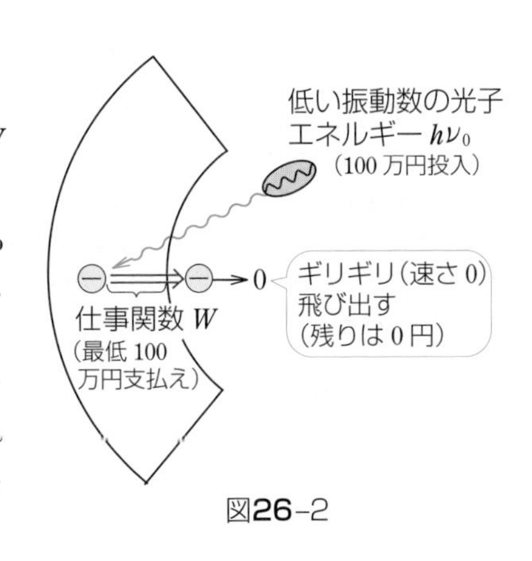

図26-2

動数，波長 λ_0 を限界波長という。

これより，**光電効果の３大基本式：No.2**… ② 答が求まる。

漆原の解法 67 光電効果の３大基本式：No.2

$$h\nu_0 = W$$

⑶ 脱出した後の電子は電極ＡとＢにはさまれた一種のコンデンサー中を運動することになる。ここからは**今までに学んだ電磁気の知識だけで解ける。**

電極Ａを０Ｖとするとき，電極Ｂの電位 V〔V〕が正であるか負であるかによって，次の２通りの状態に分かれる（図 26-3，図 26-4）。

(i) $V>0$ 歓迎型	(ii) $V<0$ 拒絶型

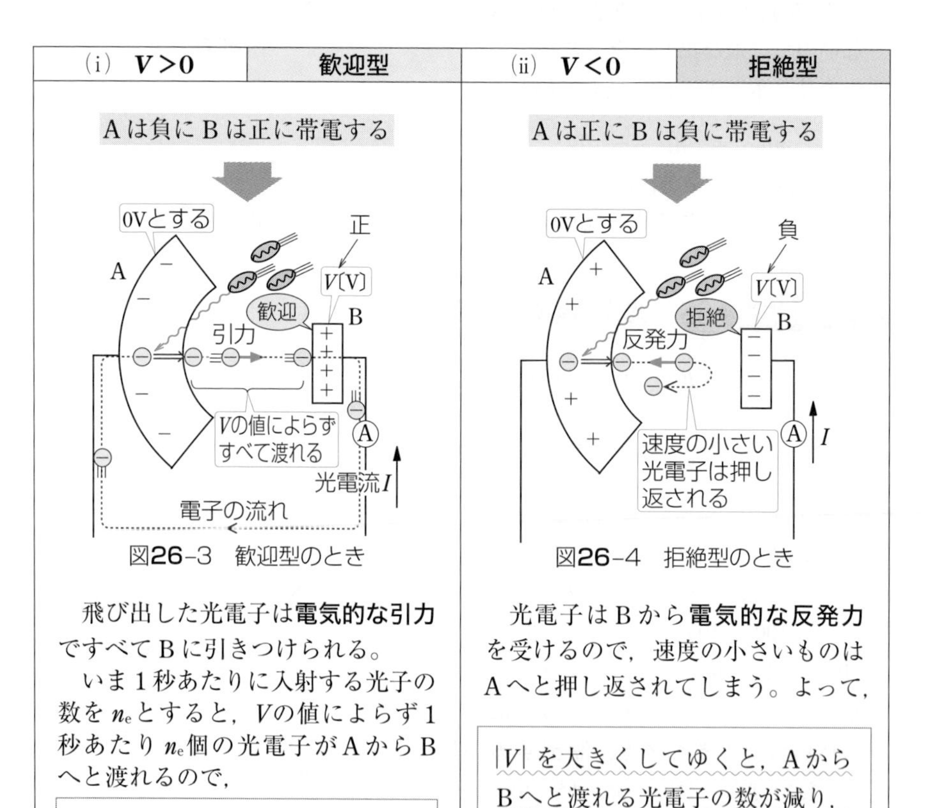

図26-3 歓迎型のとき

飛び出した光電子は**電気的な引力**ですべてＢに引きつけられる。

いま１秒あたりに入射する光子の数を n_e とすると，V の値によらず１秒あたり n_e 個の光電子がＡからＢへと渡れるので，

> 光電流 $I = n_e \times e$〔A〕
> は V の値によらず一定となる。ア

図26-4 拒絶型のとき

光電子はＢから**電気的な反発力**を受けるので，速度の小さいものはＡへと押し返されてしまう。よって，

> $|V|$ を大きくしてゆくと，ＡからＢへと渡れる光電子の数が減り，光電流 I は減少してゆく。イ

(i), (ii)の結果㋐, ㋑を図26-5のI-Vグラフ㊟にまとめてみる。このグラフのポイントは2つある。

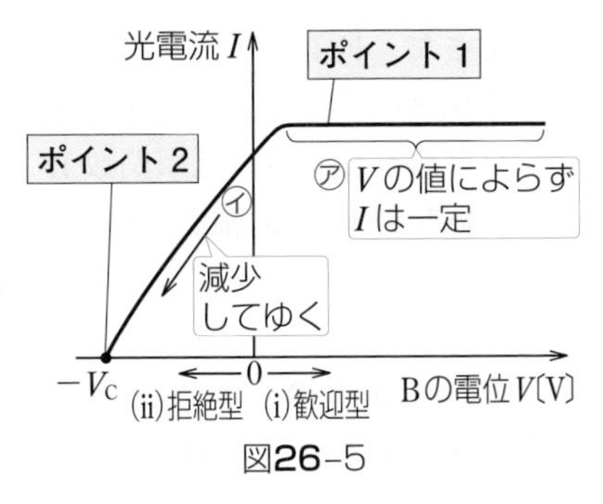

図26-5

ポイント1 一定電流値は，㋐より1秒あたりに入射する光子の数n_eに比例，つまり光の強度に比例している。

ポイント2 ㋑より$|V|$を大きくしてゆくと光電流Iが減ってゆき，とうとう$V=-V_C$(阻止電圧)になると，最大速度v_{max}で飛び出す電子でさえAからBに流れなくなり，$I=0$となる。

(4) 阻止電圧V_Cとは「拒絶」が厳しすぎて，図26-6のように**v_{max}を持つ光電子でさえ，ちょうどAからBに渡れなくなってしまう電位差**の大きさのことである。**力学的エネルギー保存則**より，

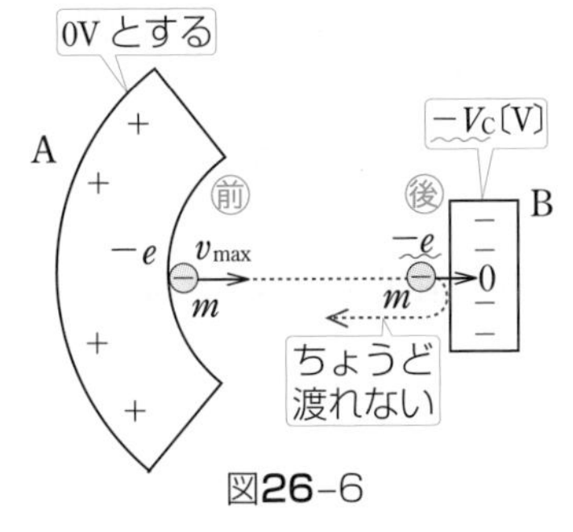

図26-6

$$\frac{1}{2}mv_{max}^2=(-e)(-V_C)$$

前の運動エネルギー　後の電気力による位置エネルギー

これより，**光電効果の3大基本式：No.3**… ③ ㊟が求まる。

漆原の解法 68　光電効果の3大基本式：No.3

$$eV_C=\frac{1}{2}mv_{max}^2$$

(5) V_C-νグラフを描くので，いままでの**光電効果の3大基本式**からV_Cとνの関係式を求めないといけない。①に②，③を代入して，

$$h\nu=W+\frac{1}{2}mv_{max}^2$$

$$=h\nu_0+eV_C$$

$$\therefore\quad V_C=\frac{h}{e}(\nu-\nu_0)\quad\cdots④$$

よって，V_C は ν の1次関数となりグラフは図26-7㊟のように直線となる。**プランク定数 h は傾き，仕事関数 W は切片，限界振動数 ν_0 は横軸切片**から求めることができる。

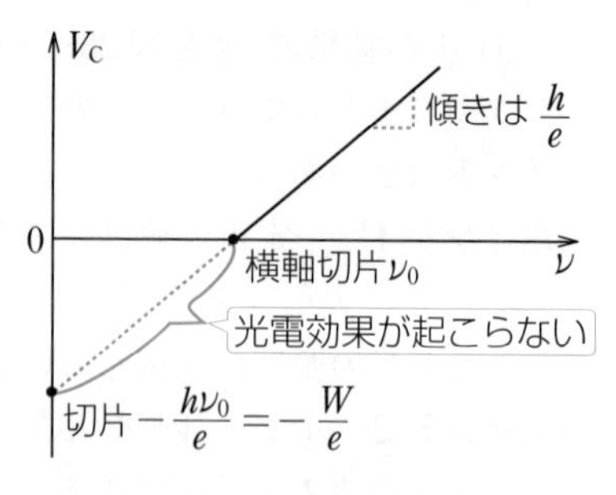

図26-7　④のグラフ

(6)　(3)の図26-5のグラフにおいて，ポイント1より光電流 I の大きさは光の強度に比例する。一方，光の振動数 ν が大きくなると，④からわかるように阻止電圧 V_C が大きくなる。よって，図26-8のように，

(i)　光電流 I のみが大きくなる。…㊟

(ii)　阻止電圧 V_C のみが大きくなる。…㊟

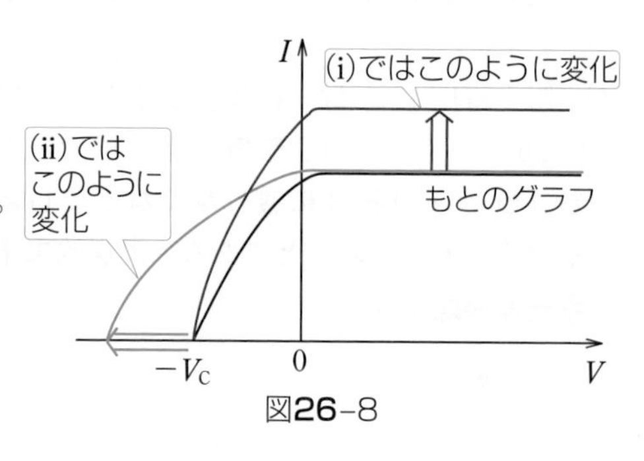

図26-8

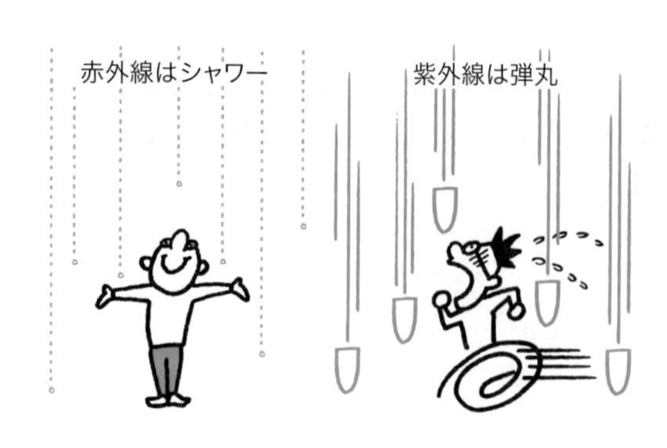

出題パターン 89 コンプトン効果

そのまま出る！

電子に波長λの光子が衝突し，その結果，電子はθの方向に速さvで，光子はφの方向に波長λ'で散乱された。プランク定数をh，光速をc，電子の質量をmとする。このとき$\lambda'-\lambda$をφの関数として示せ。$\dfrac{\lambda'}{\lambda}+\dfrac{\lambda}{\lambda'}\fallingdotseq 2$とする。

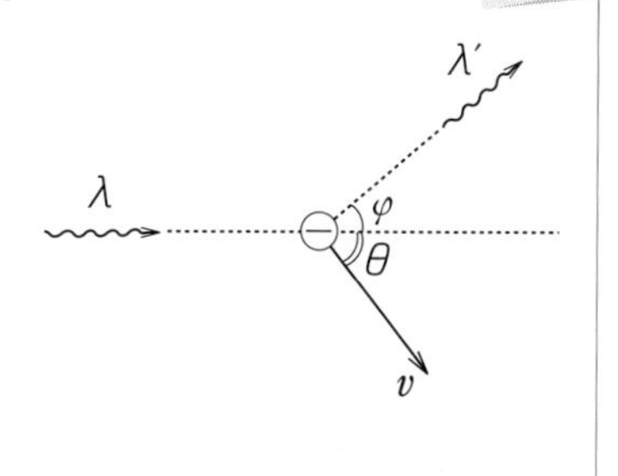

解答のポイント

光子$\left(\text{エネルギー}\ h\dfrac{c}{\lambda},\ \text{運動量}\ \dfrac{h}{\lambda}\right)$と電子の弾性斜衝突として考える。

解法

力学的エネルギー保存則より，

$$\underbrace{h\frac{c}{\lambda}+0}_{\text{前}}=\underbrace{h\frac{c}{\lambda'}+\frac{1}{2}mv^2}_{\text{後}}\quad\cdots ①$$

図 26-9 で**運動量保存則**より，

$$\begin{cases} x:\ \underbrace{\dfrac{h}{\lambda}}_{\text{前}}=\underbrace{\dfrac{h}{\lambda'}\cos\varphi+mv\cos\theta}_{\text{後}} & \cdots ② \\ y:\ \underbrace{0}_{\text{前}}=\underbrace{\dfrac{h}{\lambda'}\sin\varphi-mv\sin\theta}_{\text{後}} & \cdots ③ \end{cases}$$

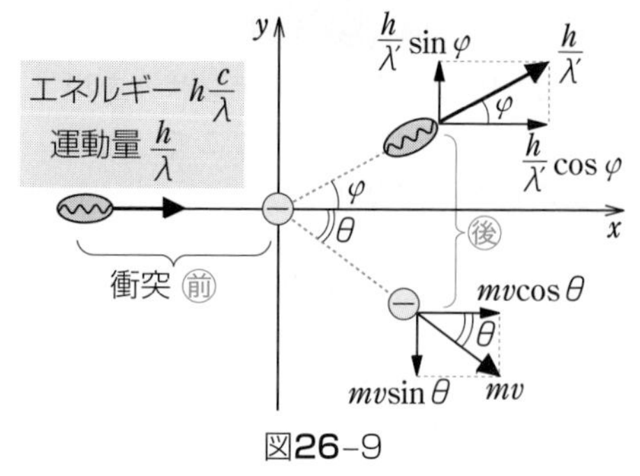

図26-9

②より，$mv\cos\theta=\dfrac{h}{\lambda}-\dfrac{h}{\lambda'}\cos\varphi\quad\cdots ②'$

③より，$mv\sin\theta=\dfrac{h}{\lambda'}\sin\varphi\quad\cdots ③'$

$(②'^2+③'^2)\div 2m$ より，　←θ 消すため

$$\frac{1}{2}mv^2=\frac{h^2}{2m}\left\{\left(\frac{1}{\lambda}\right)^2+\left(\frac{1}{\lambda'}\right)^2-2\frac{1}{\lambda\lambda'}\cos\varphi\right\}\quad\cdots ④$$

④を①に代入して，　←v 消すため

$$\frac{hc}{\lambda}=\frac{hc}{\lambda'}+\frac{h^2}{2m}\left\{\left(\frac{1}{\lambda}\right)^2+\left(\frac{1}{\lambda'}\right)^2-2\frac{1}{\lambda\lambda'}\cos\varphi\right\}$$

$$\therefore\quad hc\frac{\lambda'-\lambda}{\lambda\lambda'}=\frac{h^2}{2m}\left\{\left(\frac{1}{\lambda}\right)^2+\left(\frac{1}{\lambda'}\right)^2-2\frac{1}{\lambda\lambda'}\cos\varphi\right\}$$

そのまま出る問題なので，この4つの**おきまりの式変形がポイント**になることを押さえよう。

$$\therefore\quad \lambda'-\lambda=\frac{h}{2mc}\left(\frac{\lambda'}{\lambda}+\frac{\lambda}{\lambda'}-2\cos\varphi\right)\fallingdotseq\frac{h}{mc}(1-\cos\varphi)\quad\cdots \text{答}$$

ここまで自力で計算できるように!

出題パターン 90 電子線回折

そのまま出る！

電圧 $\boldsymbol{V}$ で加速した電子線を間隔 $\boldsymbol{d}$ で並んだ原子面と $\boldsymbol{\theta}$ の方向に照射し，$\boldsymbol{\theta}$ の方向に散乱される電子線の干渉を考える。電子の質量を $\boldsymbol{m}$，電気量を $-\boldsymbol{e}$，プランク定数を $\boldsymbol{h}$ とする。

ここで電子線の波長を求め，反射電子線の強度が極大となるときの加速電圧 $\boldsymbol{V}$ を求めよ。

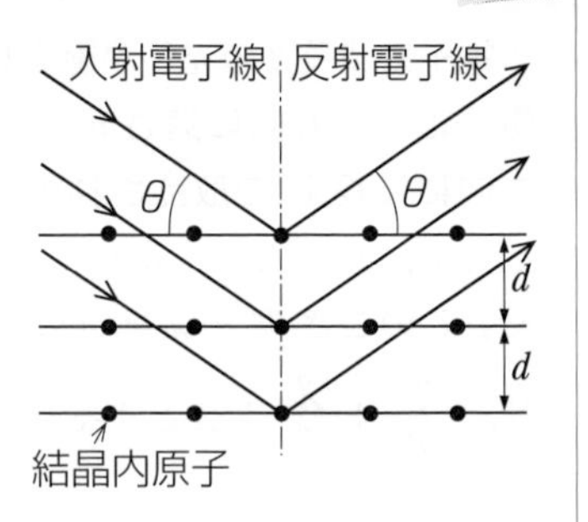

解答のポイント

光の干渉と全く同様に，**電子波**$\left(\text{波長 } \dfrac{h}{mv}\right)$の干渉を考える。

解　法

図 26-10 のようにコンデンサーを用いて，電子を加速する。ここで，**力学的エネルギー保存則**より，

$$\underbrace{(-e)(-V)}_{前} = \underbrace{\frac{1}{2}mv^2}_{後}$$

$$\therefore \quad v = \sqrt{\frac{2eV}{m}}$$

よって，電子波の波長 λ は，

$$\boxed{\boldsymbol{\lambda = \frac{h}{mv}}} = \frac{h}{\sqrt{2meV}} \quad \cdots ① 答$$

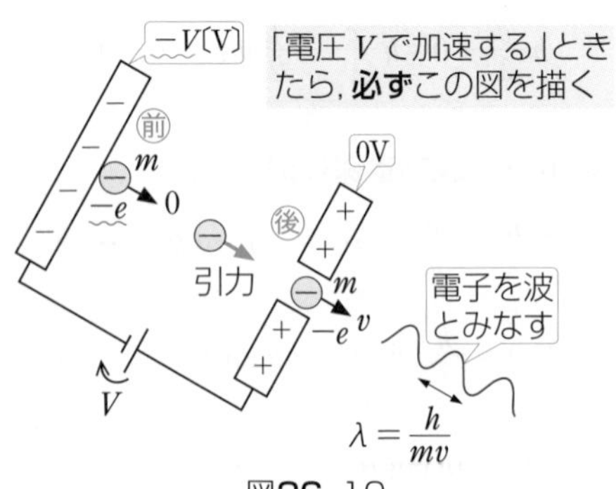

図26-10

図 26-11 で**光の干渉の 3 大原則：その 1** より（光波の干渉と同じ）強めあう条件は，

$$\underbrace{2 \times d\sin\theta}_{行路差} = n\lambda \quad (n\text{：正の整数})$$

①を代入して，

$$2d\sin\theta = \frac{nh}{\sqrt{2meV}}$$

$$\therefore \quad V = \frac{n^2h^2}{8d^2\,me\,\sin^2\theta} \quad \cdots 答$$

（ここまで自力で導けるように！）

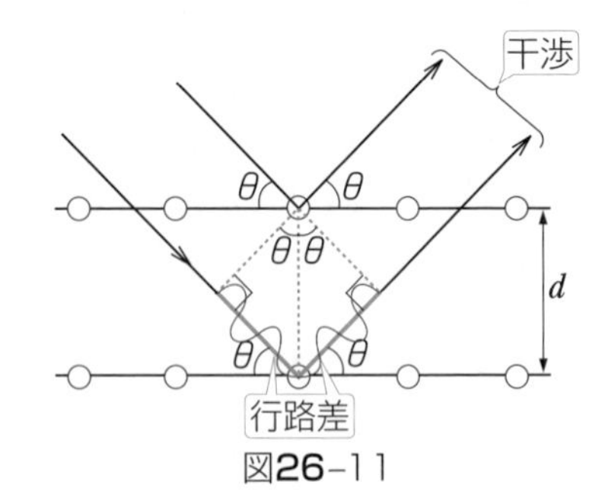

図26-11

出題パターン

そのまま出る！

91 原子モデル

ボーアの水素原子模型では，$+e$ の電気量を持つ陽子のまわりに，$-e$ の電気量を持つ質量 m の電子が，半径 r の円軌道上を速さ v で運動しているものと考える。プランク定数を h，真空中での光速を c，クーロン力の比例定数を k とする。

(1) 電子に働く遠心力と電気力のつりあいの式を書け。

(2) 電子の運動エネルギーと電気力による位置エネルギーの和を k，e，r を用いて表せ。ただし，電気力による位置エネルギーは無限遠を基準とする。

(3) 量子数を $n=1$，2，3，…として，電子が安定な軌道を運動し続けるための条件を m，v，r，h，n を用いて表せ。

(4) 安定な軌道半径 r_n を m，e，h，k，n を用いて表せ。

(5) エネルギー準位 E_n を m，e，h，k，n を用いて表せ。

解答のポイント

原子核のまわりを回る電子は**粒子性と波動性の両方を持っている**ので，まずは粒子として，次に波動として安定に存在できる条件を求める。本問は試験にそのまま出るので，何も見ずに r_n と E_n を導けるようにしよう。

解　法

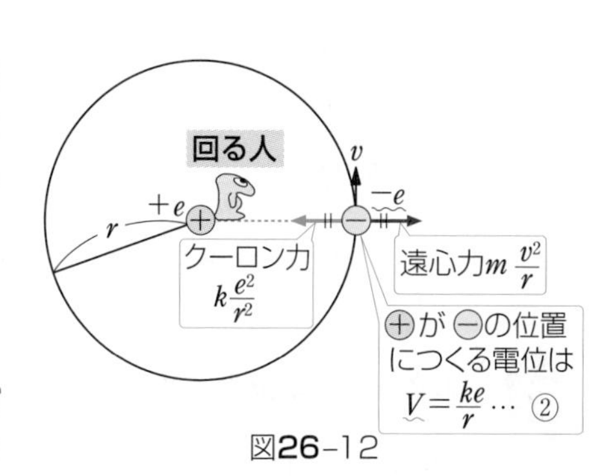

図26-12

(1) まず図 26-12 のように，電子を陽子のまわりを円運動している**粒子とみなす**。**回る人**から見た力のつりあいの式より，

$$m\frac{v^2}{r}=k\frac{e^2}{r^2} \quad \cdots ① 答$$

(2) 電子の持つ力学的エネルギー E は運動エネルギーと電気力による位置エネルギーの和であり，

$$E=\underbrace{\frac{1}{2}mv^2}_{\text{運動エネルギー}}+\underbrace{(-e)V}_{\text{位置エネルギー}}$$

この式に①，②(図 26-12 参照)を代入して，

$$E=\frac{1}{2}\frac{ke^2}{r}+(-e)\frac{ke}{r}=-\frac{ke^2}{2r} \quad \cdots ③ 答$$

(3)　次に電子を**波とみなす**。

電子が円軌道上に電子波としても安定に存在するためには，図26-13の左のように**電子波がぴったり閉じる**ように入ることが必要である。もし，ぴったり閉じなければ，図26-13の右のように，1周目，2周目，3周目…の波どうしが全くでたらめに重なり合って，それらの合成波の変位は0となって打ち消しあってしまう。よって，電子が波として安定に存在できる条件は「ぴったり閉じる」つまり，

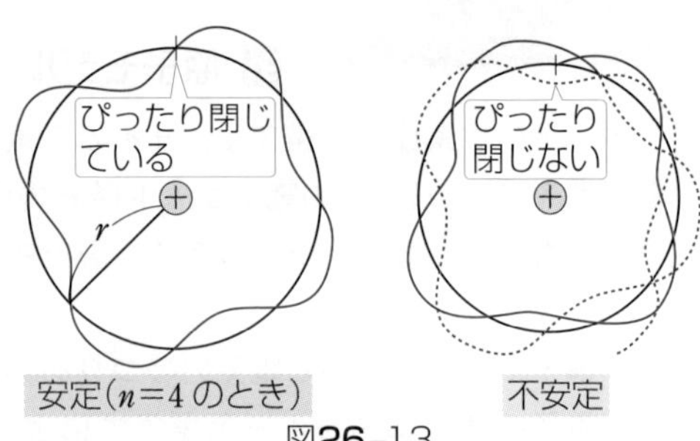

図26-13

$$2\pi r = n \times \frac{h}{mv} \quad \cdots ④ 答$$

（$2\pi r$：1周の長さ　n：整数　$\frac{h}{mv}$：電子波の波長）

(4)　実際には，**電子は粒子でもあり波でもあるから**，①と④の共通の解が求める電子の満たす式となっている。④を v について解いて①に代入すると，

$$\frac{m}{r}\left(\frac{nh}{2\pi mr}\right)^2 = k\frac{e^2}{r^2}$$

$$\therefore \quad r = \frac{h^2}{4\pi^2 mke^2} \times n^2 \left(= r_n \text{とおく}\right) \quad \cdots ⑤ 答$$

注　n→大ほど r_n→大

(5)　⑤を③に代入して，

$$E = -\frac{2\pi^2 mk^2e^4}{h^2} \times \frac{1}{n^2} \left(= E_n \text{とおく}\right) \quad \cdots ⑥ 答$$

（ここまで自力で導けるように！）

注　n→大ほど E_n→大

知って得する

エネルギー準位のイメージ

図26-14のように，電子は n によって決まる特定の半径 r_n，エネルギー E_n を持つ軌道のみ回ることができる。

その理由は，円軌道1周の中にぴったり電子波が n 波長分入る（円周が波長の整数 n 倍）条件のために，特定の軌道しか回れないからである。

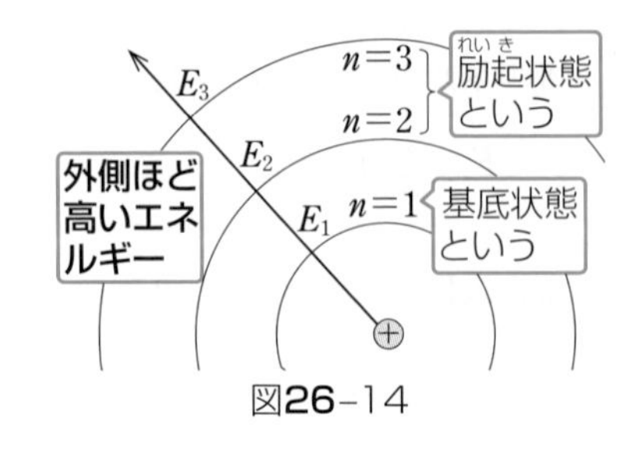

図26-14

出題パターン

92 原子の発光スペクトル

91 (p. 291)の(5)の結果の⑥式によると，正の定数を$\boldsymbol{E_0}$として，電子のエネルギー準位は，

$$E_n=-E_0\times\frac{1}{n^2}\quad\left(⑥式で E_0=\frac{2\pi^2mk^2e^4}{h^2}とおいた\right)$$

となる。このとき$\boldsymbol{n=3}$から$\boldsymbol{n=2}$の状態に移るときに放射される光の波長を求めよ。ただし，水素原子のイオン化エネルギーは，**13.6eV**，$\boldsymbol{hc=1.24}$〔**eV·μm**〕である。

解答のポイント

電子は特定の半径，エネルギーを持つ軌道のみ回ることができる。解説のようにエネルギーをお金に例えておくとわかりやすい。

解　法

まず**イオン化エネルギー**$\boldsymbol{E_{イオン}}$とは，図26-15のように，通常，基底状態($n=1$)にある電子を，陽子から十分遠く離れた状態($n=\infty$)まで持ち上げるのに要するエネルギーのことで，

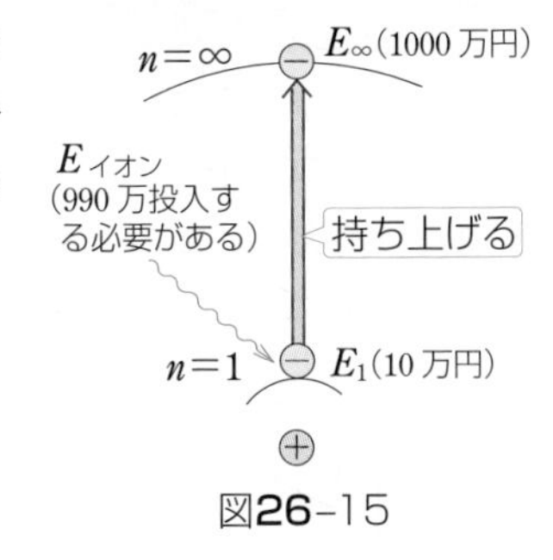

図26-15

$$\underset{(990万円)}{E_{イオン}}=\underset{(1000万円)}{E_\infty}-\underset{(10万円)}{E_1}$$

$$=E_0\left\{-\frac{1}{\infty^2}-\left(-\frac{1}{1^2}\right)\right\}$$

$$=E_0=13.6\ 〔\text{eV}〕$$

次に**原子の発光とは**，図26-16のように外側の高エネルギーの軌道($n=3$)を回っている電子が，内側の低エネルギーの軌道($n=2$)に落ち込むときに余ったエネルギーが，光子(エネルギーのカタマリ)の形で放出されることである。

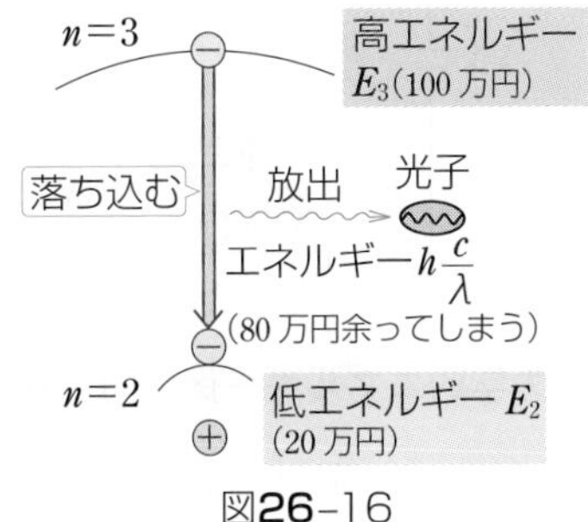

図26-16

$$\underset{(80万円)}{h\frac{c}{\lambda}}=\underset{(100万円)}{E_3}-\underset{(20万円)}{E_2}$$

$$\therefore\ \lambda=\frac{hc}{E_3-E_2}=\frac{hc}{E_0\left\{-\frac{1}{3^2}-\left(-\frac{1}{2^2}\right)\right\}}=\frac{1.24\ 〔\text{eV·μm}〕}{13.6\ 〔\text{eV}〕\times\frac{5}{36}}$$

$$\fallingdotseq 0.656〔\text{μm}〕\quad\cdots 答$$

出題パターン

93 連続X線の最短波長

加速電圧 **2000V** で発生した連続 **X** 線の最短波長 λ_{min} を求めよ。ただし，

プランク定数 $h=6.6\times10^{-34}$〔J·s〕，

光速 $c=3.0\times10^{8}$〔m/s〕，

電気素量 $e=1.6\times10^{-19}$〔C〕

とする。

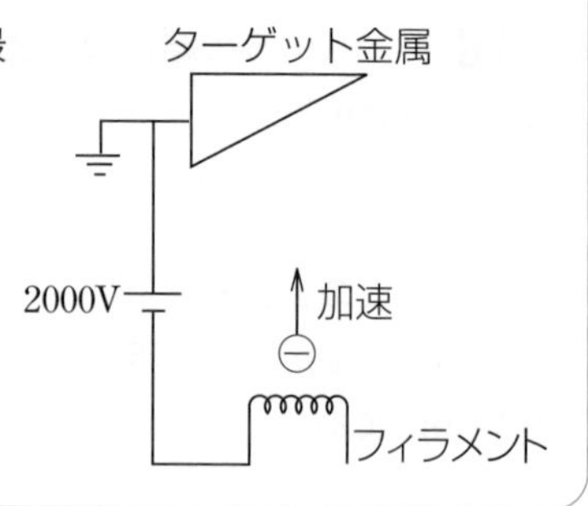

解答のポイント

ターゲット金属に急にストップさせられた加速電子のエネルギー eV が，一部は熱 Q として，残りは光子(X線)のエネルギー $h\dfrac{c}{\lambda}$ として放出される。

解　法

図26-17のようにフィラメントとターゲット金属を一種のコンデンサーとし，㋐：初速0の電子を，㋑：その間の電気力で速度 v まで加速し，㋒：ターゲット金属に衝突させてストップさせる。その際，余ったエネルギーの一部は熱エネルギー Q になり，残りは光子(X線)の形で放出される。

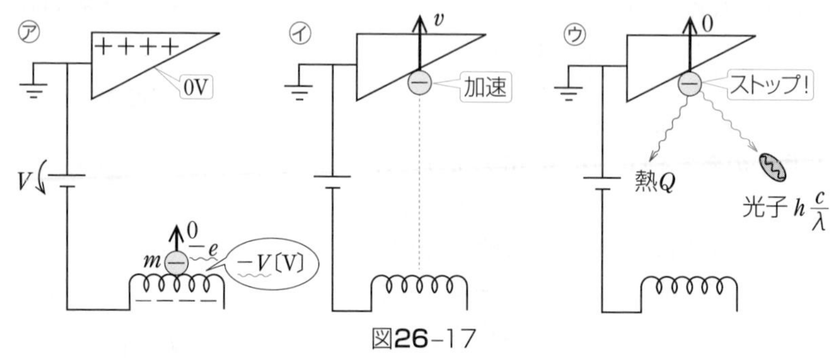

図26-17

力学的エネルギー保存則より，

$$\underbrace{(-e)(-V)}_{㋐}\left(=\underbrace{\frac{1}{2}mv^2}_{㋑}\right)=\underbrace{Q+h\frac{c}{\lambda}}_{㋒}\qquad \therefore\quad \lambda=\frac{hc}{eV-Q}$$

いろいろな発生熱 Q の中で，上で求めた λ が最短になるのは $Q=0$ のときで，

$$\lambda_{min}=\frac{hc}{eV}=\frac{6.6\times10^{-34}\times3.0\times10^{8}}{1.6\times10^{-19}\times2000}\fallingdotseq6.2\times10^{-10}\text{〔m〕}\quad\cdots 答$$

STAGE 27 原子

原子核

物 理

α, β, γ 崩壊, 半減期, エネルギー計算の 3 本柱を攻略

頻出出題パターン

- **94** α, β, γ 崩壊
- **95** 半減期
- **96** アインシュタインの式
- **97** 結合エネルギー

ここを押さえよ!

原子核のつくりから, 原子核が不安定であることを押さえよう。不安定な原子核が自発的に崩壊するやり方は α, β, γ 崩壊の 3 タイプがあること, 生き残っている原子核数は必ず一定期間(半減期)ごとに半減することを押さえよう。また, 不安定な原子が核反応などをして安定化するときに発生するエネルギーの計算ができるようになろう。

問題に入る前に

❶ 原子核はどんなつくりをしているか

図 27-1 のヘリウムの場合を見てみよう。原子核とは原子の中心にあるごく小さなカタマリで陽子と中性子(合わせて核子という)からつくられる。

粒子		記号	電荷	質量
核子	⊕陽子(プロトン)	$^1_1\mathrm{p}$	$+e$	m_p とする
	●中性子(ニュートロン)	$^1_0\mathrm{n}$	0	$\fallingdotseq m_\mathrm{p}$ (注 陽子よりわずかに重い)
⊖電子(エレクトロン)		$^{\ 0}_{-1}\mathrm{e}$	$-e$	$\fallingdotseq 0$ (注 陽子の約$\frac{1}{1836}$倍)

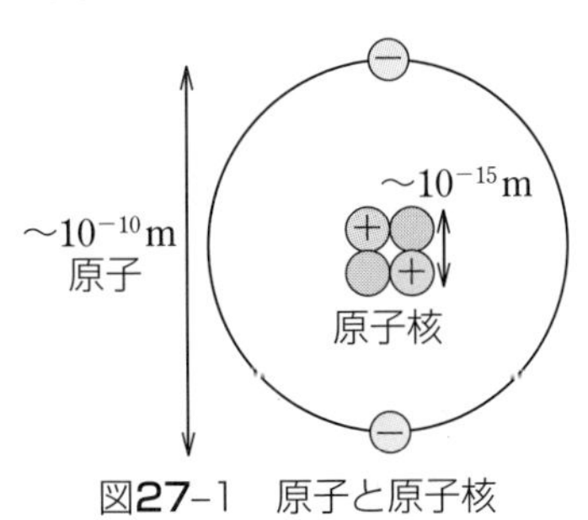

図27-1 原子と原子核

ここで2つの陽子が，ともにプラスの電荷を持ち反発しあっているのに，バラバラにならずに集まっていることに注意！　これは実は，あとで見るように陽子と中性子の間に強力な引力(核力)が働いているためである。

図27-2のリチウムの原子核の例で原子核を記号で表す方法を見てみよう。**質量数は陽子数＋中性子数**で，原子核のおおよその質量(原子量)を表す。**原子番号は陽子数**を表すが，言い換えるとその原子核が「$+e$〔C〕を単位としていくらの電気量を帯びているか」を表すとも言える(電子を ${}^{\ 0}_{-1}e$ と表したのはこのためである)。また，原子番号20までの元素記号は入試に出るので**必ず**覚えてほしい。

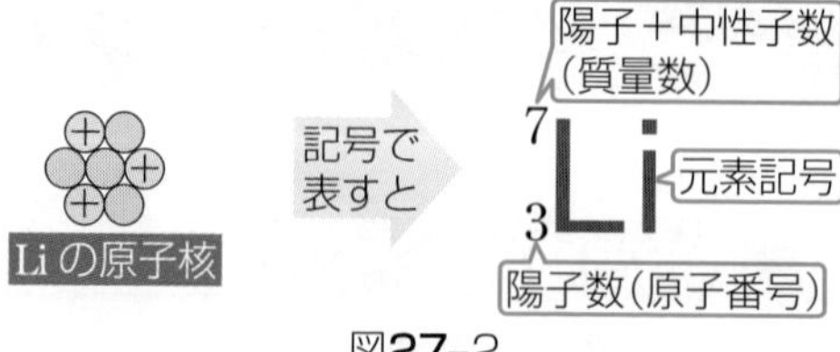

図27-2

覚え方

$_{1}H$　$_{2}He$　$_{3}Li$　$_{4}Be$　$_{5}B$　$_{6}C$　$_{7}N$　$_{8}O$　$_{9}F$　$_{10}Ne$
水　兵　リーベ　ボク　の　船

$_{11}Na$　$_{12}Mg$　$_{13}Al$　$_{14}Si$　$_{15}P$　$_{16}S$　$_{17}Cl$　$_{18}Ar$　$_{19}K$　$_{20}Ca$
七　まがり　シップス　クラーク　か

特に，原子番号(化学的性質)は同じで，質量数(質量)が異なる原子，つまり陽子数は同じで中性子数が異なる原子を**同位体**という。

次に核融合の**原子核反応式**の例を見てみよう。大切なルールとして，前後の質量数の和と原子番号の和は，それぞれ一定に保たれることに注意しよう。

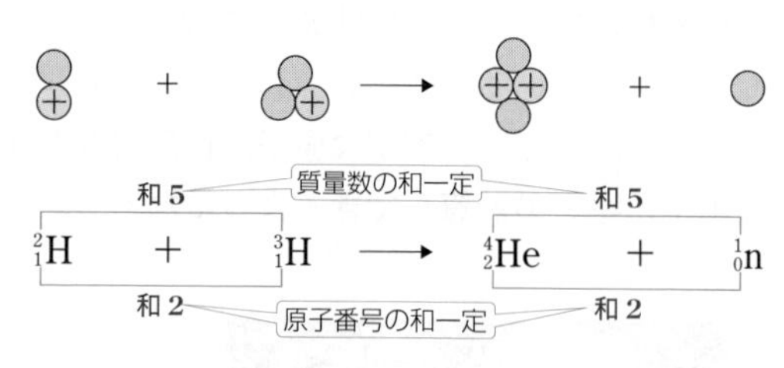

❷ 核子間に働く2つの力とは

① 陽子　陽子

クーロン反発力(離れていても働く)

② 陽子　中性子

核力(強力な引力)

㊟ この引力は接近($\sim 10^{-15}$m)しないと働かない。

原子核の中では，これら2つの全く逆向きの力が同時に存在する

原子核の不安定性

①が勝ると**核分裂**
②が勝ると**核融合**
核反応

つまり，

> **不安定な原子核は，より安定な状態を目指して，結合の組換え（核反応）を起こす。**

この考えこそが，原子核分野を貫く大きなテーマになっている。

❸ α，β，γ 崩壊と放射線はこのようにイメージせよ

不安定な原子核が自発的に崩壊するやり方には一種の“くせ”があり，それらを α，β，γ 崩壊と呼んでいる。反応式を覚えるよりも，実際に**図を描いて**イメージしよう。

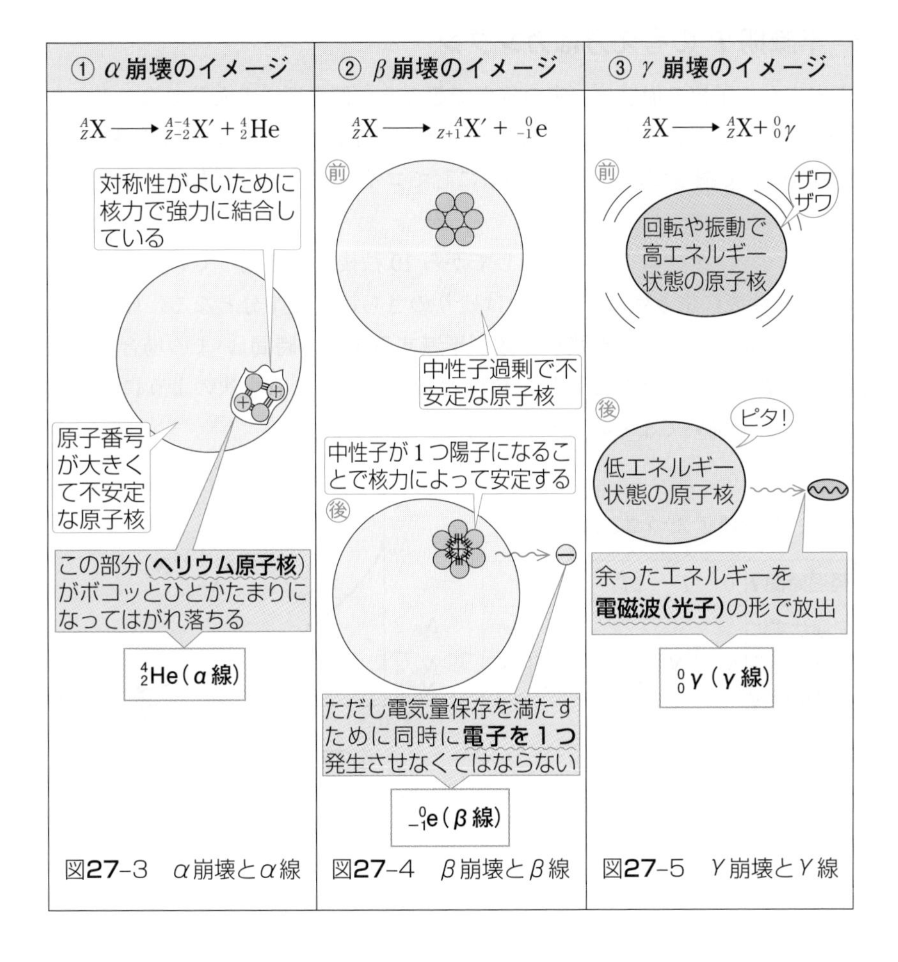

図27-3　α崩壊とα線　　図27-4　β崩壊とβ線　　図27-5　γ崩壊とγ線

右表の α，β，γ 線の能力のランキングは**よく試験に出る**ので押さえてほしい。

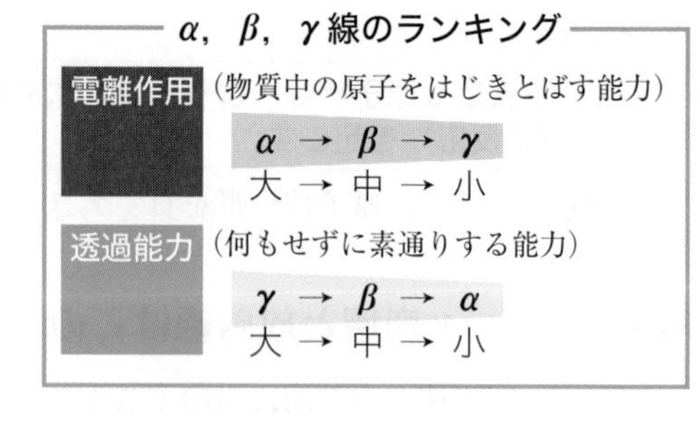

α 線は一番大きく，電荷も大きいので最も電離作用が強い。γ 線は電荷が 0 なので最も電離作用が弱い。

また，電離作用と透過能力は逆の能力であるので，順位が逆になっていることをつかむのがコツ。

❹ 半減期 T の考え方はカンタン

不安定な原子核の崩壊は一定の確率で起こる。例えば，大人数で次のような恐ろしいゲームをしたとしよう。各自がコインを手に持ち，そのコインを 10 秒に 1 回のペースで振ってゆく。もし不幸にしてコインの表が出た人は自爆するとしよう。

すると……，ゲームをスタートしてから 10 秒後に生き残っているのは約半分，さらに 10 秒後に生き残っているのは残りのさらにまた半分となる。原子核の崩壊も全く同様である。**生き残りの数が半減するまでの時間**（いまの場合は 10 秒）を**半減期 T** という。不安定な原子核ほど T は短い。これを次のように表やグラフ（図 27-6）を描いてまとめよう。

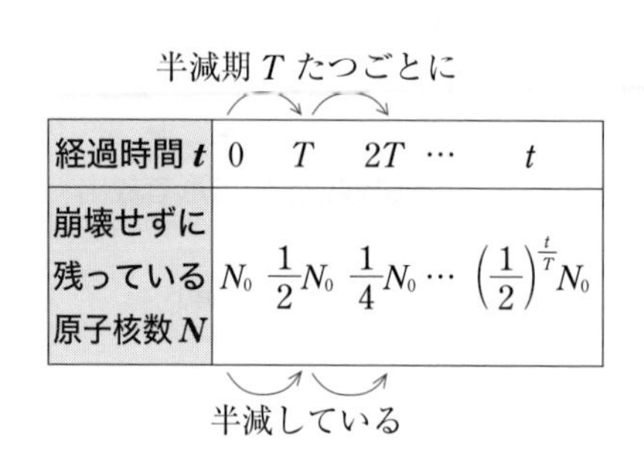
半減期 T たつごとに

経過時間 t	0	T	$2T$	$\cdots$	t
崩壊せずに残っている原子核数 N	N_0	$\frac{1}{2}N_0$	$\frac{1}{4}N_0$	$\cdots$	$\left(\frac{1}{2}\right)^{\frac{t}{T}}N_0$

半減している

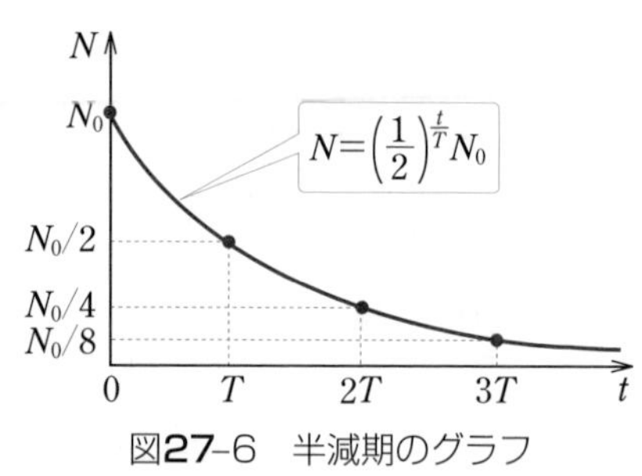

図27-6　半減期のグラフ

❺ 核反応によるエネルギー発生のしくみ

ここでは図 27-7 のように，陽子と中性子の結合を例にとる。陽子と中性子がバラバラ状態のときは不安定で高エネルギー状態であるが，このときを基準として，エネルギーを 0 eV とする(これより安定化すると低エネルギーになり，そのエネルギーは 0 より小さい)。

ここで陽子と中性子が結合すると，強力な核力によって**超安定化**する。つまり，**超低エネルギー状態**になる。すると……，このとき**余ったばく大なエネルギー**が発生する。

ポイントは「安定化＝低エネルギー化」である。

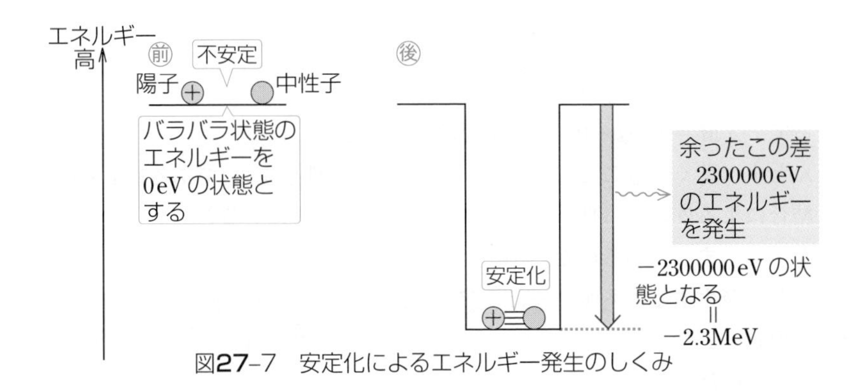

図27-7　安定化によるエネルギー発生のしくみ

次に，結合エネルギーとは図 27-8 のように，原子核を**バラバラの核子にするのに要するエネルギー**のことで，結合エネルギーが大きいほど安定な原子核といえる。

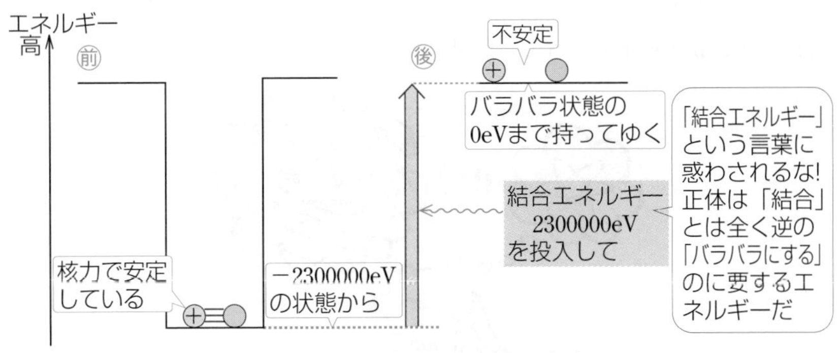

図27-8　結合エネルギーの意味

「安定化＝低エネルギー化」の際に発生するエネルギーを具体的に計算せよときたら，次のアインシュタインの式を使うのが**おきまり**のやり方だ。

漆原の解法 69 アインシュタインの式

光速を $c=3.0\times10^8$〔m/s〕として，

① 質量 M〔kg〕はエネルギー $E=Mc^2$〔J〕に相当する。

② 質量 $\varDelta M$〔kg〕が減少するとき，
エネルギー $\varDelta E=\varDelta Mc^2$〔J〕が発生する。

ここで，図 27-7 で見た，陽子と中性子の結合前後での質量を調べてみよう。

よって，$\varDelta M=0.004\times10^{-27}$〔kg〕だけ減少している。

なんと！　驚くべきことに，同じ(陽子 1 コ＋中性子 1 コ)であるにもかかわらず，結合による安定化に伴ってエネルギーが低い状態になると，その全質量は小さくなってしまっているのだ。

このとき発生するエネルギーは，**アインシュタインの式**により

$$
\begin{aligned}
\varDelta E &= \varDelta Mc^2\\
&=0.004\times10^{-27}\times(3.0\times10^8)^2\\
&=3.6\times10^{-13}\text{〔J〕}\\
&=3.6\times10^{-13}\div(1.6\times10^{-19})\text{〔eV〕}\\
&\fallingdotseq 2.3\times10^6\text{〔eV〕}\\
&=2.3\text{〔MeV〕}
\end{aligned}
$$

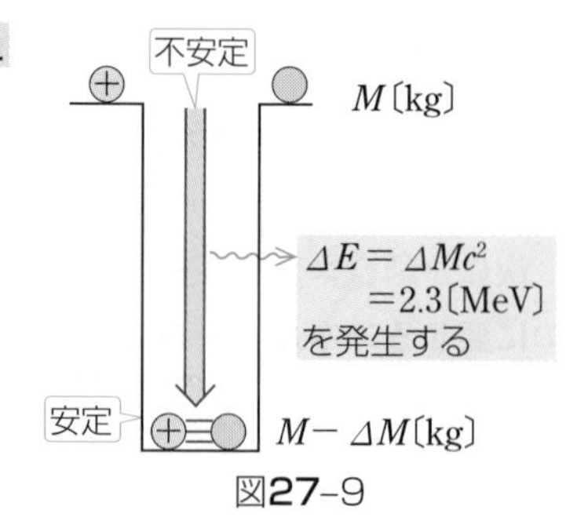

図27-9

これより 2.3MeV 発生することが計算できる。

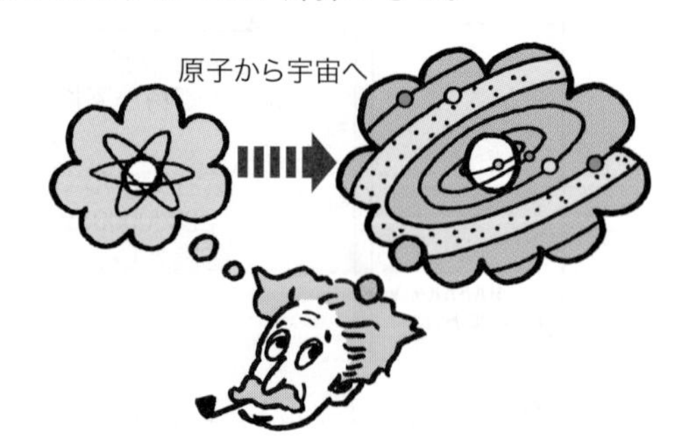

出題パターン

94 α, β, γ崩壊

ウラン $^{238}_{92}\mathbf{U}$ は α 崩壊や β 崩壊をくり返し，最終的に鉛 $^{206}_{82}\mathbf{Pb}$ になって安定する。ここでは原子核の質量は質量数に比例すると考えてよい。

(1) $^{238}_{92}\mathbf{U}$ が $^{206}_{82}\mathbf{Pb}$ になるまでに α 崩壊，β 崩壊をそれぞれ何回ずつ行うか。

(2) $^{238}_{92}\mathbf{U}$ は，まず α 崩壊しトリウム Th になる。静止している $^{238}_{92}\mathbf{U}$ が崩壊した直後の α 粒子の運動エネルギーは，$\mathbf{4.2\times10^6 eV}$ であった。このときの Th の運動エネルギーを求めよ。

解答のポイント

核反応においては質量数の和，原子番号の和，運動量の和が保存する。

解法

(1) α 崩壊や β 崩壊の回数について問われたら，いつも α 崩壊を x 回，β 崩壊を y 回したとするのがお決まり。原子核反応式は，

$$^{238}_{92}\mathrm{U} \longrightarrow \underbrace{\overbrace{x\times\ ^{4}_{2}\mathrm{He} + y\times\ ^{0}_{-1}\mathrm{e} + \ ^{206}_{82}\mathrm{Pb}}^{\text{和 } 4x+206}}_{\text{和 } 2x-y+82}$$

質量数の和が保存するので，　$238=4x+206$

原子番号の和が保存するので，$92=2x-y+82$

よって，$x=8$ 回，$y=6$ 回　…答

(2) α 粒子を右向きに速さ v で放出したトリウム Th は反動によって左向きに速さ V で動くとする。**質量は質量数に比例する**と考えると，α 粒子 ($^4_2$He) と Th の質量はそれぞれ $4m$, $234m$ とおける。**運動量保存則**より，

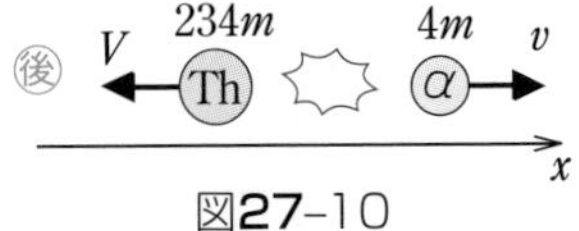

図27-10

$$x：\underbrace{0}_{\text{前}}=\underbrace{4mv-234mV}_{\text{後}} \qquad \therefore\ V=\frac{4}{234}v \quad \cdots ①$$

ここで α 粒子の運動エネルギーは，問題文から，

$$\frac{1}{2}\times4m\times v^2=4.2\times10^6\ [\mathrm{eV}] \quad \cdots ②$$

よって，Th の運動エネルギーは，

$$\frac{1}{2}\times234m\times V^2=\underbrace{\frac{4}{234}\times\left(\frac{1}{2}\times4m\times v^2\right)}_{①\text{を代入して変形}}\fallingdotseq\underbrace{7.2\times10^4\ [\mathrm{eV}]}_{②\text{を代入した}} \quad \cdots \text{答}$$

出題パターン

95 半減期

炭素には $^{14}_{6}\mathrm{C}$ という放射性同位体がある。生きている植物が光合成によって二酸化炭素を吸収するとき，この $^{14}_{6}\mathrm{C}$ も一定の割合で取り込まれる。この植物が死ぬと，$^{14}_{6}\mathrm{C}$ の新たな取り込みが絶たれ，その量は β 崩壊によって $^{14}_{6}\mathrm{C}$ の半減期にしたがって減少する。

(1) $^{14}_{6}\mathrm{C}$ が β 崩壊する過程を原子核反応式で示せ。

(2) ある木片中の $^{14}_{6}\mathrm{C}$ の存在の割合は大気中の $\frac{1}{4}$ であった。この木が命を失ったのは何年前か。$^{14}_{6}\mathrm{C}$ の半減期は **5730** 年とする。

解答のポイント

生物中の $^{14}_{6}\mathrm{C}$ の割合は，死後，半減期 5730 年たつごとに半減してゆく。このような半減期を利用した年代測定の問題はよく出題される。

解　法

(1) $^{14}_{6}\mathrm{C}$ は炭素 $^{12}_{6}\mathrm{C}$ の同位体で(中性子過剰のため不安定で) β 崩壊する。

$$^{14}_{6}\mathrm{C} \longrightarrow {}^{0}_{-1}\mathrm{e} + {}^{14}_{7}\mathrm{N}$$ …答

（和 14，和 6）

(2) 大気中の $^{14}\mathrm{C}$ の割合(全 C 中の $^{14}\mathrm{C}$ の割合)は一定とする。

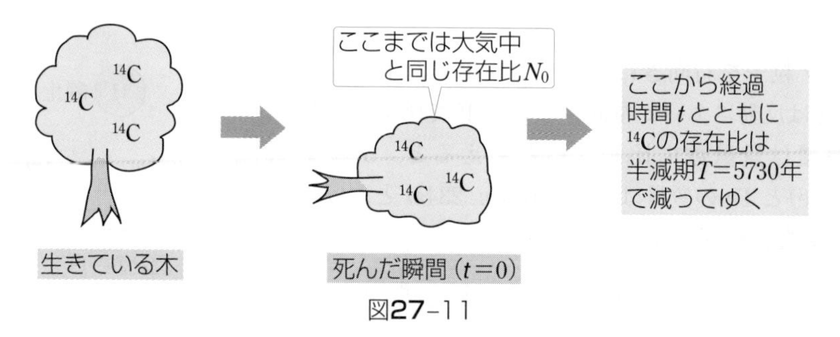

図27-11

$^{14}\mathrm{C}$ の存在比の時間変化を表にすると右表のようになる。ここで，いまの場合，大気中の存在比の $\frac{1}{4}=\left(\frac{1}{2}\right)^2$ にまで減少したので，この生物は**半減期 T の 2 倍**の，$2T=2\times5730=11460$〔年前〕答 に死んだことがわかる。

経過時間 t	0	T	$2T$	$3T$	…
$^{14}\mathrm{C}$ の存在比	N_0	$\frac{1}{2}N_0$	$\left(\frac{1}{2}\right)^2 N_0$	$\left(\frac{1}{2}\right)^3 N_0$	…

出題パターン

96 アインシュタインの式

高速度の陽子をリチウム原子核に当てると次の原子核反応が起こる。

$$\mathrm{X} + {}^{1}_{1}\mathrm{H} \longrightarrow {}^{4}_{2}\mathrm{He} + {}^{4}_{2}\mathrm{He}$$

(1) 上の式の **X** に適当な原子核を表す記号を記せ。

(2) この反応の結果，欠損した質量は何 **kg** か。ただし，それぞれの質量は **X**：**7.01600u**，${}^{1}_{1}\mathrm{H}$：**1.00727u**，${}^{4}_{2}\mathrm{He}$：**4.00260u**，$1\,(\mathrm{u}) = 1.66 \times 10^{-27}\,(\mathrm{kg})$ とする。

(3) この反応で発生するエネルギーは何 **J** か。ただし，光の速さを，$c = 3.00 \times 10^{8}\,(\mathrm{m/s})$ とする。

(4) この反応で発生するエネルギーがすべて運動エネルギーになり，生じた **2** 個の ${}^{4}_{2}\mathrm{He}$ に等分配されたとすると，${}^{4}_{2}\mathrm{He}$ の速さはいくらか。ただし，反応前の ${}^{1}_{1}\mathrm{H}$ の運動エネルギーは **0.50 MeV** であり，電気素量を，$e = 1.60 \times 10^{-19}\,(\mathrm{C})$ とする。

解答のポイント

原子核における計算問題では，質量とエネルギーの単位に注意せよ。

エネルギーの単位換算

$1\,(\mathrm{eV}) = e\,(\mathrm{J}) = 1.6 \times 10^{-19}\,(\mathrm{J})$（eV：エレクトロンボルト）

e が電気素量と同じであることは覚えておこう。

$1\,(\mathrm{MeV}) = 10^{6}\,(\mathrm{eV})$（MeV：メガエレクトロンボルト）

統一原子質量単位〔u〕（u：ユニット）

${}^{12}_{6}\mathrm{C}$ の質量を 12u と約束する。

1 核子あたり 1u でほぼ原子量〔g/mol〕に等しい。

〔u〕は質量の単位ということを忘れない!!

アインシュタインの式 $\Delta E = \Delta Mc^{2}$ を用いるときには，**エネルギー ΔE には〔J〕の単位，質量 ΔM には〔kg〕の単位**を用いることに注意せよ。〔eV〕や〔u〕の単位はそれぞれ〔J〕や〔kg〕に直すこと。

また，核反応を伴う衝突・分裂においては，核反応で発生したエネルギーの分だけ運動エネルギーが増加するので，次の関係式が成立する。

(発生エネルギー ΔE) = (運動エネルギーの増加分)

解　法

(1)

$$\underbrace{\overset{\text{和 } 8}{\overbrace{X + {}^1_1H}}}_{\text{和 } 4} \longrightarrow \underbrace{\overset{\text{和 } 8}{\overbrace{{}^4_2He + {}^4_2He}}}_{\text{和 } 4} \qquad \therefore\ X = {}^7_3Li \quad \cdots 答$$

(2) 質量欠損 $\varDelta m = \underbrace{(7.01600 + 1.00727)}_{\text{反応前の全質量}} - \underbrace{(4.00260 \times 2)}_{\text{反応後の全質量}}$〔u〕

$= 0.01807$〔u〕

$= 0.01807 \times 1.66 \times 10^{-27}$〔kg〕

$\fallingdotseq 3.00 \times 10^{-29}$〔kg〕　… 答

(3) **アインシュタインの式**より発生するエネルギー $\varDelta E$ は,

$\varDelta E = \varDelta mc^2$

$= 3.00 \times 10^{-29}$〔kg〕$\times (3.00 \times 10^8$〔m/s〕$)^2$

$= 2.70 \times 10^{-12}$〔J〕　… 答

(4) 反応前の ${}^1_1H$ の運動エネルギー K は,

$K = 0.50$〔MeV〕

$= 0.50 \times 10^6$〔eV〕

$= 0.50 \times 10^6 \times 1.6 \times 10^{-19}$〔J〕

$= 8.00 \times 10^{-14}$〔J〕

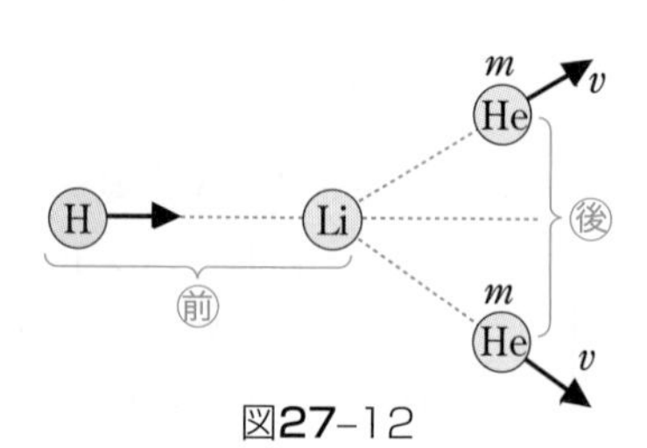

図27-12

また, ${}^4_2He$ の質量 m は,

$m = 4.00260$〔u〕

$= 4.00260 \times 1.66 \times 10^{-27}$〔kg〕

$\fallingdotseq 6.64 \times 10^{-27}$〔kg〕

ここで, 核反応を伴う衝突・分裂におけるエネルギー保存則より,

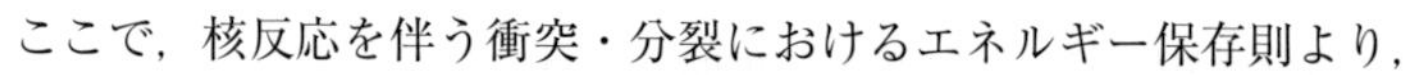
(発生エネルギー $\varDelta E$)=(運動エネルギーの増加分)

$$\varDelta E = \underbrace{2 \times \frac{1}{2}mv^2}_{後の全運動エネルギー} - \underbrace{K}_{前の全運動エネルギー}$$

$$\therefore\quad v = \sqrt{\frac{K + \varDelta E}{m}}$$

$$= \sqrt{\frac{8.00 \times 10^{-14} + 2.70 \times 10^{-12}}{6.64 \times 10^{-27}}}$$

$\fallingdotseq 2.05 \times 10^7$〔m/s〕　… 答

出題パターン

97 結合エネルギー

(1) 原子番号 $\boldsymbol{Z}$，質量数 $\boldsymbol{A}$ の原子核がある。この核の結合エネルギーはいくらか。原子核の質量を $\boldsymbol{m_0}$，陽子の質量を $\boldsymbol{m_p}$，中性子の質量を $\boldsymbol{m_n}$，光の速さを $\boldsymbol{c}$ とする。

(2) 次の核融合反応では，何 **MeV** のエネルギーが放出されるか。

$$^{2}_{1}\mathrm{H}+^{2}_{1}\mathrm{H} \longrightarrow ^{3}_{1}\mathrm{H}+^{1}_{1}\mathrm{H}$$

ただし，$^{2}_{1}\mathrm{H}$ と $^{3}_{1}\mathrm{H}$ の結合エネルギーは，それぞれ **2.2MeV**，**8.4MeV** である。また，この反応で生じる質量の減少分は何 **kg** であるか。光速を，$\boldsymbol{c=3.0\times10^{8}}$〔**m/s**〕，電気素量を $\boldsymbol{e=1.6\times10^{-19}}$〔**C**〕とする。

解答のポイント

(2)では，バラバラ状態を基準として 0 eV とすることがポイント。

解　法

(1) 結合エネルギーとはバラバラにするのに要するエネルギーであり，図 27-13 より，

$$E = \{Zm_p + (A-Z)m_n\}c^2 - m_0c^2$$

（後のエネルギー　前のエネルギー）

$$= \{Zm_p + (A-Z)m_n - m_0\}c^2$$

… 答

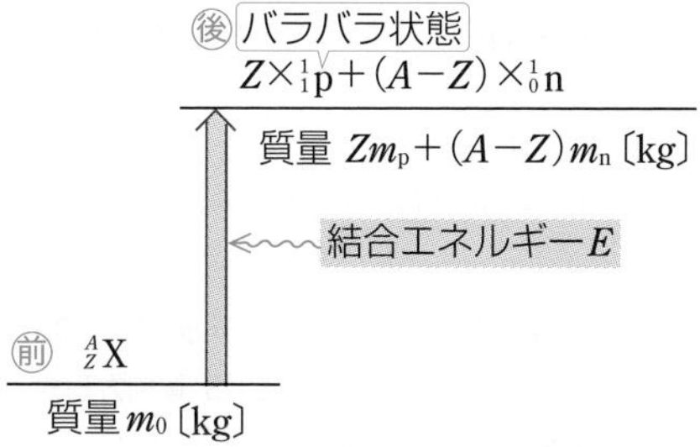

後 バラバラ状態
$Z\times{}^{1}_{1}\mathrm{p}+(A-Z)\times{}^{1}_{0}\mathrm{n}$
質量 $Zm_p+(A-Z)m_n$〔kg〕
結合エネルギー E
前 $^{A}_{Z}\mathrm{X}$
質量 m_0〔kg〕

図27-13

(2) バラバラ状態のエネルギーを 0 eV とすると，各状態のエネルギーは図 27-14 となる。発生するエネルギー ΔE は，

$$\Delta E = 8.4 - 2.2\times2$$
$$= 4.0〔\mathrm{MeV}〕 \quad \cdots 答$$
$$\left(\begin{aligned}&= 4.0\times10^{6}〔\mathrm{eV}〕\\&= 4.0\times10^{6}\times1.6\times10^{-19}〔\mathrm{J}〕\end{aligned}\right)$$

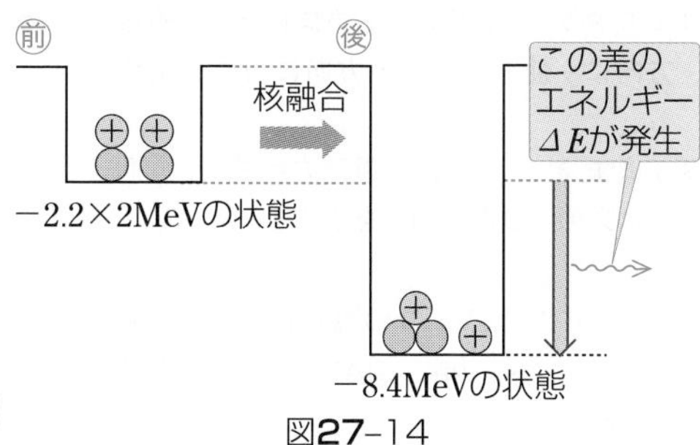

図27-14

質量の減少分を Δm〔kg〕とすると，

アインシュタインの式 $\Delta E=\Delta mc^2$ より，

$$\Delta m = \frac{\Delta E}{c^2} = \frac{4.0\times10^{6}\times1.6\times10^{-19}〔\mathrm{J}〕}{(3.0\times10^{8}〔\mathrm{m/s}〕)^2} \fallingdotseq 7.1\times10^{-30}〔\mathrm{kg}〕 \quad \cdots 答$$

あ

アイアムブスネー
$I = v S n e$

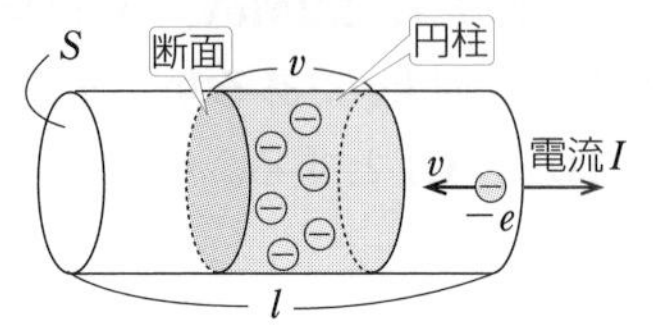

光速を $c = 3.0\times10^8$〔m/s〕として，

① 質量 M〔kg〕はエネルギー $E = Mc^2$〔J〕に相当する。

② 質量 $\varDelta M$〔kg〕が減少するとき，エネルギー $\varDelta E = \varDelta Mc^2$〔J〕が発生する。

STEP 1 運動をイメージし，加速度 a を書き込む。

STEP 2 加速度と同じ方向に x 軸，垂直方向に y 軸を立て，xy 方向に力を分解する。

STEP 3 x 方向には運動方程式，y 方向には力のつりあいの式を立てる。

$\boldsymbol{m\times a=F}$

［1 つ目］m：着目物体のみの質量

［2 つ目］a：大地から見た加速度

［3 つ目］F：加速度 a と同じ向きの力は **正の符号**，逆の向きの力は **負の符号** をつけた合力

㊥で外力から受けた力積 $\boldsymbol{F}_{外}\varDelta \boldsymbol{t}=\boldsymbol{0}$ のとき，

$$(mv + MV) = (mv' + MV')$$

㊦の着目物体の全運動量　㊧の着目物体の全運動量

❶大地から見て向心加速度を用いる場合

STEP 1 回転中心，半径 r，速さ v $\left(\text{または角速度 } \omega=\dfrac{v}{r}\right)$ を求める。

STEP 2 向心加速度 $a_{向心} = r\omega^2 = \dfrac{v^2}{r}$ を図示する。

STEP 3 物体に働く力を書き込み，半径方向の運動方程式

$$ma_{向心} = (\text{合力})$$

を立てる。

❷ 回る人から見て遠心力を用いる場合

STEP 1 回転中心，半径 r，速さ v を求める。

STEP 2 遠心力 $mr\omega^2 = m\dfrac{v^2}{r}$ を図示する。

STEP 3 物体に働く力を書き込み，半径方向の力のつりあいの式を立てる。

か

⑩ 慣性力問題の解法４ステップ ……… 43

➡ 力学　STAGE 04 慣性力・束縛条件

STEP 1　まず何よりも先に，動く箱の加速度 α を書く。

STEP 2　大地の人から見た動く箱の運動方程式を立て，加速度 α を求める。

STEP 3　箱内の人から見て，物体に働く慣性力を書く。

STEP 4　物体に働く力を書き込む。

次に，箱内の人から見た物体の運動方程式，または静止して見える場合は力のつりあいの式を立てる。

㉞ クーロンの法則 ……………………………… 196

➡ 電磁気　STAGE 18 電場と電位

点電荷間に働く電気力の大きさ

$$F=k\frac{Qq}{r^2}$$

（クーロン定数　$k=9.0\times10^9$〔$\mathrm{N\cdot m^2/C^2}$〕）

㉘ 屈折の法則：「下かくしの積」＝「上かくしの積」……………………………………… 174

➡ 波動　STAGE 16 光の屈折・レンズ

$$n_1\sin\theta_1=n_2\sin\theta_2$$

$$n_1v_1=n_2v_2$$

$$n_1\lambda_1=n_2\lambda_2$$

下かくしの積　上かくしの積

㉕ 弦・気柱の解法３ステップ ………… 155

➡ 波動　STAGE 14 弦・気柱の振動

STEP 1　定在波を図示し，波長 λ を求める。

STEP 2　もとの進行波の速さ v を求める（弦の種類・気温のみで決まる）。

弦の場合

$$v=\sqrt{\frac{S}{\rho}}$$

気柱の場合

音速 $v=331.5+0.6t$（気温 t：℃）

STEP 3　波の基本式 $\boxed{v=f\lambda}$，$\boxed{f=\frac{1}{T}}$ より，振動数 f や周期 T を求める。

㊷ コイル・コンデンサーと交流の表 ……………………………………………………… 265

➡ 電磁気　STAGE 24 交流回路

	(電流振幅)と(電圧振幅)の関係	位相のずれ
コイル L	(電流振幅) ＝(電圧振幅)×$\frac{1}{\omega L}$	電流は電圧よりも $\frac{\pi}{2}$ だけ遅れる
コンデンサー C	(電流振幅) ＝(電圧振幅)×ωC	電流は電圧よりも $\frac{\pi}{2}$ だけ進む

㊾ コイルの作図 ………………………………… 253

➡ 電磁気　STAGE 23 コイルの性質

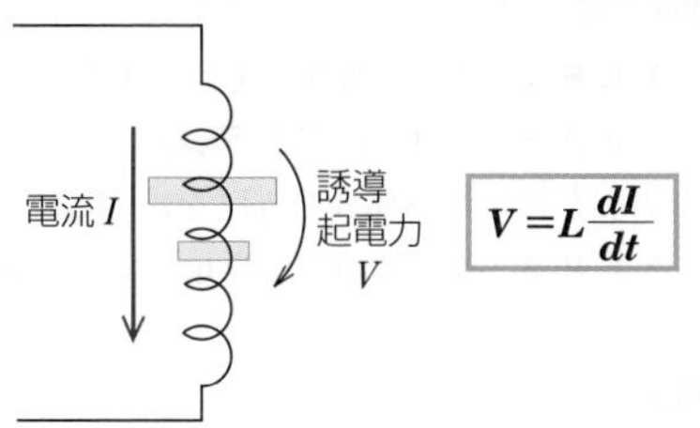

プランク定数 $h=6.63\times10^{-34}$ 〔J·s〕

波　波長 λ　振動数 $\overset{ニュー}{\nu}$　光速 c

$$c=\nu\lambda$$

粒　質量 $m=0$

運動量 $p=\dfrac{h}{\lambda}=h\dfrac{\nu}{c}$

エネルギー $E=h\nu=h\dfrac{c}{\lambda}$

$$h\nu\ =\ W+\frac{1}{2}mv_{\text{max}}{}^2$$

$$h\nu_0=W$$

$$eV_{\text{C}}=\frac{1}{2}mv_{\text{max}}{}^2$$

❶直列のとき

STEP 1　共通の電流 i を仮定する。

STEP 2　コイル・コンデンサーと交流の表を見て，各部分の電圧を求める。

STEP 3　各部分の電圧を足して，全体の電圧を求める。

❷並列のとき

STEP 1　共通の電圧 V を仮定する。

STEP 2　コイル・コンデンサーと交流の表を見て，各部分の電流を求める。

STEP 3　各部分の電流を足して，全体の電流を求める。

はじめ ——→ 分解

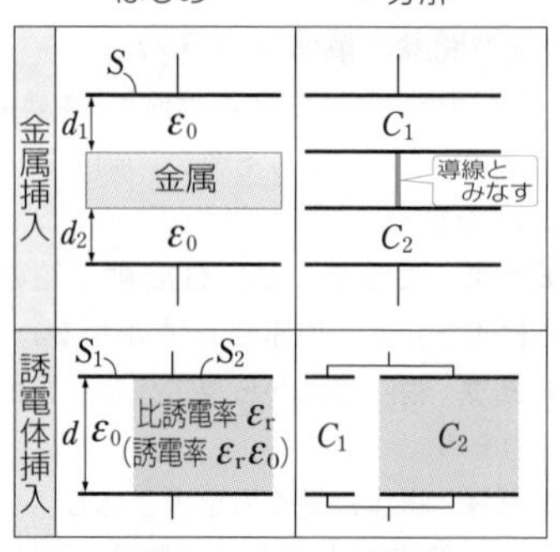

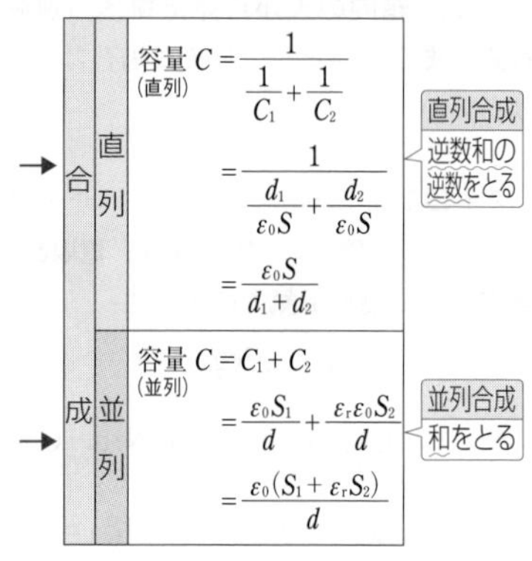

41 コンデンサーの解法３ステップ… 210

➡ 電磁気　STAGE 19 コンデンサー

STEP 1　各コンデンサーの容量 C を求め，電位差 V を仮定する。

STEP 2　指で回路１周をなぞってゆく。その間に各装置で，もし電位が下がればプラスの符号をつけて，もし電位が上がればマイナスの符号をつけて，足し合わせる。そして，

(電圧降下の和)＝0

の式をつくる。

STEP 3　孤立した極板部分(「島」)を見つけて，その部分に含まれる全ての極板についての

(今の全電気量)＝(前の全電気量)

の式をつくる。

以上の **STEP 2**，**STEP 3** の式を連立させて，**STEP 1** で仮定した電位差 V を求める。

40 コンデンサーの４大公式 …………… 210

➡ 電磁気　STAGE 19 コンデンサー

① 容量 $C=\dfrac{\varepsilon S}{d}$

② 電気量 $Q=CV$

③ 電場 $E=\dfrac{V}{d}$

④ 静電エネルギー U

$$=\frac{1}{2}CV^2=\frac{1}{2}QV=\frac{1}{2}\frac{Q^2}{C}$$

さ

29 ３種の基本光線 ……………………………… 176

➡ 波動　STAGE 16 光の屈折・レンズ

凸レンズ	①	光軸と平行な光 ⇒ 焦点Fを通る
	②	中心を通る光 ⇒ 直進する
	③	焦点Fを通る光 ⇒ 光軸と平行な光
凹レンズ	①	光軸と平行な光 ⇒ 焦点Fから出ていく
	②	中心を通る光 ⇒ 直進する
	③	焦点Fへ向かう光 ⇒ 光軸と平行な光

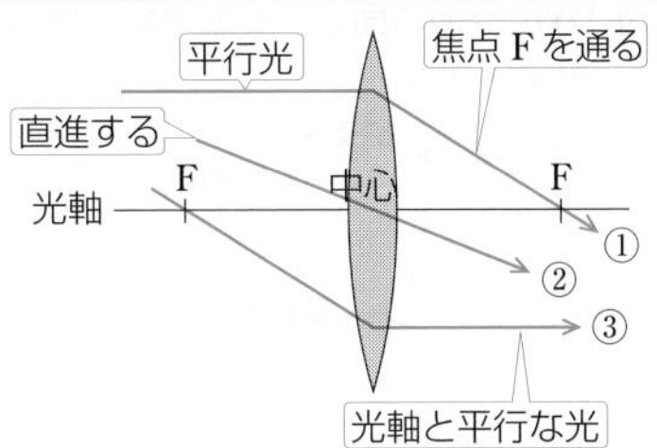

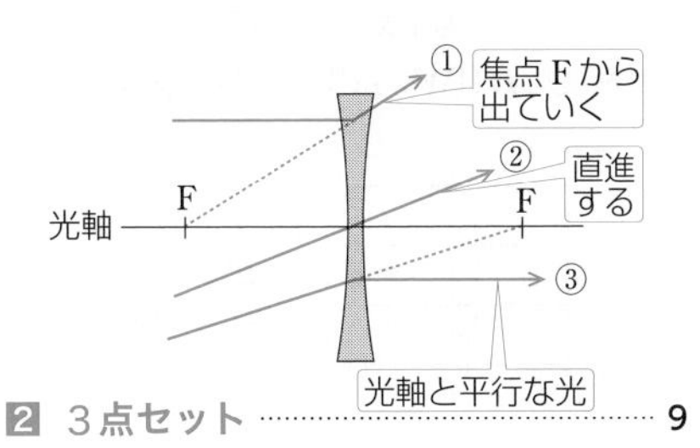

2 ３点セット ………………………………………… 9

➡ 力学　STAGE 01 等加速度運動

①初期(はじめの)位置 x_0

②初速度 v_0

③加速度 a

磁場 $\vec{H}$（〔N/Wb〕=〔A/m〕）…その点に置かれる＋1Wb（ウェーバ）の磁極が受ける磁気力

（㊞前の着目物体の力学的エネルギー）＋（㊥中で重力・弾性力**以外**の力がした仕事）

＝（㊝後の着目物体の力学的エネルギー）

磁束 Φ（ファイ）〔Wb〕…ある面を貫く磁束線の総本数

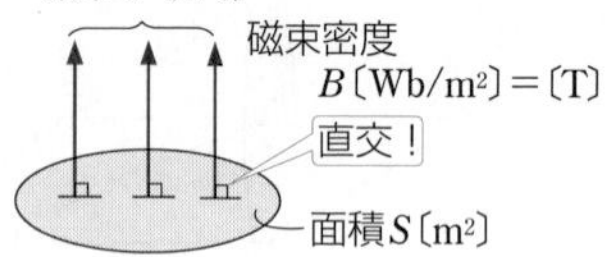

磁束密度　$\vec{B}$（〔Wb/m²〕=〔T〕（テスラ））$= \mu \vec{H}$

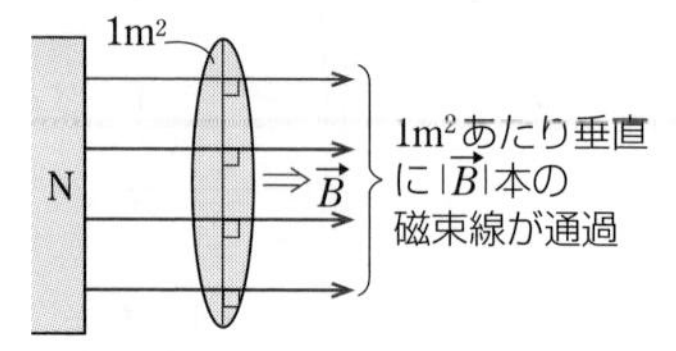

コンデンサーを含む回路において，

十分時間後

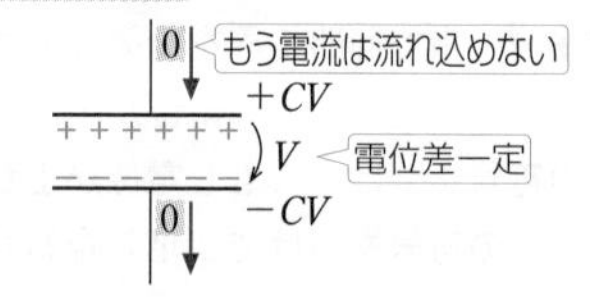

これ以上何の変化も起きない

た

➡ 電磁気　STAGE 23 コイルの性質

水平ばね振り子 〈対応〉 電気振動

位置 x ↔ 電気量 q
速度 v ↔ 電流 i
質量 m ↔ 自己インダクタンス L
ばね定数 k ↔ 電気容量の逆数 $1/C$

周期 $T = 2\pi\sqrt{\dfrac{m}{k}}$

↔ $T = 2\pi\sqrt{\dfrac{L}{1/C}} = \boxed{2\pi\sqrt{LC}}$

運動エネルギー $\dfrac{1}{2}mv^2$

↔ コイルの磁気エネルギー $\boxed{\dfrac{1}{2}Li^2}$

ばねの位置エネルギー $\dfrac{1}{2}kx^2$

↔ コンデンサーの静電エネルギー $\boxed{\dfrac{1}{2}\dfrac{q^2}{C}}$

→和は保存

➡ 力学　STAGE 09 単振動

STEP 1 x 軸を定める(原点，正の向きを確認)。

STEP 2 x 軸の上に○×(マルバツ)をつける。

- 振動中心($x = x_0$)に×(中)をつける。
- 折り返し点に○(折)をつける。
- 自然長の位置に(自)をつける。

STEP 3 座標 x (なるべく $x>0$)での運動方程式を立てる。

このとき，加速度 $\boldsymbol{a}$ の向きは必ず $\boldsymbol{x}$ 軸の正の向きと同じにする。

➡ 力学　STAGE 02 力のつりあい・モーメント

STEP 1 着目物体を決める。

STEP 2 着目物体の周囲を指でナデまわして，外部とコツンと接触する点から受ける「接触力」を書き込む。

STEP 3 「重(ジュー)力」を書き込む。

以上の方法を，ナデ・コツ・ジューと覚えよう！

➡ 力学　STAGE 02 力のつりあい・モーメント

STEP 1 支点◉を 1 つ決める。

支点◉はどこでもよいが，**未知の力が多く集まっている所にとると，それらの力のモーメントを考えなくてすむので楽。**

STEP 2 支点から，各力の作用線に垂線を下ろし「うで $\boldsymbol{l}$」をつくる。

STEP 3 力のモーメントのつりあいの式を立てる。

➡ 電磁気　STAGE 20 直流回路

コンデンサーを含む回路において，

スイッチ操作直後

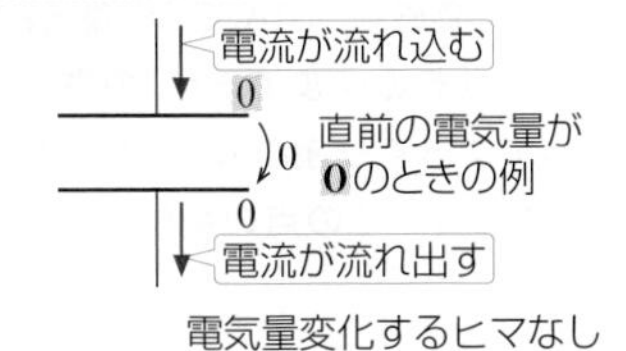

45 直流回路の解法 3 ステップ ………… 220

➡ 電磁気　STAGE 20 直流回路

STEP 1 各抵抗に流れている電流 $\boldsymbol{I}$ を仮定し，電位差 $V=IR$ を作図。

STEP 2 閉回路を 1 周で，

↻：(電圧降下の和) $=0$

STEP 3 コンデンサーがあるときのみ 孤立した部分（「島」）で電気量保存の式をつくる。

以上の **STEP 2**，**STEP 3** で立てた式を連立して，**STEP 1** で仮定した I，V を求める。

44 抵抗の 2 大公式 ………………………… 219

➡ 電磁気　STAGE 20 直流回路

① オームの法則

$$\boldsymbol{V=IR}$$

② **1** 秒あたり発生するジュール熱 $\boldsymbol{P}$
（消費電力という）

$$\boldsymbol{P=IV=I^2R=\frac{V^2}{R}}\quad(〔\mathrm{J/s}〕=〔\overset{ワット}{\mathrm{W}}〕)$$

36 電位の定義：No.1 ………………………… 197

➡ 電磁気　STAGE 18 電場と電位

電位 $\boldsymbol{V}$（〔J/C〕=〔V〕）… その点に置かれる $+1$C の電荷が感じる「高さ」。

37 電位の定義：No.2 ………………………… 198

➡ 電磁気　STAGE 18 電場と電位

0 V の点からある点まで $+1$C の電荷を電場に逆らってゆっくり運ぶのに要する仕事が $\boldsymbol{V}$〔J〕であるとき，その点の電位を $\boldsymbol{V}$〔V〕とする。

38 電位の定義：No.3 ………………………… 199

➡ 電磁気　STAGE 18 電場と電位

電位 $\boldsymbol{V}$〔V〕の点に置かれた $+1$C の電荷は，$\boldsymbol{V}$〔J〕の電気力による位置エネルギーを持つ。

35 電場の定義 ……………………………… 197

➡ 電磁気　STAGE 18 電場と電位

電場 $\vec{\boldsymbol{E}}$（〔N/C〕=〔V/m〕）… その点に置かれる $+1$C の電荷が受ける $\overrightarrow{\text{電気力}}$。

65 電子波（物質波，ド・ブロイ波）…… 283

➡ 原子　STAGE 26 光子と電子波

プランク定数 $\boldsymbol{h=6.63\times10^{-34}}$〔J·s〕

(粒) 質量 $m>0$　速さ v

運動量 $\boldsymbol{p=mv}$

エネルギー $\boldsymbol{E=\frac{1}{2}mv^2}$

(波) 波長 λ

波長 $\boldsymbol{\lambda=\frac{h}{p}=\frac{h}{mv}}$

39 点電荷のつくる電位の式 ……………… 200

➡ 電磁気　STAGE 18 電場と電位

$$\boldsymbol{V=\pm k\frac{Q}{r}}$$

48 電流計・電圧計の作図法 ……………… 228

➡ 電磁気　STAGE 20 直流回路

電流計・電圧計は要するに一種の抵抗と考えてよい。

電流計：内部抵抗 r_A に流れる電流 I を測定。作図ではまず電流 I を書き，そして電圧 Ir_A を書く。

電圧計：内部抵抗 r_V の両端の電位差 V を測定。作図ではまず電圧 V を書き，そして電流 $\frac{V}{r_V}$ を書く。

43 電流の定義 ………………………………… 218

➡ 電磁気 STAGE 20 直流回路

電流 $\boldsymbol{I}$ ([A] = [C/s])

- 向　き：正の電荷の移動方向
  (自由電子の移動方向とは逆になる)
- 大きさ：1秒あたりに断面を通過する電気量[C]

3 等加速度運動の公式 ………………………… 9

➡ 力学 STAGE 01 等加速度運動

公式❶ $\boldsymbol{v = v_0 + at}$

…………………… $\boldsymbol{t}$ 秒後の速度 $\boldsymbol{v}$

公式❷ $\boldsymbol{x = x_0 + v_0 t + \frac{1}{2}at^2}$

…………………… $\boldsymbol{t}$ 秒後の位置 $\boldsymbol{x}$

公式❸ $\boldsymbol{v^2 - v_0^2 = 2a(x - x_0)}$

……(速度)^2 の変化と変位の式

27 ドップラー効果の式の立て方 …… 164

➡ 波動 STAGE 15 ドップラー効果

波の基本式 $f = \frac{(\text{音速 } v)}{(\text{波長 } \lambda)}$ より，

(波長)は分母，(音速)は分子

❶動く音源の音の発射時

(波長) 引き伸ばし

分母 大きく $\Longrightarrow f_{新} = \frac{c}{c+v} \times f_{旧}$

(波長) 圧縮

分母 小さく $\Longrightarrow f_{新} = \frac{c}{c-v} \times f_{旧}$

❷動く観測者の音の受けとり時

(音速) 速く見える

分子 大きく $\Longrightarrow f_{新} = \frac{c+u}{c} \times f_{旧}$

(音速) 遅く見える

分子 小さく $\Longrightarrow f_{新} = \frac{c-u}{c} \times f_{旧}$

26 ドップラー効果の 3 つの前提 …… 161

➡ 波動 STAGE 15 ドップラー効果

前提 1 音速は音源の動きとは無関係。

前提 2 音源は必ず1秒に f 個(波長分)の音を外へ出してくる。

前提 3 観測者が動いても波長を変化させることはできない。

な

⑲ 内部エネルギーの式 …………………… 115

➡ 熱力学　STAGE 10 温度と熱

内部エネルギー

$$U = C_V nT$$

㉑ 波のイメージ＝「ウェーブ」………… 137

➡ 波動　STAGE 12 波のグラフ

❶波の形(波形)は平行移動

- 速さ v〔m/s〕

❷各お客さん (媒質点)は上下に単振動

- 振動数 f〔1/s〕(＝〔Hz(ヘルツ)〕)
- 周期 T〔s〕

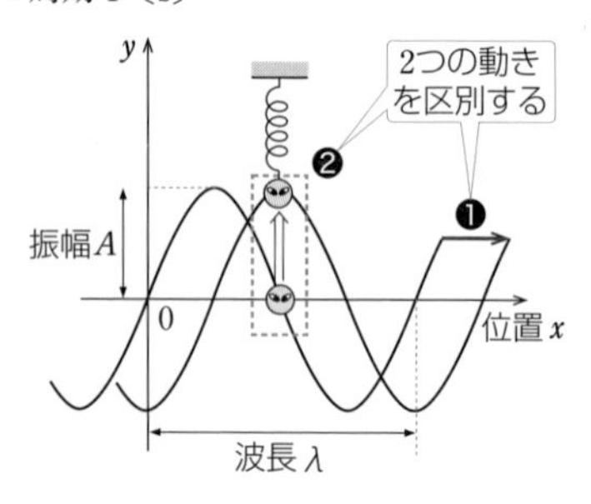

㉓ 波の式のつくり方３ステップ (y-x グラフ) ……………………………… 146

➡ 波動　STAGE 13 波の式のつくり方

STEP1 与えられた時刻での y-x グラフを式にする。

STEP2 一般の時刻 t での y-x グラフを平行移動によって図示する。

STEP3 一般の時刻 t での y-x グラフを式にする。

㉔ 波の式のつくり方３ステップ (y-t グラフ) ……………………………… 147

➡ 波動　STAGE 13 波の式のつくり方

STEP1 与えられた位置での y-t グラフを式にする。

STEP2 一般の位置 x まで波が伝わるのに要する時間を求める。

STEP3 一般の位置 x での y-t グラフを平行移動によって図示し，一般の位置 x での y-t グラフを式にする。

㉒ 波の式を求める手順 …………………… 146

➡ 波動　STAGE 13 波の式のつくり方

手順１ 次のうちどの形か判定する。

$y = A\sin\theta$	$-A\sin\theta$	$A\cos\theta$	$-A\cos\theta$

手順２

横軸に注目 ― 横軸 x なら ＞ $\theta = \dfrac{2\pi}{\lambda}x$

横軸に注目 ― 横軸 t なら ＞ $\theta = \dfrac{2\pi}{T}t$

手順３ **手順２** の θ を **手順１** の式に代入する。

⑦ ２物体の重心 ………………………………… 33

➡ 力学　STAGE 02 力のつりあい・モーメント

2 物体の重心の位置は，それぞれの物体の重心を質量の **逆比** に内分した点である。

20 **熱力学の解法3ステップ** …………… 123

➡ 熱力学　STAGE 11　気体の熱力学

STEP 1 各状態で p, V, n, T が与えられていないものは，とりあえず**未知数**として仮定し，次によって求める。

① いつも
　──→ **状態方程式**

② ピストンが静止しているとき
　──→ **ピストンの力のつりあいの式**

③ 断熱変化のとき
　──→ **ポアソンの式**

STEP 2 **STEP 1** の結果を p-V グラフに作図する。

STEP 3 各変化（過程）の熱力学第1法則を表にまとめる。

$$Q_{in} = \Delta U + W_{out}$$

は

15 **反発係数の式** …………… 69

➡ 力学　STAGE 06　力積と運動量

$$e = \frac{(\text{衝突面と垂直に})2\text{物体が離れる速さ}}{(\text{衝突面と垂直に})2\text{物体が近づく速さ}}$$

31 **光の干渉　3大原則：その1** ……… 185

➡ 波動　STAGE 17　光の干渉

（行路差）

$$= \begin{cases} m\lambda & \cdots\text{強めあい} \\ \left(m+\frac{1}{2}\right)\lambda & \cdots\text{弱めあい} \end{cases} \quad (m\text{ は整数})$$

32 **光の干渉　3大原則：その2** ……… 185

➡ 波動　STAGE 17　光の干渉

（光路差）

$= (S_2P$ の光学的距離$) - (S_1P$ の光学的距離$)$

$$= \begin{cases} m\lambda & \cdots\text{強めあい} \\ \left(m+\frac{1}{2}\right)\lambda & \cdots\text{弱めあい} \end{cases} \quad (m\text{ は整数})$$

33 **光の干渉　3大原則：その3** ……… 187

➡ 波動　STAGE 17　光の干渉

固定端反射が奇数回あると，干渉条件は逆転する。

30 **光の屈折の解法3ステップ** ………… 176

➡ 波動　STAGE 16　光の屈折・レンズ

STEP 1 **光線を作図する。**

▶レンズの場合は **3種の基本光線** を作図。

STEP 2 **屈折の法則：**

「下かくしの積」＝「上かくしの積」

STEP 3 **直角三角形に注目し，**その tan や相似比などで長さの関係式を出す。

ま

➡ 電磁気　STAGE 23 コイルの性質

電気振動 〈対応〉 水平ばね振り子

㋐ $t=0$

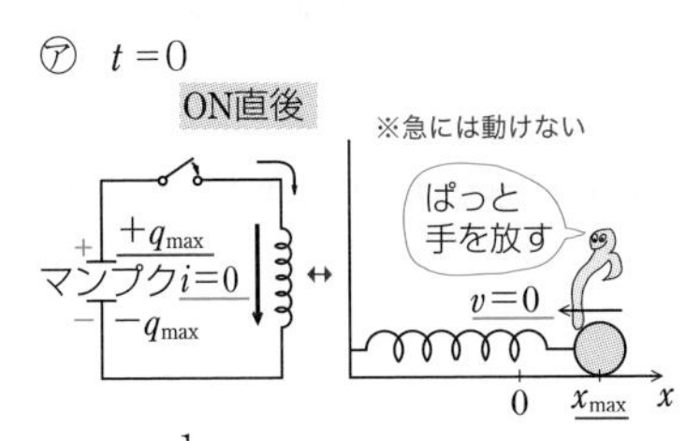

㋑ $t=\frac{1}{4}T$

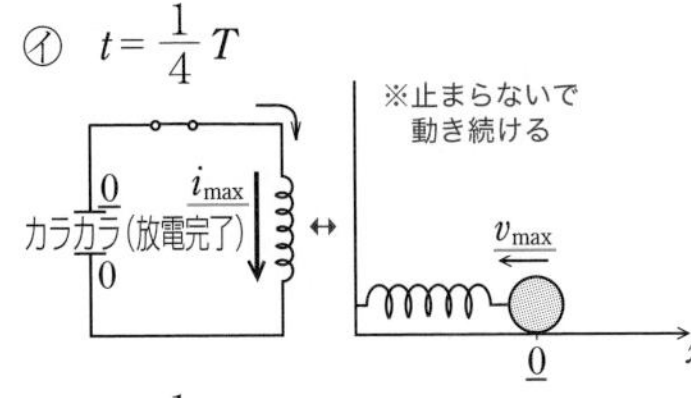

㋒ $t=\frac{1}{2}T$

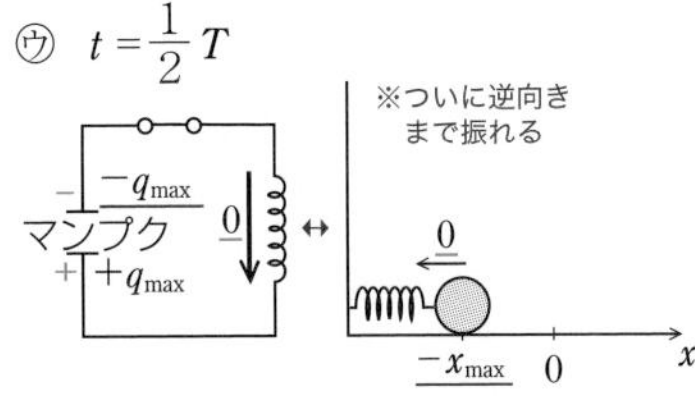

㋓ その後

また逆向きに運動が始まる。

や・ら・わ

➡ 電磁気　STAGE 22 電磁誘導

誘導起電力問題だから㊀起→㊀電→㊀力の順で解く！

(起) 発生する起電力を求める。

ローレンツ力電池，レンツ＆ファラデーの法則のいずれかを使い，起電力を求める。

(電) 電流を求める。

(力) 電流が磁場から受ける力を求める。

電流を求めたら，その電流が磁場から受ける力を 右手のパー② で求める。

➡ 力学　STAGE 05 仕事とエネルギー

(中)で重力・弾性力 **以外** の力がした仕事 ＝**0** のとき，

((前)の着目物体の力学的エネルギー) ＝ ((後)の着目物体の力学的エネルギー)

➡ 力学　STAGE 06 力積と運動量

$(mv+MV)$ ＋ $F_{外}\Delta t$

(前)の着目物体の全運動量 ／ (中)で外力から受けた力積

$=(mv'+MV')$

(後)の着目物体の全運動量

57 レンツ&ファラデーの法則 ………… 242

➡ 電磁気　STAGE 22 電磁誘導

① 起電力の向き…磁束Φの変化を妨げようとする向き（レンツの法則）

1 磁束 Φ が変化すると…

2 その変化を妨げる向きの磁場 H を発生させようとする。

3 そのために … 図の向きの電流 I を流そうとする
（ここで 右手のグー② を使う）。

4 よって，コイルには図の向きの起電力が生じる。

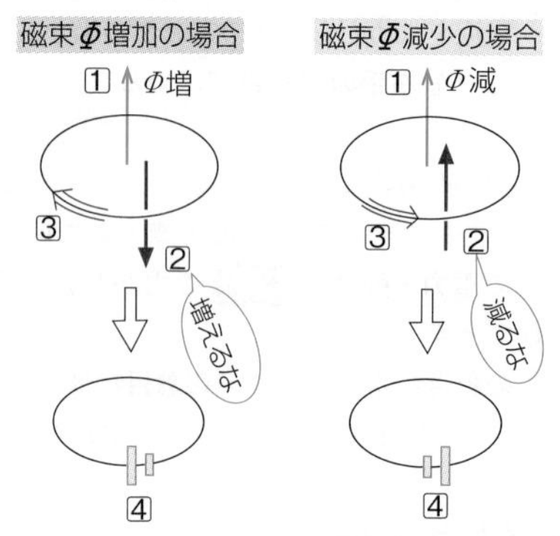

② 起電力の大きさ（ファラデーの法則）

起電力の大きさ$|V|$

$=1$ 秒あたりの磁束Φの変化の大きさ

$=\Phi$-t グラフの傾きの大きさ$=\left|\dfrac{d\Phi}{dt}\right|$

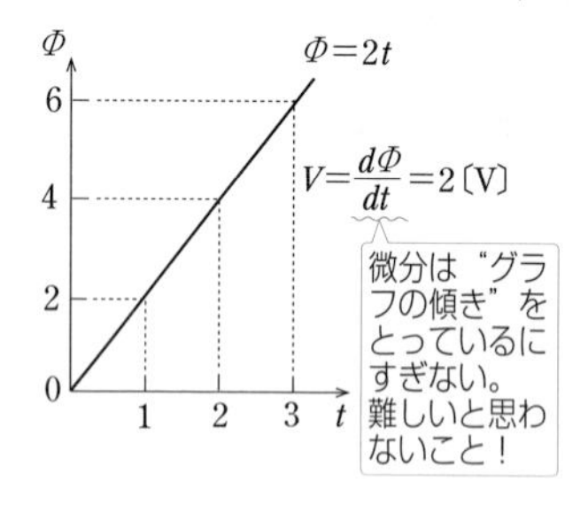

56 ローレンツ力電池 ………………………… 241

➡ 電磁気　STAGE 22 電磁誘導

❶起電力の向き

棒上の＋1C が受けるローレンツ力の向き

❷起電力の大きさ

＋1C に働くローレンツ力がする仕事の大きさ

漆原の解法　一覧

■力学

■熱力学

■波動

■電磁気

■原子

おわりに

この本で学んだ解法をさらに実践的な問題で磨き上げたい人には，この本の姉妹書である『大学受験 Do シリーズ　漆原の物理　最強の99題』がオススメです。

『最強の99題』では，本書で学んだ解法をそのまま使って，実際の入試問題などのさまざまな応用問題がスイスイ解けることを，具体的かつ明快に示しています。

ぜひ本書と共に『最強の99題』でさらなる応用力増強を目指して下さい。